“十三五”高等职业教育规划教材

计算机应用基础任务化教程（Windows 7+Office 2010）

主　编　滕振芳　孙　辉

副主编　唐秋宇　田静静　郭艳彬

U0316444

中国铁道出版社有限公司

CHINA RAILWAY PUBLISHING HOUSE CO., LTD.

内 容 简 介

本书是为了满足高职高专计算机基础课程的教学需要编写的任务式教程。全书共分为6个单元，分别为微机软硬件平台搭建、系统的维护和使用、Word 2010文字处理软件应用、Excel 2010电子表格处理软件应用、PowerPoint 2010演示文稿制作软件应用、计算机网络技术初探。

本书以职业能力培养为目标，基于任务驱动的教学模式来设计内容。每个单元包括若干个任务，除单元1中的任务1外，其他任务按照“任务描述→任务分析→知识准备→任务实施”四部分展开，将计算机应用基础的核心知识和技能恰当地融入到任务的实施过程中，深入浅出、通俗易懂。每一个任务都经过精心选取和设计，紧密结合学生的学习、生活与就业实际，具有实用、典型和可操作的特点。

本书适合作为高职高专院校“计算机应用基础”课程的教材，也可作为全国计算机等级考试（一级）的培训教材，以及计算机从业者和爱好者的参考书。

图书在版编目（CIP）数据

计算机应用基础任务化教程：Windows 7+Office2010/
滕振芳，孙辉主编. —北京：中国铁道出版社，2017.10（2021.7重印）
“十三五”高等职业教育规划教材
ISBN 978-7-113-23808-7

Ⅰ.①计… Ⅱ.①滕…②孙… Ⅲ.①Windows操作系统-高等职业教育-教材②办公自动化-应用软件-高等职业教育-教材 Ⅳ.①TP316.7②TP317.1

中国版本图书馆CIP数据核字(2017)第226735号

书　　名：计算机应用基础任务化教程（Windows 7+Office 2010）
作　　者：滕振芳　孙　辉

策　　划：翟玉峰　　　　编辑部电话：（010）83517321
责任编辑：翟玉峰　贾淑媛
封面设计：刘　颖
责任校对：张玉华
责任印制：樊启鹏

出版发行：中国铁道出版社有限公司（100054，北京市西城区右安门西街8号）
网　　址：http://www.tdpress.com/51eds/
印　　刷：北京建宏印刷有限公司
版　　次：2017年10月第1版　2021年7月第5次印刷
开　　本：787mm×1092mm　1/16　印张：18　字数：447千
印　　数：4001~4500册
书　　号：ISBN 978-7-113-23808-7
定　　价：42.00元

版权所有　侵权必究

凡购买铁道版图书，如有印制质量问题，请与本社教材图书营销部联系调换。电话：（010）63550836

打击盗版举报电话：（010）63549461

PREFACE

前 言

随着信息技术教育的日益普及和推广，大学生计算机知识的起点也越来越高，很多学生已具备了一定的操作和应用能力，这对大学计算机基础课程教学提出了更新、更高的要求。为了满足高职高专计算机基础课程的教学需要，我们总结多年来一线教学工作的经验，编写了本书。

本书力求遵循职业教育的规律和特点，以职业能力培养为目标，从实际应用出发，基于任务驱动教学模式来设计内容。全书以 Microsoft 公司出品的 Windows 7 和 Microsoft Office 2010 为平台，共分为 6 个单元，单元 1 为微机软硬件平台搭建，单元 2 为系统的维护和使用，单元 3 为 Word 2010 文字处理软件应用，单元 4 为 Excel 2010 电子表格处理软件应用，单元 5 为 PowerPoint 2010 演示文稿制作软件应用，单元 6 为计算机网络技术初探。每个单元包括若干个任务。其中，微机系统的组建和维护、Office 2010 办公软件的使用为本书的重点内容。

本书的每个任务都经过精心选取和设计，紧密结合学生的学习、生活与就业实际，具有实用、典型和可操作的特点。每个任务（单元 1 中的任务 1 除外）按照“任务描述→任务分析→知识准备→任务实施”四部分展开，将计算机应用基础的核心知识和技能恰当地融入到任务的实施过程中，深入浅出、通俗易懂，适合“教、学、做”一体化教学方法的展开。本书讲解力求准确、简练，强调知识的层次性和技能培养的渐进性，对重点、难点知识以“提示”“技巧”的形式进行讲解。每个单元的最后都有“强化练习”，方便学习者进一步巩固所学的知识和技能，做到举一反三、融会贯通。

本书适合作为高职高专院校“计算机应用基础”课程教材，也可作为全国计算机等级考试（一级）的培训教材，以及计算机从业者和爱好者的参考书。为方便教师辅导，学生练习，本书中的每个任务都配备了素材、原文件和最终文件等丰富的教学资源，可于 www.tdpress.com/51eds 下载。

本书由滕振芳、孙辉任主编，唐秋宇、田静静和郭艳彬任副主编。具体编写分工如下：滕振芳编写单元 1 的任务 1、任务 2 和单元 5，孙辉编写单元 3 和单元 6，唐秋宇编写单元 4，田静静编写单元 2，长城汽车股份有限公司的郭艳彬编写单元 1 的任务 3 和任务 4。本书由滕振芳统稿。
感谢中国铁道出版社提供出版平台，感谢同事和家人默默支持，感谢编写组在本书编写过程中所付出的辛苦工作。

鉴于时间仓促，编者水平有限，疏漏和不妥之处在所难免，恳请广大读者批评指正。

编　者

2017 年 8 月

CONTENTS

目录

单元 1　微机软硬件平台搭建 1
任务 1　认识微机系统 1
任务描述 1
任务分析 1
知识准备
一、初识微机系统 2
二、认识硬件系统 5
任务 2　组装微机 19
任务描述 19
任务分析 20
知识准备
一、常用工具及其使用方法 20
二、组装操作技巧 21
三、操作中的注意事项 22
任务实施 22
任务 3　安装 Windows 7 操作系统 28
任务描述 28
任务分析 28
知识准备
一、BIOS 的概念和基本功能 29
二、硬盘的分区和格式化 29
三、操作系统 30
任务实施 31
任务 4　安装驱动程序和应用程序 37
任务描述 37
任务分析 38
知识准备
一、驱动程序 38
二、应用程序 40
任务实施 41
强化练习 47
单元 2　系统的维护和使用 49
任务 1　备份与还原系统 49
任务描述 49
任务分析 49
知识准备
一、系统的备份/还原 50
二、什么情况下应该备份/还原系统 50
三、Ghost 软件概述 50
四、Ghost 软件界面介绍 50
五、硬盘保护卡 51
任务实施 51
任务 2　定制个性化系统环境 59
任务描述 59
任务分析 59
知识准备
一、Windows 7 的启动与退出 59
二、桌面 60
三、窗口 61
四、对话框 62
五、菜单 63
任务实施 64
任务 3　管理 Windows 7 系统的文件 73
任务描述 73
任务分析 73
知识准备
一、文件及其命名规则 74
二、文件夹 74
三、资源管理器 74
任务实施 75
任务 4　优化和维护 Windows 7 系统 83
任务描述 83
任务分析 83
知识准备
系统优化和维护的常用工具 83
任务实施 84

强化练习 92

单元3 Word 2010文字处理软件应用 93

任务1 制作大学学习计划书 93
任务描述 93
任务分析 94
知识准备
一、Word 2010的启动与退出 94
二、Word 2010的窗口界面 95
三、Word 2010文档基本操作 96
四、Word 2010文字格式化操作 99
五、Word 2010段落格式化操作 ...100
六、设置页面和打印预览输出 100
任务实施 101
任务2 制作个人简历 103
任务描述 103
任务分析 104
知识准备
一、创建表格 105
二、编辑表格 106
三、合并与拆分表格 107
四、调整单元格大小和对齐方式 108
五、排序和计算 109
六、格式化表格 109
任务实施 110
任务3 制作电子版报 111
任务描述 111
任务分析 112
知识准备
一、插入图片和剪贴画 112
二、图片和剪贴画的编辑 113
三、插入自选图形、艺术字和文本框 115
四、自选图形、艺术字和文本框的编辑 116
五、插入SmartArt图 117
六、插入图表 118
七、屏幕截图 118
八、设置分栏 118
任务实施 119
任务4 制作并排版毕业设计论文 122
任务描述 122
任务分析 125
知识准备
一、Word 2010样式格式化操作 126
二、Word 2010中的分隔符的操作 127
三、Word 2010设置页眉、页脚和页码 127
四、Word 2010设置大纲级别 128
五、Word 2010创建目录 129
六、Word 2010的项目符号和列表编号 129
七、Word 2010使用批注和修订 130
任务实施 130
任务5 制作学生成绩通知单 134
任务描述 134
任务分析 134
知识准备
一、邮件合并 135
二、视图模式 136
任务实施 138
强化练习 141

单元4 Excel 2010电子表格处理软件应用 147

任务1 制作产品销售年报 147
任务描述 147
任务分析 148
知识准备
一、Excel 2010的功能 149
二、Excel 2010的启动与退出 149
三、Excel 2010的窗口界面 150

四、Excel 2010 基本概念 150
五、工作表的基本操作 151
六、向表格中输入数据 153
七、编辑工作表 158
八、格式化工作表 161
九、设置页面和打印输出 166
任务实施 167
任务 2 评价客户等级 171
任务描述 171
任务分析 173
知识准备
一、计算的基本概念 173
二、公式计算 175
三、函数计算 175
任务实施 176
任务 3 统计分析产品销量 178
任务描述 178
任务分析 179
知识准备
一、数据排序 180
二、数据筛选 180
三、分类汇总 181
四、数据透视表 182
任务实施 182
任务 4 编制产品销售报告 185
任务描述 185
任务分析 186
知识准备
一、图表类型 187
二、图表的基本操作 187
任务实施 188
强化练习 191
单元 5 PowerPoint 2010 演示文稿制作软件应用 195
任务 1 制作论文答辩演示文稿 195
任务描述 195
任务分析 196
知识准备
一、PowerPoint 2010 的功能 196
二、PowerPoint 2010 的启动与退出 197
三、PowerPoint 2010 的窗口界面 197
四、PowerPoint 2010 的视图 198
五、PowerPoint 2010 的基本概念 199
六、创建演示文稿 200
七、管理幻灯片 201
八、编辑幻灯片 202
九、设置幻灯片主题 204
任务实施 205
任务 2 美化论文答辩演示文稿 213
任务描述 213
任务分析 213
知识准备
一、母版 214
二、添加超链接和动作按钮 214
三、设置幻灯片背景 215
四、设置幻灯片放映效果 215
五、幻灯片的输出打印 217
任务实施 217
任务 3 制作电子相册 223
任务描述 223
任务分析 224
知识准备
一、电子相册 224
二、在幻灯片中插入多媒体对象 224
三、打包输出 225
任务实施 225
强化练习 234
单元六 计算机网络技术初探 239
任务 1 学习网络基础知识 239
任务描述 239
任务分析 239

知识准备
一、网络概述 240
二、网络设备 242
三、局域网技术 244
四、网络安全 247
任务实施 249
任务 2 组建办公和家庭环境局域网 253
任务描述 253
任务分析 254
知识准备
一、虚拟拨号程序 254
二、网络共享技术 254
三、FTP 服务器 255
任务实施 255
任务 3 使用互联网技术 271
任务描述 271
任务分析 271
知识准备
一、Internet 互联网 271
二、网络通信部分 274
任务实施 275
强化练习 279
参考文献 280

单元 1 微机软硬件平台搭建

学习目标

通过本单元内容的学习，使读者能够具有以下基本能力：

- 了解计算机的产生和发展，熟悉微型计算机（简称微机）系统的组成，熟练掌握微机硬件系统的组成、各个硬件的功能和防接错结构。
- 了解微机的组装流程，能够熟练完成微机的硬件拆装。
- 掌握常用 BIOS 设置方法，能够对硬盘进行分区、格式化操作，能够熟练安装操作系统。
- 能准确安装硬件的驱动程序，熟练完成应用程序的安装和卸载。

学习内容

本单元学习微机软硬件平台搭建的知识和技能，分解为 4 个学习任务。

- 任务 1　认识微机系统
- 任务 2　组装微机
- 任务 3　安装 Windows 7 操作系统
- 任务 4　安装驱动程序和应用程序

任务 1　认识微机系统

任务描述

本任务介绍微机系统的组成、微机各个硬件的特点、硬件接口特点和防接错结构。具体要求如下：

① 了解计算机的产生和发展，熟悉微机系统的组成，了解微机的性能指标。

② 能够识别硬件，牢记硬件接口特征及防接错结构特征。

③ 走访计算机配件经销商，熟悉常见硬件品牌、型号、参数。根据用户需求，给出采购建议，并列出组装配置清单。

任务分析

本任务概括讲解微机系统的组成，重点介绍多媒体微型计算机的硬件组成及硬件识别知识。

利用实物器件、图片、课程网站等资源完成教学，通过走访计算机配件经销商，揭开计算机硬件的神秘面纱。掌握硬件接口特征和防接错结构，是硬件维护维修人员必不可少的基本能力。

通过完成本任务，应该达到的知识目标和能力目标如表 1-1 所示。

表 1-1 知识目标和能力目标

知识目标	能力目标
①了解计算机的产生与发展 ②熟悉微机系统组成，熟悉硬件接口和防接错结构	①掌握微机硬件组成，能够准确判断硬件类型、功用及硬件接口防接错结构特点 ②具有根据不同用户需求列出组装计算机配置清单的能力

一、初识微机系统

微型计算机诞生于 20 世纪 70 年代，其特点是：体积小、功耗低、结构简单、集成度高、使用方便、价格便宜，对环境无特殊要求，适合办公和一般家庭使用。其核心部件是 CPU（Central Processing Unit，中央处理单元），又称微处理器（Microprocessor）。图 1-1 所示为常见计算机外观。

（a）笔记本式计算机

（b）服务器

（c）台式计算机

（d）一体机

图 1-1 常见计算机的外观

根据微处理器的发展沿革，微型计算机的发展历程可分为以下几个阶段：

1971—1973 年为第一阶段，典型的微处理器型号为 Intel 公司的 4004 和 8008，字长 4～8 位，每个芯片可集成 2 000 个晶体管，时钟频率为 1 MHz。

1973—1978 年为第二阶段，典型的微处理器型号为 Intel 公司的 8080、Motorola 公司的 M6800 微处理器，字长 8 位，每个芯片可集成 5 000 个晶体管，时钟频率为 2 MHz。

20 世纪 80 年代初期为第三阶段，是超大规模集成电路时代，如 8086、Z8000 和 M68000 型微处理器，字长 16 位，每个芯片集成 3 万个晶体管，时钟频率为 5 MHz 。

20 世纪 80 年代中期及以后为第四阶段，以 Intel 公司 1985 年推出的一种全 32 位的微处理器 80386 为标志。

20 世纪 90 年代中期及以后，微处理器芯片发展非常迅速。可以看到，CPU 向速度更快、64 位结构、多核心方向发展，CPU 的制作工艺更加精细，由 90 nm 向 65 nm、32 nm、22 nm 过渡，一直发展到目前的 14 nm。核心技术和制造工艺的提高，意味着体积更小、集成度更高、综合处理能力更强，同时也意味着耗电和发热问题将得到有效控制。

微机系统包括硬件系统和软件系统两大部分，如图 1-2 所示。

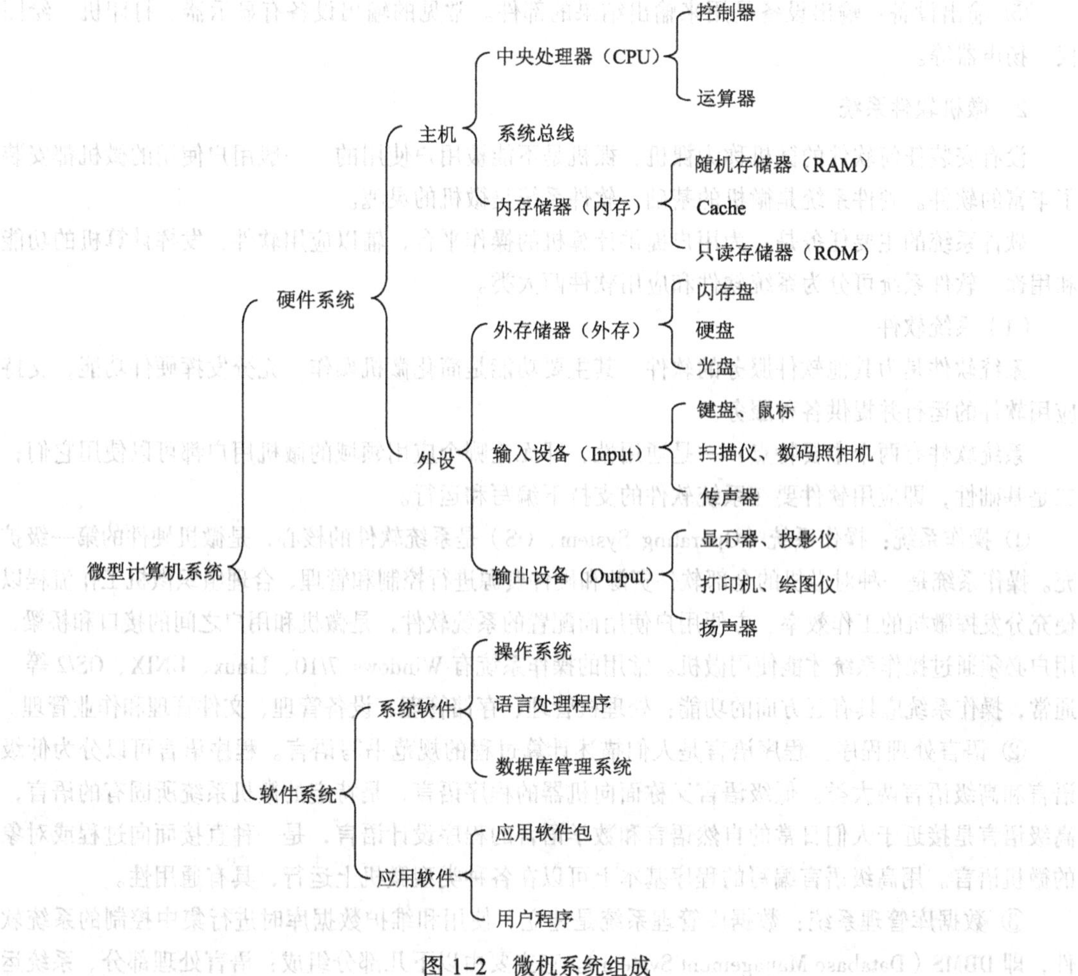

图1-2　微机系统组成

1．微机硬件系统

硬件系统是看得见、摸得到的物理设备的集合，主要由控制器、运算器、存储器、输入设备和输出设备五部分组成。下面分别介绍各部分的功能。

① 控制器：控制器是整个微机的指挥中心，主要负责对指令进行分析、判断，发出控制信号，控制微机有关设备的协调工作，确保系统正常运行。

② 运算器：运算器是对信息进行加工处理的部件，主要负责在控制器的控制下与内存交换信息，完成对数据的算术运算和逻辑运算。控制器和运算器一起组成了微机的核心，即CPU。

③ 存储器：存储器是微机的记忆装置，用来存储程序和数据，并根据指令向其他部件提供这些数据。微机的存储器可分为主存储器和辅助存储器两种。向存储器存入信息称为“写入”，从存储器里取出信息称为“读出”。

通常把控制器、运算器和主存储器一起称为主机，而其余的输入、输出设备和辅助存储器称为外围设备。

④ 输入设备：输入设备能把程序、数字、图形、图像、声音等数据转换成微机可以接收的数字信号并输入到微机中。常见的输入设备有键盘、鼠标、光笔、扫描仪、数码照相机等。

⑤ 输出设备：输出设备是用来输出结果的部件。常见的输出设备有显示器、打印机、绘图仪、扬声器等。

2. 微机软件系统

没有安装任何软件的微机称为裸机，裸机是不能被用户使用的。一般用户使用的微机都安装了丰富的软件。硬件系统是微机的基础，软件系统是微机的灵魂。

软件系统的主要任务是：为用户提供计算机的操作平台，辅以应用软件，发挥计算机的功能和用途。软件系统可分为系统软件和应用软件两大类。

（1）系统软件

系统软件是为其他软件服务的软件，其主要功能是简化微机操作，充分发挥硬件功能，支持应用软件的运行并提供各种服务。

系统软件有两个主要特点：一是通用性，即无论哪个应用领域的微机用户都可以使用它们；二是基础性，即应用软件要在系统软件的支持下编写和运行。

① 操作系统：操作系统（Operating System，OS）是系统软件的核心，是微机硬件的第一级扩充。操作系统是一种对微机的全部软件资源和硬件资源进行控制和管理、合理组织微机工作流程以便充分发挥微机的工作效率、方便用户使用而配置的系统软件，是微机和用户之间的接口和桥梁，用户必须通过操作系统才能使用微机。常用的操作系统有 Windows 7/10、Linux、UNIX、OS/2 等。通常，操作系统应具有五方面的功能：处理机管理、存储管理、设备管理、文件管理和作业管理。

② 语言处理程序：程序语言是人们描述计算过程的规范书写语言。程序语言可以分为低级语言和高级语言两大类。低级语言又称面向机器的程序语言，是特定的微机系统所固有的语言，高级语言是接近于人们日常的自然语言和数学语言的程序设计语言，是一种直接面向过程或对象的微机语言。用高级语言编写的程序基本上可以在各种类型微机上运行，具有通用性。

③ 数据库管理系统：数据库管理系统是建立、使用和维护数据库时进行集中控制的系统软件，即 DBMS（Database Management System）。它主要由以下几部分组成：语言处理部分、系统运行控制部分、系统建立和维护部分。一个实用的 DBMS 要根据系统功能、资源、使用环境和服务方式等确定。目前，常见的数据库管理系统有 SQL Server、Sybase、Oracle 等。

（2）应用软件

应用软件是解决各种实际问题的程序。通用的应用软件由软件生产厂家研制开发成应用软件包，投放市场，供用户选用；而比较专用的各种应用程序则由用户组织力量研制开发使用。

微机中常用的应用软件有：办公类，如 Microsoft Office、WPS Office 系列等；管理类，如 MIS、ERP、进销存管理系统等；工程类，如 CAD、CAM 等；图形图像处理软件，如 Photoshop、3ds Max 等；工具软件，如杀毒软件、下载软件、压缩软件等，以及各种游戏类软件等。

3. 计算机发展趋势

按照 1989 年由 IEEE 的一个委员会提出的运算速度分类法，可将计算机分为巨型机、大（中）型机、小型机、工作站和微型计算机。纵观计算机的发展历程，现代计算机呈现了如下几个发展趋势。

① 巨型化：适应尖端科学的需要，计算机向高速度、大存储容量、功能强大的方向发展。目前，世界上已出现了每秒数千亿次、上万亿次的巨型计算机。

② 微型化：随着微电子技术的飞速发展，台式机和笔记本式计算机的功能越来越强，并已

走入寻常百姓家。掌上计算机的出现、"智能化"产品的普及也都是微型化的具体表现。

③ 网络化：计算机网络是指按照一定的协议，将若干台计算机通过通信线路连接起来，以便实现计算机间的通信、数据传输、资源共享。计算机网络化，极大地方便了全球间的信息联络，使地球变"小"了。

④ 多媒体：在计算机系统的控制下，将数字、文字、声音、图形、图像、动画等软硬件设备集成在一起进行处理，使得原本毫无生气的计算机能够记录、再现、仿真丰富多彩的社会生活。

⑤ 智能化：让计算机能够进行图像识别、语音识别，能够进行逻辑推理、模拟人脑思维过程，会自行学习等。

4. 微型计算机的性能指标

① 字长：字长是指微机能直接处理的二进制信息的位数。字长是由 CPU 内部的寄存器、加法器和数据总线的位数决定的，标志着微机处理信息的精度。字长越长，精度越高，运算速度越快，可存取主存储器的容量就越大，支持的指令功能就越强。微型计算机的字长已从 8 位、16 位、32 位发展到 64 位。字长一般是字节的整数倍。微机中常用单位术语及换算关系如下：1 字节（B）=8 位（bit），1 024 B=1 KB，1 024 KB =1 MB，1 024 MB=1 GB。

② 运算速度：运算速度是指微型计算机每秒钟能执行的指令条数，单位为 MIPS（百万条指令/秒）。由于指令的种类很多，不同指令的执行时间是不同的，所以通常用加权平均法求出等效速度，作为衡量运算速度的标准。

③ 时钟频率（主频）：时钟频率是指 CPU 在单位时间（每秒）内发出的脉冲数，简称主频，单位为 MHz 或 GHz。主频越高，微机的运算速度越快。所以，主频是衡量微型计算机性能的最重要指标之一。

④ 存取速度：存储器完成一次读/写操作所需的时间称为存储器的存取时间或访问时间。存储器连续进行读/写操作所允许的最短时间间隔，称为存取周期。存取周期越短，则存取速度越快，它是反映存储器性能的一个重要参数。通常，存取速度的快慢决定了运算速度的快慢。微机系统中通过采取多级存储体系来解决存取速度瓶颈问题。

⑤ 存储器容量：微型计算机主存储器中能够存储数据的总字节数，称为主存容量，数值越大，可以存储的数据越多，运算速度越快；外存容量是指外存储器所能容纳的总字节数，硬盘是其最重要的外围存储设备。存储器容量是衡量微机性能的一个重要指标。

⑥ 外设配置：主机所配置的外围设备的多少与好坏，也是衡量计算机综合性能的重要指标。一般应达到以下要求：硬盘容量大，存取周期短，读/写可靠；键盘的按键手感好，耐用，反应灵敏；鼠标的分辨率和轨迹速度高；光盘的数据传输速度快，读盘能力强；显示器的分辨率和扫描频率高；具有多媒体外设等。

⑦ 可靠性、可用性和可维护性：可靠性是指在给定的时间内，微机系统正常运转的概率；可用性是指微机的使用效率；可维护性是指微机的维修效率。可靠性、可用性和可维护性越高，则微机系统的性能越好。

二、认识硬件系统

本任务重点练习硬件识别。在进行硬件识别时，除要注意观察硬件外观特征外，务必要牢记硬件接口特征及防接错结构特征。微机中的接口类型大致可分为三类：外设接口、总线及数据线接口、电源接口及机箱面板控制线接口。组装微机的一项重要工作，就是将各个接口、连线准确连接到位。

1．CPU

CPU 是微机的核心部件，微机中各部分的信息流动全部在 CPU 的控制下进行。CPU 的性能在一定程度上决定了整个微机的性能。

（1）CPU 生产厂商

世界上能开发生产微处理器的厂商并不很多，各厂商生产的 CPU 型号不同、性能不一，如图 1-3 所示。CPU 按同时能处理的二进制位可分为 8 位、16 位、32 位和 64 位等几种。目前在通用 PC 市场上较流行的 CPU 芯片主要由以下生产商生产。

（a）Intel Pentium CPU　（b）Intel Core i7 CPU　（c）AMD Athlon 64 CPU

（d）龙芯 1 号 CPU　（e）龙芯 2 号 CPU

（f）防接错特征点

图 1-3　CPU 外形及防接错特征

① Intel 公司：美国 Intel公司生产的微处理器芯片称为 Intel系列芯片，目前主要有酷睿（Core）系列、Pentium 系列、Celeron 系列和至强系列等，分别应用于中高档用户、普通低端用户和服务器。Intel 公司生产的 CPU 不仅性能出色，而且在稳定性、功耗等方面都相当突出。

② AMD 公司：AMD 是目前唯一可与 Intel 匹敌的 CPU 厂商。自从 Athlon XP 上市以来，AMD 与 Intel 的技术差距逐渐缩小。2003 年 AMD64 架构推出以后，AMD 的技术已经与 Intel 相当，而

且在某些方面已经领先于 Intel。目前，AMD 主要有用于服务器和工作站的 AMD Opteron（皓龙）处理器系列和用于台式机的 AMD Sempron（闪龙）、AMD Athlon（速龙）和 AMD Phenom（羿龙）、APU 处理器系列。AMD CPU 的特点是低频高效，性价比高，缺点是发热量大。

③ 神州龙芯：早在 2002 年，中国科学院计算技术研究所就正式宣布我国首款可商业化、拥有自主知识产权、通用高性能的 CPU——龙芯 1 号研制成功。到目前，先后完成龙芯 1 号、2 号、3 号三个系列的 CPU 处理器的研制，并且在产业化方面已经成功地应用于网络、工控、安全、移动等各种领域。龙芯 CPU 为提高我国信息产业的自主创新能力、改变我国信息领域核心技术受制于人的被动局面做出了杰出贡献。

（2）CPU 散热器

图 1-4 所示为常见 CPU 散热器外观及导热硅脂。

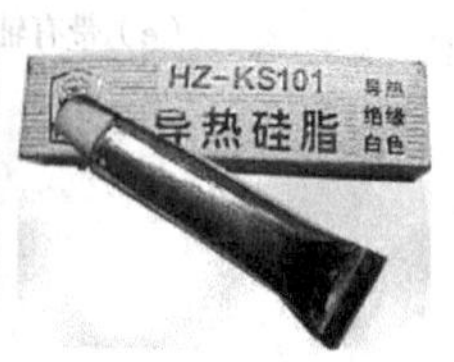

图 1-4 常见的 CPU 散热器和导热硅脂

计算机中许多电子元器件都是高能耗的产品，发热相当大，尤以 CPU 为甚（其次是显卡芯片），普通的 CPU 表面温度都可以达到 50～80℃，而 CPU 内部可高达上百摄氏度。如果不及时将这些热量散发出去，就易产生死机、蓝屏错误、IE 错误、打开程序错误、丢失数据、自动重启等问题。所以，用户必须认真对待 CPU 的散热问题。

目前，对于 CPU 的降温方法常见的有风冷、水冷、半导制冷和氟（氮）制冷等多种方法。这些方法中，虽然有些方法的降温手段十分有效，但不是施行困难，就是成本太高，所以对于普通用户来说，风冷是最实效、最方便、最常用的方法。CPU 的风冷，其实就是利用散热片和散热风扇，将 CPU 的热量传导出来并吹到附近的空气中，达到散热的目的。风冷效果的好坏取决于 CPU 散热风扇的功率、转速、风扇口径、形状，以及散热片材质等因素。

2. 主存储器

主存储器又称内部存储器，简称内存（主存），如图 1-5 所示。微机运行程序时，要在主存储器中保存和读取指令及数据，因此，主存储器的存取速度和容量对微机的整体速度影响很大。

（a）184 线　DDR SDRAM

（b）168 线　SDRAM

图 1-5 内存外形及防接错特征

（c）240 线 DDR2

（d）内存防接错结构

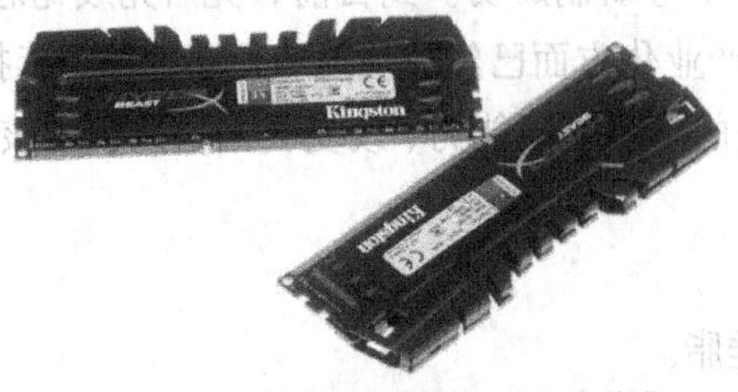
金士顿骇客神条Beast DDR3-2400 8G套餐

（e）带有辅助散热装置的 DDR3 内存条

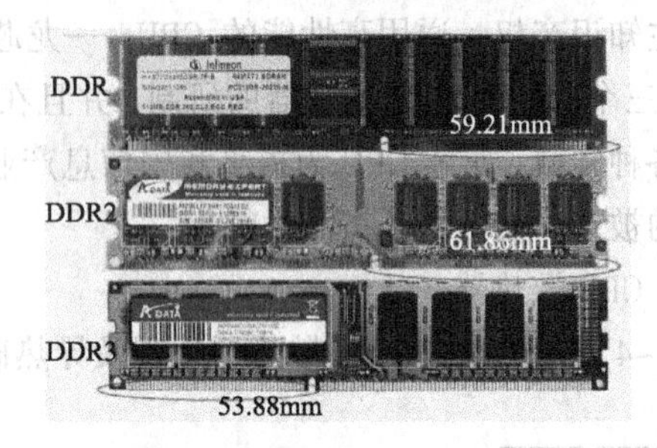

（f）DDR、DDR2、DDR3 内存对比

（g）DDR4

图 1-5 内存外形及防接错特征（续）

提示：微机中使用的内存有 SDRAM（同步动态内存）、DDRAM（双倍数据传输内存）、DDR 2（DDR 2 代内存）、DDR 3（DDR 3 代内存）、DDR 4（DDR 4 代内存）等几种类型，使用特点各不相同，既不能互相替代，也不能互相混用。

3．辅助存储器

辅助存储器也叫外部存储器，简称外存。辅助存储器的存取速度比主存储器慢得多，但容量大，保存的信息关掉电源后不消失，适合永久保存信息。辅助存储器有固态硬盘（SSD 新式硬盘）、机械硬盘（HDD 传统硬盘）、光盘、闪存盘、移动硬盘等。

（1）固态硬盘存储器

固态硬盘是一种采用固态电子存储芯片阵列而制成的硬盘，其接口规范和定义、功能及使用方法上与普通硬盘完全相同，但读取速度更快，解决了新时代传统机械硬盘的性能瓶颈问题，已经成为新装机或者主流笔记本式计算机的标配。固态硬盘在接口等标准上，根据大小尺寸不同，接口种类也不同，如图 1-6 所示。

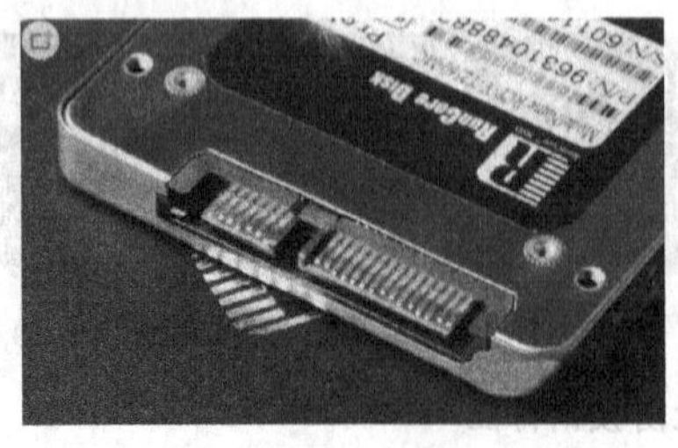
（a）SATA3.0 接口

（b）M.2 接口

图 1-6 固态硬盘接口

（c）mSATA 接口

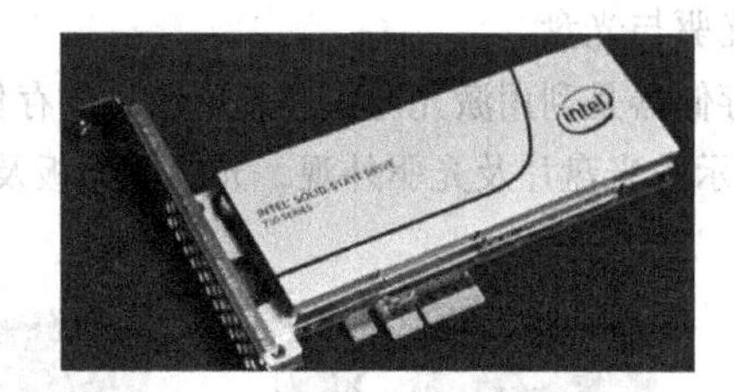

（d）PCI-E 接口

图 1-6　固态硬盘接口（续）

（2）机械硬盘存储器

机械硬盘存储器简称硬盘，由硬盘片和硬盘驱动器组成，如图 1-7 所示。

图 1-7　硬盘内部结构及外观

在辅助存储器中，机械硬盘具有容量大、存取速度快等优点，是目前微机系统中不可缺少的重要设备。目前市场上，SATA 接口硬盘为主流产品。图 1-8 所示为硬盘背部接口。

（a）IDE 接口硬盘

（b）SATA 接口硬盘

图 1-8　硬盘背部接口

（3）闪存盘存储器

闪存盘存储器（Flash Memory）是近年常见的一种半导体存储器，它具有体积小、便于携带、容量大、速度快、可反复读/写、不易损坏、即插即用等优点。由于闪存盘的广泛应用，人们逐渐淘汰掉了软盘。图 1-9 所示为闪存盘的外观及接口。

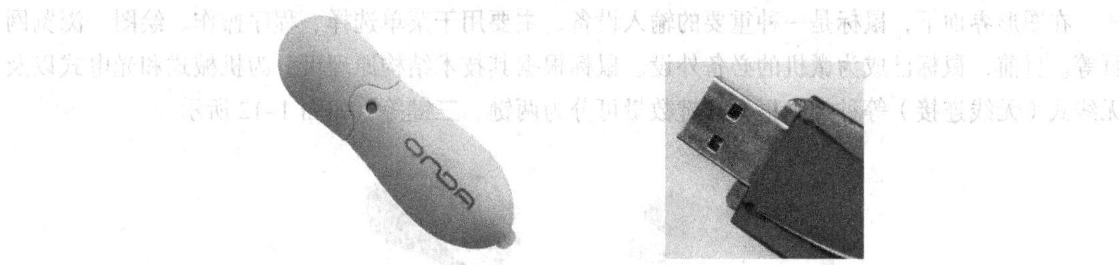
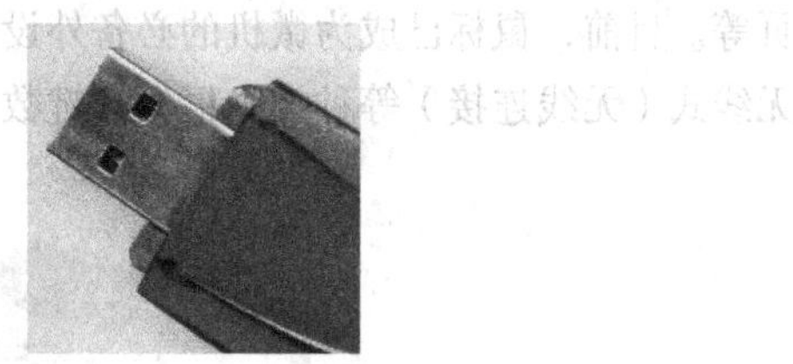

图 1-9　闪存盘外观及接口

（4）光驱与光盘

光盘存储器是利用激光写入和读出信息的存储器。光盘存储器由光盘盘片、光盘驱动器组成。图 1-10 所示为光盘片及光驱外观，光驱前面板及背板接口。

（a）光盘片及光驱外观

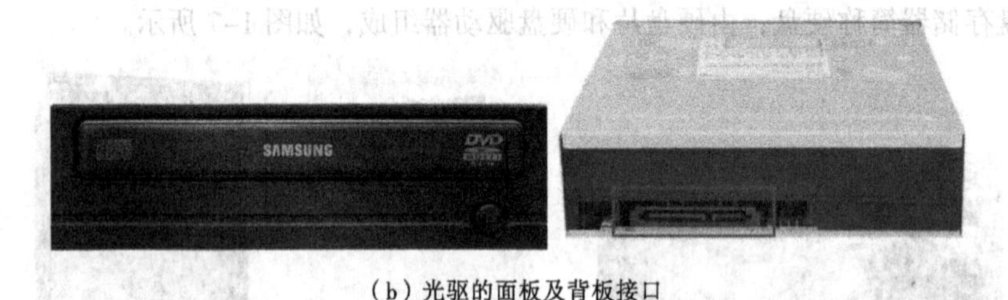

（b）光驱的面板及背板接口

图 1-10 光盘片、光驱外观、面板及背板接口

4．输入设备

输入设备是向微机内输入信息的设备，主要功能是将微机程序、文本、图形、图像、声音以及现场采集的各种数据转换成微机能处理的数据形式并输送到微机。常见的输入设备有键盘、鼠标、扫描仪、数码摄像机、数码照相机等。

（1）键盘

键盘是微机必备的标准输入设备，现在常用的是 104 键的键盘。此外还有人体工学键盘、多媒体键盘等形式的键盘，如图 1-11 所示。

图 1-11 键盘

（2）鼠标

在图形界面下，鼠标是一种重要的输入设备，主要用于菜单选择、程序操作、绘图、浏览网页等。目前，鼠标已成为微机的必备外设。鼠标根据其技术结构原理可分为机械式和光电式以及无线式（无线连接）等种类。根据按键数量可分为两键、三键等，如图 1-12 所示。

图 1-12 鼠标

（3）扫描仪

扫描仪（见图 1-13）是一种常见的计算机输入设备，人们用它可将各种形式的图像、文稿等信息输入到计算机中。扫描仪分为专业滚筒式、平板式和手持式等种类，广泛应用在出版印刷、办公管理、超市收费及图书借阅等方面。

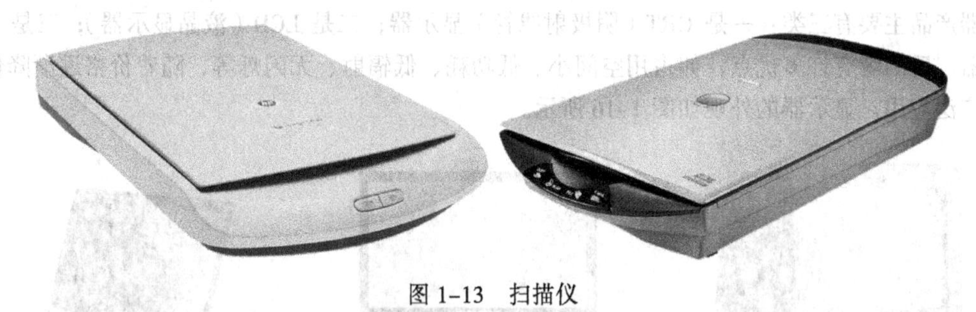

图 1-13 扫描仪

（4）数码摄像机和数码照相机

与传统的摄像机和照相机不同，数码摄像机（DV）和数码照相机（DC）能够记录数字化的图像，并可直接输入到微机中进行处理。一般来说，数码摄像机记录的是活动图像，而数码照相机记录的是静态图像，如图 1-14 所示。

图 1-14 数码摄像机和数码照相机

提示：常见外设如键盘、鼠标、扫描仪、数码照相机、打印机等设备的接口发生了较大变化，越来越多的设备淘汰了过去沿用的 PS/2 接口、串/并行接口等接口形式，而改用传输性能好、允许带电插拔的 USB 接口。各种接口的外形如图 1-15 所示。

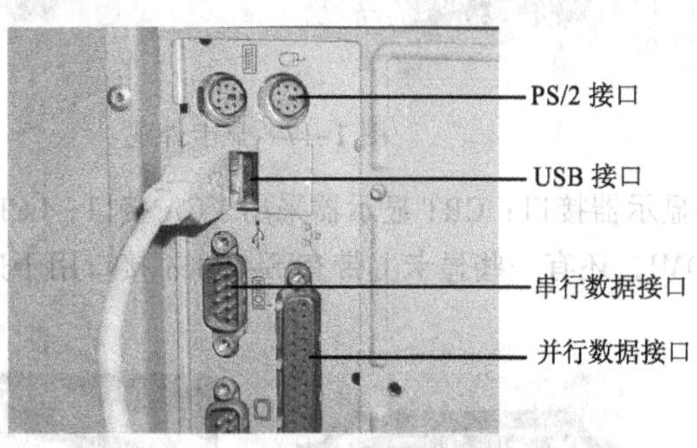

图 1-15 各种接口外观

5. 输出设备

输出设备是把微机处理好的结果转换为文本、图形、图像及声音等形式并输出的设备。输出设备的种类很多，目前微型计算机系统中常用的输出设备有显示器、投影仪、打印机、绘图仪和扬声器等。

（1）显示系统

显示系统由显示器和显示适配器（简称显卡）两部分组成。

① 显示器是微型计算机系统中不可缺少的输出设备。微机在工作时的各种状态、操作的结果、编辑的文件和程序、图形等，都要随时显示在屏幕上，通过它将信息反馈给用户。目前市场上的显示器产品主要有三类：一是 CRT（阴极射线管）显示器；二是 LCD（液晶显示器）；三是 LED 显示器。后两者有许多优点，如占用空间小、低功耗、低辐射、无闪烁等，随着价格逐渐降低，已被广泛应用。显示器的外观如图 1-16 所示。

图 1-16　显示器外观

② 显卡是显示器与主机通信的控制电路的接口电路板。其主要作用就是在程序运行时，根据 CPU 提供的指令和有关数据，将程序运行过程和结果进行相应的处理并转换成显示器能够接收的文字和图形的信号后，通过屏幕显示出来。换句话说，显示器必须依靠显卡提供的显示信号才能显示出各种字符和图像。显卡按其存在形式可分为独立显卡和集成显卡，通常认为，独立显卡能够更好地满足用户个性化的需求，选购灵活，而集成显卡价格便宜，性能一般，如果只是办公或普通学习，选择集成显卡就够用了。显卡外观如图 1-17 所示。

图 1-17　显卡外观

③ 显卡接口和显示器接口：CRT 显示器采用 VGA 接口，LCD 显示器采用 DVI 接口，高清设备采用标准接口 HDMI，还有一些显卡上带有 S-Video 接口用于连接视频设备。各种接口的外观图如图 1-18 所示。

（a）显示器 VGA 接口

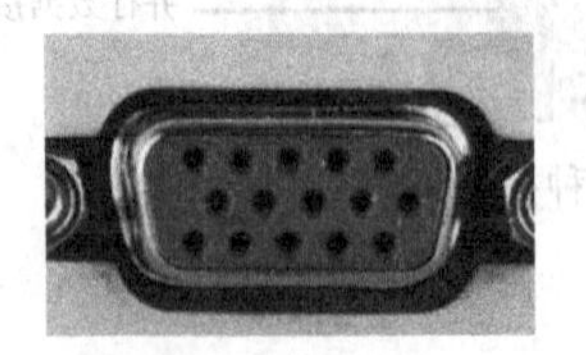

（b）显卡 VGA 接口

（c）DVI 接口

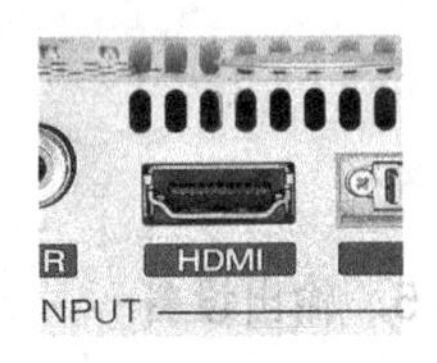

（d）HDMI 接口

图 1-18　显示系统接口外观

提示：定制分辨率和刷新频率，要依据显卡和显示器的档次而定，过高可能加速显示器的老化。通常 17 英寸的显示器，分辨率设置为 1 024 × 768 像素使用效果最佳；刷新频率设置为 85 Hz，即可消除屏幕的闪烁感，长时间工作眼睛也不容易疲劳；而颜色数应设置为 24 位或 32 位真彩色模式。

（2）打印机

打印机是微机系统中重要的输出设备之一，可以将微机中的运行结果打印在纸上输出，方便人们的阅读，同时也便于携带。打印机种类很多，通常按打印原理将打印机分为击打式和非击打式两大类。击打式打印机中最普遍的是针式打印机（又名点阵打印机），非击打式打印机目前最流行的是激光打印机、喷墨打印机。常见打印机外观如图 1-19 所示。

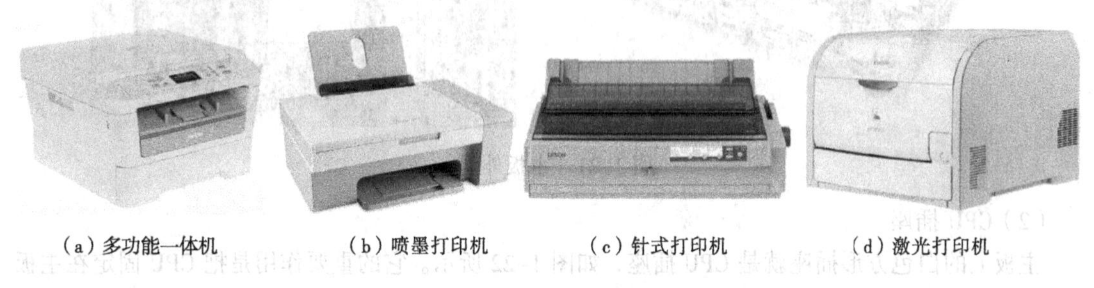

（a）多功能一体机　（b）喷墨打印机　（c）针式打印机　（d）激光打印机

图 1-19　常见打印机外观

（3）音频设备

音频设备可实现声音信息的输入与输出，是多媒体微机的必备设备。通常由声音的输入设备（话筒）和声音的输出设备（扬声器）及声音适配卡（声卡）组成。目前，声卡大多集成在主板上。常见音频设备及接口如图 1-20 所示。

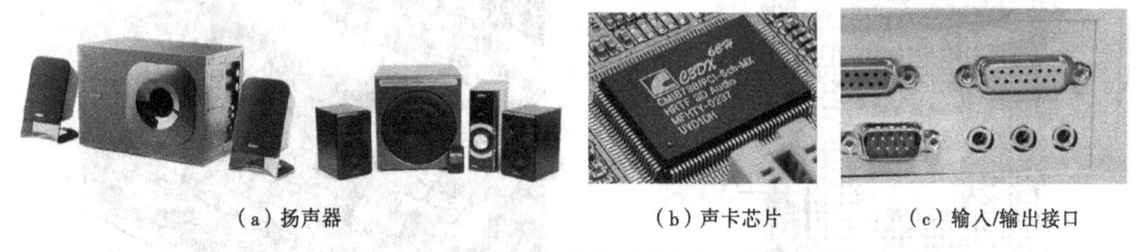

（a）扬声器　（b）声卡芯片　（c）输入/输出接口

图 1-20　扬声器、声卡芯片、输入/输出接口外观

6．主板

主板是微机中的重要部件之一，是微机主机的骨架。主板上主要有 CPU 插座、总线扩展槽及其他扩展槽、主板芯片组及各种集成电路、I/O 接口、电源接口等。随着微电子技术的进步，直接集成到主板上的接口越来越多。图 1-21 所示为主板外观图。下面具体讲解主板上的常见部件。

（1）印制电路板（PCB）

主板可形象地被称为“数字时代的动力平台”，如图 1-21 所示，图中承载着总线、接口、芯片等器件的大板块，就是 PCB。PCB 是由几层树脂材料黏合在一起的，内部采用铜箔走线。一般的 PCB 分为四层，即最上和最下是信号层，中间两层是接地层和电源层。设计主板时应尽量避免由于其他接线的干扰造成信号失真，应该在相邻的两条接线之间留出足够大的间距。有些接线必须限制它的最大长度，以确保信号的最小衰减等。

图 1–21　主板外观

（2）CPU 插座

主板上的白色方形插座就是 CPU 插座，如图 1–22 所示。它的重要作用是把 CPU 固定在主板上。随着 CPU 的发展变化，CPU 插座也一直处在发展变化之中。早期的 CPU 都是直接焊接在主板上的，发展到 486 以后，开始采用插座，但初期需要使用一个专用工具才能拆卸，接着出现了 ZIF（零插拔力）插座及插槽。目前主要采用插座设计，但有多种规格形式，选购时应注意主板与 CPU 的配套。

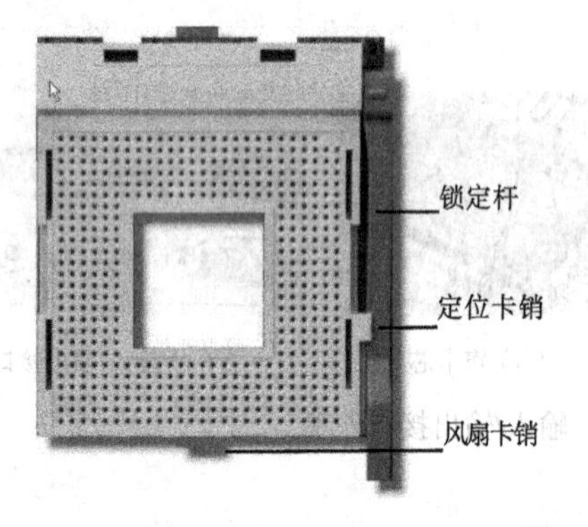

图 1–22　CPU 插座

（3）内存插槽

主板上一组相互距离较紧密的插槽即为内存插槽，两边带有卡销，便于安装固定内存，如图 1–23 所示。目前主要有四种内存插槽形式：SDRAM 内存插槽，用来安装 SDRAM 内存，有 168 只引脚（又称金手指），两个防呆隔断；DDR 内存插槽，用于安装 DDRAM 内存，有 184 只引脚，一个防呆隔断；DDR2/DDR3 内存插槽，用于安装 DDR2/DDR3 内存，有 240 只引脚，一个防呆隔断；DDR4 内存插槽，用于安装 DDR4，有 284 只引脚，一个防呆隔断。

图 1-23 内存插槽

（4）PCI 插槽

白色的 PCI 插槽，如图 1-24 所示，有 2～6 个，是一种扩展卡接口，用来安装各种扩展卡，如声卡、网卡、SCSI 卡、USB 卡等，只要符合 PCI 接口规范，均可安装到 PCI 插槽。

图 1-24 PCI 插槽

（5）PCI Express（PCI-E）插槽

PCI Express 接口根据总线接口按照对位宽的要求不同而有所差异，分为 PCI Express 1X、2X、4X、8X、16X 等。由此 PCI Express 的接口长短也不同。1X 最小，往上则越大。PCI Express 接口可以向下兼容，即 PCI Express 4X 的设备可以插在 PCI Express 8X 或 16X 上进行工作。它良好的向下兼容性被不少业界人士看好，同时 PCI Express 接口还具有支持热插拔及热交换的特性。图 1-25 所示为 1X、16X PCI-E 插槽，图 1-26 所示为 PCI-E 总线扩展卡。

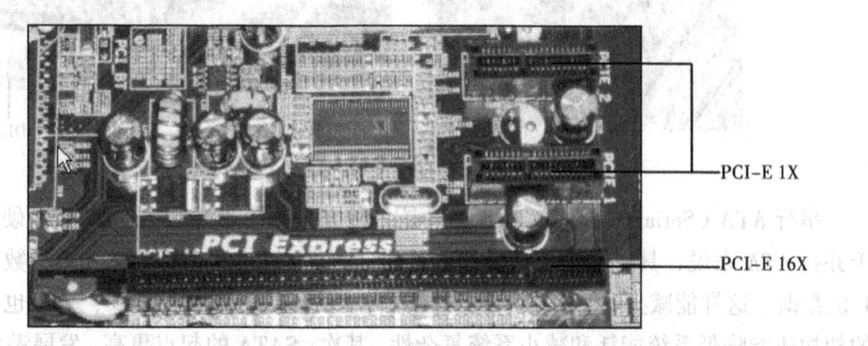

图 1-25 PCI-E 插槽

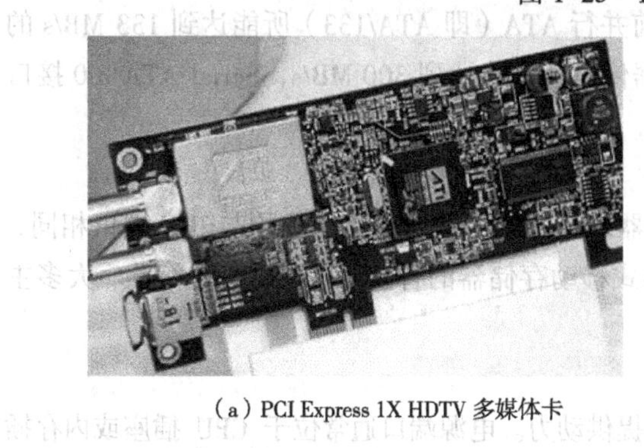

（a）PCI Express 1X HDTV 多媒体卡

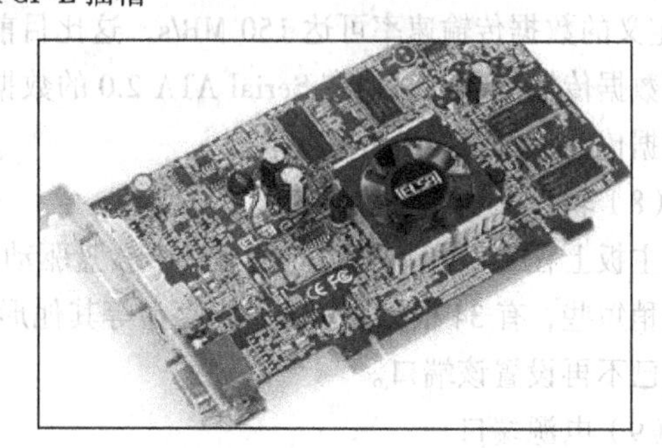

（b）PCI Express 16X 显卡

图 1-26 PCI-E 总线扩展卡

（6）IDE 端口

在主板上靠近边缘的地方，可以找到带有防护围框的长条形接口，它们就是 IDE 端口，用于连接硬盘和光驱，如图 1-27 所示。每个 IDE 端口有 40 根针脚，为防止错接，防护围框上有一个缺口，对应 IDE 信号线上的凸起部分。IDE 端口有主从之分，通常主端口颜色鲜艳醒目，标记为 IDE-1，从端口多为黑色或白色，标记为 IDE-2。

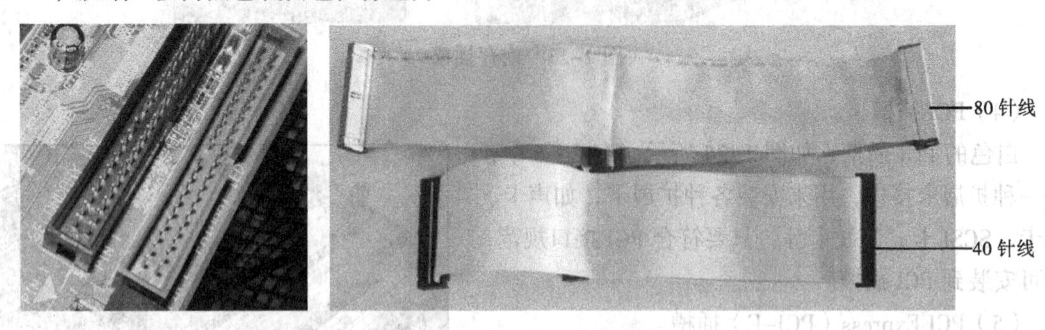

图 1-27　IDE 端口和数据线

（7）串行 ATA（Serial ATA，SATA）接口

图 1-28 所示为 SATA 接口和数据线。

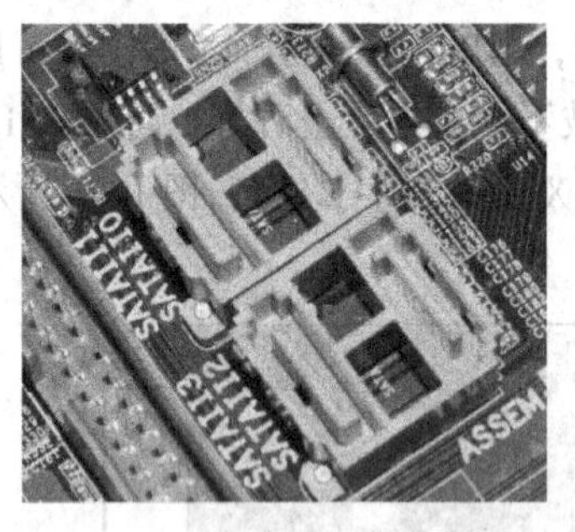

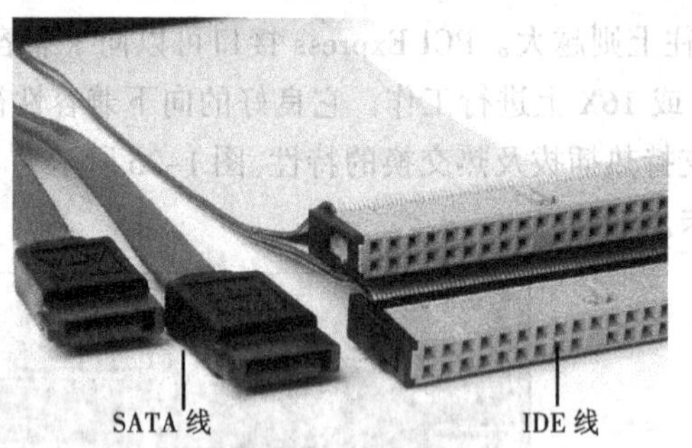

图 1-28　SATA 接口和数据线

串行 ATA（Serial ATA，SATA）接口是一种完全不同于并行 ATA 的新型硬盘接口类型，相对于并行 ATA 来说，具有非常多的优势。首先，SATA 以连续串行的方式传送数据，一次只会传送 1 位数据。这样能减少 SATA 接口的针脚数目，使连接电缆数目变少，效率也会更高，同时这样的架构还能降低系统能耗和减小系统复杂性。其次，SATA 的起点更高、发展潜力更大，Serial ATA 1.0 定义的数据传输速率可达 150 MB/s，这比目前并行 ATA（即 ATA/133）所能达到 133 MB/s 的最高数据传输率还高，而在 Serial ATA 2.0 的数据传输速率将达到 300 MB/s，Serial ATA 3.0 接口的数据传输速率可达 600 MB/s。

（8）软盘驱动器端口

主板上在 IDE 端口旁边，还有一个软盘驱动器端口，外形及防错接结构均与 IDE 端口相同，只是稍短些，有 34 根针脚。由于闪存盘等其他形式移动存储器的普及，软驱已趋于淘汰，大多主板上已不再设置该端口。

（9）电源端口

通过电源端口使主机电源与主板相连，为主板提供动力。电源端口通常位于 CPU 插座或内存插槽附近，目前主要是ATX接口形式，为白色长方形，有20只或24只引脚。对于与Intel Pentium 4 CPU配套的主板，在上面还可以看到一个四针方形电源端口，设置该端口的目的是为高功耗的CPU提供充足的电力支持，如图1–29所示。此外，主板上还有CPU风扇电源接口和机箱风扇电源接口等。

图1–29 主板上的电源端口

（10）各种前面板端口排针

用于连接机箱前面板的按钮、指示灯、USB端口和前置音频端口等，通常用颜色或线框标出分组，用数字符号标出极性。图1–30所示为主板上的前面板端口排针和接头。

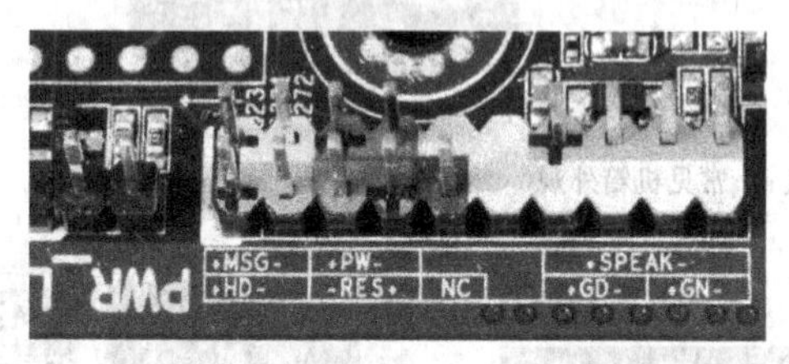

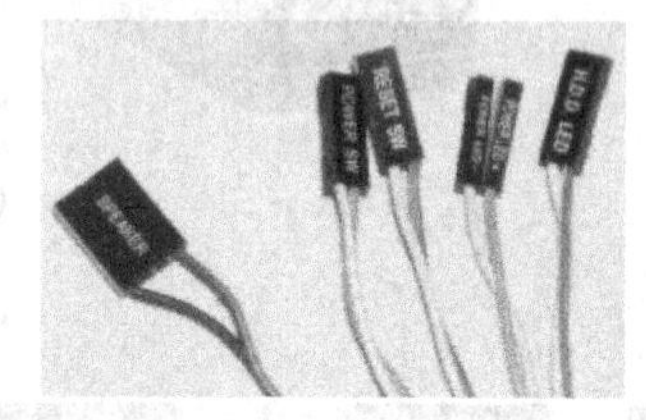

图1–30 主板上的前面板端口排针和接头

（11）各种背板端口

在安装好的主机机箱背面，有各种形状的端口，用来连接各种外围设备，以实现更加丰富的计算机系统功能。常见的端口有：PS/2端口——用于连接鼠标、键盘；串行通信端口——用于连接鼠标、Modem；并行通信端口——用于连接打印机、扫描仪；音频信号端口——用于连接音频设备；USB端口——用于连接各种USB接口设备。目前USB接口已经应用于各个种类的外设上。此外，有些主板上还集成有显卡端口、网卡端口、IEEE 1394端口等。常见背板端口如图1–31所示。

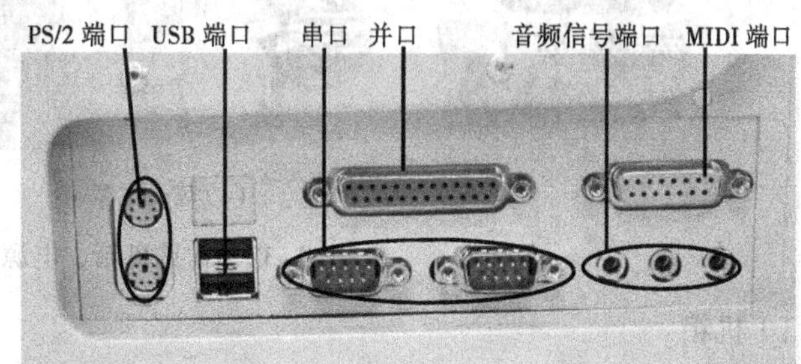

图1–31 常见背板端口

（12）其他器件

此外，在主板上还设有CMOS清零跳线，内置声卡音频输入端口，机箱开启警示排针等。

提示：微机主板上除布置有上述各个端口外，还有与装机操作关系不大，但对主板性能影响甚大的BIOS芯片和南、北桥芯片等。BIOS（基本输入/输出系统）芯片是一个很重要的芯片，完成系统与外设之间的输入/输出工作。南、北桥芯片组与主板的关系就像 CPU 与整机的关系一样，它提供主板上的核心逻辑，是主板的大脑。

7. 机箱、电源

机箱和电源通常整体出售，但也可以单选单购。选购时不仅要看外表，更要注重内在品质，一定要购买通过中国电工产品（CCEE）安全认证的知名品牌，查看其选料及做工，边缘无毛刺，拿在手中应该有厚重感。常见机箱、电源外观如图 1-32 所示。

（a）常见机箱外观

（b）机箱面板、端口及机箱内部

（c）常见电源

图 1-32 常见机箱、电源

（1）机箱

按其结构不同，机箱可分为 AT、ATX、NLX、MicroATX 这四种，其中 ATX 机箱是目前市场上最常见的机箱。按其外形摆放不同，机箱可分为卧式、立式两种，通常立式机箱的可扩充性较强，前面板的装饰也更富于变化，立式机箱又分为半高和全高。选购机箱时，除考虑款式、材质等因素外，机箱的散热性能也是应该重点考虑的因素。

（2）电源

电源的基本功能是将市电转换为微机所需的各档直流工作电压，为微机的所有部件提供动力。

电源的好坏直接影响到微机能否稳定地工作，一定要购买通过中国电工产品（CCEE）安全认证、拿在手中有厚重感的产品；在电源接口形式和功率指标上，则要注意与所购产品相匹配。

8. 网络设备

用户接入网络的形式主要有宽带接入和窄带接入。宽带接入设备主要有网卡和宽带调制解调器（Cable Modem），窄带接入则只需要一台调制解调器（Modem），通过专用线或电话线接入即可。

单位内部的多台微机也可以组成一个局域网，这时主要用到网卡和集线器（Hub）等设备。图 1-33 所示为常见网络接入设备。

（a）集线器

（b）网卡

图 1-33 常见网络设备

任务2 组 装 微 机

任务描述

通过上一个任务的学习，掌握了器件识别的基本技能，本任务将在此基础上进行微机的硬件组装。学习使用常用的组装工具，学习微机组装的技巧，牢记拆装过程中的禁忌法则；进一步加深对微机硬件系统的认识，具备微机硬件维护的基本能力。

本任务要求将从市场采购来的计算机散件组装成一台计算机整机，具体要求如下：

① 认真阅读相关资料，核验硬件，观察硬件接口结构。

② 正确使用工具和螺钉。

③ 按照“先大后小，先里后外，先固定后灵活”的原则逐一组装。从碍手、遮挡的角度说，就是先装被遮挡物再装遮挡物。

④ 检查、评估、加电试机。组装好的计算机如图 1-34 所示。

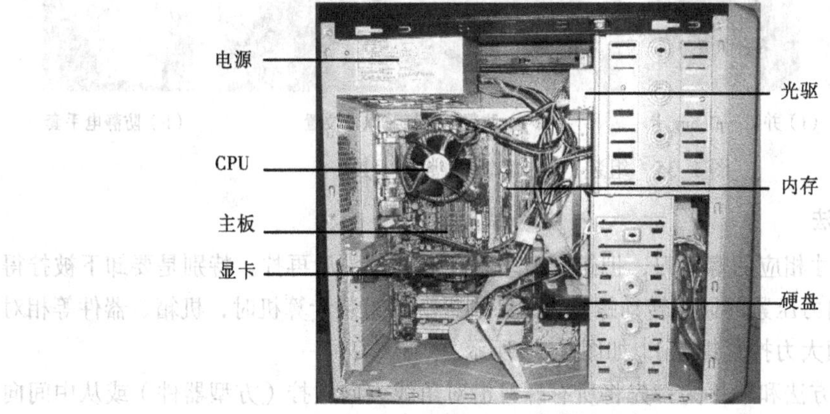

图 1-34 组装效果示意图

任务分析

要想完成微机的拆装操作，首先必须熟悉各器件的特征及防接错结构，然后要掌握微机组装的方法和技巧。拆、装是两个相反的操作。拆、装操作没有特定的顺序，要因时制宜，随机应变。练习过程中，严禁带电进行拆、装操作。

通过完成本任务，应该达到的知识目标和能力目标如表 1-2 所示。

表 1-2　知识目标和能力目标

知 识 目 标	能 力 目 标
①懂得计算机组装的顺序流程 ②牢记组装注意事项及组装操作禁忌	①掌握常用组装工具使用方法、技巧 ②能根据不同硬件结构，确定组装微机方案，并正确组装 ③能分析处理组装中出现的问题

知识准备

一、常用工具及其使用方法

1. 常用组装、维护工具

在组装过程中最常用到的工具并不多，主要有磁性十字螺丝刀、尖嘴钳等，但作为一名专业工作人员来说，需要面对的情况多种多样，所以最好多准备些工具，例如磁性十字螺丝刀（大、小号）、磁性一字螺丝刀（大、小号）、尖头镊子、装机用标准螺钉、固定主板用铜柱和塑料柱、防静电环、万用表等，如图 1-35 所示。

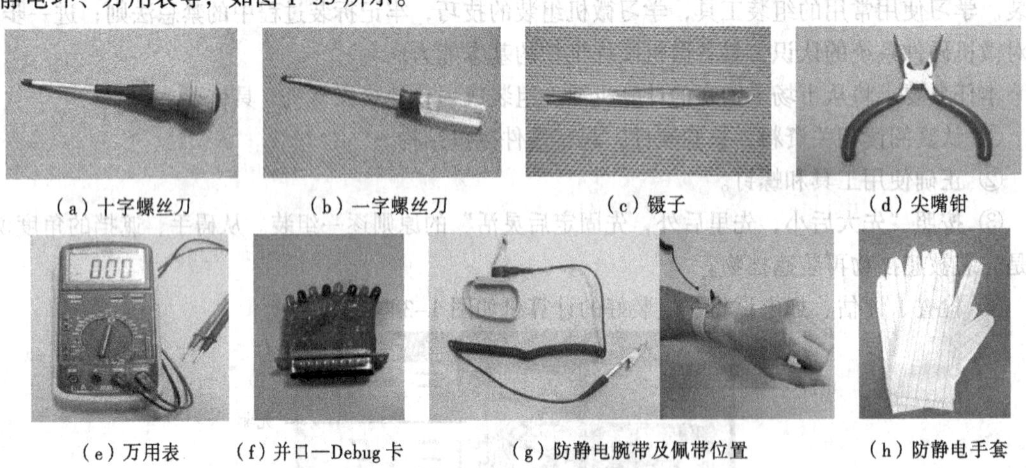

（a）十字螺丝刀　（b）一字螺丝刀　（c）镊子　（d）尖嘴钳

（e）万用表　（f）并口—Debug 卡　（g）防静电腕带及佩带位置　（h）防静电手套

图 1-35　组装、维护计算机常用工具

2. 螺丝刀使用方法

① 使用与螺钉尺寸相应的螺丝刀，把螺丝刀垂直正对螺丝头后再拧。特别是要卸下被拧得很紧的螺钉时，要在用力压紧的同时转动螺丝刀（特别提醒：组装计算机时，机箱、器件等相对都比较单薄，切忌使用大力拧紧螺钉），如图 1-36 所示。

② 拧紧螺钉时的方法和顺序为：先将所有螺钉沿对角线方向虚拧（方型器件）或从中间向左右两侧逐一虚拧（直线型器件），然后再逐一拧紧。

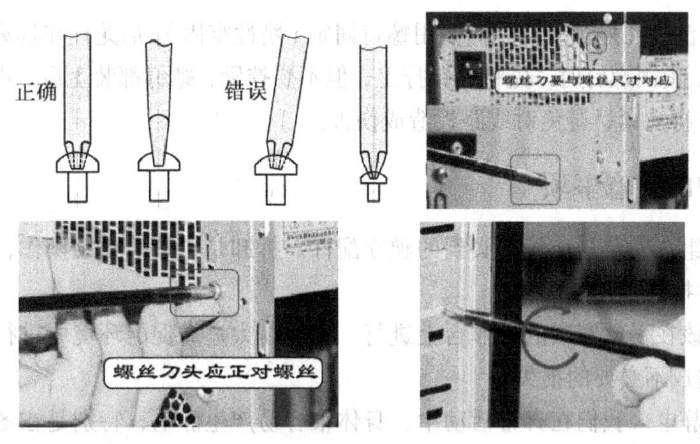

图 1-36 螺丝刀的使用方法

3. 钳子使用方法

图 1-37 尖嘴钳子的使用方法

尖嘴钳子也是常用组装工具之一，应掌握其使用方法。

① 使用右手操作钳子。将小指伸在两钳柄中间并抵住钳柄，拇指和其余三指分别握持钳子的两个手柄。这样既可保证有力握持，也可灵活分开钳柄张开钳头。

② 张开钳头，用钳口夹紧螺钉，沿顺时针方向转动，拧紧螺钉；沿逆时针方向转动，拧松螺钉，如图 1-37 所示。

二、组装操作技巧

① 参考任务 1 所讲内容，到配件市场选择有信誉的经销商采购配件（采购时应注意验货）。逐一将采购回来的配件从包装盒中取出，进行特征识别。

② 要认真阅读（以后还要妥善保管）主板说明书，熟悉主板特性、特点及安装要求。特别要关注 CPU 接口、电源接口（主板电源、风扇电源）、总线接口（显卡接口、内存接口）、数据接口（硬盘接口、光驱接口）、机箱面板接线（按键、指示灯、USB 接口）等安装连接位置的说明，并将说明与实物对照，仔细观察、识别防接错结构。一般来说，CPU、内存、显卡、电源、数据接口大多通过形状结构对应连接，不易接错；而按键、指示灯、USB 接口等大多通过字母说明对应连接，较易接错，应特别注意。

③ 组装时要注意硬件的安装顺序。参考办法：先大后小，先里后外，先固定后灵活。从碍手、遮挡的角度说就是先装被遮挡物再装遮挡物。例如，先将 CPU 及风扇、内存等以主板为独立支撑物的硬件安装到主板上，再整体安装到机箱中，接着安装机箱电源、光驱等，再装硬盘；先紧固好所有的螺钉再连接各种数据线、电源线。机箱由冲压铁板制成，边缘非常锋利，内部空间又小，如果组装顺序不对，很可能遇到不必要的麻烦，甚至伤及身体或器件。

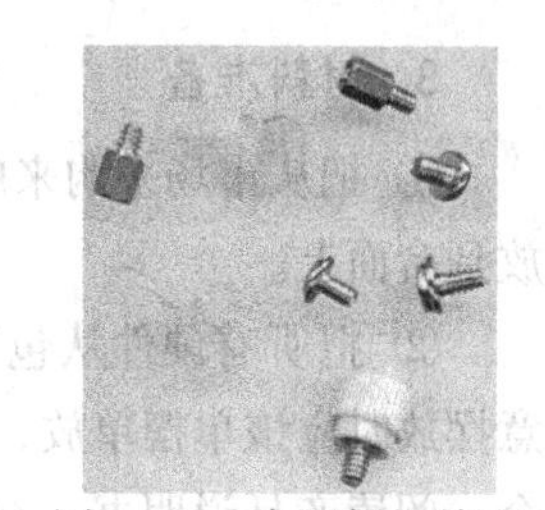
图 1-38 常用螺钉外观

④ 正确使用螺钉等紧固配件。通常情况下固定机箱、电源所使用的螺钉较大，固定硬盘、光驱的螺钉较短、较细，主板所用螺钉较细、较长。常用螺钉外观如图 1-38 所示。如果主板需要使用金属螺钉和尼

龙柱固定，一定要注意在外设接口一侧使用螺钉固定（刚性牢固），尼龙柱在远离外设接口部位处使用（柔性活动）。紧固螺钉时，先将螺钉拧上，但不要拧紧，螺钉都装上后，再按对角方向逐一拧紧，注意不要拧得太紧，避免对线路板造成伤害。

三、操作中的注意事项

① 组装是指组合安装从市场上买到的独立配件。拆卸是组装的相反操作，拆卸时一定要注意绝不可以把器件拆成零件。

② 组装时应该在平整宽敞的操作台上进行，不要在太过局促的环境中进行，以免发生硬件滑落、磕碰等，造成不必要的损失。

③ 清除身体静电。我们在日常活动中，身体很容易产生静电，特别是在冬、春季节气候干燥，产生的静电更多。而这些静电的存在，在组装过程中很可能将芯片内部的集成电路击穿，造成危害，因此，在安装操作前应该释放掉身体静电。通常可以通过触摸一下暖气、水管等接地金属物释放掉身体上的静电，有条件的话，可以佩戴防静电环或防静电手套等。

④ 防止异物掉进（遗漏）机箱内。组装时要注意，防止将螺钉等异物遗漏在机箱内，防止将饮料等液体洒落在器件上，特别是对于爱出汗的人来说，还要注意避免将汗水滴落在器件上，以及注意避免用有汗水的手接触印刷电路，尤其不要接触 CPU、内存、板卡等的接脚。

⑤ 在任何情况下，严禁带电进行组装操作。

提示：①在拆卸过程中要注意观察和记录原来的结构特点，严禁不顾结构特点的野蛮拆卸，以免造成严重的损坏。

②在拆卸过程中，严禁带电插拔各种板卡、芯片和各种外设的数据线（允许带电插拔的接线除外，如 USB 接线和 IEEE 1394 接线等）。

任务实施

步骤一：做好组装前的准备工作

1．环境准备

① 准备一张足够宽敞的工作台，防止发生器件滑落、磕碰等，确保组装工作顺利完成。

② 将市电插排引到工作台上备用。

2．工具准备

准备好十字螺丝刀、尖嘴钳、镊子等装机工具。

3．材料准备

① 把从市场采购来的主板、CPU、内存、硬盘、光驱、显卡、电源、机箱、键盘、鼠标等摆放到台面上。

② 把所有硬件从包装盒中逐一取出，将包装物衬垫在器件下方，按照安装顺序排列好。注意摆放时应该单摆单放，不要堆叠放置，对于主板要格外小心。查验产品包装清单、附件是否齐全；阅读产品说明书，查看是否有特殊安装要求。所有这些工作完成后，就可以进行组装了。

步骤二：组装主机

1. 安装主板

安装主板时应首先将 CPU、CPU 风扇、内存安装到主板上，然后再整体安放到机箱内。

① 安装 CPU：将主板从包装袋中取出，抚平包装袋，将主板放到包装袋上。观察主板和 CPU 的防接错结构，找准定位特征点，通常以倒角或圆点标出。将插座的锁定杆抬起到垂直位置，垂直放入 CPU。此时要特别注意使 CPU 针脚与插座的孔对齐，再将 CPU 向下安放到位。按下锁定杆至插座卡销处，如图 1-39 所示。

图 1-39　安装 CPU

② 安装 CPU 风扇：首先在 CPU 芯片的金属外壳或核心上涂上一层薄薄的硅脂，它可以使 CPU 与散热器接触良好，一定要涂均匀，以确保良好的散热。涂好散热硅胶后，就可以将散热风扇安装到位。有的风扇安装时有方向性，不可随意安装。将散热风扇对正位置放好，卡紧卡子，然后将风扇电源接好，如图 1-40 所示。至此便完成了 CPU 散热风扇的安装工作。

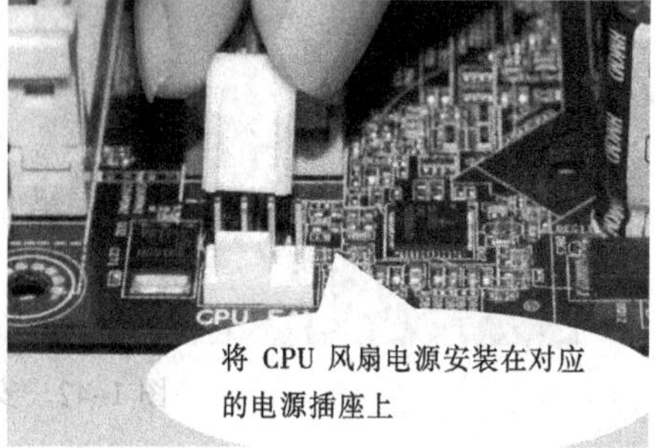

图 1-40　安装 CPU 风扇

③ 安装内存：扳开内存插槽两端的卡销，观察内存接脚上的缺口和内存插槽上的定位隔断，

对准内存与插槽的安装方向，两端均匀用力向下按，将内存插到底，同时，插槽两端的卡销自动卡住内存，如图 1-41 所示。安装内存时，应该从靠近 CPU 处的内存插槽开始，依次安装。对于双通道内存，要两条共用，相同颜色的插槽为一组。

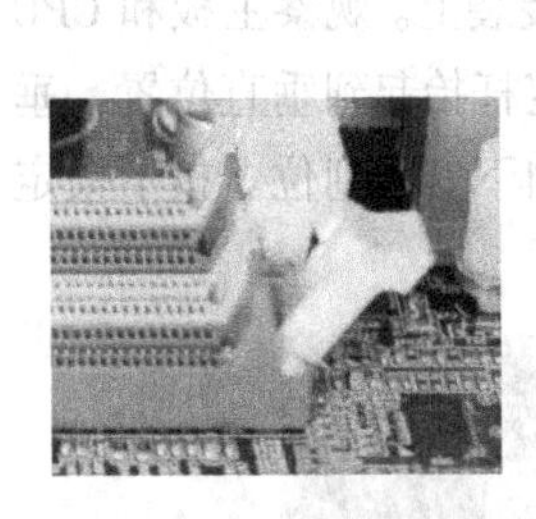

（a）内存条安装方法

（b）单通道主板上多个内存插槽的排列方式

（c）双通道主板上内存插槽分为两组

图 1-41 安装内存条

④ 将主板安放到机箱内：卸掉机箱的侧板，把机箱平放在桌子上，将主板上有背板端口的一方对着机箱背板放下。透过主板上的螺孔确定要在机箱底板的什么位置安装铜柱。拿出主板，安装好铜柱或塑料柱，将已经安装好 CPU 及风扇、内存的主板安放到机箱内，固定，如图 1-42 所示。

提示：如果主板需要使用金属螺钉和塑料柱固定，一定要注意在接口一侧使用螺钉（刚性牢固），在远离接口部位处使用塑料柱（柔性活动）。紧固螺钉时，先将螺钉拧上，但不要拧紧，螺钉都装上后，再按对角方向逐一拧紧。

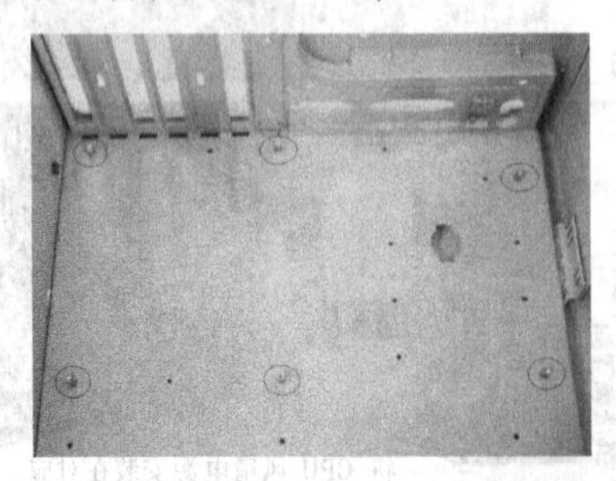

图 1-42 安装主板

2. 安装显卡

安装显卡时，应注意接脚处缺口对准插槽内的定位隔断，同时还要注意插槽端头的防脱卡销。

把显卡垂直插入插槽内，到底，拧紧挡片上的固定螺钉即可，如图 1-43 所示。

图 1-43　安装显卡

3. 硬盘及光驱的安装

将硬盘及光驱放进驱动器架，上紧螺钉即可，如图 1-44 所示。同时需要注意以下几点：

图 1-44　安装硬盘和光驱

（1）安装 SATA 接口的硬盘和光驱

① SATA 数据线特点：SATA 接口数据线与传统硬盘和光驱的数据线有很大差异，如图 1-45 所示。SATA 接口数据线采用 7 针细线缆作为传输数据的通道，接头处采用 L 形防错结构。细线缆的优点在于它很细，弯曲起来非常容易（但是要注意不能过度弯曲），不会妨碍机箱内部的空气流动，这样就避免了热区的产生，从而提高了整个系统的稳定性。由于 SATA 采用了点对点的连接方式，每个 SATA 接口只能连接一块硬盘或光驱，因此不必像并行硬盘或光驱那样设置跳线。

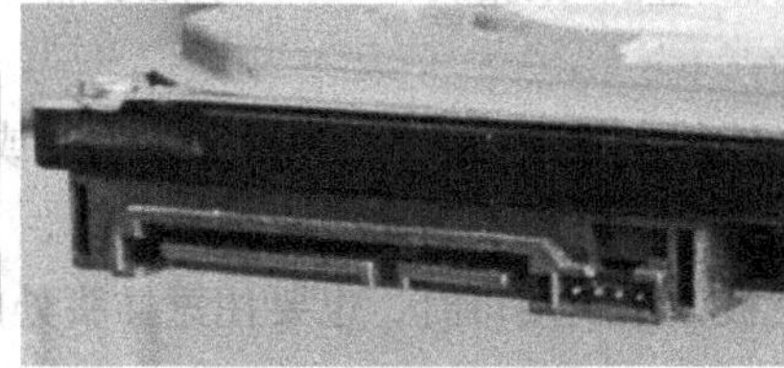

图 1-45　SATA 电源线和数据线及对应接口

② SATA 电源线特点：与数据线一样，SATA 电源线接口也没有使用传统的 4 针的“D 形”电源接口，而采用了更易于插拔的 15 针扁平接口，L 形防错结构，使用的电压为+12 V、+5 V 和+3.3 V。

（2）选用合适的螺钉

以前安装硬盘的螺钉与安装光驱的螺钉是不一样的，安装硬盘用的螺钉外形稍短、稍粗一些。目前新产品中已经没有这种区别了。

（3）注意装入方式

安装硬盘和光驱进入驱动器架时的方向不同。安装光驱时应该从机箱前面板外部，将光驱塞入驱动器架，安装到位后，光驱面板应与机箱前面板相吻合。

（4）注意安装位置

在允许的范围内，硬盘和光驱的安装位置要灵活掌握，距离其他板卡、组件等既不要过近，也不要过远，以免影响数据线、电源线的连接。

4. 连接电源

完成好主板、板卡、硬盘、光驱等的安装工作后，接下来即可进行电源的连接。

① 连接主板电源：主板上电源接口较多，形式也各不相同。主要有 24 孔的主板电源、3 针的风扇电源以及 CPU 专用的电源插头。它们都有防插错结构，认真看一看结构，在相应处连接上即可。图 1-46 所示为连接主板上各个电源插头。

图 1-46　连接主板电源

② 连接硬盘、光驱电源：这些电源线连接很简单，都是带有强制防错的电源插头，不会插错，但是要注意一定要安插到底，否则，很可能会毁坏硬盘。图 1-47 所示为连接硬盘电源。

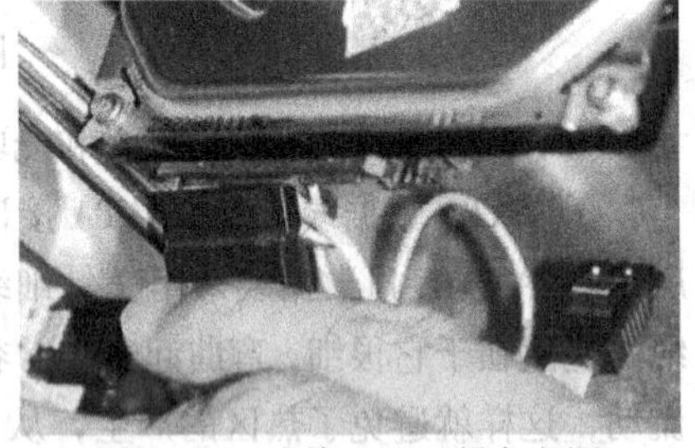

图 1-47　连接 SATA 硬盘电源

5. 连接数据线

连接数据线，主要是指连接硬盘、光驱的数据线。连线时应找准各数据线所对应的接口与方向。

① 安装 SATA 硬盘或光驱数据线，SATA 采用了点对点的连接方式，每个 SATA 接口只能连接一块硬盘或光驱。

② 将数据线接头处的定位装置对准背板上插槽处，或按照数据线花边朝向硬盘、光驱电源接口的规则，安插入位。图 1-48 所示为连接硬盘数据线。

③ 同样，连接主板数据线接口时，也要注意插头处的强制防接错结构，正确安插入位，如图 1-49 所示。

图 1-48　将数据线连接到 SATA 硬盘上

图 1-49　将硬盘、光驱数据线连接到主板上

6. 连接机箱面板信号线

机箱面板连线主要包括电源开关、复位开关、电源指示灯、硬盘指示灯、前置USB端口连线等。

① 连接机箱前面板连线时，按照主板说明书的说明，对照实物，将机箱前面板上引出的各种信号灯线、控制键连线一个一个地接插在主板的相应插针上。插线接头上印有接头名称，而主板上一般用色彩或线框标明，相同色彩的插针为一组，如图1-50所示。

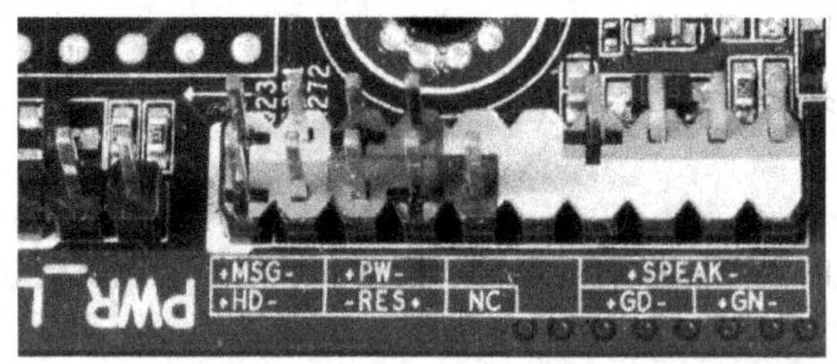

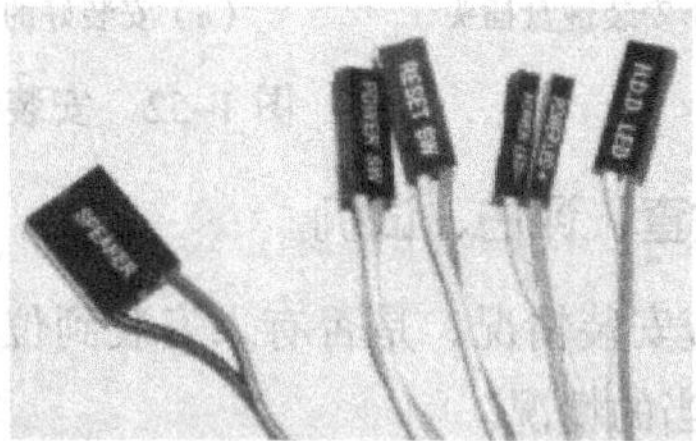

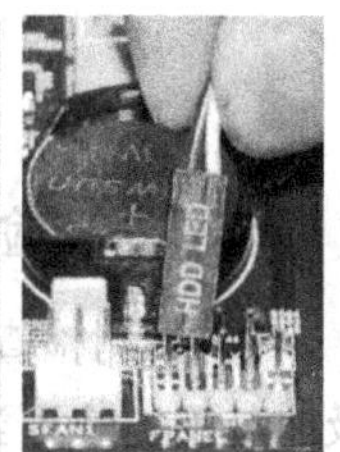

图1-50　连接机箱面板灯、控制键连线

② 要注意信号灯线极性不能接反，否则灯就不亮了；插线接头上彩色线为正极，插针上有三角或数字标志的插针为正极。连接按键时，没有严格的正负极性区别。

③ 要正确连接前置USB连线，由于同组接线中既有数据线又有电源线，如果接错就不能正确使用，甚至有可能出现烧毁接口的严重问题，所以一定要看清说明书再认真连接。目前USB接头、前置音频接头大多做成了模块，采用强制防错，更加易于安装，如图1-51所示。

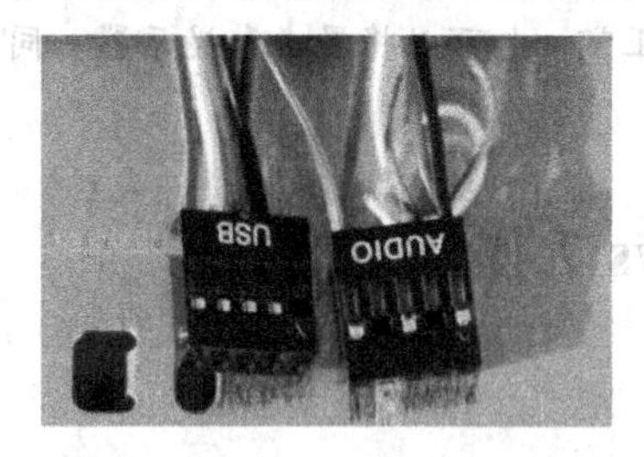

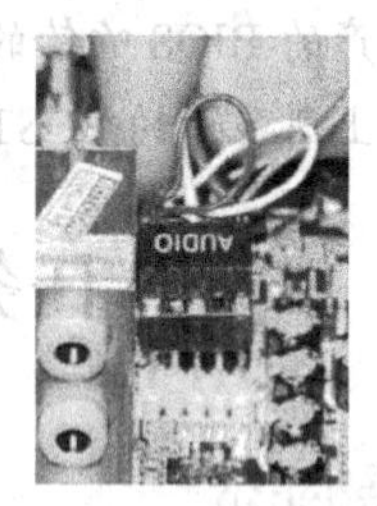

图1-51　连接前置USB连线、音频连线

7. 连接外设

机箱内部的组装工作完成后，就可以连接外设了，主要是指连接键盘、鼠标、显示器、扬声器等。

在机箱背板处，找到与上述设备接头外形相似、颜色相同的插座，一一对应连接，并将显示器的固定螺钉拧紧，即完成外设连接，如图1-52所示。

（a）安装显示器数据线

（b）安装显示器电源线

（c）安装音箱数据线

图1-52　安装外设连线

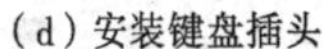

（d）安装键盘插头

（e）安装好的键盘、鼠标插头

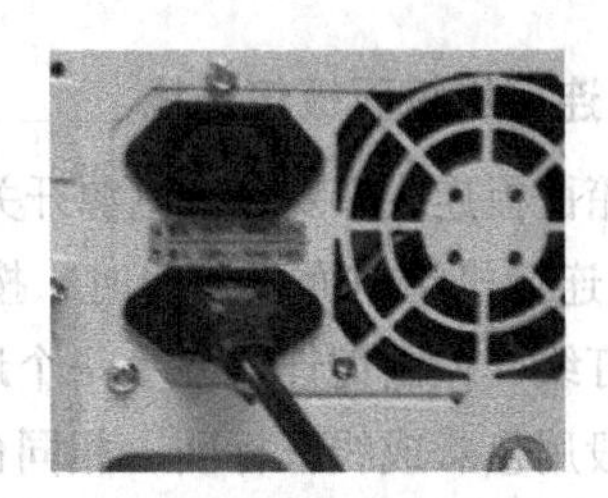

（f）安装电源线

图 1-52 安装外设连线（续）

步骤三：检查、评估、试机

① 目测检查安装情况，是否有未安装到位的板卡、松动的螺钉、搭落在风扇上的接线等，及时处理安装不当的情况。

② 通电自检，POST 通电自检无报警提示，有 PG 信号（“嘟”的一声，电源好信号），即说明安装正确。关机。

③ 整理内部接线，用塑料扎线把机箱内部散乱的线整理绑扎好，并就近固定在机箱上。最后，盖上机盖，结束装配。

提示： 完成基本组装工作后，即将 CPU 及 CPU 风扇、内存、主板安装到位以后，可先将电源正确连接好，进行一次加电测试。测试正常后，再继续组装其他器件。测试时，可上网查找不同厂家生产的 BIOS 响铃的提示信息，据此来判断是否正常。也可以将显卡和显示器一同连接好，对照屏幕上所显示的 POST 信息，进行判断分析。

任务 3 安装 Windows 7 操作系统

任务描述

本任务学习进入 BIOS 设置开机启动顺序的方法，硬盘分区的意义和方法，练习使用 Windows 系统盘和常用第三方分区工具如 Disk Genius 等完成硬盘的分区/格式化，练习使用光盘或者 U 盘安装 Windows 7 操作系统。具体要求如下：

① 理解安装操作系统前应做好哪些准备工作。

② 能够准确进入 BIOS 设置光盘/U 盘为第一开机启动设备。

③ 能够使用多种方法（系统盘、工具软件）对硬盘进行分区/格式化，将硬盘划分 4 个以上分区。

④ 使用系统光盘将 Windows 7 操作系统安装到 C 盘，注意安装向导说明，回答安装问题。

⑤ 使用 U 盘安装 Windows 7 操作系统，注意与使用光盘安装的区别。

任务分析

操作系统是微机系统中非常重要的组成部分，是系统软件的核心，是连接硬件和应用软件（用户）的接口和桥梁。在微机硬件组装好后，要先进入 BIOS 设置第一启动设备，然后利用系统盘或者第三方工具对硬盘进行分区/格式化，然后就可以按步骤安装操作系统了。安装操作系统可以使用光盘系统盘，也可以使用U盘，可以安装单一操作系统或者多操作系统。

通过完成本任务，应该达到的知识目标和能力目标如表1-3所示。

表1-3 知识目标和能力目标

知识目标	能力目标
①了解BIOS的基本功能 ②懂得分区的意义和分区的方法 ③熟悉安装操作系统的常用方法	①能够熟练进入BIOS设置第一启动设备 ②能够熟练完成分区/格式化硬盘的操作 ③能够熟练完成光盘安装Windows 7系统 ④能够熟练完成U盘安装Windows 7系统

一、BIOS的概念和基本功能

BIOS（Basic Input/Output System，基本输入/输出系统）是被固化到计算机中的一组程序，为计算机提供最低级、最直接的硬件控制。通俗地说，BIOS是硬件与软件程序之间的一个“转换器”或者说是接口，负责解决硬件的即时需求，并按软件对硬件的操作要求具体执行。

BIOS的基本功能有：自检及初始化、BIOS系统设置、BIOS系统启动自举程序、程序服务处理和硬件中断处理。在安装操作系统的过程中，需要进入BIOS设置微机的第一启动设备。

二、硬盘的分区和格式化

1. 硬盘的分区方法

硬盘容量越来越大，存储的数据信息越来越多，如何规划管理好硬盘，确保安全、稳定、高效地使用计算机，是摆在每一个用户面前不能回避的问题。将硬盘合理分区，是有效解决这一问题的重要方法。

硬盘主要的分区方法如下：

① 使用Windows 系统安装程序完成分区/格式化操作。在安装操作系统过程中，有对磁盘进行分区/格式化操作的界面，用户可以根据需要完成相关操作。

② 使用分区工具软件，如Disk Genius、PQ等，也可以对硬盘进行分区，且分区速度快，甚至可实现无损分区。

③ 硬盘分区时，首先将硬盘分为主分区（C盘）和扩展分区，然后对扩展分区再进行划分，分出各个逻辑盘（如D、E、F……）。

技巧：进行分区操作时，应按功能设置分区，一项独立功能对应一个分区。如可以将硬盘分成五个以上的分区：C、D分区，用于安装操作系统（双操作系统），为系统文件分区；E分区，用于安装应用程序，为应用软件分区；F分区，用于保存个人资料，为个人数据文件分区；G分区，用于备份资料。通过分区，可以分门别类地进行管理，提高系统的安全性，使系统高效、稳定地运行。

2. 硬盘的高级格式化

一个仅完成了分区的硬盘仍然无法正常使用，若想用它来存储文件，还必须对它进行高级格式化。

高级格式化（High Level Format）又称逻辑格式化，就是在磁盘上设置目录区、文件分配表区等，写上系统规定的信息和格式。在磁盘上存放数据时，系统将首先读取这些规定的信息来进行校对，然后才将用户的数据存放到指定的地方。

高级格式化可以对一个逻辑盘（硬盘分区）进行操作。高级格式化时，同样会删除被格式化磁盘上保存的信息。

高级格式化既可以在DOS下进行，也可以在Windows下进行。它不会对硬盘造成物理伤害。

常见的分区格式有FAT32、NTFS。

三、操作系统

1. 操作系统的作用

操作系统是微机系统中非常重要的组成部分，是系统软件的核心，是连接硬件和应用软件（用户）的接口和桥梁，是微机硬件的第一级扩充。它是一种对微机的全部软件资源和硬件资源进行控制和管理、合理组织微机工作流程以便充分发挥微机工作效率、运行其他应用软件的操作平台。用户必须通过操作系统才能使用微机处理日常事务、开发软件、设计工程项目等。

通常，操作系统具有五方面的功能：处理机管理、存储管理、设备管理、文件管理和作业管理。

2. Windows 7操作系统的特点

操作系统的类型有很多，目前所使用的个人计算机中安装的操作系统主要有Windows XP//7/10。其中，Windows 7是2010年微软面向全球推出的操作系统，在系统的稳定性和兼容性方面有较大改进，目前正在被越来越多的用户所接受。Windows 7操作系统的主要特点有：

（1）更加安全

Windows 7改进了安全和功能的合法性，还把数据保护和管理扩展到外围设备。Windows 7改进了基于角色的计算方案和用户账户管理，在数据保护和坚固协作的固有冲突之间搭建沟通桥梁，同时开启企业级数据保护和权限许可。

（2）更加简单

搜索和使用信息更加简单，包括本地、网络和互联网搜索功能，直观的用户体验更加高级，还整合了自动化应用程序提交和交叉程序数据透明性。

（3）更好的连接

进一步增强移动工作能力，无论何时、何地、任何设备都能访问数据和应用程序，开启坚固的特别协作体验，无线连接、管理和安全功能将得到扩展。性能和当前功能以及新兴移动硬件得到优化，多设备同步、管理和数据保护功能被拓展。

（4）更低的成本

帮助企业优化桌面基础设施，简化PC供应和升级，进一步完善完整的应用程序更新和补丁方面的内容。Windows 7还包括改进硬件和软件虚拟化体验，扩展PC自身的Windows帮助和IT专业问题解决方案诊断。

3. 操作系统的常用安装方法

① 直接用系统安装光盘或U盘引导系统，接着进行系统安装。

② 通过低版本操作系统升级至需要的高版本操作系统。

③ 使用 Ghost 软件和 Windows 镜像文件快速安装。

任务实施

一、使用系统光盘安装纯净版 Windows 7

步骤一：进入 BISO，设置光驱为第一启动设备

① 重启微机，按【Del】键或者【F2】键或其他按键进入 BIOS 设置界面，在高级 BIOS 特性设置（Advanced BIOS Features）项目组中，通常会有一项（或一组）设置开机第一启动设备的选项，如图 1-53 所示的椭圆形区域的选项。将"1st Boot Device（第一优先开机设备）"设置为"CDROM（光驱）"。保存退出。

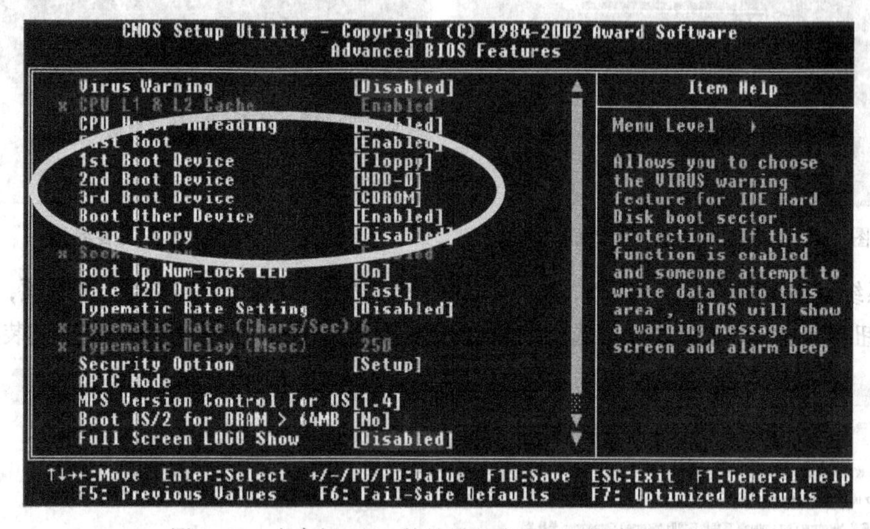

图 1-53 在高级 BIOS 特性设置中设置开机启动设备

② 还可以在开机启动过程中使用快捷键指定第一启动设备。

在微机启动过程中，当屏幕出现图 1-54 所示提示信息时，按【Esc】键，弹出图 1-55 所示的临时指定启动设备界面。使用【↑】【↓】键选择 CD-ROM Drive 为第一启动设备，然后保存退出。

Press F2 to enter SETUP, F12 for Network Boot, ESC for Boot Menu

图 1-54 调用临时引导设备菜单

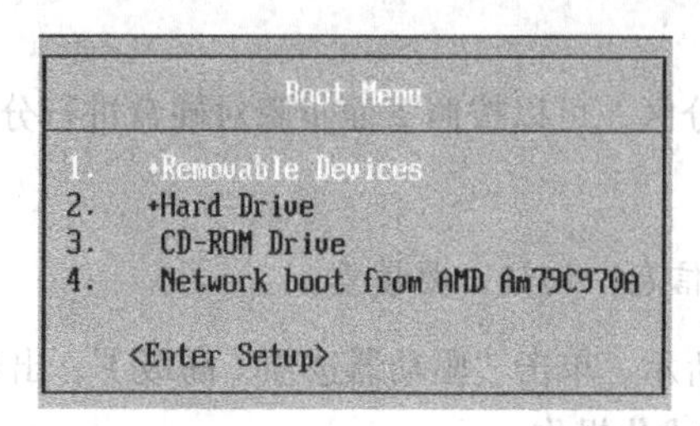

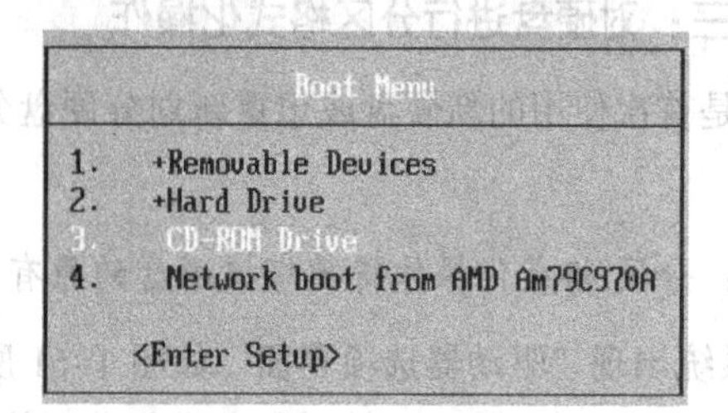

图 1-55 在引导设备菜单中指定引导设备

步骤二：将 Windows 7 系统光盘放入光驱，运行安装程序

① 设置好光驱启动后，将 Windows 7 系统光盘放入光驱。重启后出现图 1–56 所示的提示语时快速按下【Enter】键，开始运行安装程序。

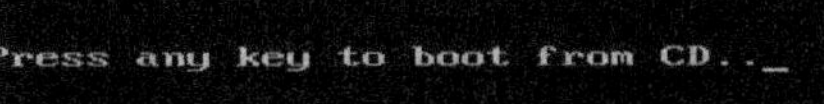

图 1–56 光盘引导提示

② 系统出现图 1–57 所示界面，根据需求输入语言和其他首选项，单击“下一步”按钮。接下来系统显示图 1–58 所示界面，单击“现在安装”按钮。

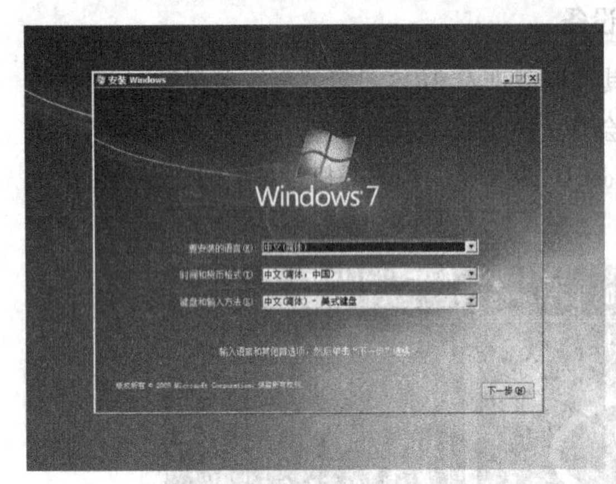

图 1–57 语言和日期选项界面

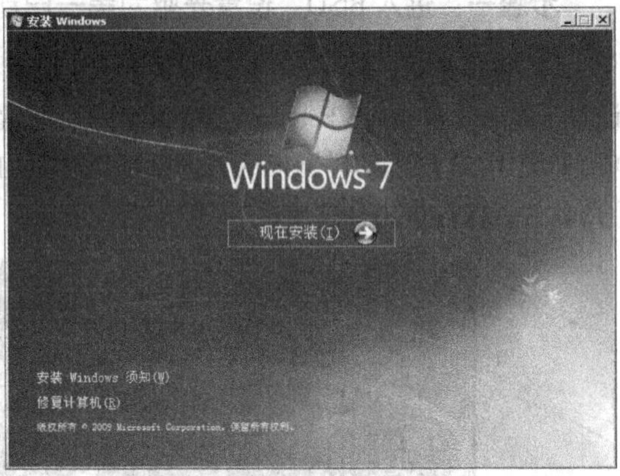

图 1–58 现在安装界面

③ 系统询问是否同意许可协议，如图 1–59 所示，选择“我接受许可条款”复选项，单击“下一步”按钮。接着出现安装类型的选择，如图 1–60 所示，选择“自定义（高级）”安装类型。

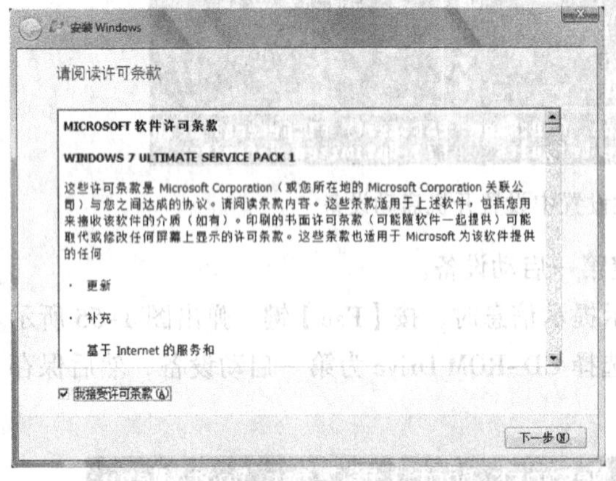

图 1–59 安装许可协议界面

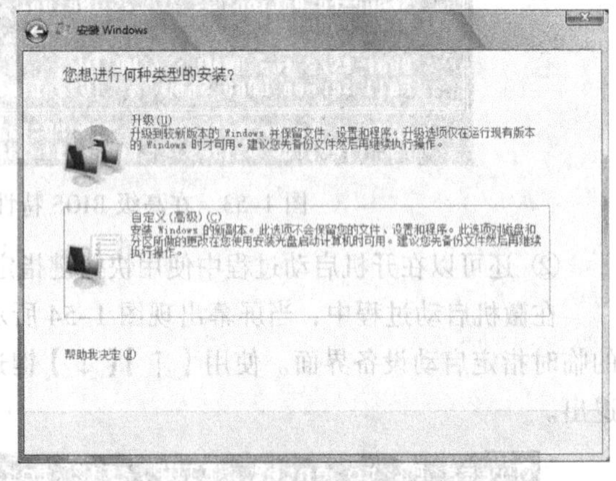

图 1–60 安装类型界面

步骤三：对硬盘进行分区格式化操作

如果是首次使用的新硬盘或想重新划分硬盘分区，可以按照下面步骤对硬盘进行分区格式化操作。

提示：分区/格式化操作将破坏掉磁盘的原有信息，切记，要慎重。

① 系统出现“驱动器选项界面”如图 1–61 所示，单击“驱动器选项（高级）”，出现图 1–62 所示界面。单击“新建”，开始对硬盘进行分区格式化操作。

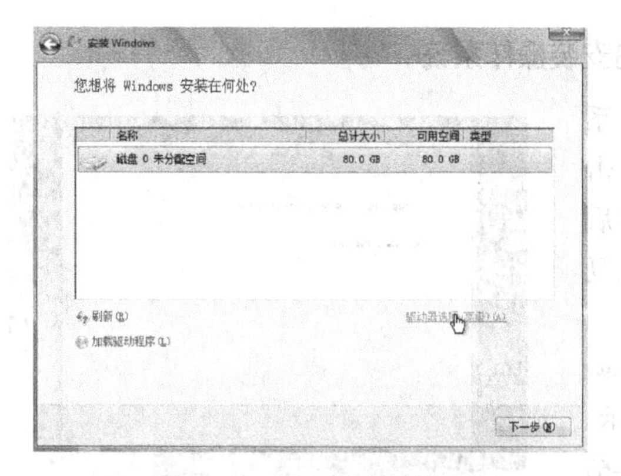

图 1-61 驱动器选项界面

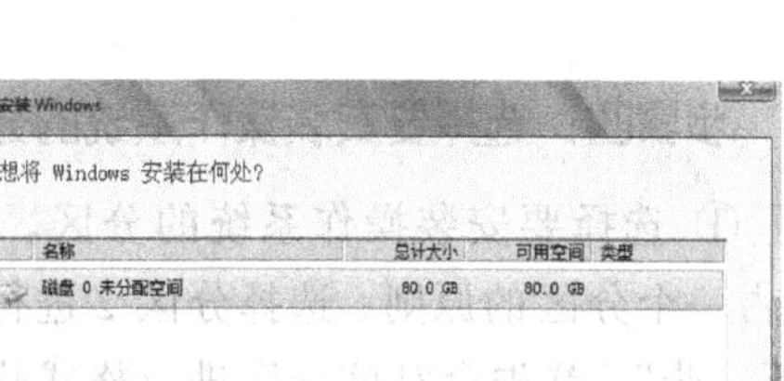

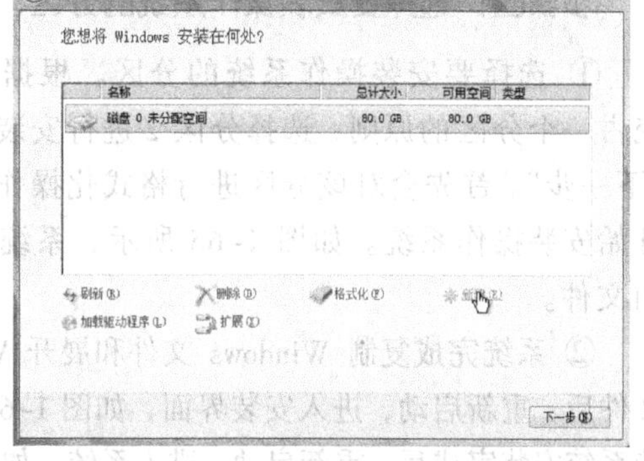

图 1-62 新建分区界面

② 系统出现图 1-63 分区界面，高亮显示的数字就是硬盘的大小。用退格键删除里边的数字，填入设置的第一个磁盘分区的大小，安装 Windows 7 系统，建议预留 20 GB 空间，单击“应用”按钮，第一个分区就建好了。

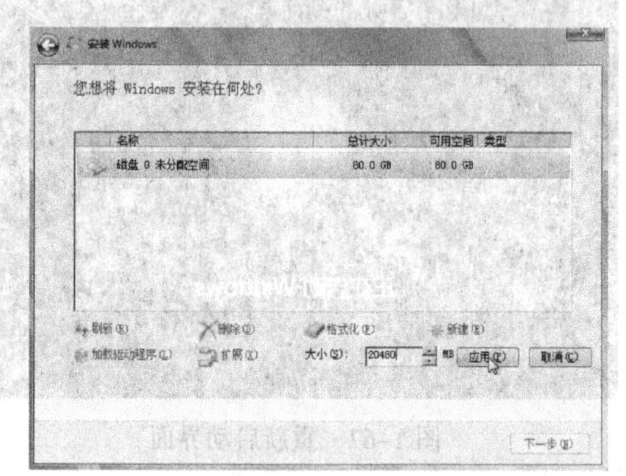

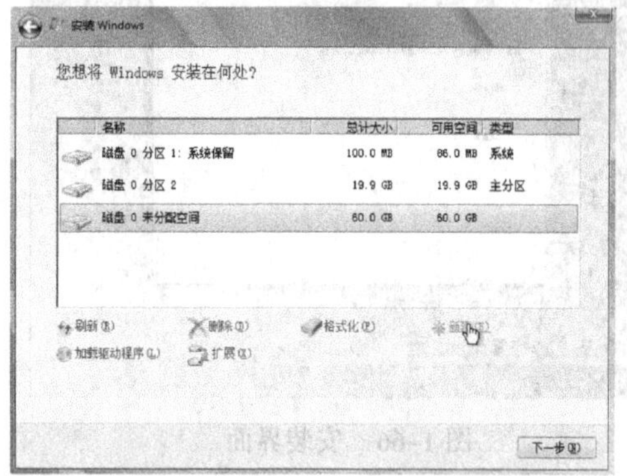

图 1-63 输入分区设定值及新创建的分区

③ 依此类推，按规划创建好所需的分区，如图 1-64 所示。

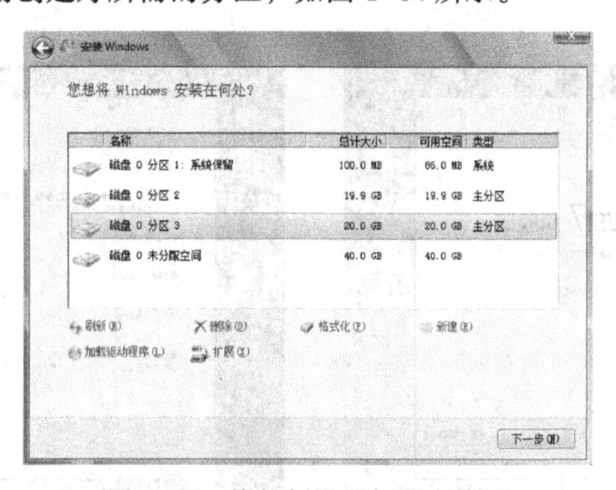

图 1-64 按规划设置好所有分区

提示： 为了便于以后可以安装双操作系统，本任务中将硬盘分成 2 个主分区和 1 个扩展分区。选中已经分好的某个分区，单击“删除”，可以删除该分区，单击“格式化”，可以对该分区进行格式化操作。本任务中剩余的 40 GB 的磁盘空间可在 Windows 系统环境下进行分区和格式化操作。

步骤四：选择要安装操作系统的分区，开始安装操作系统

① 选择要安装操作系统的分区。根据一个系统占一个分区的原则，选择分区 2 进行安装，单击“下一步”。首先会对该分区进行格式化操作，然后开始安装操作系统。如图 1-65 所示，系统开始复制文件。

② 系统完成复制 Windows 文件和展开 Windows 文件后，重新启动，进入安装界面，如图 1-66 所示。待系统安装完成后，重新启动，进入系统，如图 1-67 所示。

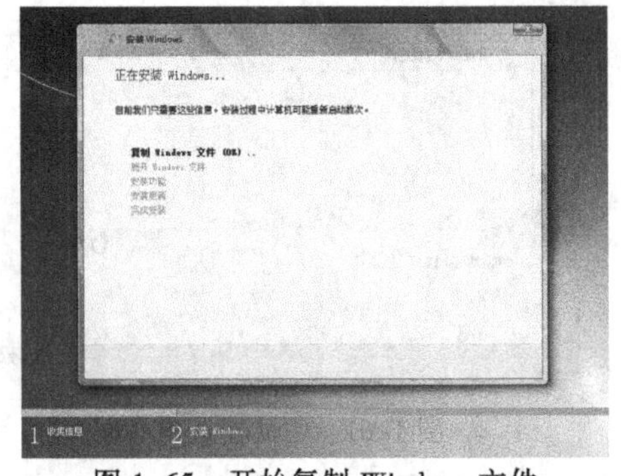

图 1-65　开始复制 Windows 文件

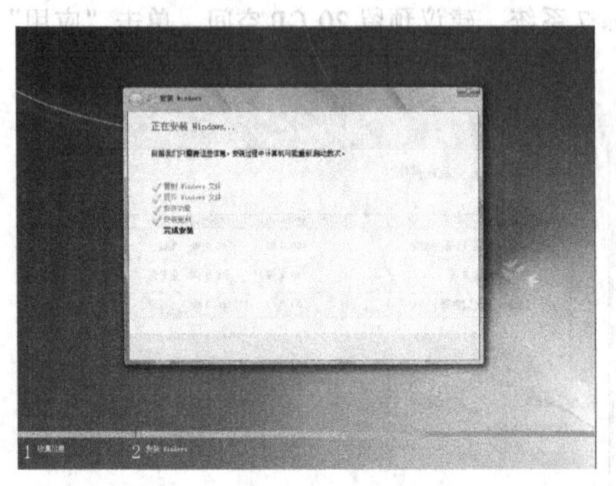

图 1-66　安装界面

图 1-67　重新启动界面

③ 设置用户名和用户密码。输入用户名，如图 1-68 所示，单击“下一步”按钮。系统出现设置密码界面，如图 1-69 所示，用户根据提示设置密码，也可以不设置密码，单击“下一步”按钮。

图 1-68　设置用户名

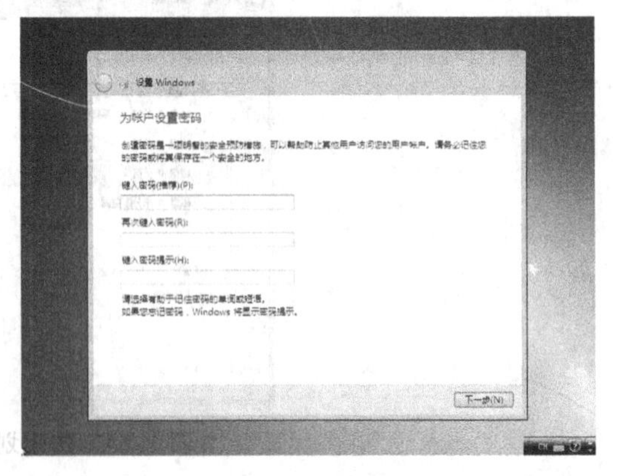

图 1-69　设置用户密码

④ 输入产品密钥。在图 1-70 所示对话框中输入产品密钥，单击“下一步”按钮继续。系统出现提高 Windows 性能的界面，如图 1-71 所示，用户根据需要进行选择，单击“下一步”按钮继续。

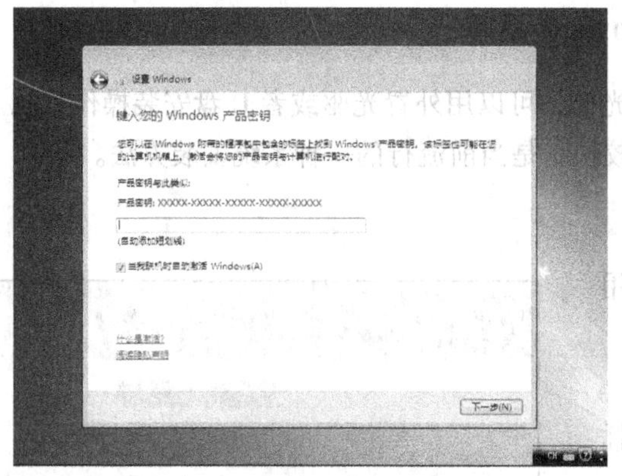

图 1-70　输入产品密钥

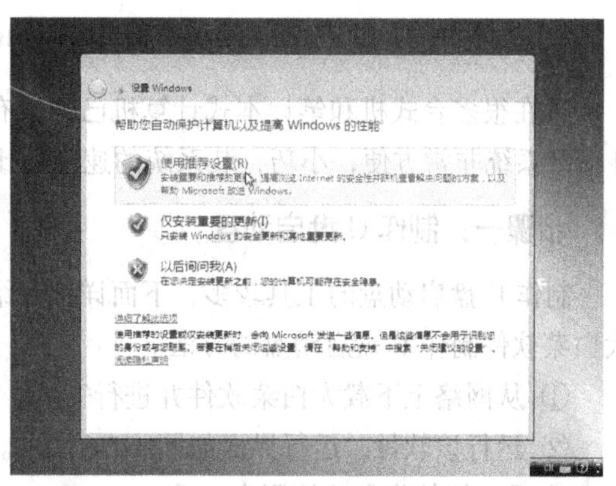

图 1-71　系统性能设置

⑤ 在图 1-72 所示界面中设置日期和时间，单击“下一步”按钮。至此，Windows 7 系统安装完成，如图 1-73 所示。

图 1-72　设置日期和时间

图 1-73　完成安装

技巧：在 Windows 系统环境下也可以对磁盘进行格式化，而且操作起来非常简单。打开“计算机”窗口，右击需要格式化的驱动器，如硬盘（或闪存盘）。在弹出的快捷菜单中选择“格式化”命令（见图 1-74），弹出“格式化”对话框，如图 1-75 所示。在该对话框中，选择需要的选项，单击“开始”按钮，即可进行格式化硬盘操作。注意，这种方法不能格式化当前打开文件的硬盘和系统文件的硬盘。

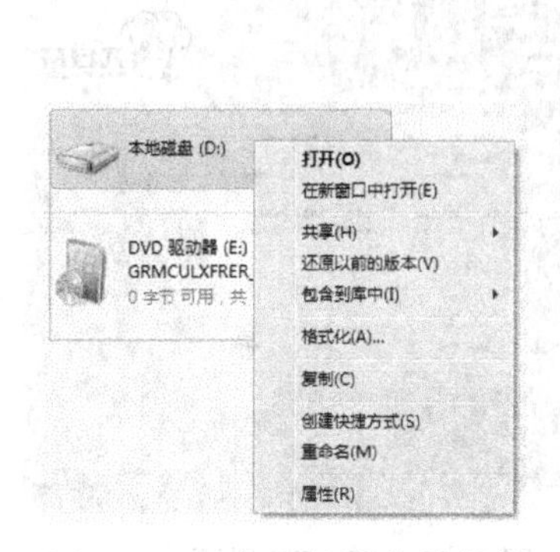

图 1-74　选择“格式化”命令

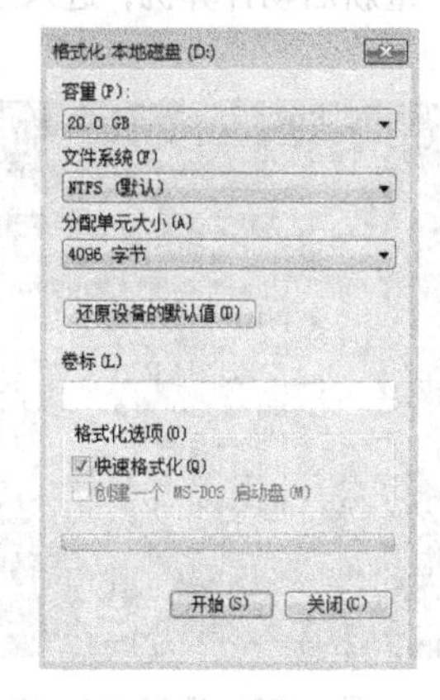

图 1-75　“格式化”对话框

二、使用U盘安装Ghost版本Windows 7系统

现在很多台式机和笔记本式计算机已经没有光驱，可以用外置光驱或者U盘安装操作系统。U盘装系统非常方便，小巧，装系统的速度还比较快，是当前流行的一种系统安装方法。

步骤一：制作U盘启动盘

制作U盘启动盘的工具较多，下面详细介绍用大白菜软件制作U盘启动盘的方法。

① 从网络上下载大白菜软件并进行安装。

② 运行该软件，运行界面如图1-76所示。插入U盘后，软件将自动检测出U盘。

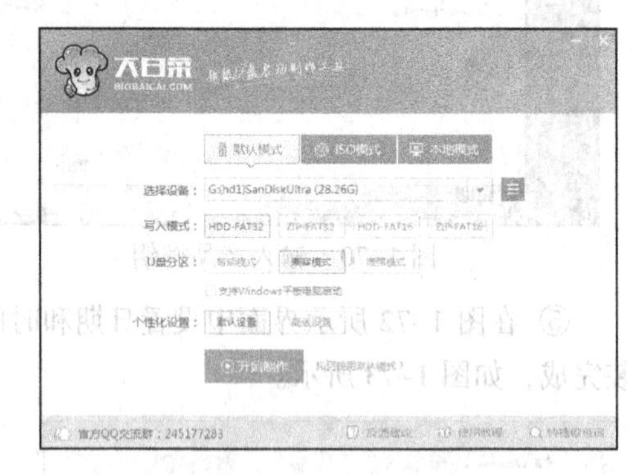

图1-76　软件界面

③ 单击“开始制作”按钮，程序会提示是否继续，确定所选U盘无重要数据后开始制作，如图1-77所示。

④ 当制作完成时，出现图1-78所示的对话框。可以单击按钮“是”，然后用“模拟启动”测试U盘的启动情况，也可以单击“否”直接退出。至此，U盘启动盘制作完成。

图1-77　提示界面

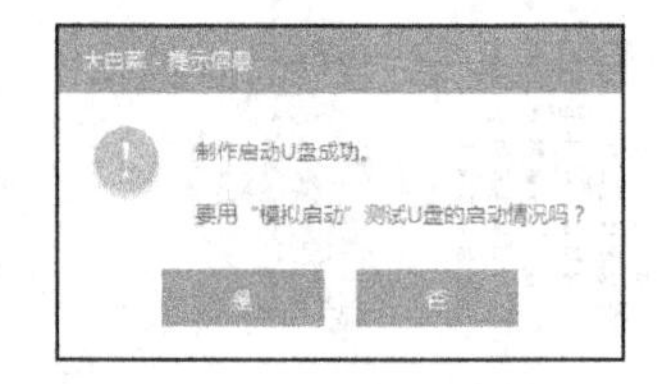

图1-78　完成启动盘制作

步骤二：用U盘安装操作系统

① 将GHO镜像或者包含有GHO的ISO文件复制到U盘启动盘中GHO文件夹中。

提示： 如果要安装纯净版系统，可以将包含纯净版系统的ISO镜像复制到U盘中的ISO文件夹中。

② 进入BIOS设置U盘为第一启动设备。

③ 重新启动计算机，进入选择界面，如图1-79所示，选择合适的Win PE进入，界面如图1-80所示。

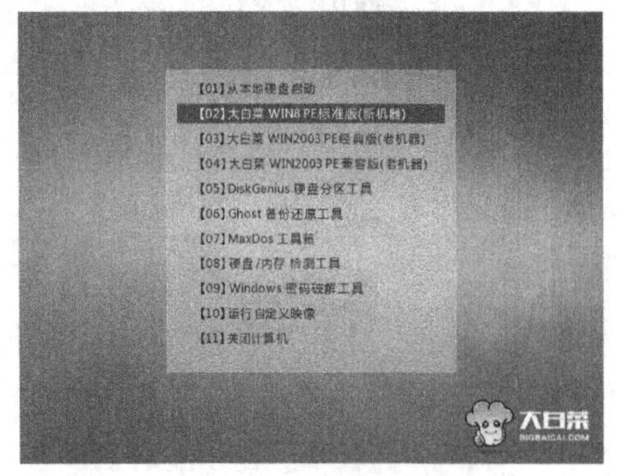

图1-79　选择Win PE进入

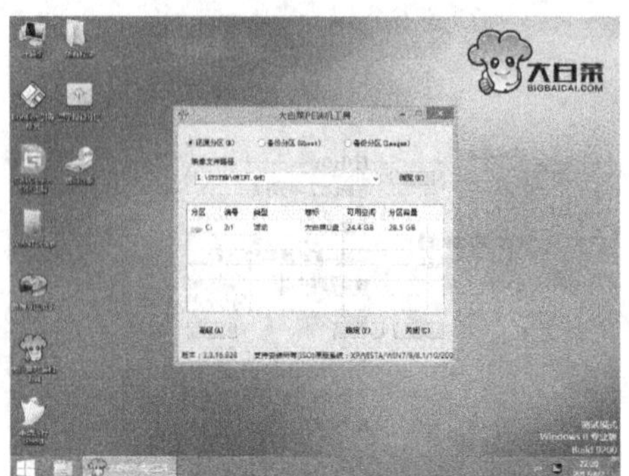

图1-80　Win PE界面

④ 如果硬盘还未分区，可以利用 Win PE 桌面上的 DiskGenius 分区工具进行分区和格式化操作。运行 DiskGenius 后，软件将自动读取硬盘的分区信息，并在屏幕上以图表的形式显示硬盘分区情况，如图 1-81 所示。使用菜单或者工具栏上的工具选项，可以对硬盘进行新建分区、格式化分区、删除分区、调整分区大小等操作。本任务中将 80 GB 硬盘分成 20 GB 主分区和 60 GB 扩展分区，又将 60 GB 扩展分区分成 3 个逻辑分区，然后对主分区进行格式化操作。分区结果如图 1-82 所示，然后退出分区工具。

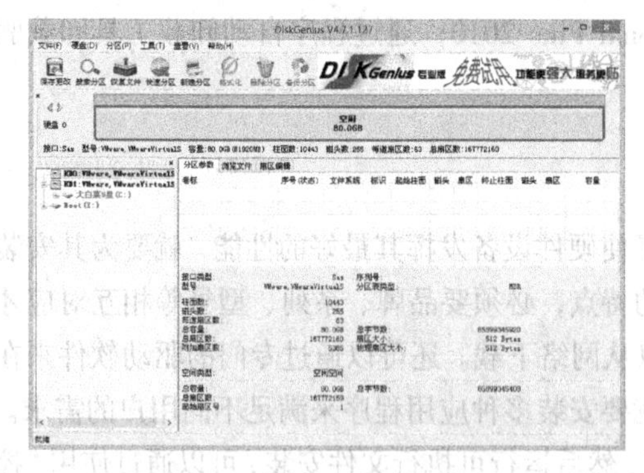

图 1-81　Disk Genius 操作界面

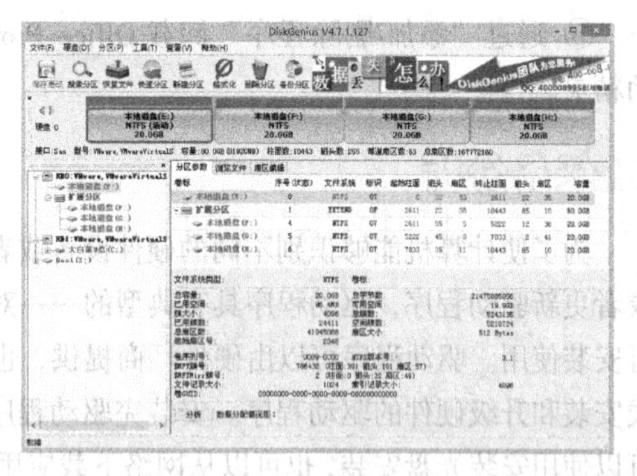

图 1-82　硬盘分区结果

⑤ 运行桌面上的"大白菜 PE 装机工具"，默认进行"还原分区"操作，选择正确的"映像文件路径"，选择所要安装的分区，如图 1-83 所示。然后单击"确定"按钮，开始安装系统，如图 1-84 所示。

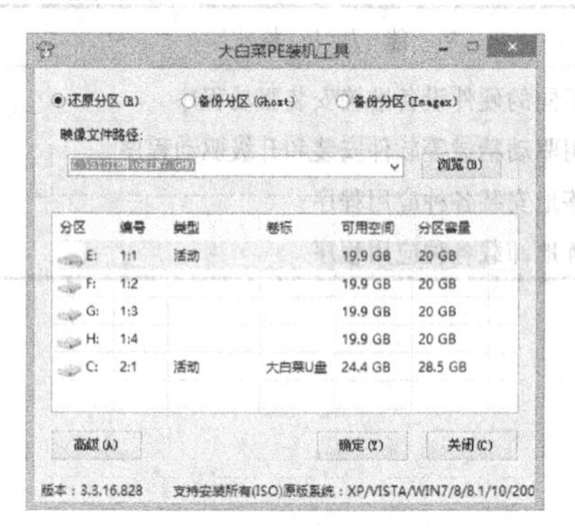

图 1-83　选择映像文件和安装分区

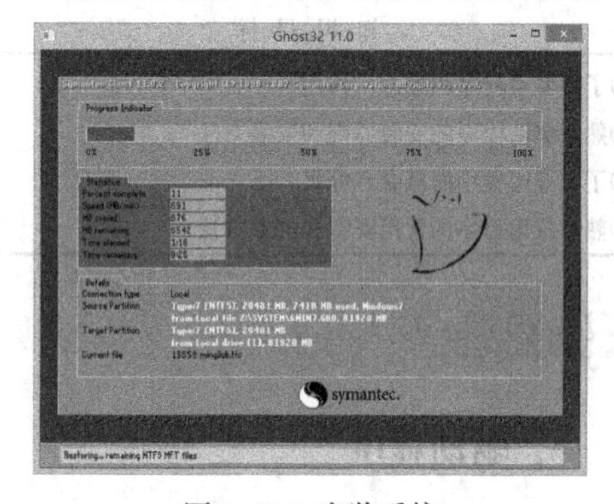

图 1-84　安装系统

⑥ 安装完成重新启动计算机，即完成系统的安装。

技巧：可以在计算机上安装虚拟机软件，然后利用虚拟机软件创建一台虚拟机，在虚拟机上对本任务的 BIOS 设置、分区格式化和安装操作系统进行练习。

任务 4　安装驱动程序和应用程序

任务描述

计算机在安装完操作系统之后，就应该安装驱动程序和应用程序。本任务学习为什么要安装驱动程序，什么时候装，装什么和怎么装。练习针对不同的硬件设备正确安装驱动程序，使用专业驱动软件对驱动程序进行安装和升级；学习应用程序的概念、分类、常见的安装和卸载方法，练习安装和卸载各种应用程序。具体要求如下：

① 为计算机安装 Service Pack 补丁包。

② 安装网络上下载的显卡驱动程序和打印机驱动程序。

③ 使用驱动精灵软件安装和更新驱动程序。

④ 安装 Office2010。

⑤ 通过“添加/删除程序”卸载 Office Professional Plus 2010；通过程序自动卸载工具卸载驱动精灵软件。

任务分析

为了使计算机能够识别不同的硬件设备或者为了使硬件设备发挥其最好的性能，就要为其安装或者更新驱动程序，驱动程序具有典型的一一对应的特点，必须要品牌、系列、型号等相互对应才可安装使用。驱动程序可以由硬件厂商提供，也可以从网络下载。还可以通过专门的驱动软件来在线安装和升级硬件的驱动程序。安装完驱动程序，就要安装多种应用程序来满足不同用户的需求。可以使用安装光盘安装，也可以从网络下载应用程序，然后运行可执行文件安装，可以通过使用“控制面板”中的“卸载程序”工具完成卸载，有的软件还可以运行自带的卸载程序来完成卸载。

通过完成本任务，应该达到的知识目标和能力目标如表 1-4 所示。

表 1-4　知识目标和能力目标

知识目标	能力目标
①了解驱动程序的概念、作用	①能够为不同的硬件设备准确安装驱动程序
②熟悉驱动程序的安装原则和安装方法	②能够使用驱动精灵等软件安装和升级驱动程序
③了解应用程序的概念、分类	③能够熟练地安装各种应用程序
④熟悉应用程序的常用安装和卸载方法	④能够熟练地卸载各种应用程序

知识准备

一、驱动程序

1．驱动程序的概念

驱动程序是对基本系统功能不能支持的各种硬件设备进行解释，使计算机能识别这些硬件设备，从而保证它们的正常运行，以便充分发挥硬件设备性能的特殊程序。简单地说，驱动程序就是用来驱动硬件工作的特殊程序。随着计算机技术的发展和进步，各种新硬件越来越多，如显卡、声卡、网卡、鼠标、光驱、打印机、调制解调器、扫描仪、USB 设备、数码照相机等设备，如何让系统支持这些设备就成为一个必须解决的问题。为此，硬件厂商开发了相应的驱动程序，不安装驱动程序就无法正常使用这些设备。

2．驱动程序的种类

驱动程序一般分为官方正式版、微软认证版、第三方驱动和通用驱动。

① 官方正式版驱动程序一般都是由硬件生产厂商根据硬件相应芯片对应各种操作系统编写而成，这些驱动程序都是经过严格测试和修正的。其稳定性和兼容性得到了最大的保障，能够充

分发挥对应硬件的各种功能。这种硬件驱动一般都是随硬件一起提供给最终用户，如果用户不慎丢失还可以通过硬件厂家网站根据相应产品型号进行下载。

② 微软认证版只针对于微软系统下的驱动程序，这些驱动程序由硬件厂商向微软提供，并通过了微软的各种相应的兼容性测试，最大程度地保证了驱动程序同操作系统的兼容。只要通过微软验证的驱动一般都不会发生同操作系统不兼容的问题。

③ 第三方驱动一般指的是非硬件生产厂家编写的各种驱动程序，当然这些驱动程序并不是完全重新编写，而是对现有的官方驱动进行了优化和扩充，兼容性和发挥硬件功能方面有一定提高，但是它的稳定性有待严格测试。

④ 通用驱动一般都是由操作系统生产厂家编写，只针对该类产品的通用基本功能所开发，能够使该产品完成其基本功能的驱动。

在驱动的选择上推荐首选官方驱动，如果是微软系统则首选微软认证驱动，如果用户是计算机发烧友或想追求硬件更高性能，可以选择第三方驱动，如果是老机器设备用户在没有以上三类驱动的选择下可以选择相应的通用驱动。

3. 什么情况下需要安装设备驱动程序

安装完操作系统后，对于一些必需的硬件设备来说，操作系统已经安装好了通用驱动程序，如果有更好的驱动程序或官方驱动，那么就需要进行驱动程序的更新。比如 AMD 的 64 位 CPU 都有相应的优化驱动，有些主板的扩展插槽不能正常使用，显卡不能正常显示这些情况也需要安装相应驱动。以上这些都是 BIOS 或操作系统集成有相应驱动的设备，对于那些操作系统没有集成通用驱动的设备，就更需要安装驱动程序了，比如打印机等。

可以在“计算机”上右击，选择快捷菜单中的“属性”命令，单击“设备管理器”标签，在设备管理器中，如果有带叹号或问号的设备就表明需要安装驱动程序。

4. 安装驱动程序的原则

安装驱动程序一般顺序为“由内向外”，即先安装主板各个设备的驱动程序，再安装内置的设备（例如显卡或声卡）的驱动程序，最后安装外围设备（如打印机等）的驱动程序。

（1）安装的顺序

① 先打补丁。安装 Windows 操作系统后，应该马上安装 SP 补丁。因为驱动程序直接面向的是操作系统与硬件，所以应该先打 SP 补丁，以解决兼容性问题。

② 安装主板芯片组驱动。主板就相当于是整个微机系统的基础，只有安装好主板驱动才能正确调用各个接口的硬件，并且主板驱动中一般还包括管理硬盘的 IDE 驱动或补丁。

③ 安装显卡驱动。因为显卡的驱动程序如果没装好会影响到其他任务的状态显示，很可能会造成频繁花屏和死机，所以应该放在声卡、网卡等板卡的驱动程序之前安装。

④ 在安装完显卡驱动后，建议立即安装最新的 DirectX，因为 DirectX 能够进一步增强系统的兼容性。

⑤ 安装声卡、网卡等插接在主板上的其他设备的驱动程序。

⑥ 安装打印机、扫描仪等外围设备的驱动程序。

（2）获取驱动程序

① 配套安装盘：在购买硬件设备时都会提供有配套光盘，这些盘中就有该硬件设备的驱动

程序。不过并不推荐大家一直使用配套盘的驱动程序，因为一般配套盘中的驱动程序都是硬件刚推出时的旧版本，而有实力的厂商，都会定期更新驱动程序提供给他们的用户。

② 操作系统自动提供：现行的操作系统几乎包含了绝大多数硬件的驱动，原则上是操作系统的版本越高兼容的硬件设备也就越多。但是操作系统包含的驱动程序版本一般较低，不能完全发挥这个硬件的性能和提高它的兼容性。因此，通常只有在无法通过其他途径获得专用驱动程序的情况下，才使用操作系统提供的驱动程序。

③ 通过网络获取：现在新驱动的发布都是通过网络进行的，这正是我们推荐的获取驱动的方式。可以到 NVIDIA 等官方网站下载驱动程序，也可以到专业驱动下载网站——驱动之家下载设备所需的驱动。

5. 常见驱动程序安装方式

目前常见的驱动程序安装方式主要有两种。

① 安装程序自动运行：将厂商提供的驱动光盘放入光驱中，程序自动运行，出现安装界面，用户在安装向导的指导下进行选择安装。

② 手动查找并运行 Setup 程序：如果安装程序不能自动运行，或通过网络下载驱动程序时，就需要手动查找并运行 Setup 程序。

二、应用程序

1. 应用程序的概念

应用程序是用户可以使用的各种程序设计集合，通过不同的用户需求集成的各种软件包，这种软件包主要是为了完成某些特定功能。简单地说，应用程序就是为了完成某项具体工作的计算机程序。

2. 应用程序的种类

应用程序可分为：办公类，如 WPS Office 系列、Microsoft Office 系列等；管理类，如 MIS、ERP、进销存管理系统等；工程类，如 CAD、CAM 等；图形图像处理软件，如 Photoshop、3ds Max 等；工具类，如杀毒软件、下载软件、压缩软件、实时通信软件等；还有各种游戏类软件等。

3. 常见安装方法

① 将应用软件安装光盘放入光驱中，找到应用软件的安装程序并双击（通常系统会自动运行安装程序），出现安装向导，在安装向导的提示下一步一步地操作，正确输入个人信息、安装序列号，即可完成安装工作。

② 从网络上下载的程序，大多是压缩文件，需要用户的计算机中装有解压缩软件，如 WinRAR、WinZip 等。用户需先解开压缩包，然后再运行解压后的可执行文件 Install.exe 或 Setup.exe 进行安装。对于自解压文件，可双击进行自解压，完成安装工作。

4. 常见卸载方法

一般情况下，将应用软件安装到 Windows 系统中时，除了将必要的文件复制到系统中，同时还会在注册表中自动注册应用程序的信息，所以卸载时不能简单地采用删除文件的办法。好的应用软件会自带卸载应用程序，如果需要卸载应用软件，只要运行卸载程序即可。卸载程序会删除注册表里的软件注册信息，同时从系统中删除该软件的文件。如果应用软件不包含卸载程序，可以通过使用“控制面板”中的“卸载程序”工具完成卸载。

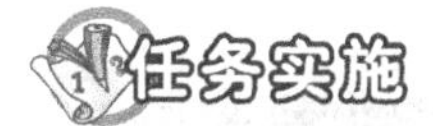

一、安装驱动程序

1. 安装 SP（Service Pack，补丁包）

对于新安装的操作系统，安装相应系统的补丁包是保障系统安全、稳定的必备步骤。安装前，可先行到其他计算机上下载补丁包，待安装完成操作系统后，将补丁包复制到本机，双击运行补丁包。也可以使用 Windows Update，从微软站点获取系统最新的关键系统补丁，选择“开始”→“所有程序”→“Windows Update”命令，连接到 Windows 官方网站，根据情况选择安装，如图 1-85 所示。

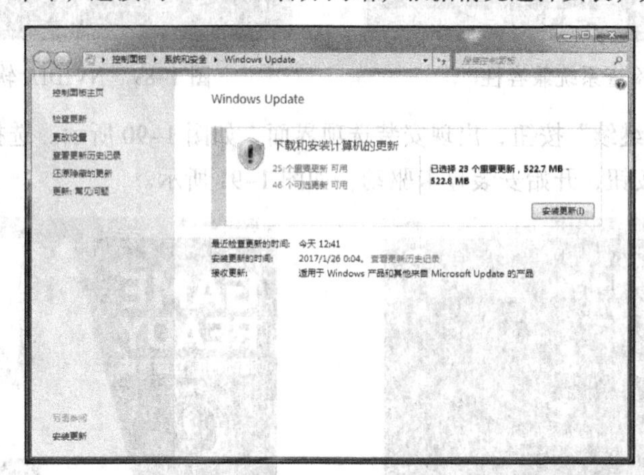

图 1-85 通过 Windows Update 安装补丁程序

2. 手动安装驱动程序

在安装完 SP 补丁后，按照主板芯片组驱动、显卡驱动、最新的 DirectX、声卡网卡等其他板卡驱动、打印机等外设驱动的顺序进行驱动的安装。在这里以安装网络下载的显卡驱动和打印机驱动为例详细介绍安装步骤，其他的不再一一赘述。

（1）安装显卡驱动程序

① 这里以 NVIDIA GeForce GTX1050 显卡驱动程序为例介绍。到 NVIDIA 官方网站下载 NVIDIA 显卡驱动程序。

② 单击下载下来的.exe 程序，首先出现图 1-86 所示的指定驱动文件保存路径界面。按默认路径，单击“OK”按钮，将保存驱动文件。文件保存完毕后，出现 NVIDIA 的安装 LOGO，如图 1-87 所示。

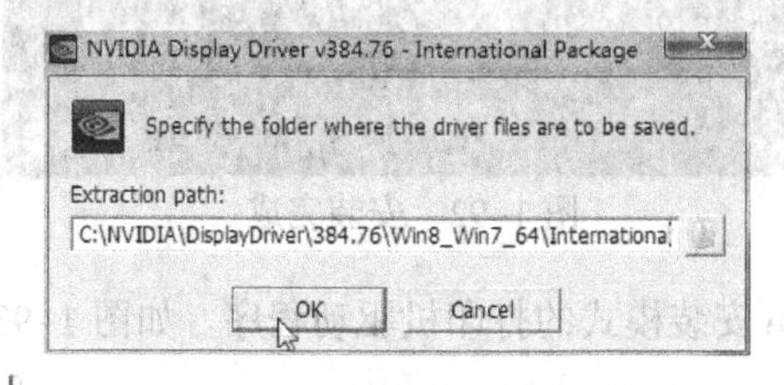

图 1-86 指定驱动文件保存路径

图 1-87 NVIDIA 安装 LOGO

③ 紧接着，出现“检查系统兼容性”界面，如图 1-88 所示，如果系统兼容性没问题，将出现图 1-89 所示的“NVIDIA 软件许可协议”的界面。

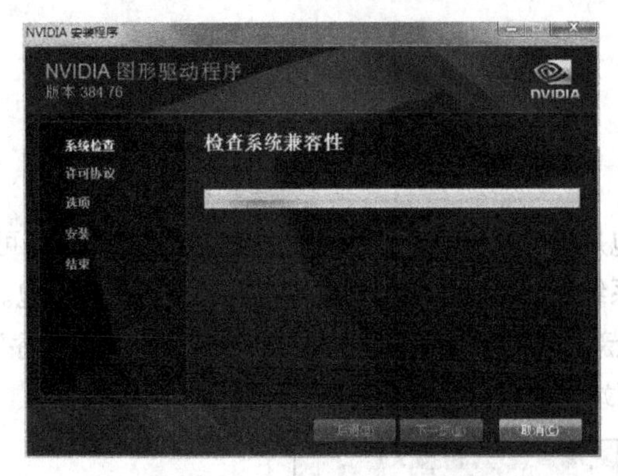

图 1-88 检查系统兼容性

图 1-89 NVIDIA 软件许可协议

④ 单击“同意并继续”按钮，出现安装选项界面，如图 1-90 所示。选择默认的“精简”选项，单击“下一步”按钮，开始安装显卡驱动，如图 1-91 所示。

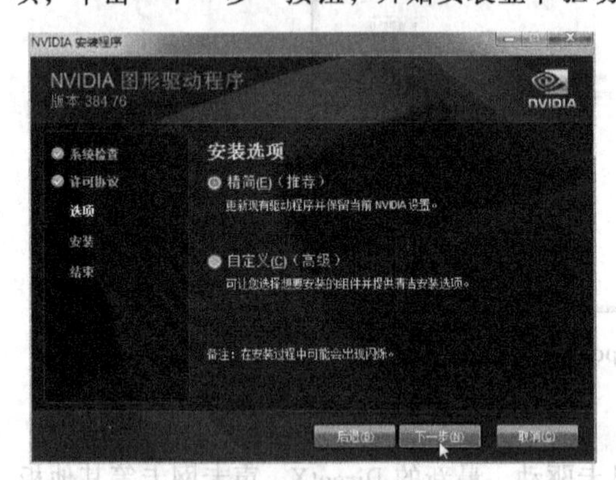

图 1-90 安装选项

图 1-91 安装进度

⑤ 稍后安装程序完成，如图 1-92 所示。单击“关闭”按钮即可。

（2）安装打印机驱动程序

下面以安装 Canon PIXMA MG6280 一体机为例讲解安装打印机驱动程序的步骤。

如果将 USB 接口的打印机与安装有 Windows 7 的计算机连接，Windows 7 会从 Windows Update 自动安装打印机驱动。这样安装驱动程序时间比较长，有时候无法安装成功。在这里，我们先断开打印机和计算机的连接，等到需要时再连接。

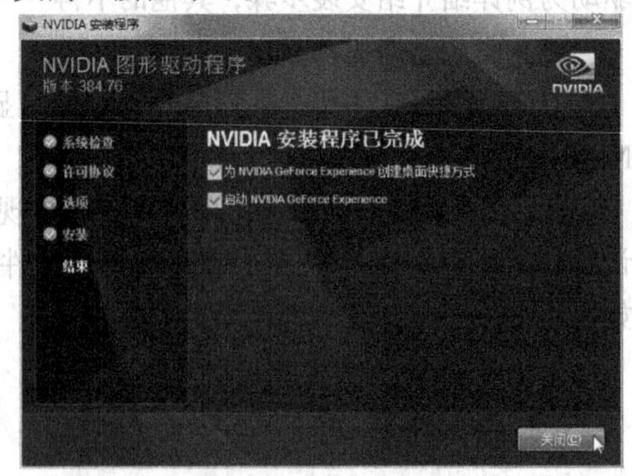

图 1-92 安装完成

① 在佳能官方网站上下载 Canon PIXMA MG6280 一体机的驱动程序。现在提供的大部分都是 exe 安装模式的打印机驱动程序。如图 1-93 所示，这是一个 WinZip 自解压文件。

② 单击该驱动程序，在弹出的“打开文件—安全警告”对话框中单击“运行”按钮，则开始解压驱动程序，如图 1–94 所示。

mp68-win-mg6200-1_02-ea24.exe

图 1–93 驱动程序

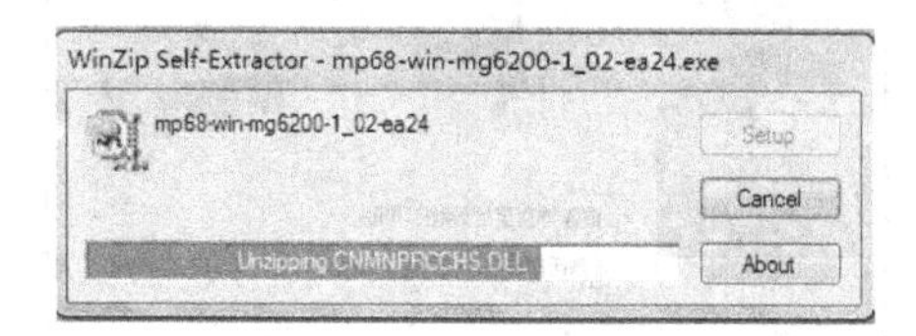

图 1–94 解压驱动程序

③ 解压完毕后，弹出“欢迎”界面，如图 1–95 所示，在这个界面中，提示“执行安装程序前，请从计算机断开打印机电缆线，并退出所有正在运行的程序”。然后单击“下一步”按钮。出现“选择居住地”对话框，选择“亚洲”，然后单击“下一步”，然后出现“许可协议”界面，如图 1–96 所示。

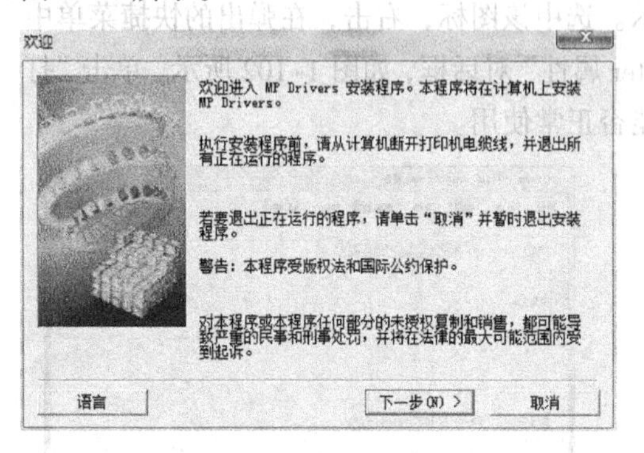

图 1–95 “欢迎”界面

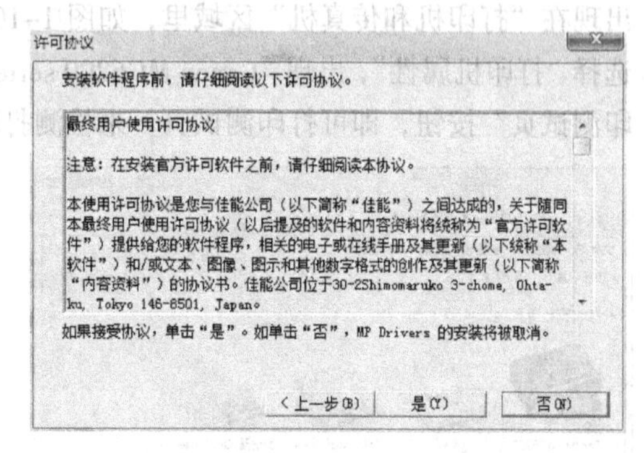

图 1–96 “许可协议”界面

④ 单击“是”接收协议，然后开始安装，如图 1–97 所示。完毕后，出现“连接方法”界面，如图 1–98 所示。

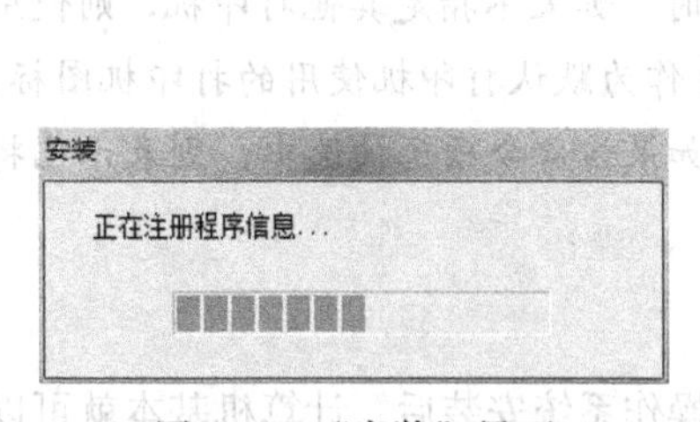

图 1–97 “安装”界面

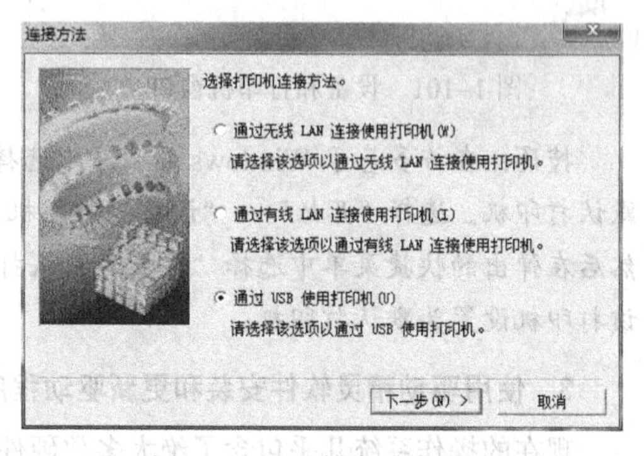

图 1–98 “连接方法”界面

⑤ 选择“通过 USB 使用打印机”单选按钮，然后单击“下一步”。出现“连接电缆线”界面，如图 1–99 所示。此时，要使用 USB 电缆线连接打印机和计算机，并开启打印机，然后等待直至检测到打印机。计算机连上打印机后，如果此时连着网络，则会自动从 Windows Update 更新开始安装打印机驱动（此时可跳过从 Windows Update 更新安装驱动）。稍等片刻后，驱动安装完成，如图 1–100 所示，单击“完成”退出安装程序。

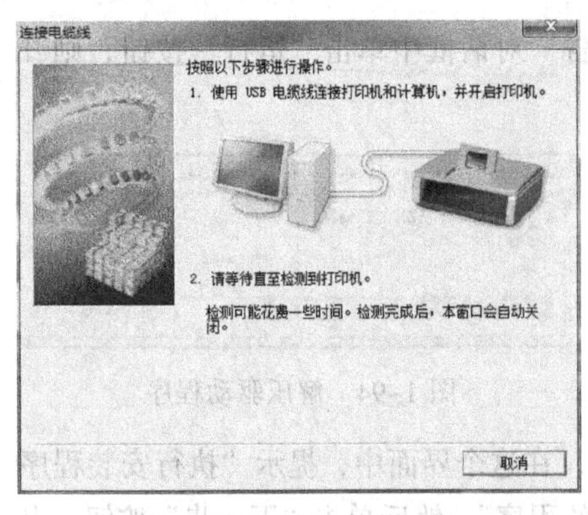

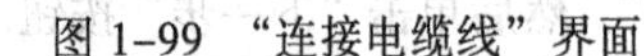
图 1-99 “连接电缆线”界面

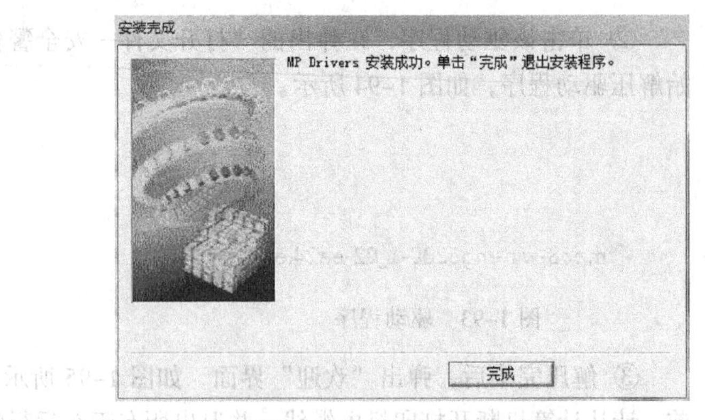

图 1-100 “安装完成”界面

⑥ 选择“开始”→“设备和打印机”命令，出现“打印机”窗口，可以看到打印机图标已经出现在“打印机和传真机”区域里，如图 1-101 所示。选中该图标，右击，在弹出的快捷菜单中选择“打印机属性”，出现“Canon MG6200 series Printer 属性”对话框，如图 1-102 所示。单击“打印测试页”按钮，即可打印测试页，来检测打印机能否正常使用。

图 1-101 设备和打印机窗口

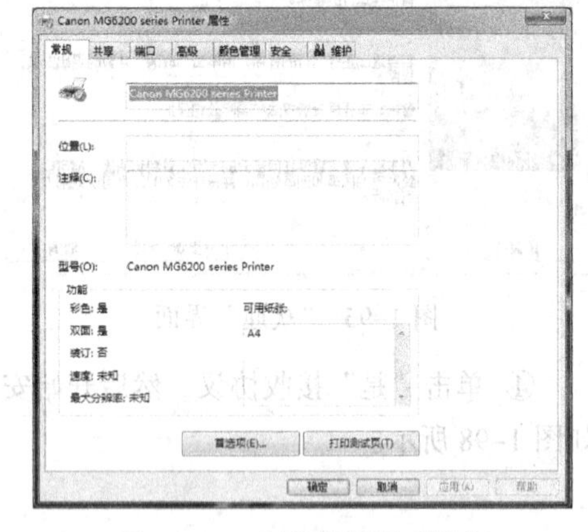

图 1-102 打印机属性对话框

技巧：在许多基于 Windows 的程序中选择“打印”命令时，如果不指定其他打印机，则使用默认打印机。选择“开始”→“设备和打印机”命令，右击要作为默认打印机使用的打印机图标，然后在弹出的快捷菜单中选择“设置为默认打印机”命令。如果该命令项已被选中，则表示已将该打印机设置为默认打印机。

3. 使用驱动精灵软件安装和更新驱动程序

现在的操作系统几乎包含了绝大多数硬件的驱动程序，操作系统安装后，计算机基本就可以正常使用。我们可以使用专门的应用软件来更新和安装驱动程序，比如驱动精灵软件。

① 在驱动之家网站（http://drivers.mydrivers.com/）下载驱动精灵软件。

② 安装驱动精灵，然后打开该软件。单击“硬件检测”图标，可以对计算机的硬件进行全面检测，可以通过这种方式检测出各个硬件的型号，如图 1-103 所示。

③ 单击“驱动管理”，可以检测当前计算机的各个硬件是否安装驱动，已经安装的驱动是否需要升级，如图 1-104 所示。如果想安装或者升级驱动程序，直接单击相应的按钮即可。

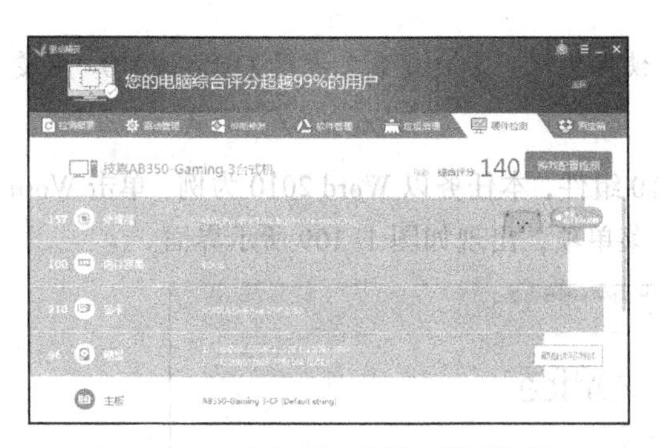

图 1-103　驱动精灵检测计算机硬件

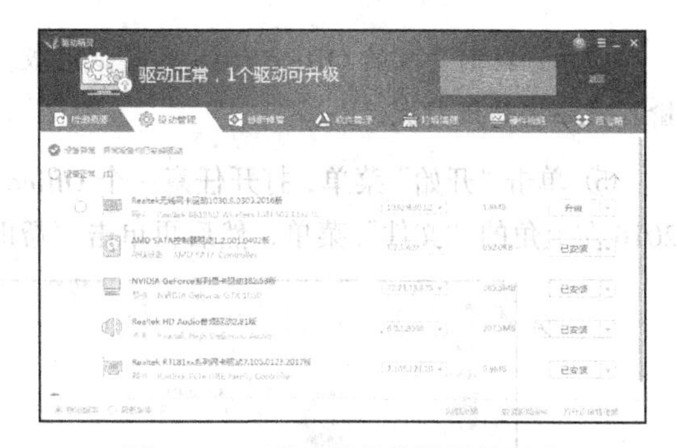

图 1-104　驱动精灵检测硬件驱动

二、安装和卸载应用程序

1．安装 Microsoft Office 2010

① 从网络上下载 Microsoft Office 2010 软件。

② 在文件夹中找到“setup.exe”文件，然后双击运行。出现软件许可证条款界面，如图 1-105 所示。

③ 选择“我接受此协议的条款”，单击“继续”按钮，出现选择所需安装类型的界面，如图 1-106 所示，可以直接单击“立即安装”按钮，系统将按照默认设置自动安装 Office 程序；如需选择安装的程序及安装目录等，可以单击“自定义”按钮进入下一步。本任务单击“立即安装”按钮。

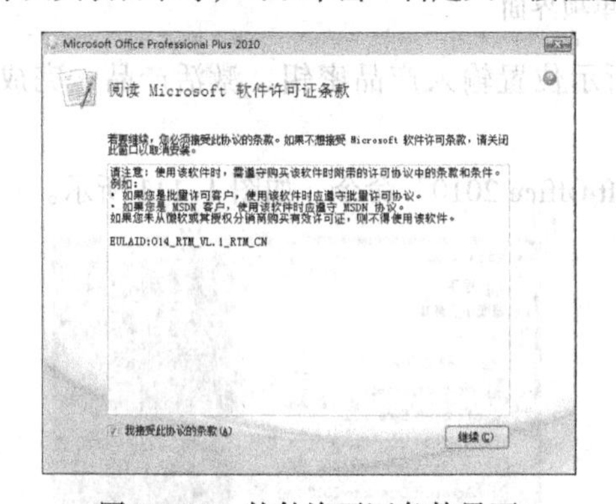

图 1-105　软件许可证条款界面

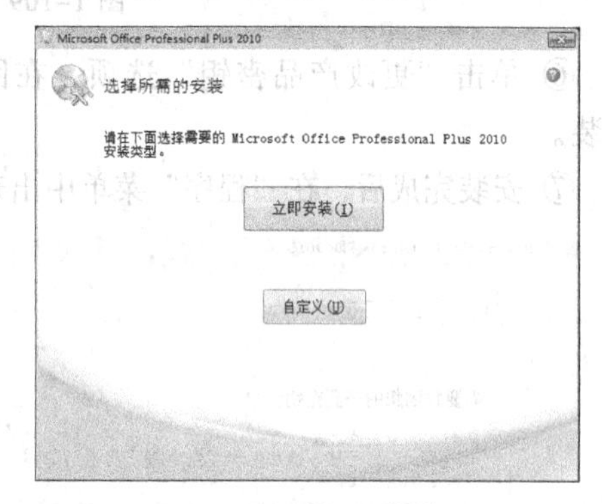

图 1-106　选择安装类型

④ 系统显示安装进度界面，如图 1-107 所示。稍后会出现安装完成界面，完成后单击“关闭”按钮，如图 1-108 所示。

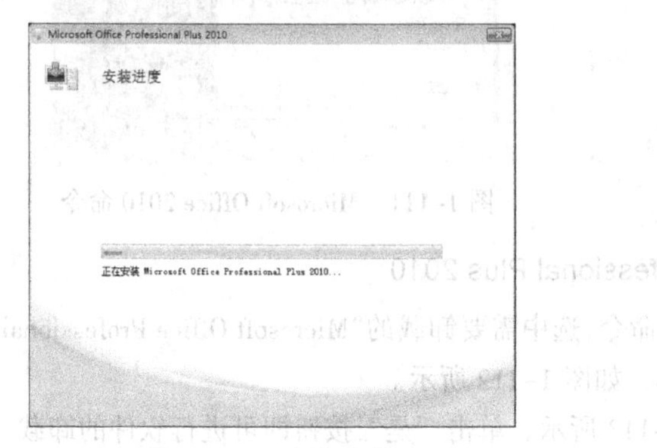

图 1-107　安装进度

图 1-108　完成安装

提示：我们安装的 Office 2010 只是试用版，有使用期限，若要安装完整的 Office 2010，需要输入产品密钥进行激活。

⑤ 单击“开始”菜单，打开任意一个 Office 2010 组件，本任务以 Word 2010 为例，单击 Word 2010 左上角的“文件”菜单，然后再单击“帮助”菜单项，出现如图 1-109 所示界面。

图 1-109 “帮助”菜单项界面

⑥ 单击“更改产品密钥”选项，在图 1-110 所示位置输入产品密钥，激活产品，完成安装。

⑦ 安装完成后，在“程序”菜单中出现“Microsoft Office 2010”命令，如图 1-111 所示。

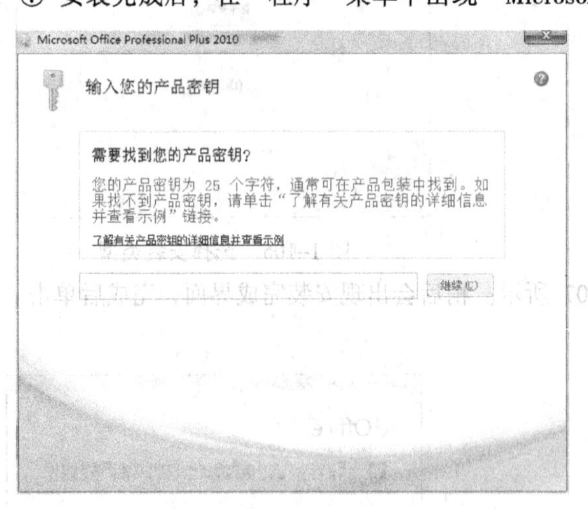

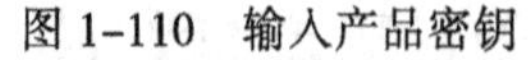

图 1-110 输入产品密钥

图 1-111 Microsoft Office 2010 命令

2. 通过“添加/删除程序”卸载 Office Professional Plus 2010

① 选择“开始”→“控制面板”→“卸载程序”命令，选中需要卸载的“Microsoft Office Professional Plus 2010”，然后右击，出现“卸载/更改”菜单，如图 1-112 所示。

② 单击卸载后会出现删除警告框，如图 1-113 所示，单击“是”按钮即可进行软件的卸载。

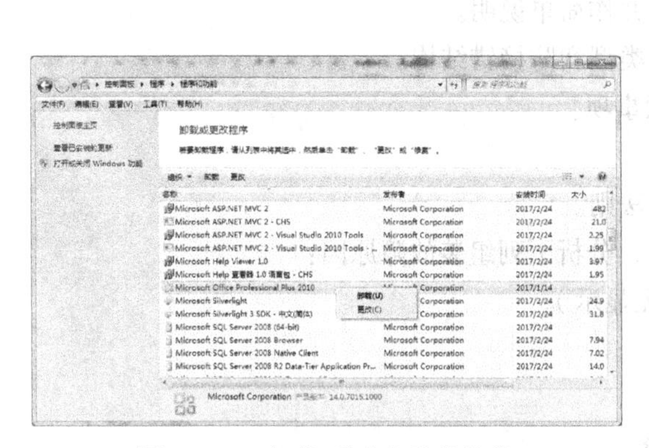

图 1-112 卸载/更改安装的软件

图 1-113 确定卸载警告框

3. 通过程序自动卸载工具卸载驱动精灵软件

① 选择“开始”→“所有程序”命令，单击“驱动精灵”文件夹，出现“卸载驱动精灵”命令，如图 1-114 所示。

② 选择“卸载驱动精灵”命令，出现继续卸载确认对话框，如图 1-115 所示，单击“继续卸载”，即可完成卸载工作。

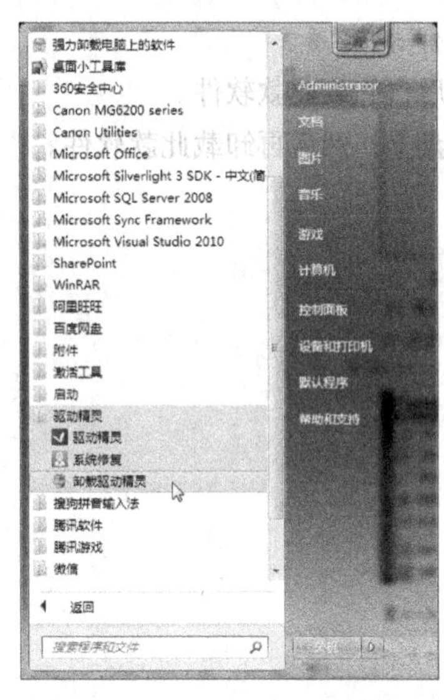

图 1-114 选择需要卸载的软件

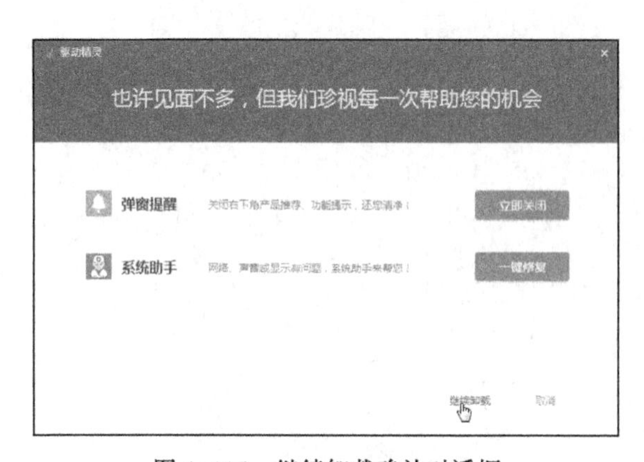

图 1-115 继续卸载确认对话框

强 化 练 习

1. 微机系统由哪些部分组成？各有什么作用？

2. 走访计算机配件经销商，熟悉常见硬件品牌、型号、参数，掌握硬件接口特点和防接错结构。

3. 结合所学知识，调查走访市场，分别列出家用计算机和普通商用计算机的配置清单，并给出参考价格。

4. 说出 CPU、内存、显卡的接口特点和防接错结构特点。

5. 列出学习型、入门型计算机配置清单，并作简单说明。

6. 熟练掌握微机组装技术，牢记常见接口类型和防接错结构。

7. 说出安装CPU、CPU风扇的步骤及注意事项。

8. 说出安装硬盘、光驱应该注意哪些问题。

9. 说出在组装、维护微机的过程中的禁忌法则。

10. 在网上查找BIOS响铃提示信息的含义，分析下列组装故障原因：

（1）加电后，系统无任何反应（无报警、无显示）。

（2）加电后，系统出现连续报警音响。

（3）加电后，系统提示一声短音。

11. 练习使用光盘安装Windows 7操作系统。

12. 练习使用U盘安装Windows 7操作系统。

13. 使用虚拟机软件建立一台虚拟机，在虚拟机中练习BIOS设置、分区格式化、安装操作系统。

14. 什么是驱动程序？驱动程序有哪些版本？

15. 驱动程序有哪些获取方法和安装方法？

16. 安装扫描仪，从网络上下载对应驱动程序，完成安装。

17. 应用程序可分为哪几类？常见的安装方法和卸载方法有哪些？

18. 从网络上下载一款杀毒软件，安装到本地硬盘上，然后再卸载此款软件。

19. 从网络上下载一款自己喜欢的小游戏，安装到本地硬盘上，然后再卸载此款软件。

单元 2 系统的维护和使用

学习目标

通过本单元内容的学习，使读者能够具有以下基本能力：

- 能够使用 Ghost 软件对系统进行备份和还原操作。
- 能够熟练地对 Windows 7 的系统环境进行个性化定制。
- 能够熟练地使用和管理 Windows 7 系统的文件和文件夹。
- 能够利用系统自带工具和工具软件对系统进行维护和优化。

学习内容

本单元学习 Windows 7 系统维护和使用的知识和技能，分解为 4 个学习任务。

- 任务 1　备份与还原系统
- 任务 2　定制个性化系统环境
- 任务 3　管理 Windows 7 系统的文件
- 任务 4　优化和维护 Windows 7 系统

任务 1　备份与还原系统

任务描述

本任务要求熟练使用 Ghost 软件对系统进行备份与还原操作，具体要求如下：

① 使用 DOS 版本 Ghost 软件进行系统分区的备份、还原操作，分区之间的复制操作。

② 使用 Ghost Explorer 浏览器提取系统镜像中的某些文件。

③ 使用一键 GHSOT 软件对系统进行备份和还原操作。

任务分析

理解系统数据的重要性，熟练掌握利用 Ghost 软件对系统进行备份、还原及硬盘（或分区）之间克隆的方法、技巧。

备份/还原工作的核心之一就是要搞清楚“数据”的“来龙去脉”，即要备份哪个盘、哪个分区，要保存到哪里、叫什么名字。其二，“还原（恢复）”只能还原到备份时的状态。为了更好地练习操作过程，应人为制造一些差异，例如修改桌面背景图片、桌面图标数量、显示分辨率等，比较还原前后桌面效果。

通过完成本任务，应该达到的知识目标和能力目标如表 2-1 所示。

表 2-1　知识目标和能力目标

知识目标	能力目标
①了解系统备份的重要性	①能够熟练使用 DOS 版 Ghost 软件对系统进行备份和还原
②熟悉 Ghost 软件的使用方法和技巧	②能够使用一键 Ghost 软件对系统进行备份和还原

一、系统的备份/还原

稳定安全的操作系统是计算机正常运行的基础。以前，当操作系统出现问题或崩溃时，用户唯一能做的就是重装操作系统。然而安装系统是一件费时费力的事，装完系统后还要安装各种驱动程序和应用软件，用户的系统环境也需要重新设置。Ghost 软件的出现轻松地解决了这一问题。只要安装完操作系统、设备驱动程序、应用软件，对系统进行优化之后，利用 Ghost 软件对系统分区进行备份，就可以在系统出现问题后，利用事先做好的镜像文件快速将其还原到备份时的状态。

二、什么情况下应该备份/还原系统

完成操作系统及各种驱动程序的安装，将常用的应用软件安装到系统盘，对系统进行优化和设置后，即可用 Ghost 软件制作系统盘的镜像文件。当然，在其他任何时候进行数据备份都是可以的。

当系统崩溃，或者感觉系统运行缓慢，或感染病毒而不能清除时，就可以进行还原，使系统回到备份时的状态。

三、Ghost 软件概述

Ghost 软件，俗称克隆软件，是美国赛门铁克公司推出的一款出色的硬盘备份/还原工具，可以实现 FAT16、FAT32、NTFS、OS2 等多种分区及硬盘的备份/还原。

利用 Ghost 软件可以将分区备份为镜像文件，利用镜像文件还原分区，实现分区间的复制，将整个硬盘备份为镜像文件，从硬盘的镜像文件还原整个硬盘数据以及两个硬盘间的复制等。

提示：使用 Ghost 软件，备份/还原的是“带有格式”的磁盘信息，一方面备份了磁盘上的数据信息，另一方面备份了数据信息的保存格式，正因为如此，才能使用 Ghost 软件对系统进行备份/还原操作。就如同我们在银行开户，一定要使用身份证的复印件，而不能是手写的身份信息。此时，不带格式的信息是没有意义的信息。

四、Ghost 软件界面介绍

Ghost 8.0 有 Windows 和 DOS 两个版本，操作界面相同。DOS 版 Ghost 只能在 DOS 环境下运行。在 Ghost.exe 文件所在路径下，输入 Ghost，然后按【Enter】键启动。需要特别指出的是，DOS 版 Ghost 虽然支持 NTFS 格式，但必须在非 NTFS 分区上运行。Windows 版 Ghost 可以在 Windows 操作系统下运行，启动时可直接双击 Ghost.exe 文件。

Ghost 操作界面如图 2-1 所示，各操作选项的含义如下：

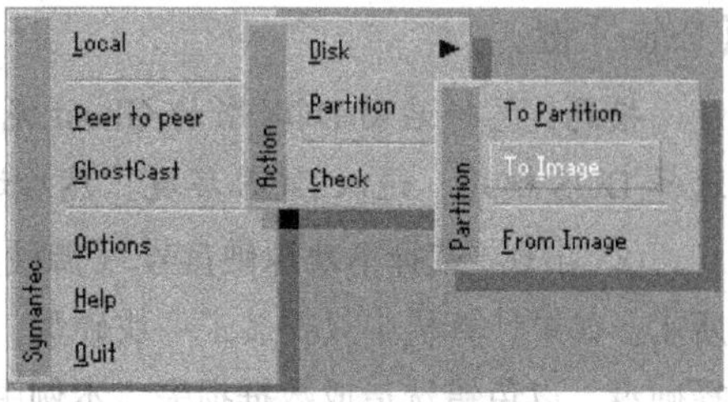

① Local：本地。

② Disk：硬盘，指整个物理硬盘。

③ Partition：分区，即在前面练习中划分的逻辑磁盘，分别对应着一个盘符。

④ Image：镜像，指 Ghost 存放硬盘或分区中内容的特殊格式的文件，扩展名为.gho。

图 2-1　Ghost 软件的操作选项

⑤ To：到，即为“备份到……”的意思。

⑥ From：从，即为“从……还原”的意思。

⑦ Source：源，和“From”相对应。

⑧ Destination：目标，和“To”相对应。

例如：选择“Local”→“Partition”→“To Image”命令，表示要把指定分区（可以同时选取多个分区）做成镜像文件，存放到指定地点。

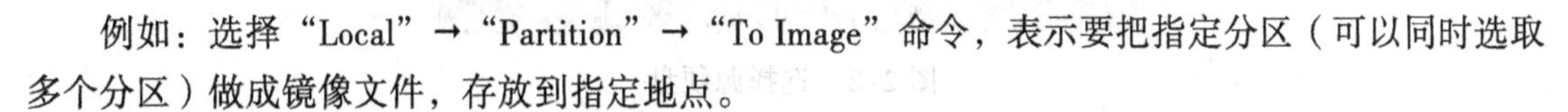

提示：Ghost 备份方式有硬盘（Disk）和分区（Partition）两种。在菜单中单击“Local”（本地）菜单项，在级联菜单中有三个子菜单项，其中“Disk”表示对整个硬盘复制/备份/还原，“Partition”表示对硬盘单个分区复制/备份/还原，“Check”表示对硬盘/镜像文件进行检查。分区备份对个人用户保存系统数据（特别是复制/备份/还原系统分区）具有实用价值，而硬盘复制/备份/还原在机房维护中应用广泛。

五、硬盘保护卡

硬盘保护卡也称为还原卡，主要功能是还原硬盘上的数据。此外，还有其他的一些功能，如网络克隆、远程唤醒、底层管理、远程管理、鼠标和键盘锁定等。而且，大部分保护卡有对全盘或自定义分区还原两种方式，还可以设置为每次开机还原、手动还原或定期还原，用户可以根据实际需求做相应的设置。硬盘保护卡可以让硬盘的部分或者全部分区还原到先前的内容。换句话说，任何对硬盘受保护分区的修改都是无效的，这样就起到了保护硬盘数据的作用。

硬盘保护卡使用方便、快捷，在学校机房和网吧中应用广泛，个人用户很少使用。使用了硬盘保护卡后减少了对计算机的维护，基本无须担心病毒、误操作等问题。当然，如果硬盘发生了物理性损坏，硬盘保护卡是无能为力的。对于个人而言，如果使用硬盘保护卡需要注意将个人数据存储到不还原（即不保护）分区，否则个人数据会被保护卡还原删除。在安装更新应用软件时，还需要解开保护，但是在解开保护的时候又会给系统带来安全隐患，所以不建议个人用户使用。

任务实施

一、DOS 版 Ghost 软件的使用

1. 分区镜像文件的制作

在安装完操作系统和应用软件后，为系统分区制作镜像文件，当系统出现问题时就可以方便、快捷地将系统还原到备份时的状态。

① 运行 Ghost 后，选择“Local”→“Partition”→“To Image”命令，如图 2-1 所示，然后按【Enter】键。

技巧： *怎样启动 DOS 版的 Ghost 呢？用户可以使用带系统启动项的系统光盘或可引导 U 盘，选择 DOS 模式，进入 DOS 环境，然后运行 Ghost，或者进入 Win PE 系统，启动 Ghost。*

② 出现“选择本地源硬盘号”（源硬盘就是要做备份的那个分区所在的硬盘）对话框，如图 2-2 所示。如果计算机中只安装了一块硬盘，直接按【Enter】键即可。如果安装了多块硬盘，需谨慎选择硬盘，以免错选造成数据损失。本例中安装了两块硬盘，则先选择硬盘，然后按【Enter】键。

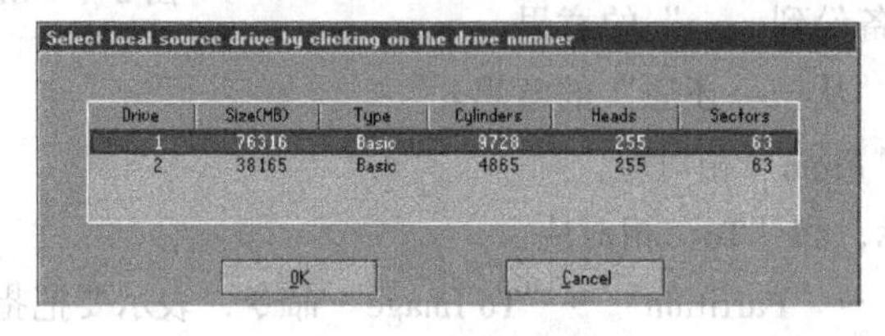

图 2-2　选择源硬盘

③ 出现“选择源分区”对话框，如图 2-3 所示，源分区就是要做备份的那个分区。选择要制作镜像文件的分区，按【Enter】键确认要选择的源分区（可以重复此操作选择多个源分区），单击“OK”按钮，按【Enter】键继续。

Select source partition(s) from Basic drive: 2

Part	Type	ID	Description	Volume Label	Size in MB	Data Size in MB
1	Primary	06	Fat16	MS-DOS_6	2000	455
2	Logical	06	Fat16 extd	DATA	2000	1245
3	Logical	07	NTFS extd	data	5004	1556
4	Logical	0c	Fat32 extd	DATA	28156	24297
				Free	1004	
				Total	38165	27554

OK　Cancel

图 2-3　选择源分区

④ 出现图 2-4 所示的对话框，在“Look in（选择镜像文件保存的分区）”下拉列表框中选择文件存放路径，在“File name”文本框中输入镜像文件名，还可以在“Image file description”文本框中输入镜像文件的描述说明，选择“Save”按钮，按【Enter】确定。

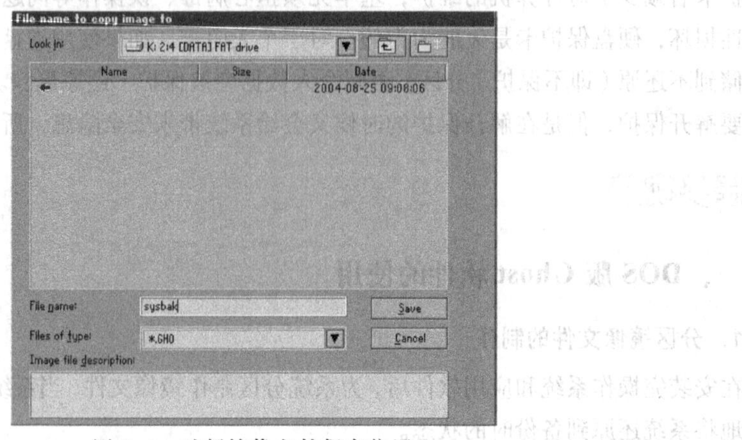

图 2-4　选择镜像文件保存位置

⑤ 接着提示选择压缩镜像文件的模式，如图 2-5 所示。有“No”（不压缩）、“Fast”（使用较快的速度和较低的压缩率备份）、“High”（使用较高的压缩率和较慢的速度备份），压缩比越低，保存速度越快，但是镜像文件占用空间较大，反之亦然。用户可根据自己的需要选择相应的按钮，按【Enter】确定。

⑥ 最后出现图 2-6 所示的对话框，询问是否真的要创建分区镜像，选择“Yes”按钮，按【Enter】确定。

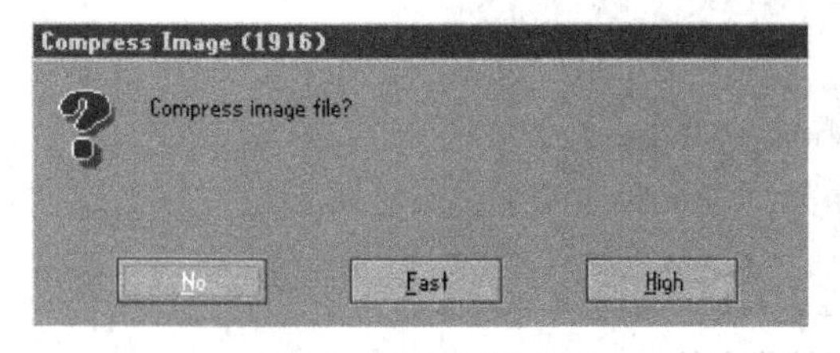

图 2-5 选择压缩模式

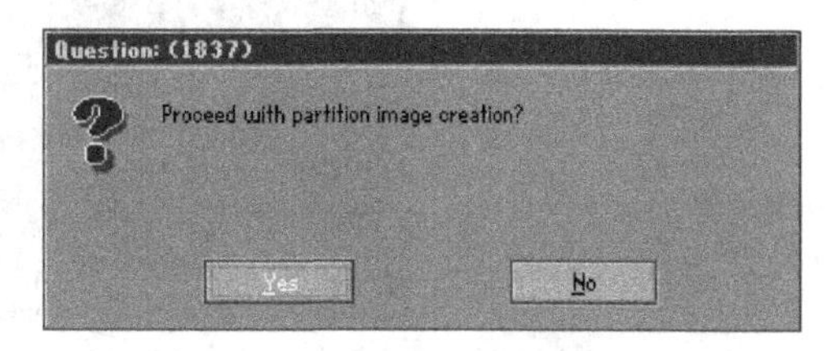

图 2-6 确认创建镜像

⑦ Ghost 开始制作镜像文件，从进度条可以观察创建进度、速度和时间等情况，如图 2-7 所示。在此界面可以按【Ctrl+C】组合键中止操作。

⑧ 建立镜像文件成功后，会提示创建成功，如图 2-8 所示。按【Enter】键返回 Ghost 主界面。

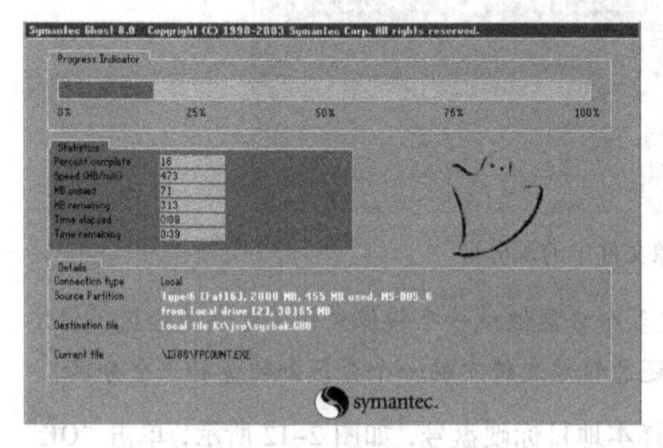

图 2-7 创建镜像文件过程

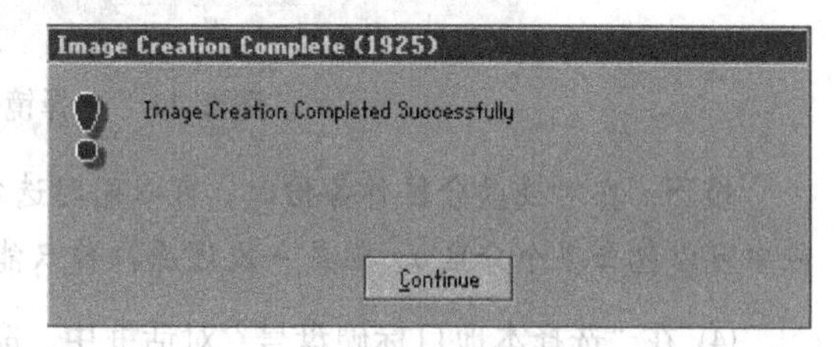

图 2-8 镜像文件创建完成

镜像文件创建完成之后，就可以重新启动系统，到此系统备份完成。

2. 利用镜像文件还原分区

制作好镜像文件后，系统一旦出现问题，用户可以利用镜像文件方便、快捷地将系统还原到备份时的状态。操作步骤如下：

① 出现 Ghost 主菜单后，选择“Local”→“Partition”→“From Image”命令，如图 2-9 所示，然后按【Enter】键。

② 在“镜像文件还原”对话框中，如图 2-10 所示，选择镜像文件所在分区、路径、文件名，单击“Open”按钮并按【Enter】键。

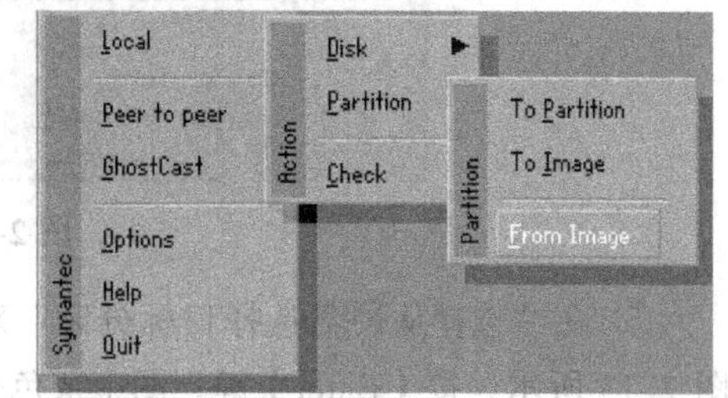

图 2-9 选择“From Image”命令

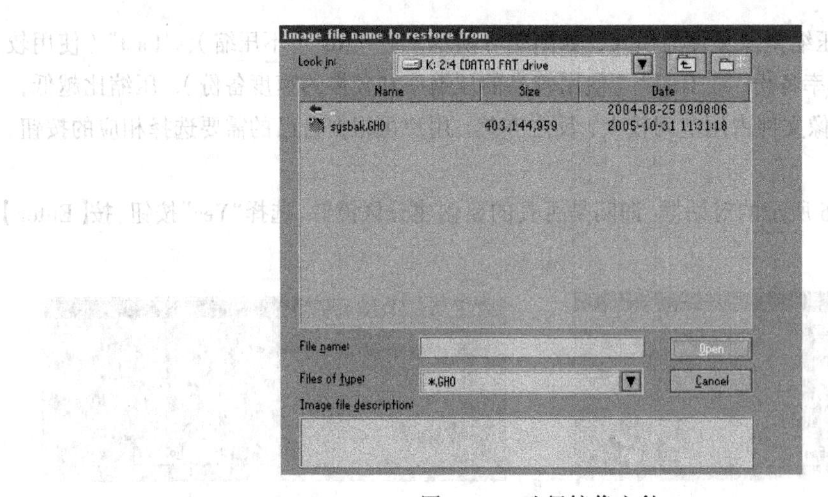

图 2-10　选择镜像文件

③ 在“从镜像文件中选择源分区”对话框中，选择镜像文件中需要还原的分区，如图 2-11 所示，按【Enter】键。

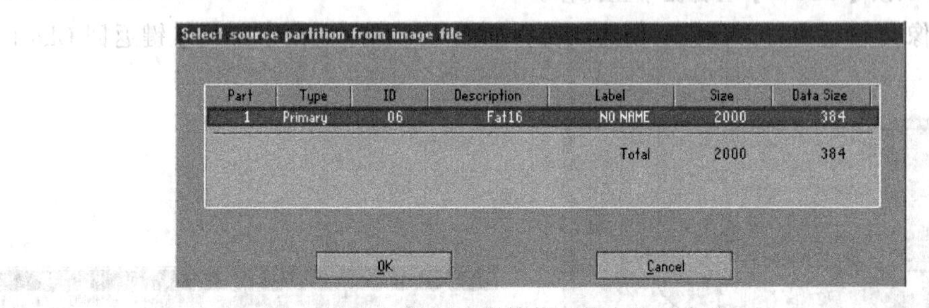

图 2-11　选择镜像文件中的源分区

技巧：在对硬盘分区作备份时，可以同时选定多个分区做成一个镜像文件（也就是分区镜像文件中可以包含多个分区），但是一次还原操作只能还原镜像文件中的一个分区到硬盘的一个分区。

④ 在“选择本地目标硬盘号”对话框中，选择本地目标硬盘号，如图 2-12 所示，单击“OK”按钮，按【Enter】确定。

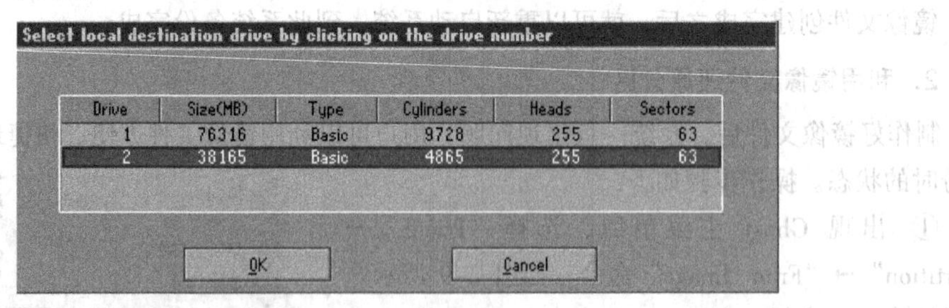

图 2-12　选择目标硬盘

⑤ 在“选择从硬盘选择目标分区”对话框中，选择目标分区（即要还原到哪个分区），如图 2-13 所示，按【Enter】键。图中灰色分区表明这些分区不能做此操作，其中 3 号分区不能使用是因为镜像文件中要还原的分区格式为 FAT16（最大容量不能超过 2 GB），而 3 号分区容量为 5 GB，4 号分区因为保存着镜像文件而不能使用。

Select destination partition from Basic drive: 2

Part	Type	ID	Description	Label	Size	Data Size
1	Primary	06	Fat16	NO NAME	2000	454
2	Logical	06	Fat16 extd	No name	2000	1245
3	Logical	07	NTFS extd	data	5004	1556
4	Logical	0b	Fat32 extd	No name	28156	24628
				Free	1004	
				Total	38165	27883

OK　Cancel

图 2-13　选择目标分区

提示：由于 Ghost 在还原时是按扇区来进行复制，所以在操作时一定要小心，不要把目标盘（分区）弄错了，不然目标盘（分区）的原有数据就会被全部覆盖掉，而没有恢复的机会，所以用户在操作时一定要谨慎。

⑥ 程序提示如果继续操作会将目标分区中的数据覆盖，如图 2-14 所示，选择“Yes”按钮，按【Enter】确定，Ghost 开始还原操作。

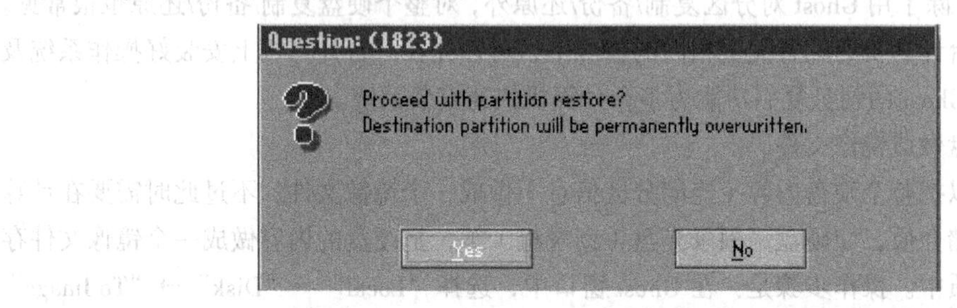

图 2-14　确认还原

⑦ Ghost 还原镜像文件时，从进度条可以观察还原进度时间等情况，如图 2-15 所示。

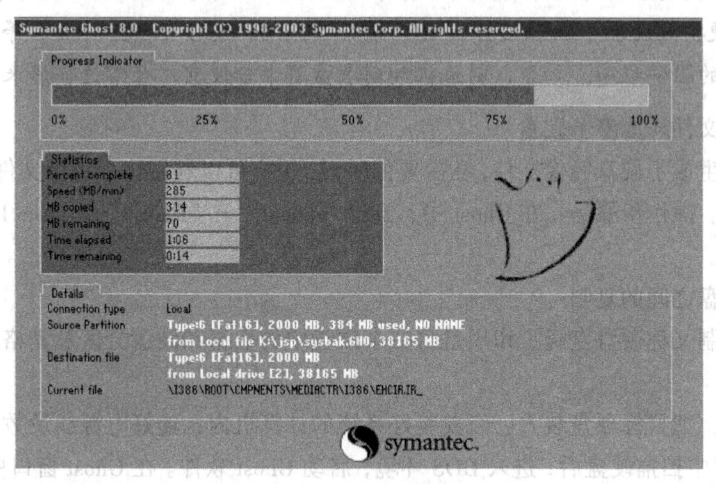

图 2-15　正在还原镜像文件

⑧ 还原操作完成后，程序提示还原已完成，如图 2-16 所示。单击“Continue”按钮继续使用 Ghost，单击“Reset Computer”按钮重启计算机。这里选择的就是重启计算机。

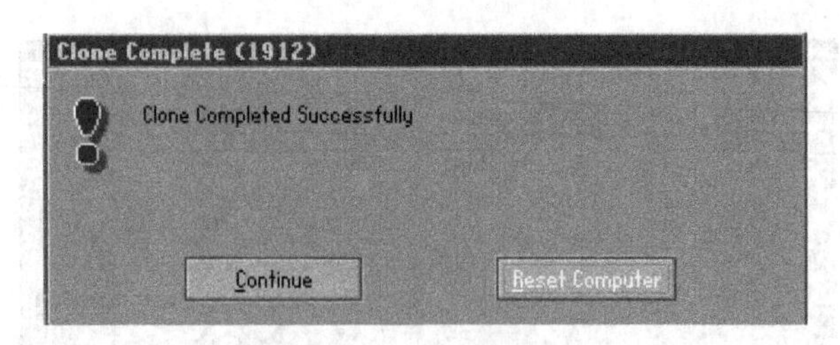

图 2-16　还原完成

3．两个分区之间的复制

如果两台或者更多台计算机的配置相同，但系统分区以外的分区有大量个人数据，用整个硬盘复制的方式就不太适合。这时，用户可以选择两块硬盘系统分区（C 盘）之间的复制。操作步骤是：在 Ghost 窗口中，选择“Local”→“Partition”→“To Partition”命令，按照提示完成操作。注意源盘和目标盘的选择。

4．整个硬盘数据的备份/还原

在实际工作中，除了用 Ghost 对分区复制/备份/还原外，对整个硬盘复制/备份/还原也很常见。例如，在机房中多台计算机的配置完全相同的情况下，可以先在一台计算机上安装好操作系统及应用软件，然后用 Ghost 的硬盘复制功能为多台计算机快速安装系统。

（1）将整个硬盘做成镜像文件

利用 Ghost 可以把整个硬盘内容（连同分区信息）做成一个镜像文件，不过此时需要在计算机中安装其他的存储介质，如硬盘、刻录光盘（刻录机）等，把硬盘的内容做成一个镜像文件存放到其他的存储介质中。操作步骤是：在 Ghost 窗口中，选择“Local”→“Disk”→“To Image”命令，按照提示完成操作。

提示：Ghost 支持各种存储介质，例如对等 LPT 接口、对等 USB 接口、对等 TCP/IP 接口、SCSI 磁带机、便携式设备（JAZ、ZIP、MO 等）、刻录机（CD-R、CD-RW）等，这些存储介质不需要任何外带的驱动程序。如今，刻录机和刻录盘都十分便宜，非常适合用来备份。

（2）用镜像文件还原整个硬盘

上述的操作生成了硬盘镜像文件，在需要的时候，用户可以利用这个镜像文件对整个硬盘（或某一分区）还原。操作步骤是：在 Ghost 中，选择“Local”→“Disk”→“From Image”命令，按照提示完成操作。

（3）两个硬盘之间的复制

硬盘之间复制又称硬盘克隆，作用是将一个硬盘中的数据和硬盘分区及其格式等信息复制到另一块硬盘中。

关闭计算机，把目标硬盘装入已经安装好系统的计算机内，连好电源线及数据线。启动计算机，在 BIOS 设置中扫描硬盘后，进入 DOS 环境，启动 Ghost 软件。在 Ghost 窗口中，选择“Local”→“Disk”→“To Disk”命令，在弹出的对话框中先选择源硬盘，然后选择要复制到的目标硬盘。

提示：目标硬盘和源硬盘容量不一定完全一样。在选择目标硬盘时，用户可以对目标硬盘的分区大小进行手动调整。当然，如果按照默认方式，Ghost 也可以自动对目标硬盘按照源硬盘分区比例进行划分。

二、Ghost Explorer 浏览器的使用

Ghost Explorer 浏览器采用类似于 Windows 资源管理器的界面，如图 2-17 所示，只能运行于 Windows 环境中。使用 Ghost 浏览器可以打开镜像文件，并对镜像文件进行一系列的操作，如查找、提取、载入、剪切、复制、粘贴、删除、添加等。

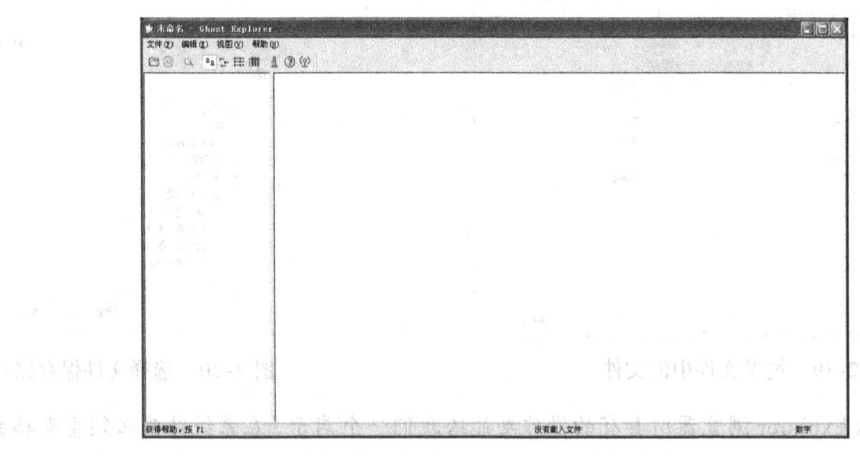

图 2-17 Ghost Explorer 界面

查找：在镜像文件中查找包含所查找内容的文件和文件夹。

提取：将需要的文件或者文件夹从镜像文件中提取出来。

载入：直接打开镜像文件中的所选文件。

剪切：同 Windows 下的“剪切”操作。

复制：同 Windows 下的“复制”操作。

粘贴：同 Windows 下的“粘贴”操作。

添加：在镜像文件中添加新的文件或者文件夹。

这里以将镜像文件中的文件释放到硬盘上为例，操作步骤如下：

① 双击“Ghostexp.exe”文件，启动 Ghost 浏览器。

② 单击“打开”按钮（或者选择“文件”→“打开”命令），打开需要操作的镜像文件（WIN7.GHO），如图 2-18 所示。

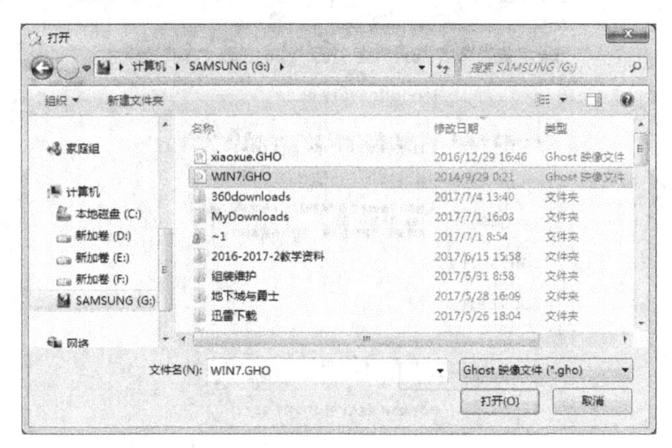

图 2-18 “打开”对话框

③ 打开镜像文件后，选中需要的文件并右击，如图 2-19 所示，在弹出的快捷菜单中选择“提取”命令，在弹出的“浏览文件夹”对话框中选择保存文件的路径，单击“确定”按钮，如图 2-20 所示。或者在快捷菜单中选择“复制”命令，然后在目标文件夹中单击“粘贴”按钮。

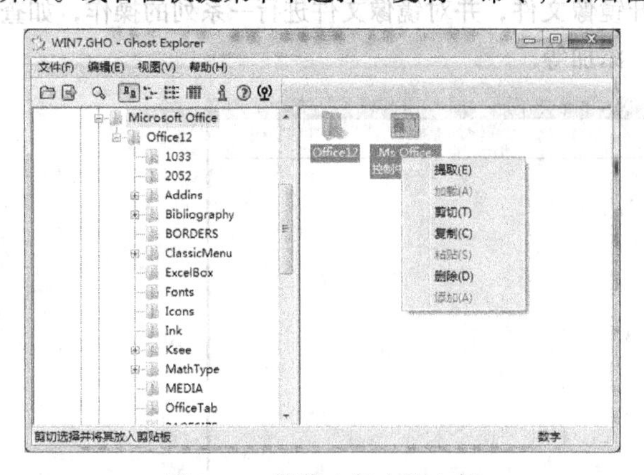

图 2-19 镜像文件中的文件

图 2-20 选择文件保存路径

提示：Ghost Explorer 浏览器所具有的操作功能给我们一个启示，在系统瘫痪必须重新格式化安装操作系统，而系统分区又存在重要数据时，可以先对原来的系统进行备份，妥善保存镜像文件，待安装好新系统后再用 Ghost 浏览器将数据提取出来。

三、使用一键 GHOST 软件备份还原系统

一键 GHOST 是“DOS 之家”首创的 4 种版本（硬盘版/光盘版/优盘版/软盘版）同步发布的启动盘，适应各种用户需要，既可独立使用，又能相互配合。主要功能包括：一键备份系统，一键恢复系统，中文向导，GHOST、DOS 工具箱，个人文件转移工具。

首先从网络上下载一键 GHOST 软件，然后安装到计算机上，运行该软件，界面如图 2-21 所示。系统会自动识别，根据不同情况（C 盘映像是否存在）会自动定位到不同的选项，如果不存在 GHO 文件，则自动定位到“一键备份系统”选项上，如果已经有了 GHO 文件，则自动定位到“一键恢复系统”选项上。根据个人需要，选择不同的选项进行操作。在这里不再一一详述。

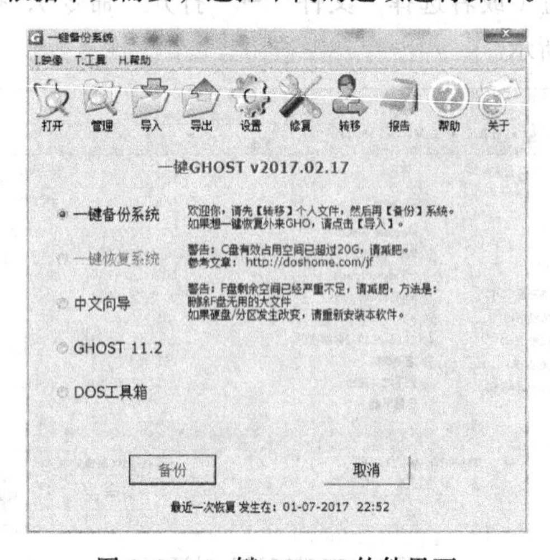

图 2-21 一键 GHOST 软件界面

任务2 定制个性化系统环境

任务描述

本任务要求能熟练定制个性化系统环境，具体要求如下：

① 根据不同的要求，熟练设置 Windows 7 的桌面环境。

② 自定义任务栏，自定义“开始”菜单，整理开始菜单中“所有程序”部分。

③ 创建文件夹和应用程序的桌面快捷方式。

④ 根据不同需求，定制鼠标和输入法。

⑤ 设置不同的用户账户。

任务分析

更改系统环境设置时，要有计划地以便于个人操作为目的去设置，在更改原有设置之前还要做好默认设置的记录工作，不可随意更改，否则不仅不能达到定制系统、优化环境的目的，反而使系统不如从前，甚至造成系统死机。一旦出现问题，应立即恢复到原来的设置。在做好个人环境设置后，也可以再次备份系统，以便于系统崩溃或出问题时恢复成最佳状态，使系统恢复后可以立即投入到工作学习之中。

通过完成本任务，应该达到的知识目标和能力目标如表 2-2 所示。

表 2-2 知识目标和能力目标

知识目标	能力目标
①熟悉系统的启动与退出方法 ②熟悉桌面的主要构成 ③熟悉窗口的组成和基本操作 ④熟悉对话框的主要组成 ⑤熟悉菜单的主要分类以及菜单命令项的约定	①能够熟练定制系统桌面，包括桌面图标、桌面背景、屏幕保护程序、桌面外观等的设置 ②能够熟练自定义任务栏和“开始”菜单 ③能够熟练创建桌面快捷方式 ④能够熟练定制鼠标和输入法 ⑤能够熟练设置用户账户

知识准备

要完成 Windows 7 系统环境的个性化定制，必须先熟悉 Windows 7 的基本操作，熟悉桌面上的主要元素和基本构成，窗口的组成和操作，菜单的分类等知识。

一、Windows 7 的启动与退出

1. 启动 Windows 7

打开计算机电源，系统将进入自检状态。自检结束后，进入 Windows 7 的登录界面。如果计算机中只设置了一个账户，且没有登录密码，可直接登录。如果计算机中设置了多个账户且没有设置密码，登录界面将显示多个用户账户的图标，单击某个图标即可进入该用户的系统界面，如果用户账户设置了登录密码，还需输入正确密码才能进入操作系统。

2. 退出 Windows 7

在关闭电源之前，应正确退出 Windows 7。

单击“开始”→“关机”按钮，可直接关闭计算机。如果单击“关机”按钮右侧的▶按钮，则弹出下拉菜单如图 2-22 所示。可根据不同需求，选择相应的操作。

- 切换用户：此选项用于在不关闭当前用户账户的情况下切换到另外一个用户，当前用户可以不关闭正在运行的程序，当再次返回时系统会保留原来的状态。
- 注销：此选项用于保存当前设置，关闭当前用户账户。使用此功能，可以使用户在不重新启动计算机的情况下实现多用户快速登录。
- 锁定：此选项使计算机进入登录状态，如果设置了密码，必须输入密码才能进入锁定前的状态。
- 重新启动：即重新启动计算机。
- 睡眠：此选项是操作系统的一种节能状态，是将运行中的数据保存在内存中并将计算机置于低功耗状态。
- 休眠：此选项会保存数据并直接关闭计算机，再次打开计算机时，系统会还原数据。

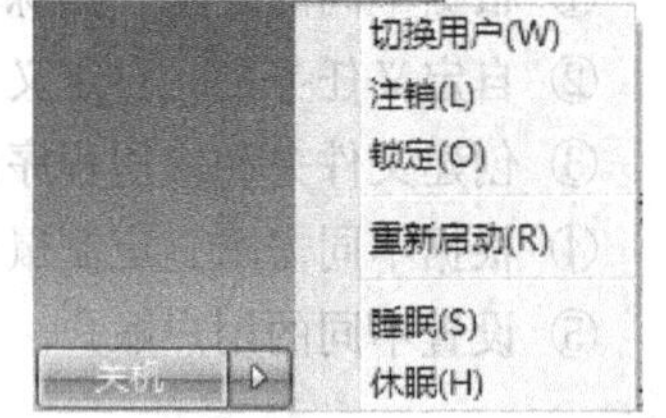

图 2-22 “关机”按钮下拉菜单

二、桌面

启动 Windows 7 之后即进入 Windows 7 的桌面，桌面的主要元素有桌面图标、任务栏和桌面背景等，如图 2-23 所示。

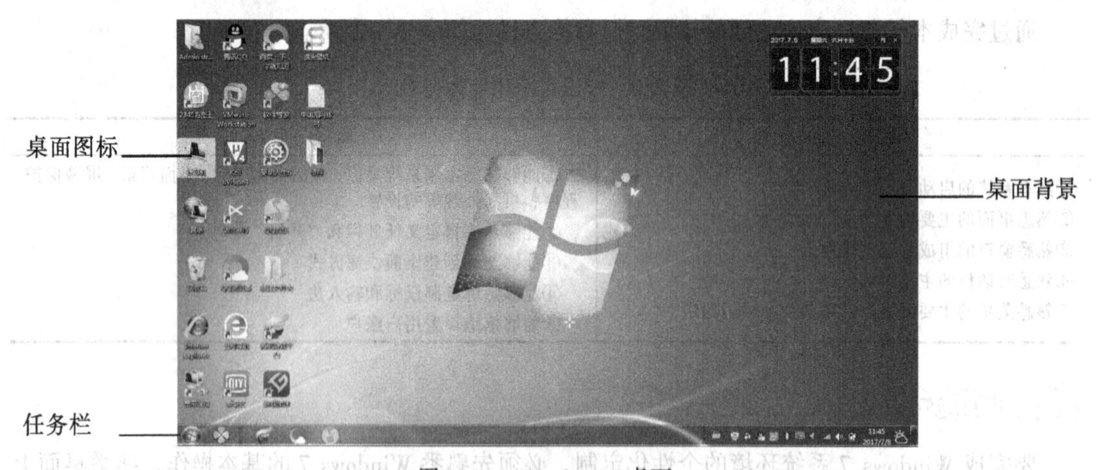

图 2-23 Windows 7 桌面

1. 桌面背景

桌面背景是操作系统为用户提供的一个图形界面，作用是让系统的外观变得更加美观，用户可根据需要设置。

2. 桌面图标

桌面图标是指桌面上那些带有文字标志的小图片，每个图标分别代表一个对象，对桌面图标可进行添加、删除、排列等操作，通过双击桌面图标可以启动相应的程序或窗口。

3. 任务栏

任务栏通常位于桌面的底部。由“开始”按钮、程序按钮区、通知区和显示桌面按钮 4 部分组成。如图 2–24 所示。

图 2–24 任务栏

- “开始”按钮：用于打开“开始”菜单。“开始”菜单是操作计算机程序、文件夹和系统设置的主通道，方便用户启动各种程序和文档。
- 程序按钮区：主要放置固定任务栏上的程序以及正打开着的程序和文件的按钮，用于快速启动相应的程序，或在应用程序窗口间切换。
- 通知区：包括“输入法”“时间”“音量”等系统图标和在后台运行的程序的图标。
- 显示桌面按钮：此按钮在任务栏的最右侧，当鼠标指针停留在该按钮上时，按钮变亮，所有打开的窗口透明化，鼠标指针离开即恢复原状。当单击该按钮时，所有窗口全部最小化，显示桌面，再次单击，全部窗口还原。

三、窗口

1. 窗口的组成

窗口是应用程序和用户交互的主要界面，如图 2–25 所示，是一个典型的 Windows 7 窗口。

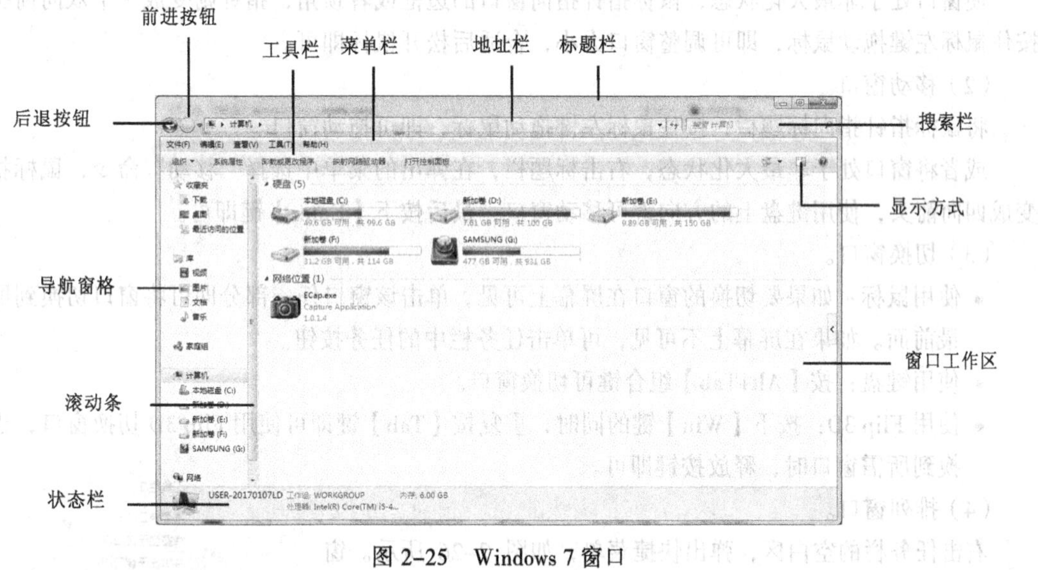

图 2–25 Windows 7 窗口

现介绍窗口的主要组成部分。

- 标题栏：位于窗口的最顶端。左端标明窗口的名称，右端有“最小化”按钮，“最大化”按钮，“关闭”按钮。拖动标题栏可以实现窗口的移动。
- 地址栏：显示当前访问位置的完整路径。在地址栏中输入一个地址，单击“转到”按钮，窗口将转到该地址所指的位置。Windows 7 在地址栏中可以直接输入网页地址，显示网页内容，而不需要事先打开浏览器。

- 搜索栏：在搜索栏输入关键字后，就可以在当前位置使用关键字进行搜索，凡是文件内部和文件名称中包含该关键字，都会显示出来。
- “前进”与“后退”按钮：用于快速访问下一个或上一个浏览过的位置。单击“前进”按钮右侧的小箭头，可以显示浏览列表，以便于快速定位。
- 菜单栏：位于标题栏或地址栏下方，通常有“文件”“编辑”“查看”“工具”“帮助”等菜单项，这些菜单几乎包含了对窗口操作的所有命令。
- 工具栏：通常位于菜单栏下面，以按钮或下拉列表的形式将常用功能分组排列出来，单击按钮便能直接执行相应的操作。可以在工具栏中的“组织”|“布局”的下拉菜单中，选择显示或者取消显示“菜单栏”。
- 导航窗格：用于显示树状结构文件夹列表，方便用户定位所需目标。窗格从上到下分为不同的类别，主要分为收藏夹、库、计算机、网络。
- 窗口工作区：用于显示主要内容，有若干个图标。双击图标可以打开对应的应用程序窗口或者功能对话框。
- 状态栏：用于显示与当前窗口操作有关的提示性信息。

2．窗口的基本操作

对窗口的基本操作包括调整窗口大小，移动、切换、排列和关闭窗口等。

（1）调整窗口大小。

使窗口处于非最大化状态，鼠标指针指向窗口的边框或者顶角，指针则变成一个双向箭头，按住鼠标左键拖动鼠标，即可调整窗口大小，合适后松开鼠标即可。

（2）移动窗口。

将鼠标指针指向标题栏，按住鼠标左键拖动鼠标，即可拖动窗口。

或者将窗口处于非最大化状态，右击标题栏，在弹出的菜单中选择“移动”命令，鼠标指针变成四向箭头，使用键盘上的方向键可移动窗口，最后按下【Enter】键即可。

（3）切换窗口。

- 使用鼠标：如果要切换的窗口在屏幕上可见，单击该窗口任一部分即可将窗口切换到屏幕最前面。如果在屏幕上不可见，可单击任务栏中的任务按钮。
- 使用键盘：按【Alt+Tab】组合键可切换窗口。
- 使用 Flip 3D：按下【Win】键的同时，重复按【Tab】键即可使用 Flip 3D 切换窗口，当切换到所需窗口时，释放按键即可。

（4）排列窗口。

右击任务栏的空白区，弹出快捷菜单，如图 2-26 所示。窗口排列方式有层叠窗口、堆叠显示窗口、并排显示窗口 3 种。可以选择相应的方式排列窗口。

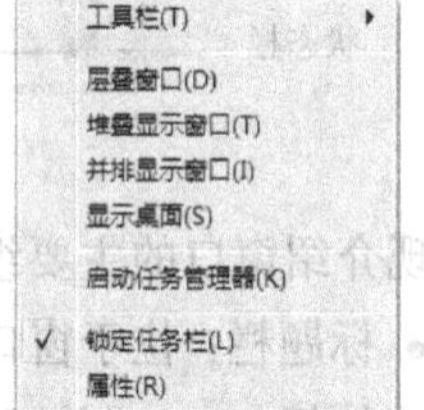

图 2-26 “任务栏”快捷菜单

（5）最大化、最小化、还原、关闭窗口

可利用窗口右上角的按钮最大化、最小化、还原和关闭窗口。

四、对话框

对话框是一种特殊的窗口，通常提供一些参数选项供用户设置，它一般没有菜单栏，不能改变窗口的大小。通常由标题栏、选项卡、文本框、列表框、单选按钮、复选框、命令按钮等组成。如图 2-27 所示为“页面设置”对话框，图 2-28 所示为“打印机属性”对话框。

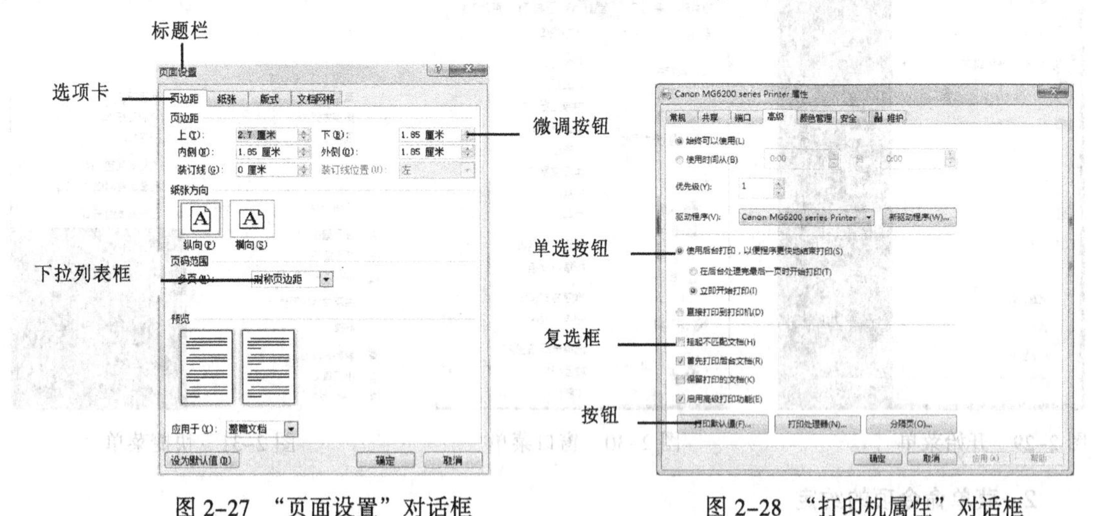

图 2-27 “页面设置”对话框　　图 2-28 “打印机属性”对话框

对话框中主要元素功能如下：

- 选项卡：当对话框功能较多时，利用选项卡可以将功能分类保存。
- 微调按钮：用于改变数值大小，可以单击上下箭头或直接输入数值。
- 下拉列表框：含有下拉按钮的文本框叫下拉列表框，可通过单击下拉按钮进行选择。
- 单选按钮：在一组可选项中只能选择一项。被选中的单选按钮中出现一个圆点。
- 复选框：在一组可选项中可以选择若干项。被选中的选项方框中有一个对号。
- 列表框：在一组对象列表中选择其中一项。如果列表框容纳不下所显示的对象，列表框会有滚动条。
- 文本框：用于直接输入文字。
- 按钮：表示一个操作，单击按钮可以执行该项操作。

五、菜单

菜单是系统提供的可操作命令的功能列表。菜单栏上的各类命令称为菜单项，单击菜单项后可展开为下拉菜单，下拉菜单中的每一项称为命令项。Windows 7 中主要有“开始”菜单、窗口菜单以及快捷菜单等。

1. 菜单的分类

①“开始”菜单。如图 2-29 所示，开始菜单左侧“所有程序”菜单项包括计算机系统中安装的全部应用程序；左侧其他菜单项是用户常用的应用程序的快捷启动项；右侧是系统控制工具菜单区域，通过这些选项用户可以实现对计算机的操作与管理；最下方包括“搜索框”和“关机”选项，搜索框可以在计算机中搜索各种文件，与窗口中的“搜索栏”功能相同。

② 窗口菜单。窗口菜单位于窗口的菜单栏上。其打开方式是由菜单项下拉打开的，也称为下拉菜单，如图 2-30 所示。

③ 快捷菜单。指向任意对象，右击，将打开该对象的快捷菜单，如图 2-31 所示。

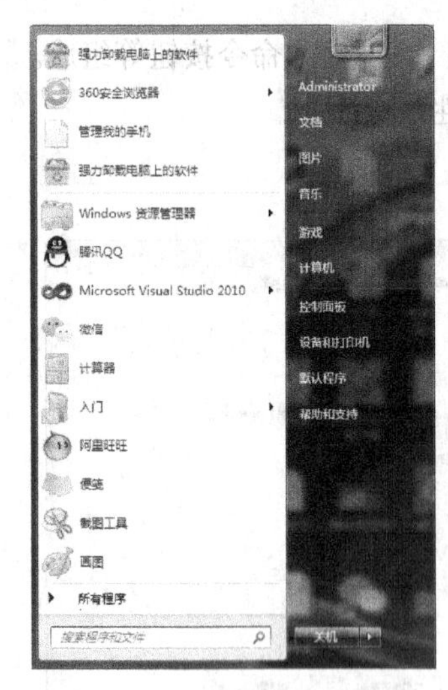

图 2-29　开始菜单

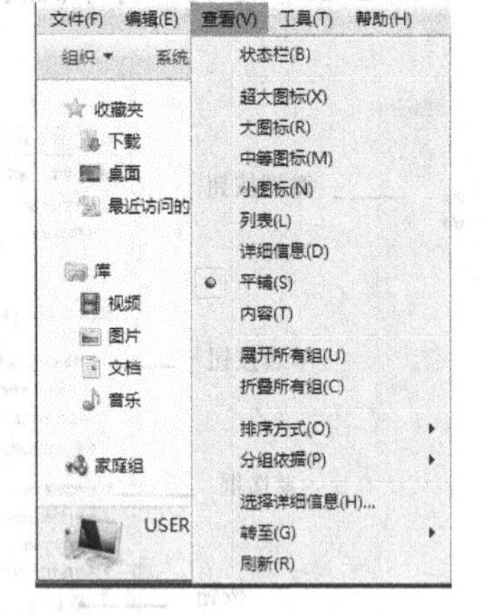

图 2-30　窗口菜单

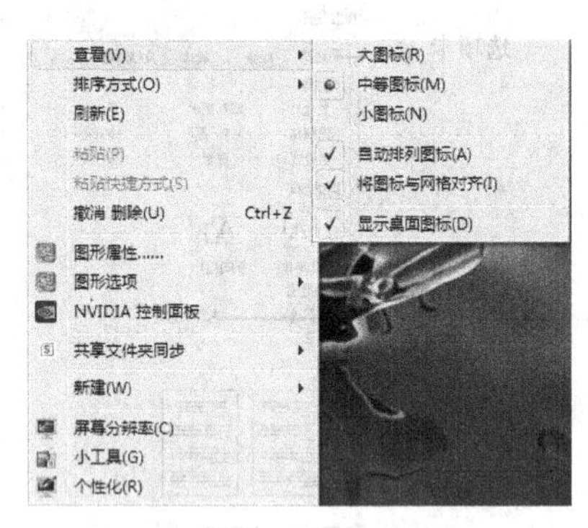

图 2-31　快捷菜单

2．菜单命令项的约定

菜单命令项如图 2-30 和图 2-31 所示，现介绍其颜色及前后标记。

① 命令项的颜色。命令项是黑色的表示用户可以执行；灰色的表示当前不能选择执行。

② 命令项前的标记。命令项前带有“√”标记的表示该命令项已选用，单击该命令项可以取消该命令项功能；命令项前带有“●”标记的表示该命令项已经选用，并且同类命令项只能选择其中之一。

③ 命令项后的标记。命令项后带有“▶”标记的表示该命令项带有级联菜单；命令项后带有“...”标记的表示执行该命令项将打开对话框，应进行相应的设置或输入某些信息后才能继续执行。

④ 命令项后的组合字母键表示该命令项的快捷键。

任务实施

一、定制桌面

1．定制桌面图标

右击桌面空白区域，在弹出的快捷菜单中选择“个性化”命令，在弹出的窗口中单击“更改桌面图标”链接，弹出“桌面图标设置”对话框，如图 2-32 所示。设置复选框以添加或隐藏系统图标，最后单击“确定”按钮完成设置。

图 2-32　“桌面图标设置”对话框

2．定制桌面背景

① 右击桌面空白区域，在弹出的快捷菜单中选择“个性化”命令，在弹出的“更改计算机上的视觉效果和声音”对话框中，单击“桌

面背景”按钮，或打开“控制面板”窗口中的“更改桌面背景”命令，出现图 2-33 所示的“桌面背景”窗口。

② 在“选择桌面背景”中，可以根据个人喜好选择相应的背景图片，可以设置多个背景图片在一定时间间隔内进行变化，赋予了我们一种动态背景的效果，在设置完成后单击“保存修改”按钮即可。

技巧：通过单击“浏览”按钮，可以将个性化的图形文件，如位图（.bmp）、GIF（.gif）和 JPEG（.jpeg）等格式的照片或图像用作桌面背景。如果要用小墙纸图像覆盖整个屏幕，在“图片位置”下拉列表框中选择“平铺”选项。要使墙纸居中，则选择“居中”选项。

3. 设置屏幕保护程序

当显示器长时间显示同一画面时，高亮度显示的部分易使显示器老化。为了解决这个问题，Windows 提供了屏幕保护程序，若在设定的时间内屏幕显示未作任何改变，屏幕保护程序即被激活，起到保护显示器的作用。

① 右击桌面空白区域，弹出快捷菜单中选择“个性化”命令，弹出“更改计算机上的视觉效果和声音”窗口，在该窗口中单击“屏幕保护程序”选项，然后在图 2-34 所示的“屏幕保护程序”下拉列表框中，选择要使用的屏幕保护程序，我们可以在对话框上方模拟显示出相应的效果。

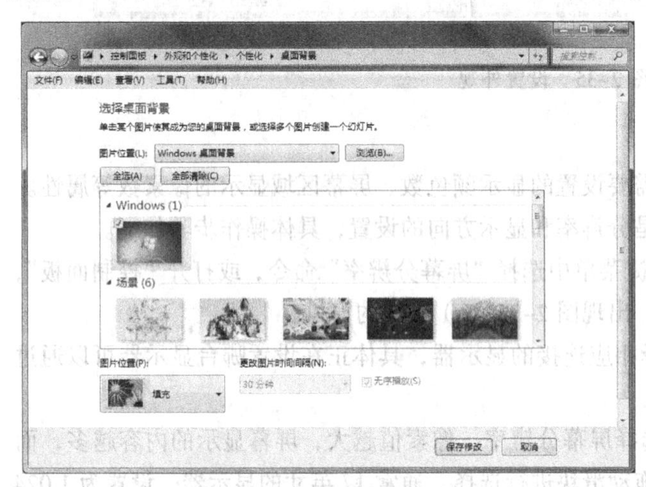

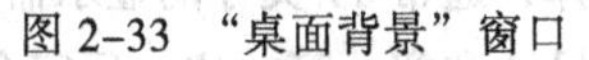
图 2-33 “桌面背景”窗口

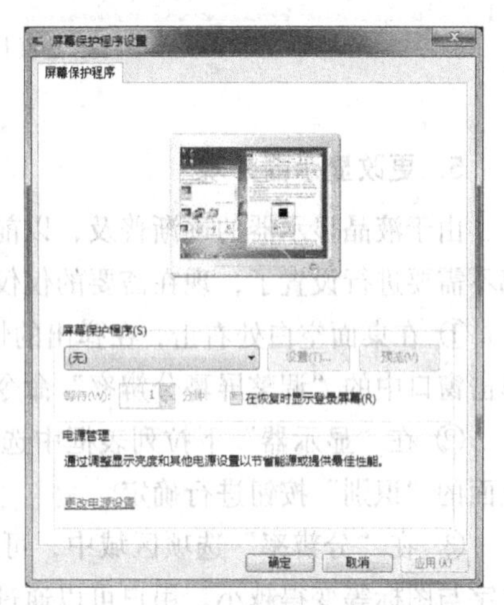

图 2-34 “屏幕保护程序设置”对话框

② 单击“设置”按钮，可对选定的屏幕保护程序进行参数设置。当计算机空闲时间超过“等待”文本框中指定的时间时，屏幕保护程序便会启动。在屏幕保护程序启动后想要将其停止，只要移动一下鼠标或按一下键盘、鼠标的任何键即可。

4. 定制桌面外观

桌面上的窗口、菜单、标题、滚动条及消息框等屏幕对象的外观称为 Windows 的桌面外观。定制桌面外观的操作步骤如下：

① 打开“更改计算机上的视觉效果和声音”窗口，单击“窗口颜色”选项，弹出图 2-35（a）所示的“更改窗口边框、开始菜单和任务栏的颜色”窗口。可以根据用户不同的喜好，选择不同

颜色效果的窗口和按钮样式。

② 通过是否“启用透明效果”和调节颜色浓度设置，可以增加格式变化状态。

③ 单击“显示颜色混合器”按钮，还可以进行“色调”“饱和度”和“亮度”的调节。

④ 如果这些设置都不能够完全满意用户需求，还可以通过单击“高级外观设置”按钮，在弹出的“窗口颜色和外观”对话框中进行进一步设置，如图 2-35（b）所示。

⑤ 修改完毕后，单击“保存修改”按钮，完成定制桌面外观设置操作。

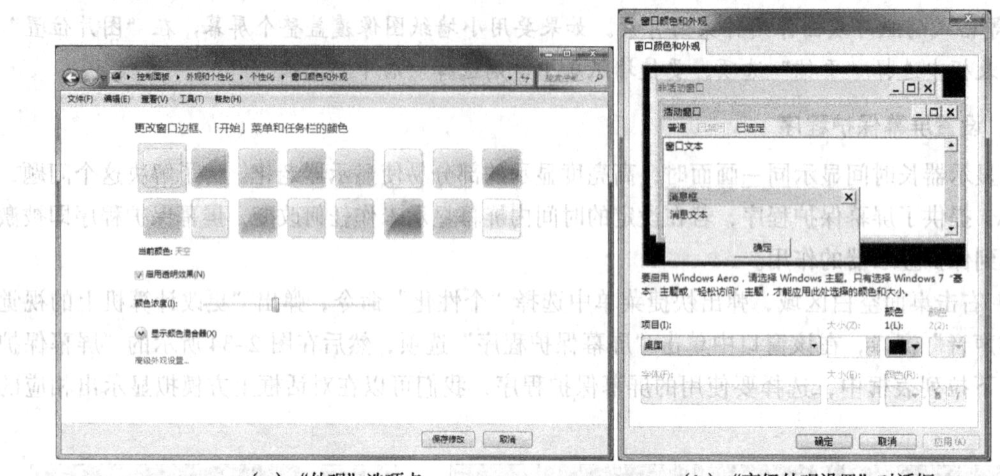

（a）“外观”选项卡　　（b）“高级外观设置”对话框

图 2-35　设置外观

5. 更改显示器外观

由于液晶显示器的逐渐普及，以前需要设置的显示颜色数、屏幕区域显示的像素数等属性。都不需要进行设置了，现在需要的仅仅是分辨率和显示方向的设置，具体操作步骤如下。

① 在桌面空白处右击，在弹出的快捷菜单中选择“屏幕分辨率”命令，或打开“控制面板”，单击窗口中的“调整屏幕分辨率”命令，出现图 2-36（a）所示的窗口。

② 在“显示器”下拉列表框中选择相应连接的显示器，具体正在设置哪台显示器可以通过上面的“识别”按钮进行确定。

③ 在“分辨率”选项区域中，可选择屏幕分辨率，像素值越大，屏幕显示的内容越多，而文字与图标等变得越小。用户可以通过拖动滑块进行选择，通常 17 英寸的显示器，设置为 1 024 ×768 像素使用效果最佳。液晶显示器根据不同的屏幕尺寸和宽、高、比，厂家会提供最佳分辨率，用户据此设置，即可确保最佳显示效果。

④ 在“方向”选项区，可以设置显示器显示图像的方向，一般多显示器用户会用到该设置，根据具体需要设置即可。

⑤ 如果用户需要进行更高级的更改设置，可以单击“高级设置”按钮，进入高级设置对话框，如图 2-36（b）所示，在该对话框就可以看见显示器分辨率和颜色的相关设置。这些设置对于一般液晶用户可以忽略，但是对于老款 CRT 显示器来说，还是需要进行设置，建议屏幕刷新率在 85 赫兹以上，选择的颜色位数越多，显示的颜色质量越好。

(a) 调整屏幕分辨率

(b) “高级设置”对话框

图 2-36 设置屏幕分辨率、颜色质量和屏幕刷新频率

提示：选择分辨率和刷新频率要依据显卡和显示器的档次而定，过高可能加速显示器的老化。

二、自定义任务栏和“开始”菜单

1. 自定义任务栏

① 任务栏空白位置右击，在弹出的快捷菜单中选择“属性”命令。弹出“任务栏和开始菜单属性”对话框，如图 2-37 所示。在“任务栏”选项卡中可以设置“锁定任务栏”“自动隐藏任务栏”“使用小图标”“屏幕上的任务栏位置”和“任务栏按钮”等选项。

② 如果要自定义设置“通知区域”中出现的图标和通知，可以单击“自定义”按钮，打开“选择在任务栏上出现的图标和通知”窗口，如图 2-38 所示。

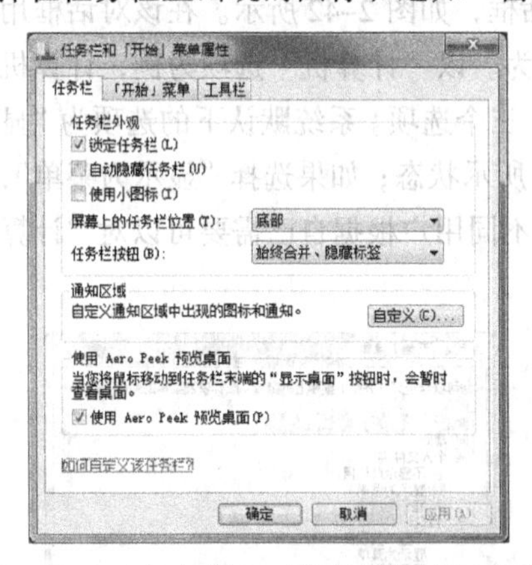

图 2-37 “任务栏和开始菜单属性”对话框

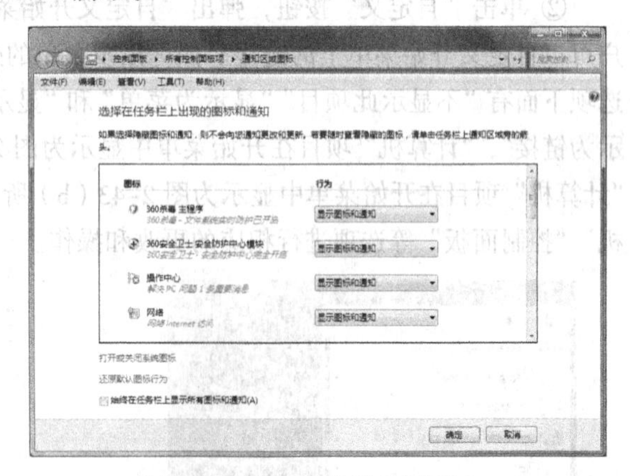

图 2-38 自定义任务栏图标

如果“始终在任务栏上显示所有图标和通知”复选框被勾选，那么只能选择“打开或关闭系统图标”。在默认情况下，系统图标除了电源选项，其他默认图标都是开启状态，我们可以通过单击对应的下拉菜单选择打开或关闭。如果选择关闭，任务栏中的系统图标会被隐藏，反之亦然。

如果“始终在任务栏上显示所有图标和通知”复选框未被勾选，那么任务栏右边图标就会被折叠，此时每个图标的行为状态都是可以更改的，如果选择“显示图标和通知”，此时程序图标一直显示且不被折叠；如果选择“隐藏图标和通知”，此时程序图标会被折叠隐藏，即使有通知也不会显示；如果选择“仅显示通知”，此时程序图标会被默认折叠隐藏，当有通知时会显示出来。

③ 将应用程序锁定于任务栏。右击要锁定的应用程序，在弹出的快捷菜单中选择“锁定到任务栏”命令，则该应用程序图标出现在任务栏上，如图 2-39 所示是将腾讯 QQ 应用程序锁定到任务栏。要想删除任务栏程序按钮区的某个程序，只需鼠标指针指向该应用程序图标，然后右击，在弹出的快捷菜单中选择“将此程序从任务栏解锁”即可，如图 2-40 所示是将腾讯 QQ 应用程序从任务栏解锁。

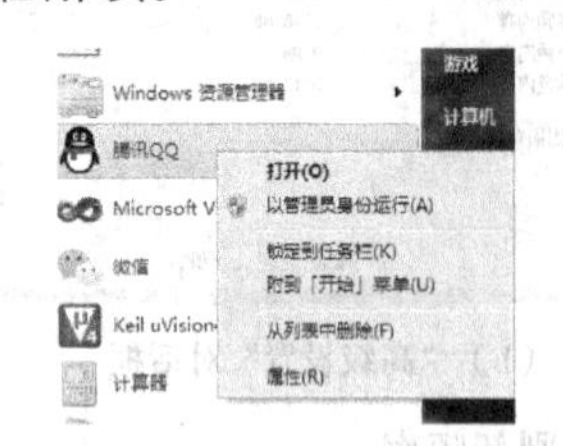

图 2-39　将应用程序锁定到任务栏

图 2-40　将应用程序从任务栏解锁

2. 自定义“开始”菜单

Windows 7 的自定义“开始”菜单主要指的是对非“所有程序”部分进行的操作。图 2-41 中矩形框标注部分为自定义“开始”菜单的操作部分。具体操作方法如下：

① 任务栏空白位置右击，在弹出的快捷菜单中选择“属性”命令，弹出“任务栏和开始菜单属性”对话框，如图 2-37 所示。选择“开始菜单”选项卡，在该选项卡中有“电源按钮操作”选项，该选项指的是按下计算机开关按钮后计算机默认的操作；“隐私”选项用于确定是否显示用户最近打开或运行的文件和程序，用户可以根据实际需要进行相应勾选。除了这两部分还有对开始菜单进行自定义设置的“自定义”按钮。

② 单击“自定义”按钮，弹出“自定义开始菜单”对话框，如图 2-42 所示。在该对话框用户可以自定义开始菜单上的链接、图标以及菜单的外观和行为。以“计算机”选项为例，计算机选项下面有“不显示此项目”“显示为菜单”和“显示为链接”三个选项。系统默认下的选项为“显示为链接”，“计算机”项目在开始菜单中显示为图 2-43（a）所示状态；如果选择“显示为菜单”，“计算机”项目在开始菜单中显示为图 2-43（b）所示状态。不同用户根据自己需要可以对“计算机”“控制面板”等选项进行相应的更改和操作。

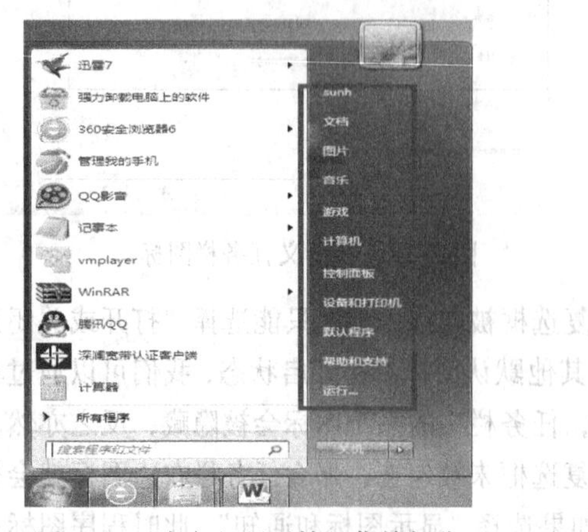

图 2-41　自定义“开始”菜单部分

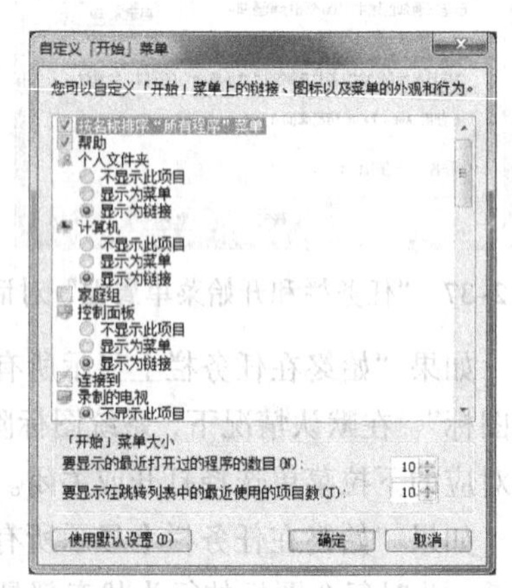

图 2-42　自定义开始菜单

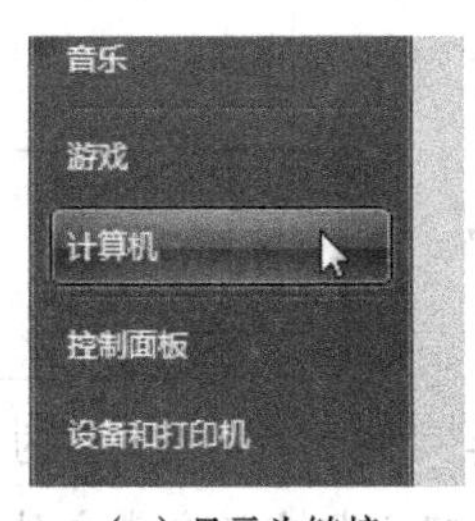

（a）显示为链接

（b）显示为菜单

图 2-43 自定义“计算机”按钮

③ 除了对“按钮”行为的操作外，还可以设置“按名称排序‘所有程序’菜单”、是否“突出显示新装程序”以及是否显示“运行命令”等选项。还可以通过设置显示程序数目的方式来自定义开始菜单的大小，系统默认为 10 个。

本部分内容只起到一个抛砖引玉的作用，读者可以根据自己需求举一反三地进行更改设置。如果各种设置被更改混乱了，还可以选择“使用默认设置”来恢复。

3. 整理开始菜单中的“所有程序”部分

为了使“所有程序”变得简洁有序，就需要对“所有程序”菜单进行整理。

① 打开“开始”菜单，在“所有程序”或者“返回”按钮处右击，弹出窗口显示三个命令按钮，如图 2-44 所示。

② “属性”命令可以打开“任务栏和开始菜单属性”对话框，前面已经介绍。“打开”命令实际上是打开了当前用户“资源管理器”中的“开始”菜单，如图 2-45（a）所示。双击“程序”图标，打开 2-45（b）所示的窗口。“打开所有用户”命令实际上是打开公共用户“资源管理器”中的“开始”菜单，性质与“打开”命令相同，只是打开的用户不同。

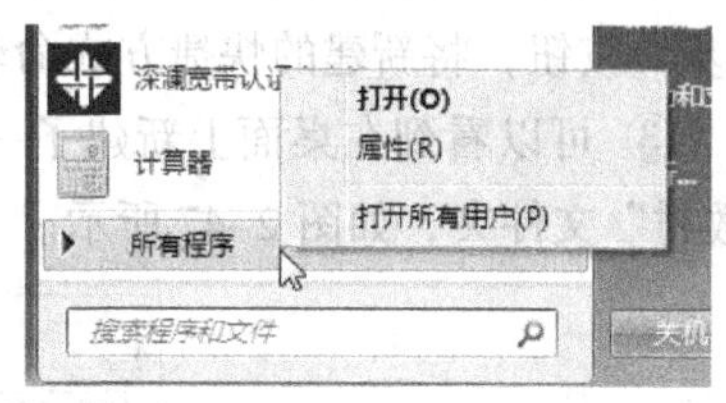

图 2-44 右击“所有程序”

提示：如果有多个用户，需要切换多个用户进行设置。

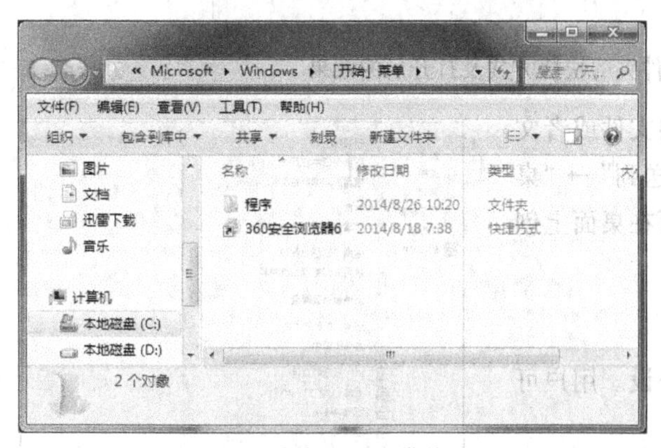

（a）当前用户开始菜单

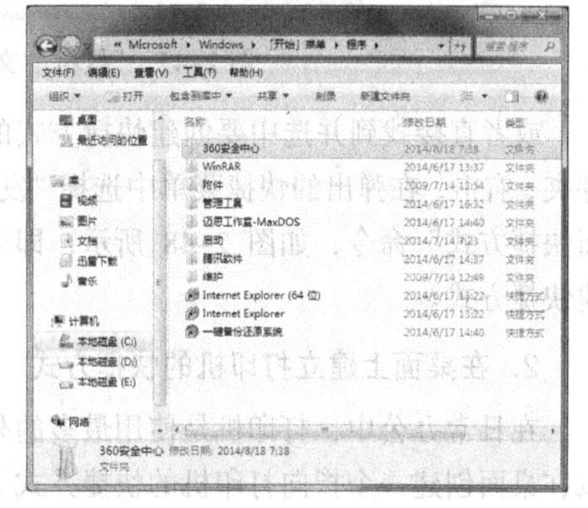

（b）当前用户开始菜单程序部分

图 2-45 当前用户开始菜单

③ 在“程序”窗口内新建一个文件夹，命名为“工具”，然后把“360 安全中心”“WinRAR”

"腾讯软件"等图标拖动到"工具"文件夹内。再次打开"开始"菜单的"所有程序"菜单，程序中出现"工具"菜单，而"360 安全中心""WinRAR""腾讯软件"等程序在"工具"的级联菜单中，如图 2-46 所示。

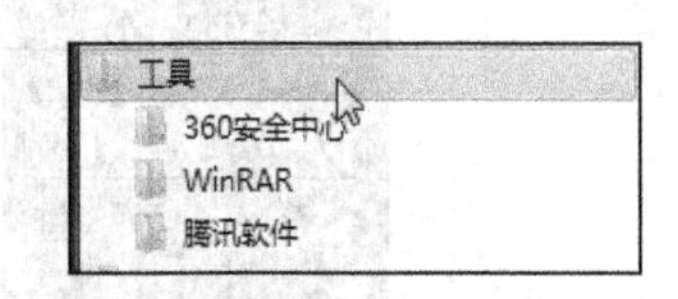

图 2-46　整理后的"开始"菜单

技巧：用户可以根据自己的需要把"开始"菜单的内容按功能分类，如可以分为办公软件、设计软件、工具软件等，建立相应的分类文件夹。建立文件夹后，把"开始"菜单中的程序选项拖动到相应的分类文件夹内，完成对"开始"菜单的整理。

三、在桌面上建立快捷方式

1．在桌面上建立文件夹的快捷方式

Windows 中的文件和文件夹实在太多了，如每次都到"资源管理器"或"计算机"中查找，费时费力，而利用"快捷方式"就像电视遥控器一样，不管文件或文件夹隐藏得多深，只要双击相应的快捷方式就能快速打开。

① 在"桌面"上右击，弹出快捷菜单，选择"新建"→"快捷方式"命令。

② 在弹出的对话框中，单击"浏览"按钮，查找要建立快捷方式的文件夹，然后单击"下一步"按钮，将新建的快捷方式命名为"教材"，单击"完成"按钮。

③ 可以看到在桌面上新建了一个名为"教材"的快捷方式，双击此快捷方式可以直接打开"教材"文件夹，如图 2-47 所示。

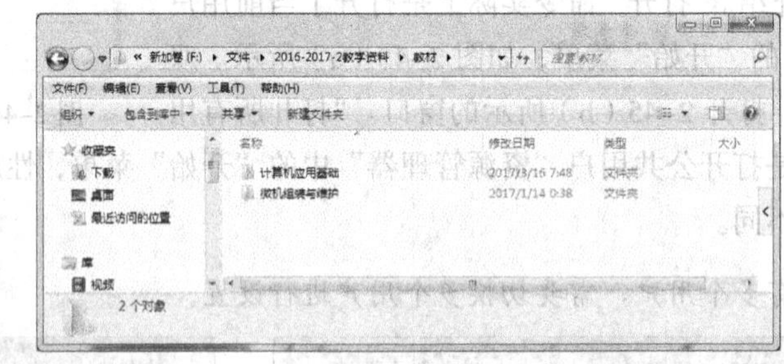

图 2-47　"教材"文件夹的快捷方式及打开后的效果

或者直接找到并选中要创建快捷方式的文件或者文件夹，右击，在弹出的快捷菜单中选择"发送到"→"桌面快捷方式"命令，如图 2-48 所示，即可在桌面上创建快捷方式。

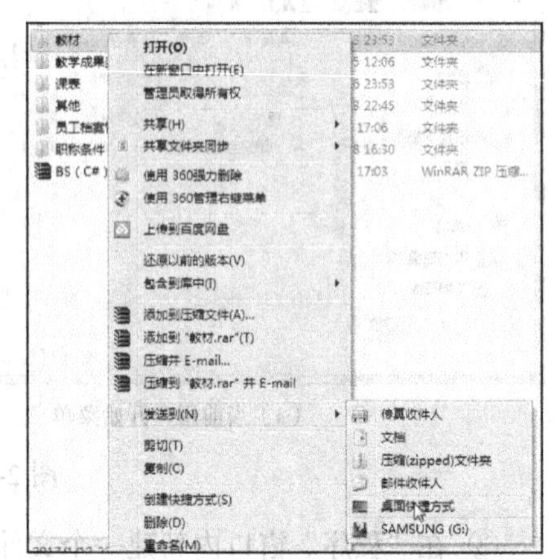

图 2-48　创建桌面快捷方式

2．在桌面上建立打印机的快捷方式

在日常办公中，打印机是使用最多的外设。用户可以在桌面创建一个指向打印机的快捷方式。

① 选择"开始"→"设备和打印机"命令，打开"打印机和传真"窗口，在需要建立快捷方式的"打印机"图标上右击。

② 在弹出的快捷菜单中选择"创建快捷方式"命令，

在桌面上即出现打印机的快捷方式，如图 2-49 所示。

图 2-49 打印机快捷方式

技巧：在桌面建立打印机快捷方式后，用户可以很方便地访问打印机。只要把文档拖到打印机快捷方式上，Windows 就会按照当前的页面设置自动打印该文档的全部内容。

四、定制鼠标和输入法

1. 定制鼠标

选择“开始”→“控制面板”→“硬件和声音”命令，出现控制面板的硬件和声音窗口。单击“鼠标”选项令，弹出“鼠标属性”对话框，如图 2-50 所示。

① 在“鼠标键”选项卡中，在“鼠标键配置”选项区中，可配置鼠标左右键（即左右手方式）。拖动“双击速度”选项区域的滑块或单击滑块两侧可调节鼠标双击速度。修改设置后可在右侧的测试区内进行测试，调整至满意。

② 在“指针”选项卡中的“方案”列表框中，有系统预置的多种鼠标指针方案，可从中选择应用一套自己喜欢的指针形状。

③ 在“指针选项”选项卡中，可以调整鼠标指针的移动速度。

④ 在“滑轮”选项卡中，可以调整滚动一个滚轮齿格所对应滚动屏幕的行数。

2. 定制输入法

选择“控制面板”→“时钟、语言和区域”→“更改显示语言”命令，在弹出的“区域和语言”对话框中选择“键盘和语言”选项卡，单击“更改键盘”按钮，或右击屏幕右下角的键盘图标，在弹出的快捷菜单中选择“设置”命令，弹出“文本服务和输入语言”对话框，如图 2-51 所示。

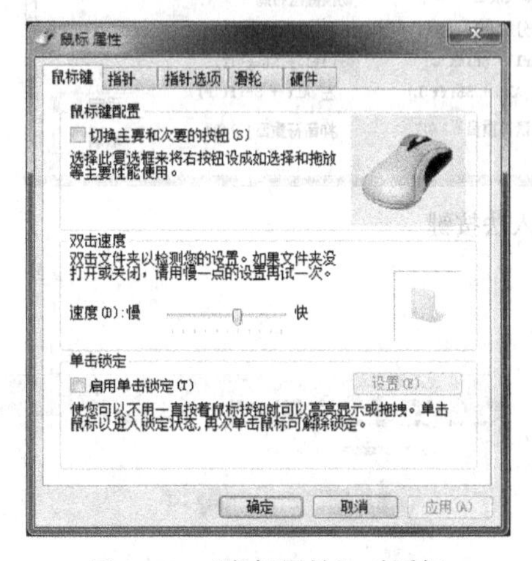

图 2-50 “鼠标属性”对话框

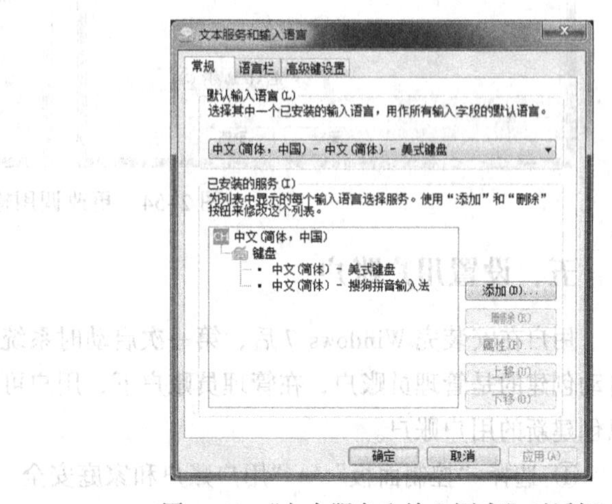

图 2-51 “文本服务和输入语言”对话框

① 添加输入法：单击“添加”按钮，可在输入法提示框中添加所需要的系统提供的输入法，如图 2-52 所示。

② 删除输入法：在“已安装的服务”选项区中选中待删除的输入法，如图 2-53 所示，单击“删除”按钮即可。

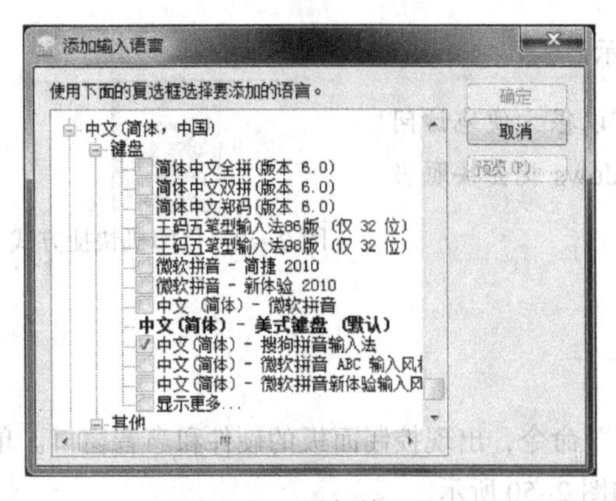

图 2-52　添加输入法

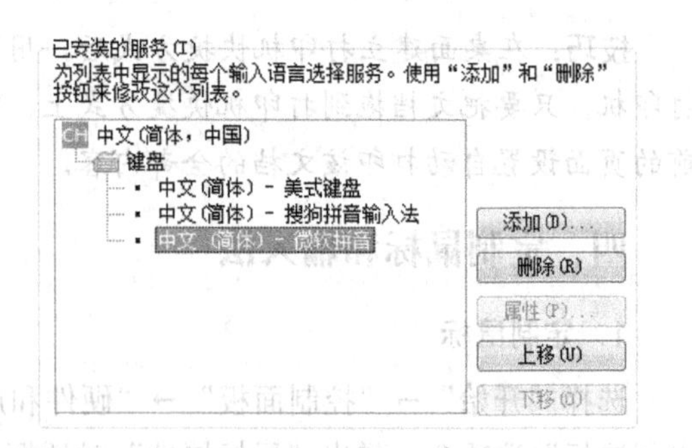

图 2-53　删除输入法

③ 更改调用输入法按键：在“文本服务和输入语言”对话框的“高级键设置”选项卡中，选中待修改输入法，如图 2-54 所示，单击“更改按键顺序”按钮，根据提示进行设置即可。

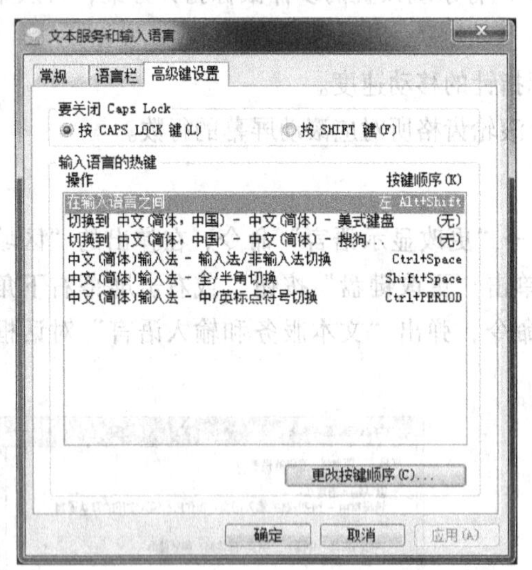

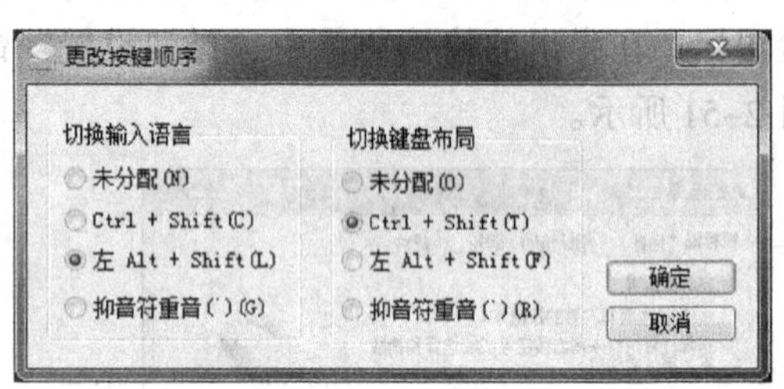

图 2-54　更改调用输入法按键

五、设置用户账户

用户在安装完 Windows 7 后，第一次启动时系统自动创建的是管理员账户，在管理员账户下，用户可以创建新的用户账户。

① 选择“控制面板”→“用户账户和家庭安全”→“添加或删除用户账户”命令，打开“管理账户”窗口，如图 2-55 所示。

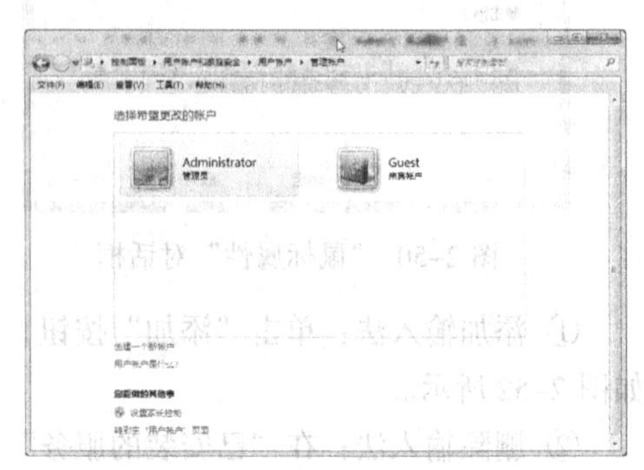

图 2-55　“管理账户”窗口

② 单击“创建一个新账户”命令，打开“创建新账户”窗口，如图 2-56 所示。在新账户名文本框中输入新用户的名称，单击“标准用户”或“管理员”

单选按钮，设置账户角色。单击“创建账户”按钮，完成新用户账户创建。

③ 单击账户图标，打开“更改账户”窗口，如图 2-57 所示。选择相应选项可以更改账户名称、创建密码、更改图片、设置家长控制、更改账户类型、删除账户、管理其他账户等。

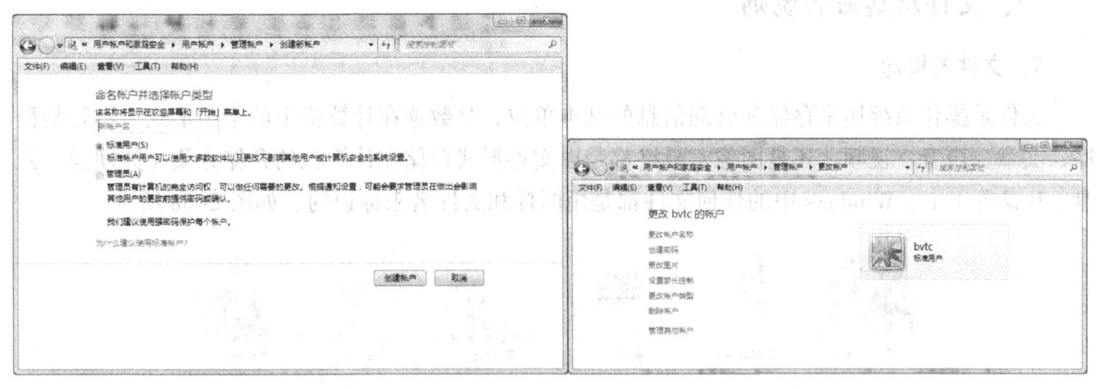

图 2-56 “创建新账户”窗口　　图 2-57 “更改账户”窗口

任务 3　管理 Windows 7 系统的文件

任务描述

本任务要求能熟练管理 Windows 7 系统的文件，具体内容如下：

① 新建、选择、移动、复制、重命名、删除文件和文件夹。

② 按不同方式显示文件或文件夹。

③ 设置文件和文件夹的属性。

④ 根据不同需求，搜索文件和文件夹。

⑤ 压缩和解压缩文件和文件夹。

⑥ 利用库管理文件和文件夹。

任务分析

在计算机系统中，信息是以文件的形式保存的。如何对这些类型繁多、数目巨大的文件和文件夹进行管理是非常重要的。不仅要掌握文件和文件夹的基本操作，更要养成良好的管理文件和文件夹的习惯，这样可以有效地提高工作效率。

通过完成本任务，应该达到的知识目标和能力目标如表 2-3 所示。

表 2-3　知识目标和能力目标

知 识 目 标	能 力 目 标
①掌握文件的概念及其命名规则 ②掌握文件夹的概念及其命名规则 ③熟悉资源管理器的窗口构成	①能够熟练进行文件和文件夹的新建等基本操作 ②能够以不同的方式显示文件和文件夹，设置文件和文件夹的属性，按具体要求搜索文件和文件夹 ③能够对文件和文件夹进行压缩和解压缩操作 ④能够利用库管理文件和文件夹

一、文件及其命名规则

1. 文件的概念

文件是操作系统用来存储和管理信息的基本单位，是数据在计算机中的组织形式。不管是程序、文章、声音、视频，还是图像，最终都是以文件形式存储在计算机的存储介质（如硬盘、光盘、U 盘等）上。Windows 中的任何文件都是用图标和文件名来标识的，如图 2-58 所示。

图 2-58　各种类型文件

2. 文件的命名规则

文件名由主文件名和扩展名两部分组成，中间由“.”分隔。

① 主文件名：最多可以由 255 个英文字符或 127 个汉字组成，或者混合使用字符、汉字、数字甚至空格。但是，文件名中不能含有“\”“/”“:”“<”“>”“?”“*”“"”和“|”字符。

② 扩展名：通常为 3 个英文字符。扩展名决定了文件的类型，也决定了可以使用什么程序来打开文件。常说的文件格式指的就是文件的扩展名。

从打开方式看，文件分为可执行文件和不可执行文件两种类型。

① 可执行文件：指可以自己运行的文件，其扩展名主要有.exe、.com 等。双击可执行文件，它便会自己运行。应用程序的启动文件都属于可执行文件。

② 不可执行文件：指不能自己运行的文件。当双击这类文件后，系统会调用特定的应用程序去打开它。例如，双击.txt 文件，系统将调用 Windows 系统自带的“记事本”程序来打开它。

二、文件夹

文件夹是 Windows 操作系统管理和组织文件的一种方法，是为方便用户存储、查找、维护文件而设置的。用户可以将文件存储在同一个文件夹中，也可以存储在不同的文件夹中。用户还可以在文件夹中创建子文件夹。文件夹一般没有扩展名。

三、资源管理器

资源管理器用来管理计算机中的所有文件、文件夹等资源。Windows 7 资源管理器的功能十分强大。单击“开始”菜单里的“Window 资源管理器”图标，或双击桌面上的“计算机”图标、“网络”图标等，都可打开资源管理器，如图 2-59 所示。

资源管理器左侧为导航窗格。导航窗格采用层次结构来对计算机中的资源进行导航，最顶层的为“收藏夹”“库”“计算机”和“网络”等项目，其下又层层细分为多个子项目（如磁盘和文件夹等）。单击各项目左侧的按钮可展开其子项目，再次单击可收缩项目；单击项目名称可在工作区中显示其包含的内容，可以是磁盘、文件或文件夹等。

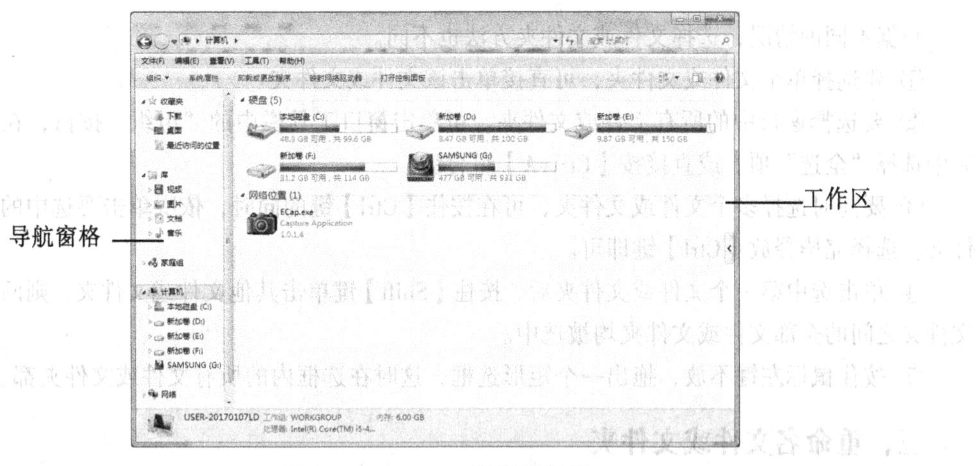

图 2-59　Windows 资源管理器

在 Windows 7 中，我们主要是通过“计算机”对计算机中的文件或文件夹进行管理，其组织形式为：计算机 > 硬盘和光盘等存储介质 > 文件或文件夹 > 文件或子文件夹 > ……“计算机”位于层次结构的顶层，可以说是一个最大的文件夹。

一、新建文件或文件夹

通常情况下，用户可利用文档编辑程序、图像处理程序等应用程序创建文件，也可以直接在 Windows 7 中创建某种类型的空白文件，或者创建文件夹来分类管理文件。

① 在要创建文件或文件夹的磁盘窗口单击“新建文件夹”按钮，输入文件夹名称，即可新建文件夹，如图 2-60 所示新建名为“教学资料”的文件夹。

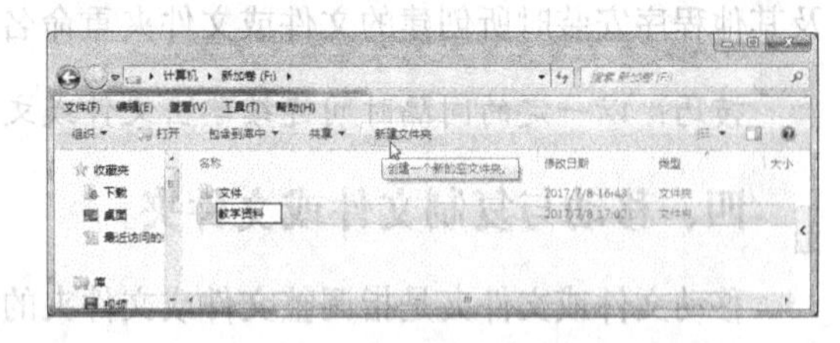

图 2-60　新建文件夹

② 进入文件夹后利用快捷菜单中的“新建”选项，新建名为“授课计划”的 Word 文件，如图 2-61 所示。

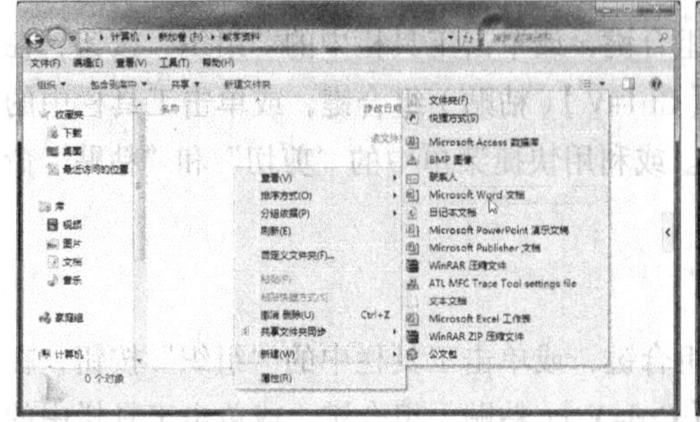

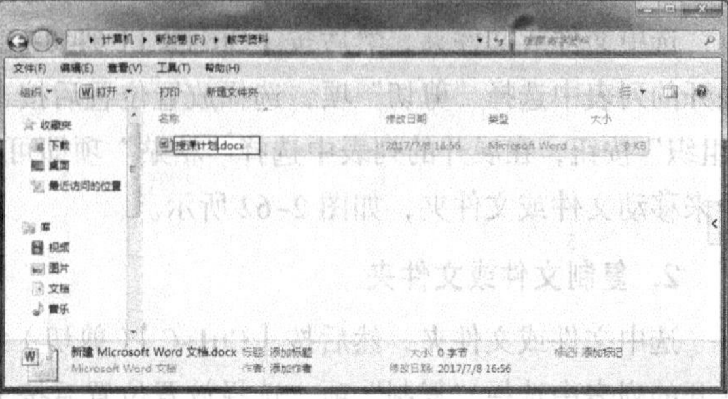

图 2-61　新建文件

二、选择文件或文件夹

根据不同的情况，选择文件或文件夹方法也不同。

① 要选择单个文件或文件夹，可直接单击该文件或文件夹。

② 要选择窗口中的所有文件或文件夹，可单击窗口工具栏中的“组织”按钮，在展开的列表中选择“全选”项，或直接按【Ctrl+A】组合键。

③ 要同时选择多个文件或文件夹，可在按住【Ctrl】键的同时，依次单击要选中的文件或文件夹。选择完毕释放【Ctrl】键即可。

④ 单击选中第一个文件或文件夹后，按住【Shift】键单击其他文件或文件夹，则两个文件或文件夹之间的全部文件或文件夹均被选中。

⑤ 按住鼠标左键不放，拖出一个矩形选框，这时在选框内的所有文件或文件夹都会被选中。

三、重命名文件或文件夹

当用户在计算机中创建了大量文件或文件夹时，为了方便管理，可以根据需要对文件或文件夹重命名。

① 选择要重命名的文件或文件夹，右击，弹出快捷菜单，选择“重命名”命令，或者单击窗口中的“组织”按钮，在展开的列表中选择“重命名”项，此时选择的文件或文件夹处于等待编辑状态。

② 直接输入新的文件或文件夹名称，然后按【Enter】键确认。

提示：命名文件和文件夹时，要注意在同一个文件夹中不能有两个名称相同的文件或文件夹，还要注意不要修改文件的扩展名。

如果文件已经被打开或正在被使用，则不能被重命名；不要对系统中自带的文件或文件夹以及其他程序安装时所创建的文件或文件夹重命名，以免引起系统或其他程序的运行错误。

技巧：以一定的间隔时间连续单击文件或文件夹，可以直接进入等待编辑状态。

四、移动与复制文件或文件夹

移动文件或文件夹是指调整文件或文件夹的存放位置；复制是指为文件或文件夹在另一个位置创建副本，原位置的文件或文件夹依然存在。

1. 移动文件或文件夹

选中文件或文件夹，然后按【Ctrl+X】（剪切）组合键，或单击工具栏中的“组织”按钮，在展开的列表中选择“剪切”项，选择放置位置后按【Ctrl+V】（粘贴）组合键，或单击工具栏中的“组织”按钮，在展开的列表中选择“粘贴”项即可。或利用快捷菜单中的“剪切”和“粘贴”命令来移动文件或文件夹，如图 2-62 所示。

2. 复制文件或文件夹

选中文件或文件夹，然后按【Ctrl+C】（剪切）组合键，或单击工具栏中的“组织”按钮，在展开的列表中选择“复制”项，选择放置位置后按【Ctrl+V】（粘贴）组合键，或单击工具栏中的

“组织”按钮，在展开的列表中选择“粘贴”项即可。或利用快捷菜单中的“复制”和“粘贴”命令来复制文件或文件夹。

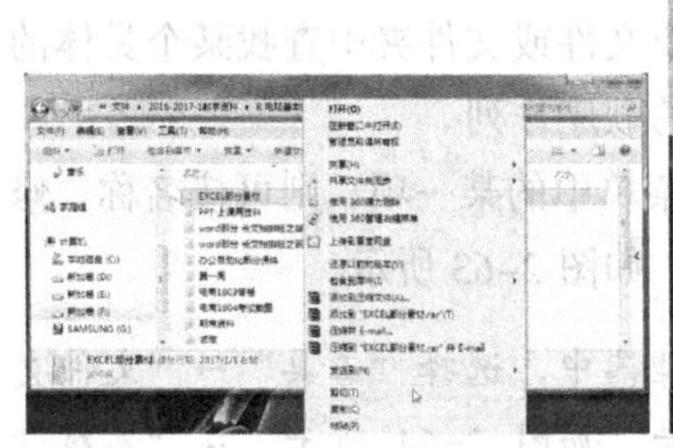
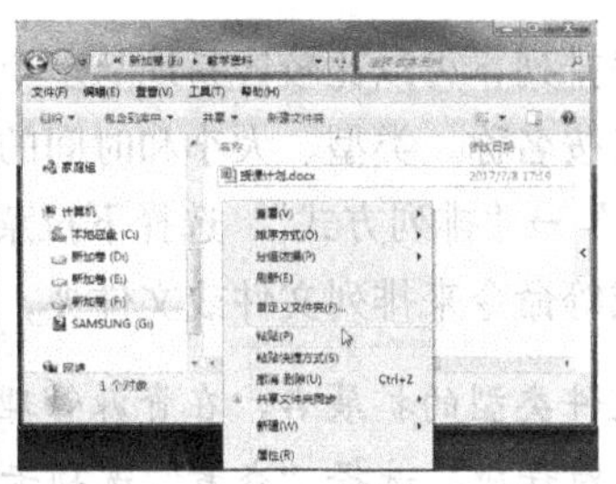
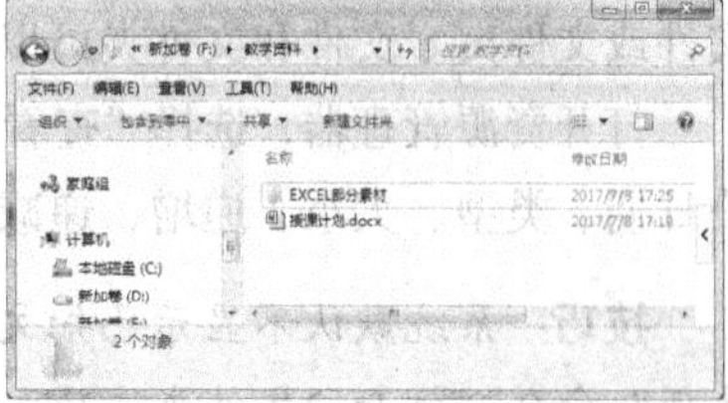

图 2-62　移动文件夹

提示：在移动或复制文件或文件夹时，如果目标位置有相同类型并且名称相同的文件夹或文件夹，系统会打开一个提示对话框，用户可根据需要选择覆盖同名文件或文件夹、不移动文件或文件夹，或是保留两个文件或文件夹。

技巧：①如果文件或文件夹的源位置和目标位置在同一驱动器中，比如都在C盘，用鼠标按住要移动的非程序文件或文件夹，直接拖到目标位置，即可移动文件或文件夹；按住【Ctrl】键的同时拖动可以复制文件或文件夹。注意，如果在同一驱动器上拖动程序文件时建立文件的快捷方式，而不是移动文件。

②如果文件或文件夹的源位置和目标位置在不同的驱动器中，直接拖动文件或文件夹到目标位置，可实现复制文件或文件夹；按住【Shift】键的同时拖动可以实现移动文件或文件夹。

五、删除文件或文件夹

在使用计算机的过程中应及时删除计算机中已经没有用的文件或文件夹，以节省磁盘空间。

选中需要删除的文件或文件夹，按【Delete】键，或利用快捷菜单中的“删除”命令，或利用工具栏中的“组织”按钮列表中的“删除”命令，然后在打开的提示对话框中单击“是”按钮即可。

删除大文件时，可将其不经过回收站而直接从硬盘中删除。方法是：选中要删除的文件或文件夹，按【Shift+Delete】组合键，然后在打开的确认提示框中确认即可。

六、显示文件或文件夹

1. 显示方式

打开“计算机”窗口，选择“查看”菜单可以选择显示方式，如图 2-63 所示。显示方式如下：

- 超大图标：文件或文件夹以超大图标方式显示。
- 大图标：文件或文件夹以大图标方式显示。
- 中等图标：文件或文件夹以中等图标方式显示。
- 小图标：文件或文件夹以小图标方式显示。
- 列表：文件或文件夹以列表方式显示，但只显示文件或文件夹的名称。
- 详细信息：文件或文件夹以列表方式显示，并显示文件或文件夹的名称、类型、修改日期以及文件的大小。
- 平铺：文件或文件夹以平铺列表方式显示。

• 内容：文件或文件夹以列表方式显示，并显示文件或文件夹的名称和修改日期。

2. 排序方式

将文件或文件夹按一定的顺序排列，可以比较容易地从多个文件或文件夹中查找某个具体的文件或文件夹。文件和文件夹可以按名称、类型、大小和时间的顺序排列。

打开资源管理器，选择“查看”→“排列方式”，选择下拉菜单中的某一项，则可按名称、修改日期、类型、大小、递增、递减等命令来排列文件或文件夹，如图 2-63 所示。

技巧：系统默认不显示已知文件类型的扩展名，在资源管理器中，选择“工具”→“文件夹选项”命令，打开“文件夹选项”对话框，选择“查看”选项卡，如图 2-64 所示。在“高级设置”列表框中取消选择“隐藏已知文件类型的扩展名”复选框，可以显示所有文件的扩展名。

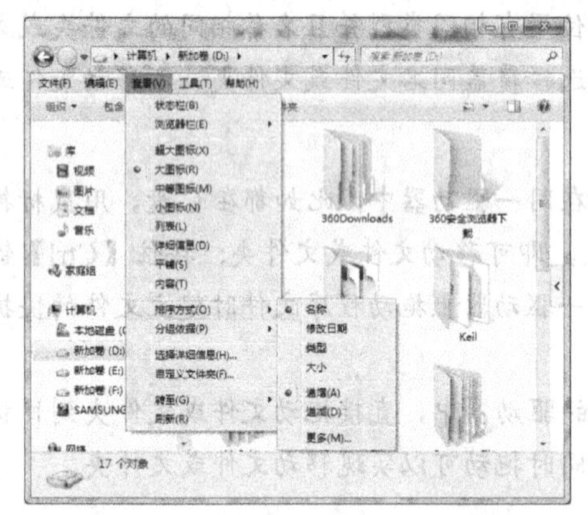

图 2-63 显示方式和排列方式选择

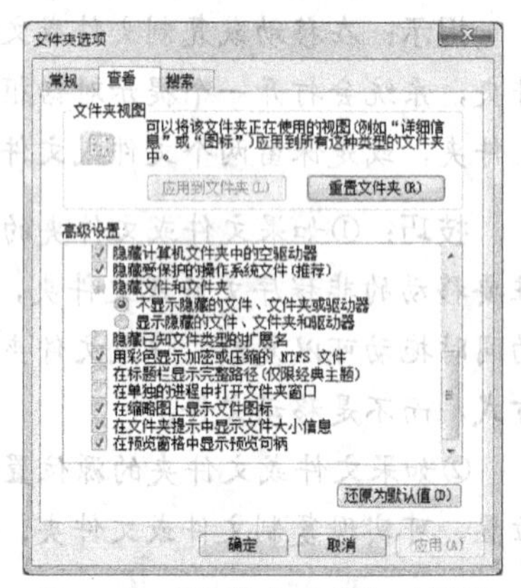

图 2-64 “文件夹选项”对话框

七、设置文件或文件夹的属性

1. 设置文件属性

① 选择要设置属性的文件。

② 右击，在弹出的快捷菜单中选择“属性”命令，或选择菜单“文件”→“属性”命令，打开文件的属性对话框，如图 2-65 所示。

③ 选择“常规”选项卡，在“属性”复选框中选择“只读”“隐藏”可以设置文件的只读、隐藏属性，取消选择“只读”“隐藏”复选框，可以取消文件的只读、隐藏属性，然后单击“确定”按钮。

提示：当文件具有只读属性时，该文件将不能修改或删除。当文件具有隐藏属性时，将不显示该文件。

技巧：选择“工具”→“文件夹选项”命令，打开“文件夹选项”对话框，选择“查看”选项卡，如图 2-64 所示。在“高级设置”列表框中，如果选中“显示隐藏的文件、文件夹和驱动器”前的单选按钮，则可以显示隐藏的文件。如果取消选择“隐藏受保护的操作系统文件（推荐）”复选框，则可显示受保护的操作系统文件，当然不建议这么做。

2. 设置文件夹属性

文件夹除了可以设置与文件相同的属性外，还可以设置其他属性。

① 选择要设置属性的文件夹。

② 右击，在弹出的快捷菜单中选择“属性”命令，或选择菜单“文件”→“属性”命令，打开文件夹的属性对话框，如图 2-66 所示。

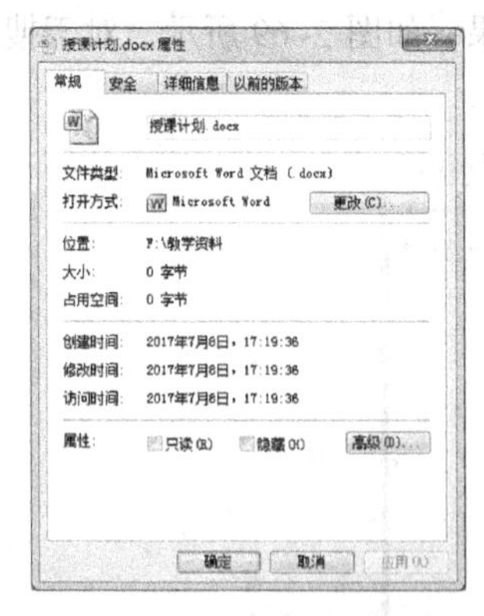

图 2-65 文件的属性对话框

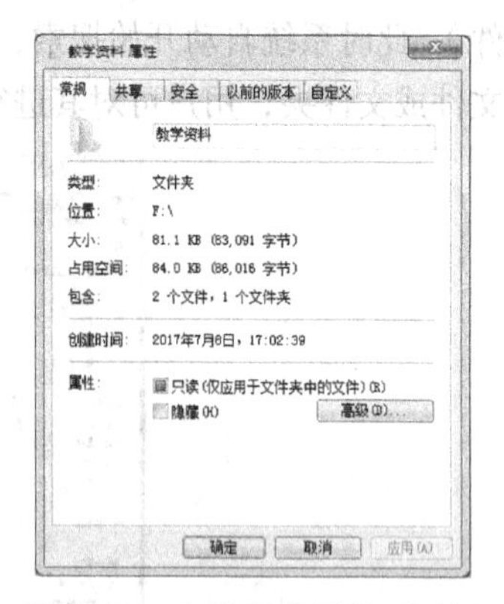

图 2-66 文件夹的属性对话框

③ 选择“共享”选项卡，单击“高级共享”按钮，弹出“高级共享”对话框，如图 2-67 所示，选择“共享文件夹”复选框，“共享名”“共享用户数量设置”“注释”都可以自行设置，也可以保持默认状态。

④ 单击“权限”按钮，弹出“教学资料 的权限”对话框，如图 2-68 所示。可以在“组或用户名”区域里看到 Everyone 用户，即所有的用户。在下面的“Everyone 的权限”里有三种权限，“完全控制”指其他用户可以删除修改本机上共享文件夹中的文件；“更改”指可以修改，但不能删除；“读取”指只能浏览复制，不能修改。一般在“读取”中选择“允许”复选框。最后，单击“确定”按钮，所设置的文件夹成为共享文件夹。

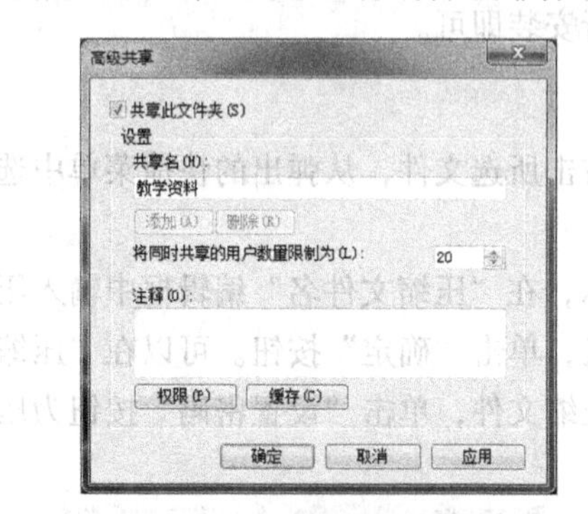

图 2-67 “高级共享”对话框

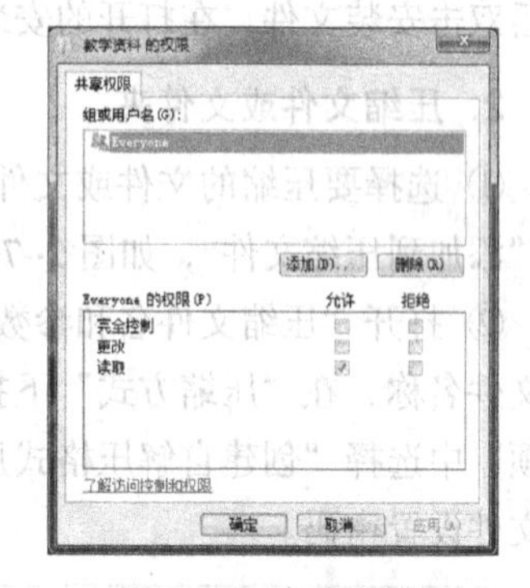

图 2-68 权限设置

技巧：右击要设置的文件夹，在弹出的快捷菜单中选择“共享”命令，也可以设置文件夹的共享属性。

八、搜索文件或文件夹

随着计算机中文件和文件夹的增加，用户经常会遇到找不到某些文件的情况，这时可以利用 Windows 7 资源管理器窗口中的搜索功能来查找计算机中的文件或文件夹。

① 打开资源管理器窗口，此时可在窗口的右上角看到“搜索计算机”编辑框，表示在所有磁

盘中进行搜索，如果打开某个驱动器，则右上角看到搜索某驱动器的编辑框，表示在该驱动器中搜索。在这里，打开 D 盘驱动器。

② 在搜索编辑框中输入要查找的文件或文件名称，比如输入“.exe”（指所有扩展名为 exe 的文件），此时系统自动开始搜索，等待一段时间即可显示搜索的结果，如图 2-69 所示。对于搜到的文件或文件夹，用户可对其进行复制、移动、查看和打开等操作。

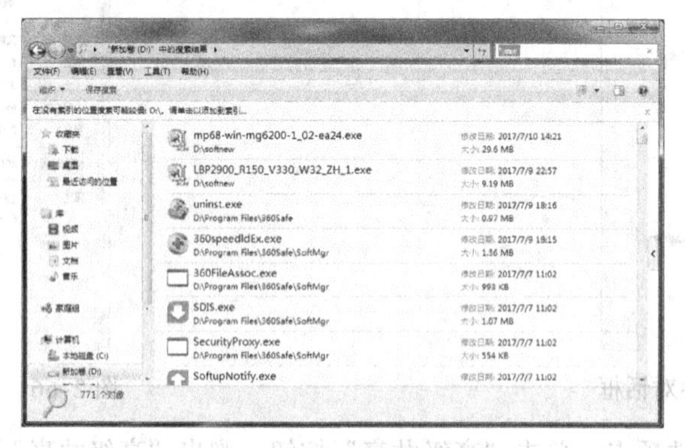

图 2-69 “搜索结果”窗口

技巧：如果不知道文件或文件夹的全名，可只输入部分文件名；还可以使用通配符“？”和“*”，其中“？”代表任意一个字符，“*”代表多个任意字符。

九、压缩/解压缩文件或文件夹

1. 安装 WinRAR 软件

要使用 WinRAR，首先需要将其安装在计算机中，用户可以从网上下载 WinRAR 的安装文件，然后双击安装文件，在打开的安装向导对话框中按提示进行安装即可。

2. 压缩文件或文件夹

① 选择要压缩的文件或文件夹（可以是多个），然后右击所选文件，从弹出的快捷菜单中选择“添加到压缩文件”，如图 2-70 所示。

② 打开“压缩文件名和参数”对话框，如图 2-71 所示，在“压缩文件名”编辑框中输入压缩文件名称，在“压缩方式”下拉列表中选择一种压缩方式，单击“确定”按钮。可以在“压缩选项”中选择“创建自解压格式压缩文件”来创建自解压压缩文件，单击“设置密码”按钮为压缩文件设置密码。

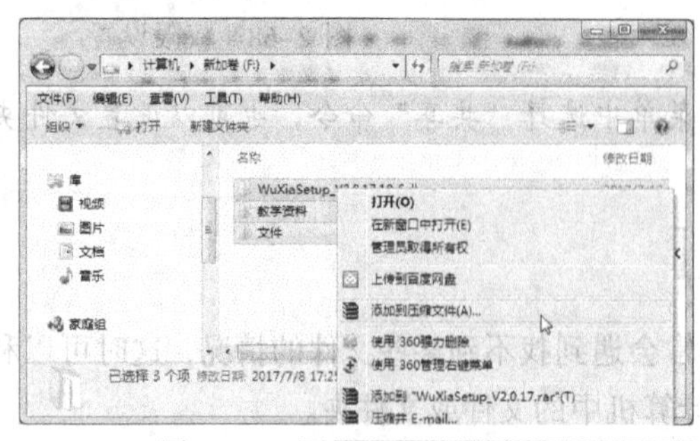

图 2-70 压缩文件快捷菜单

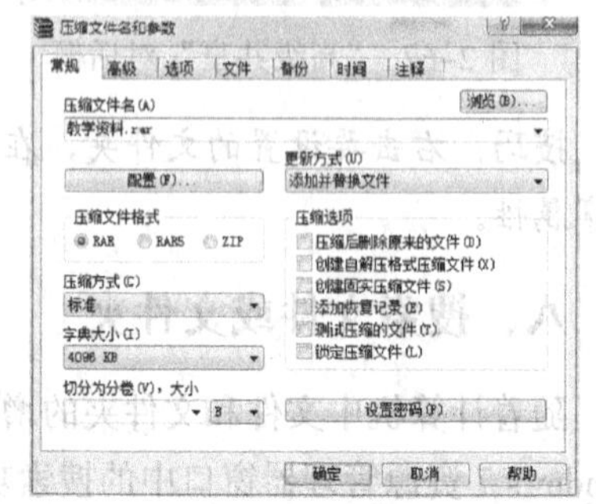

图 2-71 “压缩文件名和参数”对话框

3. 解压缩文件或文件夹

右击压缩文件，在弹出的快捷菜单中选择一种解压方式，如图 2-72 所示，WinRAR 会自动将该压缩文件解压，双击即可查看其中的文件，如图 2-73 所示。

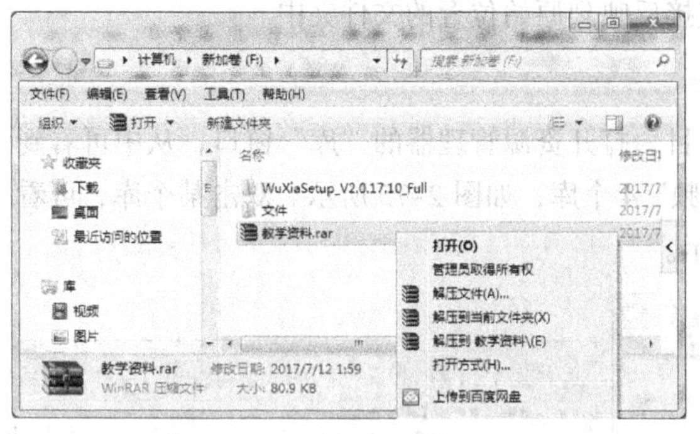

图 2-72　解压快捷菜单

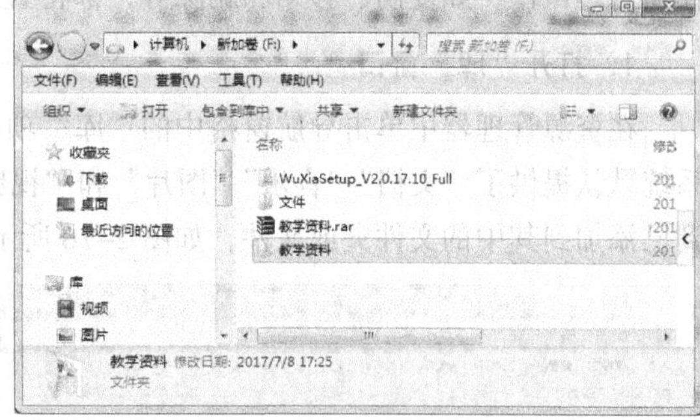

图 2-73　解压后的文件

十、使用回收站

回收站用于临时保存从磁盘中删除的文件或文件夹，当用户对文件或文件夹进行删除操作后，默认情况下，它们并没有从计算机中直接删除，而是保存在回收站中，对于误删除的文件，可以随时将其从回收站恢复。对于确认没有价值的文件或文件夹，再从回收站中删除。

1. 恢复删除

① 双击桌面上的“回收站”图标，打开“回收站”窗口，如图 2-74 所示。

② 选择需要恢复的对象，然后右击，在弹出的快捷菜单中选择“还原”命令，或选择“文件”→“还原”命令，将该对象还原到原来的位置。

2. 清空回收站

需要定期清空回收站以释放磁盘空间，清空后，回收站中的文件将无法恢复。

图 2-74　“回收站”窗口

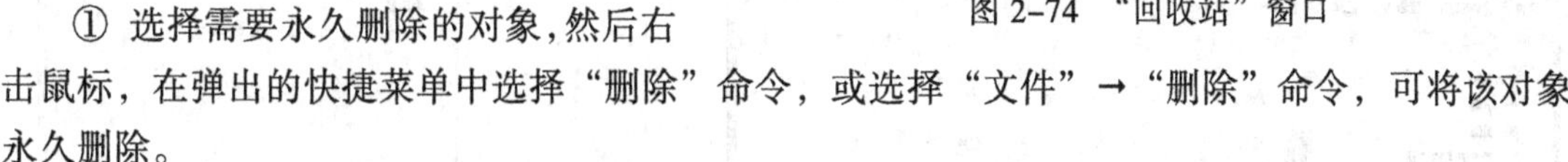

① 选择需要永久删除的对象，然后右击鼠标，在弹出的快捷菜单中选择“删除”命令，或选择“文件”→“删除”命令，可将该对象永久删除。

② 在“回收站”窗口空白处右击，在弹出的快捷菜单中选择“清空回收站”命令，或者选择“文件”→“清空回收站”命令，或者右击桌面上的“回收站”图标，在弹出的快捷菜单中选择“清空回收站”命令，都可以永久删除回收站中的所有对象。

十一、使用 Windows 7 的库

利用 Windows 7 的库可以对计算机中的文件和文件夹进行集中管理。可以新建多个库，并将

常用的文件夹添加到相应的库中，以方便快速找到和管理这些文件夹中的文件。

添加到库中的文件夹只是原始文件夹的一个链接，不占任何磁盘空间。当删除某个库时，文件夹并没有被真正删除，在原位置依然存在。但对添加到库中的文件夹或文件夹中的文件进行的任何管理操作，如复制、移动和删除等，都将直接反映到原始位置的文件夹中。

1．打开“库”窗口

在资源管理器中单击导航窗格中的“库”项目，打开资源管理器的“库”窗口，从中可看到系统默认提供了“文档”“音乐”“图片”和“视频”4个库，如图2-75所示。双击某个库，可看到已添加到其中的文件夹或文件，如图2-76所示。

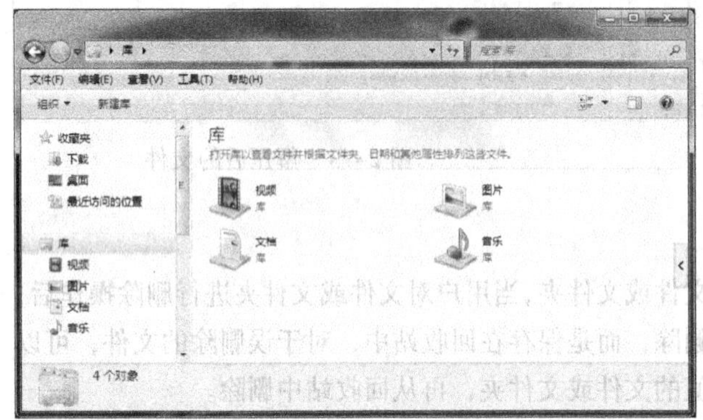

图2-75 “库”窗口

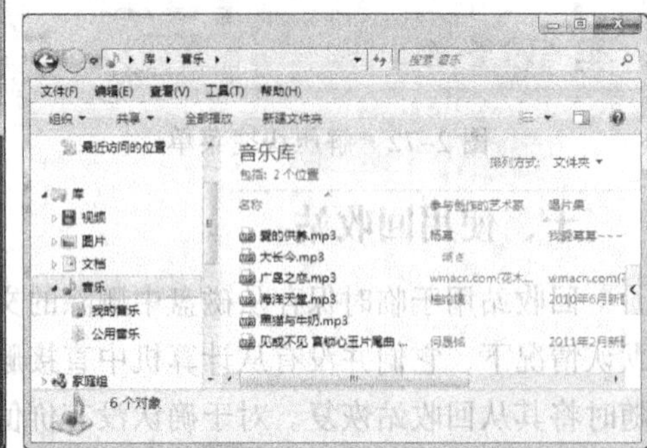

图2-76 查看库中的文件

2．新建库

在图2-75所示的“库”窗口中，单击工具栏中的“新建库”，在新建的图标中输入新库的名称，然后按【Enter】键确认，如图2-77所示，新建名为“个人娱乐”的新库。

3．向库中添加文件

选择“个人娱乐”库，右击，在弹出的快捷菜单中选择“属性”命令，弹出“个人娱乐属性”对话框，如图2-78所示，单击“包含文件夹”按钮，选择要添加到库中的文件夹，然后单击“包括文件夹”按钮，如图2-79所示。此时，在“个人娱乐属性”对话框的“库位置”列表框中可以看到添加的文件夹，如图2-80所示，最后单击“确定”按钮即可。

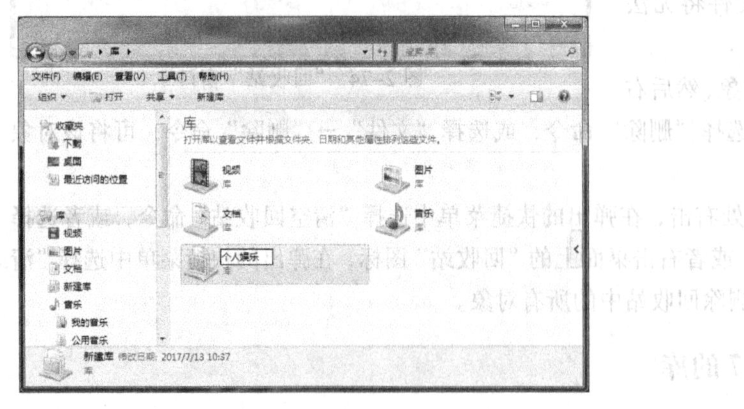

图2-77 新建库

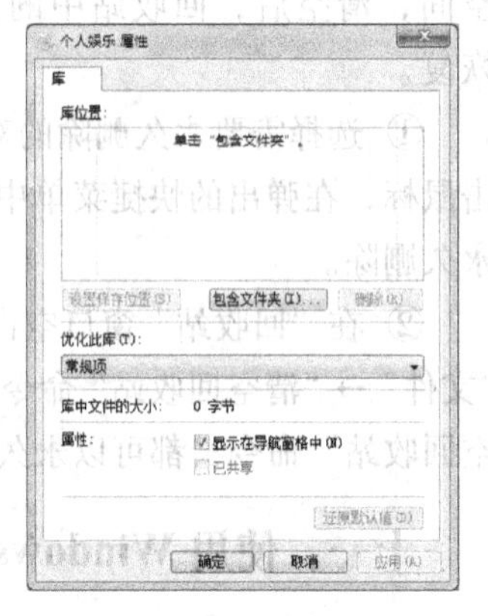

图2-78 库的属性对话框

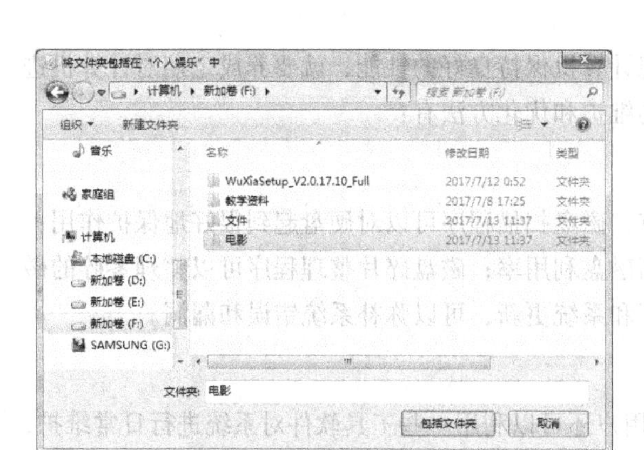

图 2-79 选择要添加到库中的文件夹

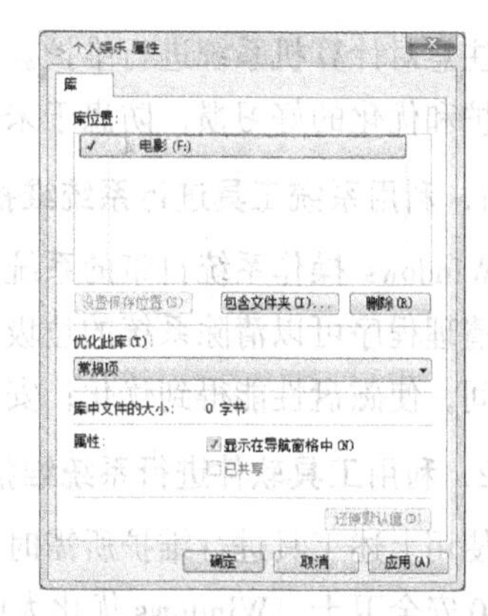

图 2-80 "库位置"中显示添加的文件夹

任务 4 优化和维护 Windows 7 系统

任务描述

本任务练习优化和维护 Windows 7 系统，具体内容如下：

① 使用 Windows 7 系统下的磁盘扫描程序、磁盘清理程序、磁盘碎片整理程序等维护工具对系统进行维护。

② 使用 360 安全卫士对系统进行优化。

任务分析

进行系统维护和优化的方法很多，可以利用系统自带的维护工具，也可以利用第三方工具软件，用起来非常方便，简单。相比于学会这些方法，更重要的是要养成系统维护和优化的好习惯，防患于未然——平时做好系统维护和优化，比出了严重故障后进行维修要重要得多，也容易得多。

通过完成本任务，应该达到的知识目标和能力目标如表 2-4 所示。

表 2-4 知识目标和能力目标

知 识 目 标	能 力 目 标
①理解系统优化和维护的重要性 ②熟悉系统优化和维护的常用工具	①能够熟练使用系统自带工具如磁盘扫描程序、磁盘清理程序、磁盘碎片整理程序等进行系统维护 ②能够熟练使用 360 安全卫士等工具软件对系统进行木马查杀、计算机清理、系统修复、优化加速等操作

知识准备

系统优化和维护的常用工具

对于 Windows 7 系统的使用，用户都有这样的体会，在刚开始安装好系统时，计算机的运行速度很流畅，可是使用一段时间后，系统就变得越来越慢了，开机时间也变得越来越长，系统在运行的时候也很卡，有的系统用到一定程度甚至崩溃无法使用。主要原因就在于在日常使用过程中不注意对计算机系统进行维护。所以，要想计算机保持良好的性能，就要养成定期对计算机进行维护和优化的好习惯，防患于未然。主要的维护和优化方法有：

1．利用系统工具进行系统维护和优化

Windows 操作系统自带的系统维护工具有：磁盘扫描程序可以对硬盘起到很好地保护作用；磁盘清理程序可以清除系统的垃圾文件，提高磁盘利用率；磁盘碎片整理程序可以整理零碎的磁盘空间，使磁盘性能得到优化；安装系统补丁和系统更新，可以弥补系统错误和漏洞。

2．利用工具软件进行系统维护和优化

使用上述工具进行维护所需时间比较长，用户还可以利用一些工具软件对系统进行日常维护，如 360 安全卫士、Windows 优化大师等。

“360 安全卫士”是国内著名的免费安全软件，拥有查杀恶意软件、插件管理、病毒查杀、诊断及修复四大主要功能，同时还提供弹出插件免疫、清理使用痕迹以及系统还原等特定辅助功能。360 安全卫士运用云技术，在查杀木马、防盗号、保护网银和游戏的账号密码安全等方面表现出色，深受用户欢迎。

任务实施

一、利用系统工具进行系统维护

1．磁盘扫描程序

在系统正常运行时进行磁盘扫描的步骤如下：

① 在“计算机”窗口中，在某一驱动器上右击，在弹出的快捷菜单中选择“属性”命令，打开属性对话框，选择“工具”选项卡，如图 2-81 所示。

② 单击“查错”选项区的“开始检查”按钮，出现“检查磁盘”对话框，如图 2-82 所示，可以选中“自动修复文件系统错误”和“扫描并尝试恢复坏扇区”复选框。然后单击“开始”按钮，系统开始检查磁盘。检查完毕会弹出“已成功扫描您的设备或磁盘”提示框，单击“关闭”按钮结束，如图 2-83 所示。

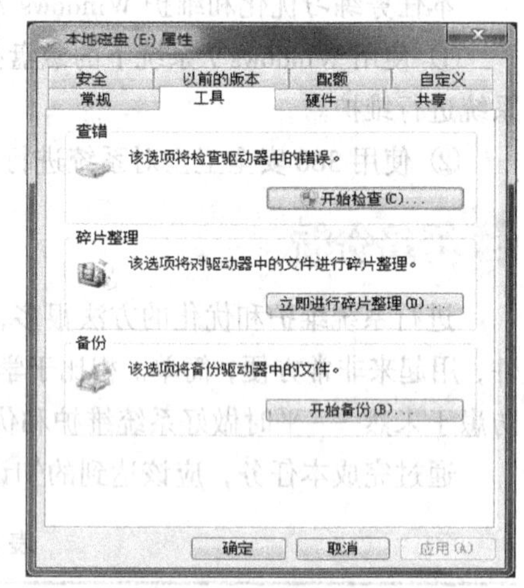

图 2-81 “磁盘属性”对话框中的“工具”选项卡

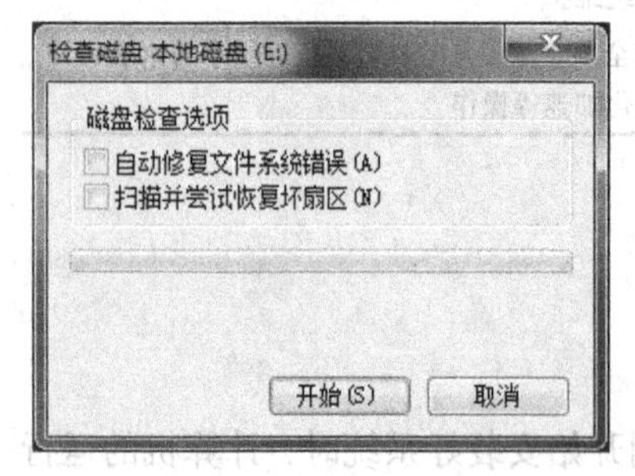

图 2-82 开始磁盘检查

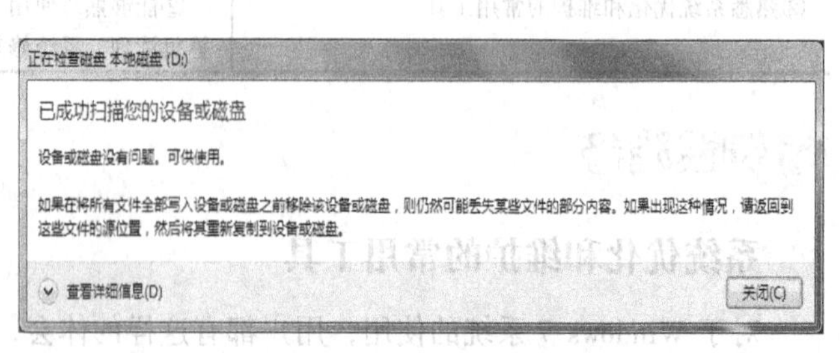

图 2-83 完成磁盘检查

提示： 如果用户没有正常退出系统，下次启动系统时，系统会自动扫描相应的磁盘文件，并将丢失的磁盘信息保存成文件。执行磁盘检查之前必须关闭所有文件，如果磁盘目前正在使用，则屏幕上会出现一条信息询问是否在下次启动系统时重新安排磁盘检查。

2. 磁盘清理程序

Windows 的磁盘清理程序可以清除 Internet 临时文件（即网络浏览器的缓存文件）、已下载的程序文件、脱机的 Web 文件、程序运行后留下的临时文件并清空回收站，另外，通过磁盘清理程序还可以删除不再需要的程序和 Windows 组件。

① 选择“开始”→“所有程序”→“附件”→“系统工具”→“磁盘清理”命令，这时会打开“磁盘清理：驱动器选择”对话框，如图 2-84 所示。

② 选择驱动器，单击“确定”按钮后，系统首先计算在选定的驱动器上有多少可以释放的空间。然后打开磁盘清理对话框，如图 2-85 所示，其中列出了系统认为需要清理的文件。

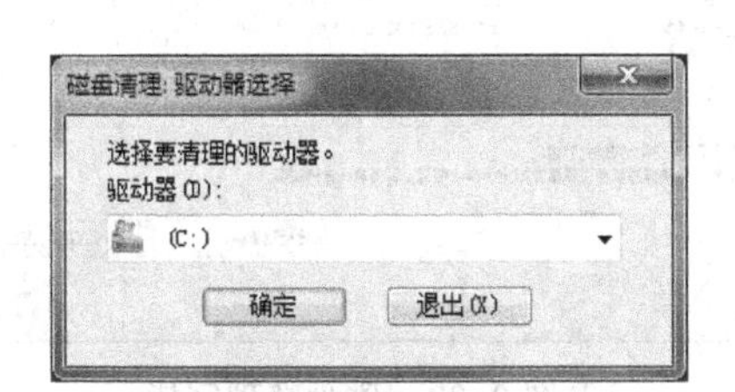

图 2-84 选择要清理的驱动器

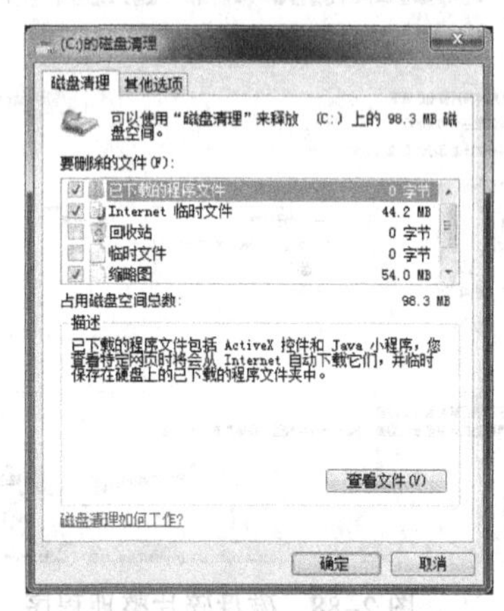

图 2-85 磁盘清理对话框

③ 单击“确定”按钮，系统首先询问是否要永久删除这些文件，如图 2-86 所示，单击“删除文件”按钮，系统开始磁盘清理，如图 2-87 所示。

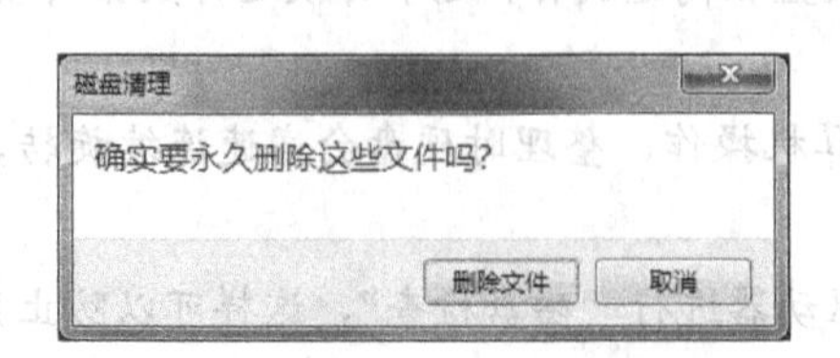

图 2-86 确认是否删除文件

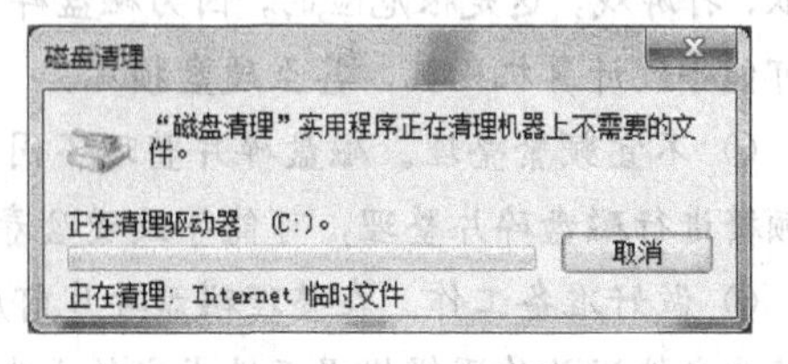

图 2-87 开始磁盘清理

3. 整理磁盘碎片

磁盘碎片是指同一磁盘文件的各个部分分散在磁盘的不同区域。当用户创建和删除文件和文件夹、安装新软件或从网络下载文件时，磁盘中就会开始出现碎片。当磁盘中包含大量碎片文件和文件夹时，Windows 访问它们的时间会增长，原因是它需要进行一些额外的磁盘驱动器读操作才能收集文件和文件夹的不同部分。因此当磁盘上的可用空间是零散的时候，创建新的文件和文件夹也要慢些，磁盘中的碎片越多，计算机的文件输入/输出系统性能就越低。

① 选择“开始”→“所有程序”→“附件”→“系统工具”→“磁盘碎片整理程序”命令，或者在“计算机”窗口中某一驱动器图标上右击，在快捷菜单中选择“属性”命令，在弹出的“属性”对话框中选择“工具”选项卡，单击“立即进行碎盘整理”按钮。

② 程序首先会对磁盘的使用情况进行分析，选中所需整理的磁盘，单击“分析磁盘”按钮，如图 2-88 所示，Windows 7 系统的磁盘整理并不像 Windows XP 那样直观地用各种颜色区域来表示。只给出了一个碎片的百分比。

③ 如果用户要进行磁盘碎片整理，单击“磁盘碎片整理”按钮，开始碎片整理，在当前状态一栏中的“进度”标题下显示整理的进度。这个过程需要的时间长短主要取决于文件的数量和分区的大小。

④ 整理结束后，可以看碎片百分比变为零，如图 2-89 所示，单击“关闭”按钮结束。

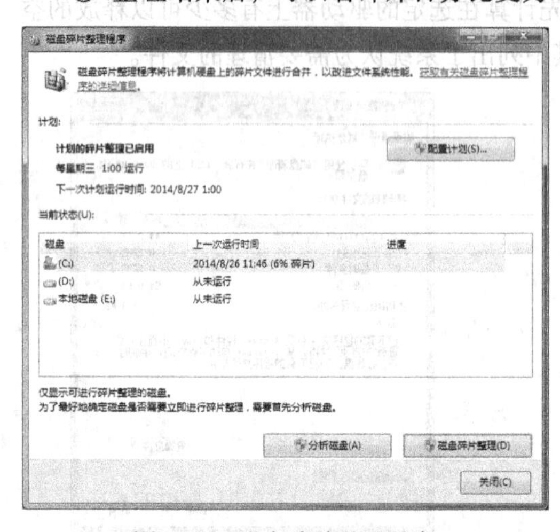

图 2-88　磁盘碎片整理程序

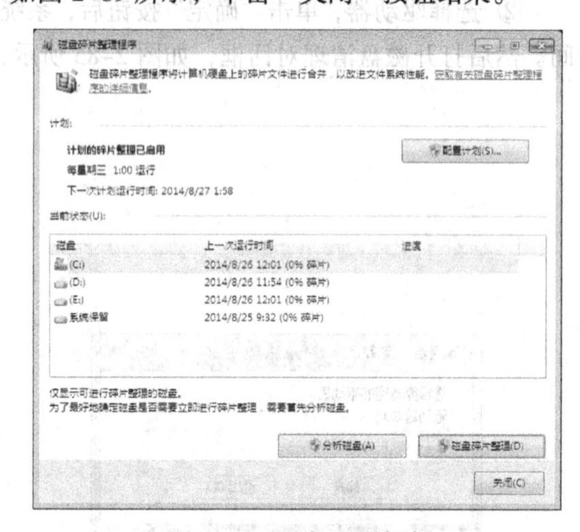

图 2-89　磁盘整理完毕

提示： *磁盘碎片整理可以提高文件的读写速度，但是在进行磁盘碎片整理时需要注意以下事项：*

① 整理期间不要进行数据读写。磁盘碎片整理需要的时间比较长，有人喜欢在整理的同时听歌、打游戏，这是很危险的，因为磁盘碎片整理时硬盘在高速旋转，这个时候进行数据的读写，很可能导致计算机死机，甚至硬盘损坏。

② 不宜频繁整理。磁盘碎片整理不同于其他计算机操作，整理时硬盘会高速连续旋转，如果频繁进行磁盘碎片整理，可能导致硬盘寿命下降。

③ 做好准备工作。在整理磁盘碎片前应该先对驱动器进行“磁盘检查”，这样可以防止系统将某些文件误认作逻辑错误而造成文件丢失。

④ 双系统下不要交叉整理。很多用户都安装有双操作系统，但是由于系统兼容性等原因，交叉进行磁盘碎片整理可能会造成文件易位、混乱甚至系统崩溃，所以建议在各自的系统分区内进行磁盘碎片整理。

4．安装系统补丁和系统更新

由于操作系统非常庞大，因此，虽然经过严格测试，但也难免仍有错误或漏洞。一个版本的操作系统在发布以后，其错误或漏洞逐渐被开发者、使用者或黑客发现。为了弥补这些错误和漏洞，其开发者向社会发布补丁（Service Pack）。用户可以从网站上下载补丁程序。

（1）使用下载补丁程序安装系统补丁

① 在网络上查找 Windows 7 补丁并下载：对于新装微机，如果没有安装系统安全补丁，很容易在上网过程中感染病毒，建议先用其他计算机登录到微软官方网站下载系统补丁程序。图 2-90 所示为微软公司的下载与更新网页。

图 2-90　微软官方网站的下载与更新网页

② 安装补丁程序：下载补丁程序后，双击程序图标，根据提示即可安装。在安装程序前，一般要求备份系统、关闭所有打开的程序。安装完成后，系统会提示重新启动计算机。

③ 重新启动计算机，使补丁生效。

（2）安装系统更新

Microsoft 提供的重要更新，包括安全、驱动程序和其他重要更新，它们可以帮助用户安全高效地使用计算机，防止遭受那些通过网络传播的新病毒和其他安全威胁的攻击。

Windows Update 自动更新是 Windows 的联机扩展功能，它帮助用户及时更新操作系统。计算机开启自动更新后，每当有适用的重要更新发布时，它会及时提醒用户下载和安装。使用自动更新可以在第一时间更新操作系统、修复系统漏洞、保护计算机安全。安装系统更新的方法有：

① 打开自动更新：选择“开始”→“控制面板”→“系统和安全”→“启用或禁用自动更新”命令，系统弹出 2-91 所示的“选择 Windows 安装更新的方法”窗口，从中设置“自动更新”的启动条件。之后，系统即可按照用户设定的自动更新条件，进行自动更新。用户还可以对更新方式进行设置：“自动安装更新”“下载更新，但是让我选择是否安装更新”“检查更新，但是让我选择是否下载和安装更新或从不检查更新”。

② 访问 Windows Update 网站：选择“开始”→“控制面板”→“系统和安全”→“检查更新”命令，系统弹出 2-92 所示“Windows Update”对话框，单击“查找详细信息”，即可连接到 Windows Update 网站，如图 2-90 所示，在这里可以获取并安装最新的 Windows Update 软件。

③ Windows Update 网站中，选中“我同意”选项，然后单击“下一步”按钮示，出现“选择 Windows 安装更新方式”对话框，根据用户需要进行相应选择，然后单击“安装”按钮，如图 2-93 所示。开始自动安装，安装完成后会提示“Microsoft 更新已成功安装”，如图 2-94 所示，重新启动计算机，使更新生效。

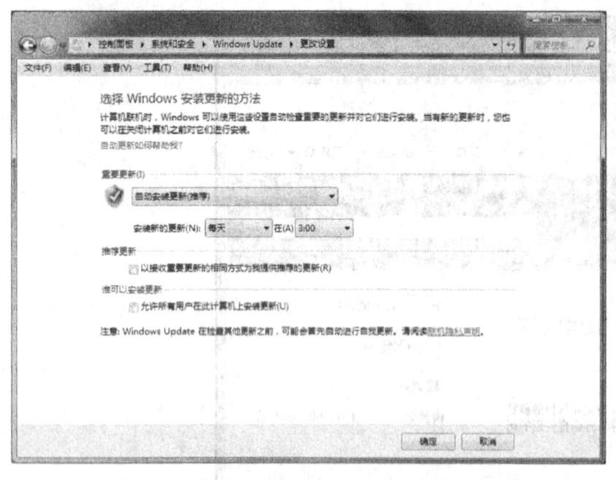

图 2-91 控制面板设置自动更新

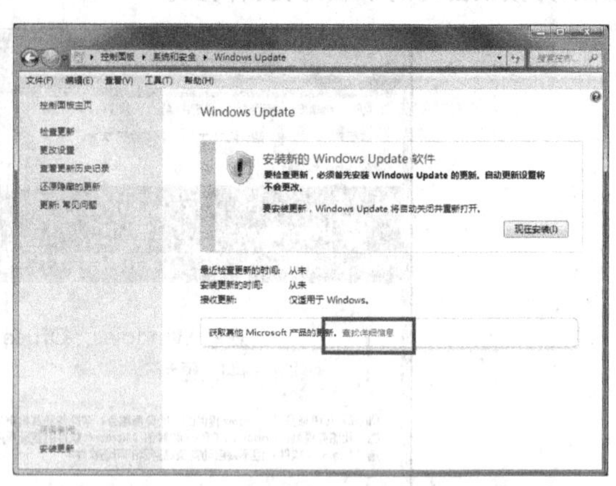

图 2-92 访问 Windows Update 网站

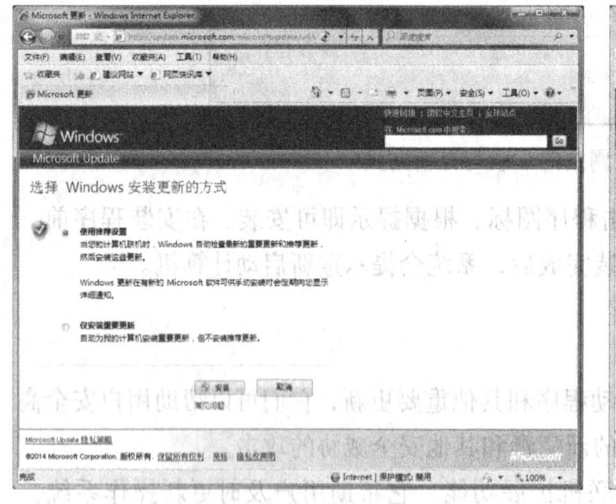

图 2-93 选择 Windows 安装更新方式

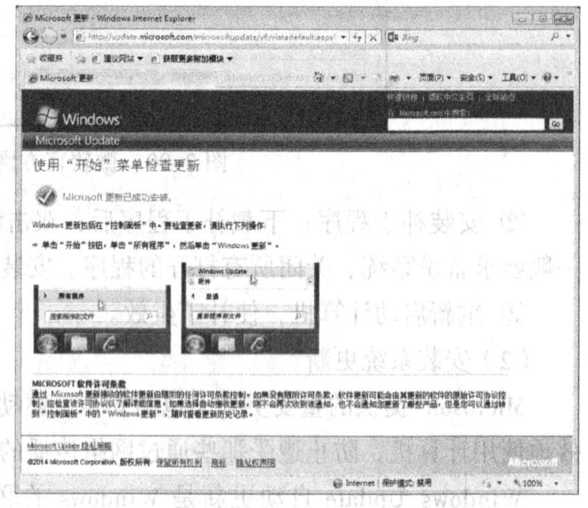

图 2-94 Microsoft 更新已成功安装

二、使用工具软件维护系统

针对 Windows 系统维护、优化的软件非常多，下面以 360 安全卫士为例进行练习。

由 360 官方网站下载 360 安全卫士软件，并安装运行，其主界面如图 2-95 所示。有电脑体检、木马查杀、电脑清理、系统修复、优化加速、功能大全、小金库、软件管家等选项。现介绍其主要功能。

1．电脑体检

“电脑体检”是对计算机进行全面地检查，其功能包含了后续选项的部分功能。单击“立即体检”，软件将进行故障检测（检测系统、软件是否有故障）、垃圾检测（检测系统是否有垃圾）、安全检测（检测是否有病毒、木马、漏洞等）、速度提升等检查，检查完毕后，给出评分以及需要修复的选项，如图 2-96 所示。可以单击“一键修复”修复所有的选项，也可以选择其中某项进行修复。

图 2-95　程序主界面

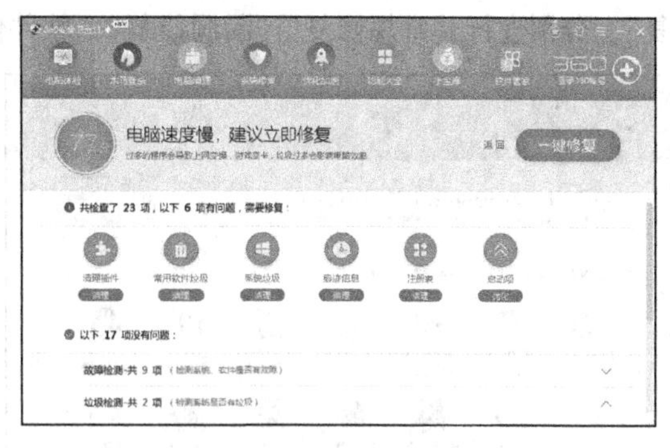

图 2-96　系统检查结果

2．木马查杀

单击“木马查杀”界面的“快速查杀”，可以对系统进行快速木马扫描，也可以选择“全盘查杀”或“按位置查杀”，如图 2-97 所示，在“快速查杀”过程中如果扫描到有木马存在，会自动转为“全盘查杀”。扫描完成界面如图 2-98 所示，可以对扫描到的木马进行“一键处理”操作，也可以选择某个木马进行“立即处理”操作。

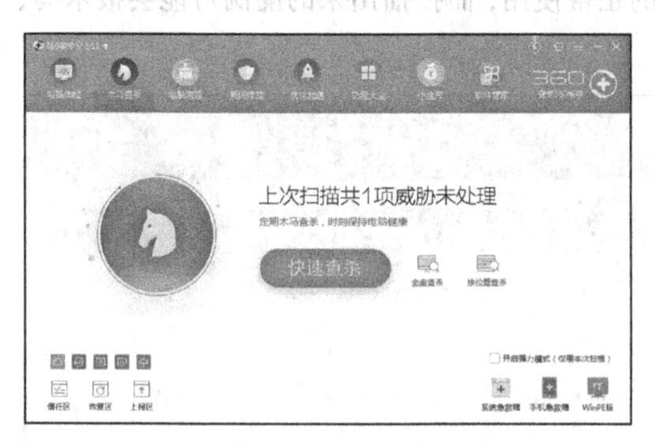

图 2-97　“木马查杀”界面

图 2-98　“快速查杀”扫描结果

3．电脑清理

“电脑清理”功能可以清理计算机里的垃圾、插件、痕迹，以释放更多的计算机空间，让计算机保持轻松的状态，单击“电脑清理”界面的“全面清理”可对所有的可清理项进行扫描，也可以选择“单项清理”，分别对不同的清理项进行扫描，如图 2-99 所示。“全面清理”扫描结果如图 2-100 所示，可以选择“一键清理”对所有的默认选项进行清理，也可以选择某些项进行清理。

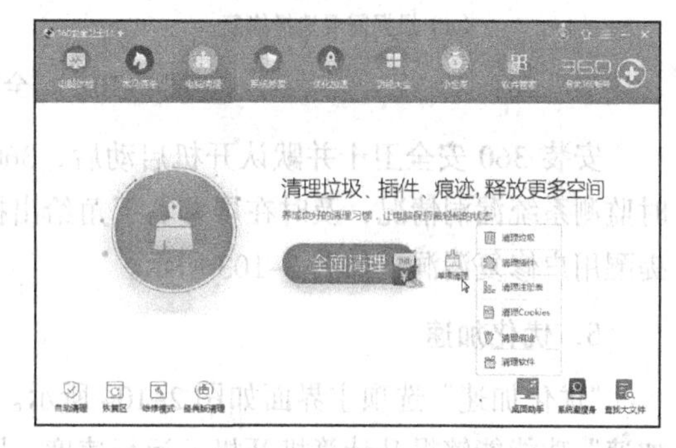

图 2-99　“全面清理”界面

4．系统修复

“系统修复”功能可以对系统补漏洞、装驱动，修复系统异常，是最受用户欢迎的实用功能之一，它可以根据用户系统环境，监测运行情况，分析漏洞性质，并及时给出提示。修复漏洞时，能够自动查找最适合的补丁程序修补用户系统漏洞。可以进行“全面修复”，也可以单击“单项修复”，分别进行“常规修复”“漏洞修复”“软件修复”和“驱动修复”。如图 2-101 所示。

图 2-100 “全面清理”扫描结果

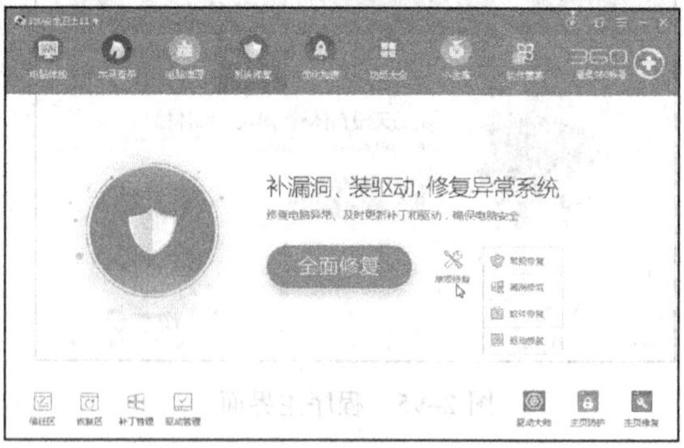

图 2-101 “系统修复”界面

系统修复扫描结果如图 2-102 所示，在这里，给出了“全面修复”的两种扫描结果，如图 2-102（a）所示，扫描出来的常规修复项目并不会影响系统的正常使用，扫描出来的漏洞可用于更新系统或软件功能，可以根据需要进行修复。如图 2-102（b）所示，扫描出来的结果都是以红色字体给出，这些常规修复项目可能会影响系统的正常使用，而扫描出来的漏洞可能会被木马、病毒利用，所以建议立即修复。

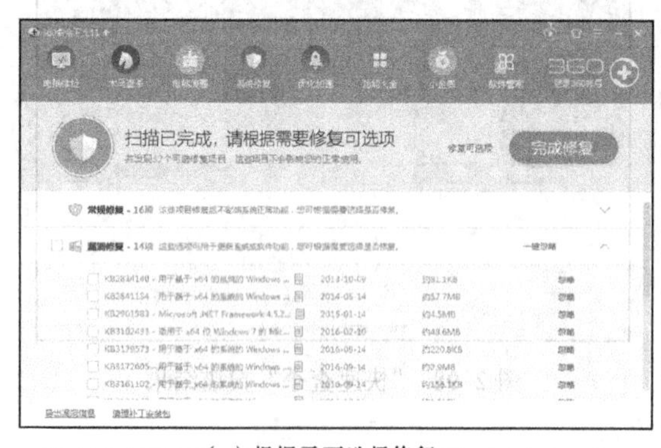

（a）根据需要选择修复

（b）建议立即修复

图 2-102 “全面修复”扫描结果

安装 360 安全卫士并默认开机启动后，360 会实时监测系统漏洞情况，及时在屏幕右下角给出提示，提醒用户修复漏洞，如图 2-103 所示。

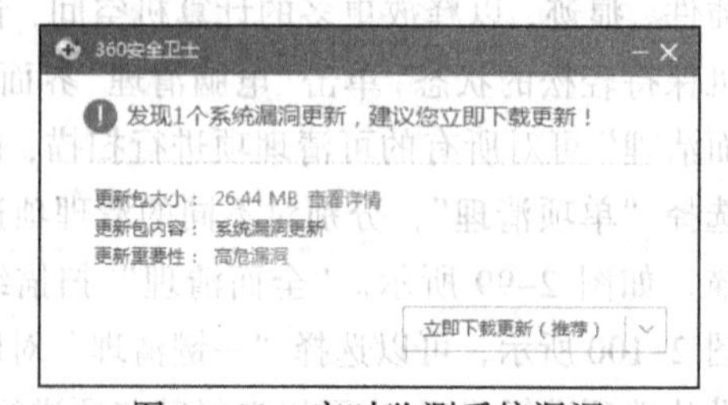

图 2-103 实时监测系统漏洞

5. 优化加速

“优化加速”选项主界面如图 2-104 所示。“优化加速”功能能够提升计算机开机、运行速度，同时优化网络配置、硬盘传输效率，全面提升计算机性能。可以选择“全面加速”，也可以选择“单项加速”分项进行优化。单击“全面加速”，扫描结果如

图 2–105 所示。分别列出了可以优化加速的选项，包括开机加速、系统加速、网络加速、硬盘加速。其中“开机加速”给出了可以优化的开机启动项。可以根据个人需要选择项目进行优化。

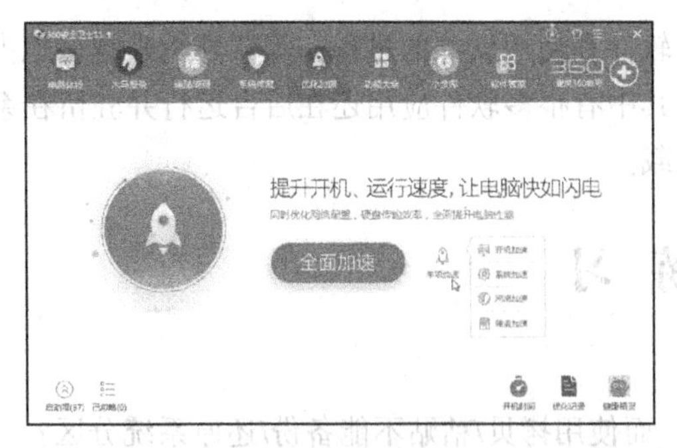

图 2–104　“优化加速”主界面

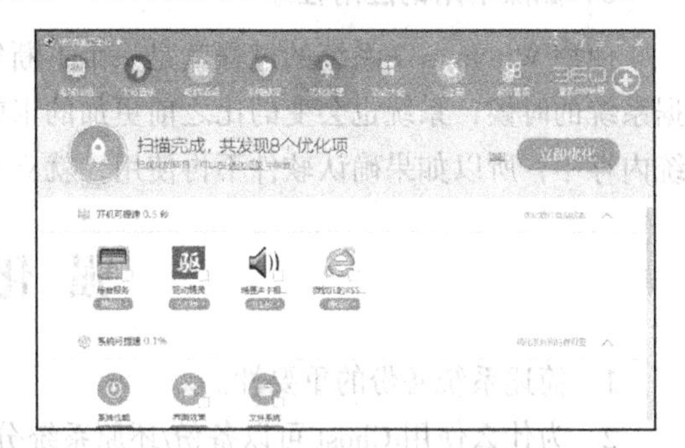

图 2–105　“全面加速”扫描结果

单击“优化加速”界面左下角的“启动项”，出现图 2–106 所示界面。在这里列出了当前设置的开机启动项目，给出是否需要开机启动建议，供用户手动设置。

6．软件管家

单击 360 安全卫士主界面的“软件管家”选项卡，出现“360 软件管家”界面，单击上面的“卸载”选项卡，如图 2–107 所示，在这里列出了计算机安装的所有软件，可对软件进行卸载操作。

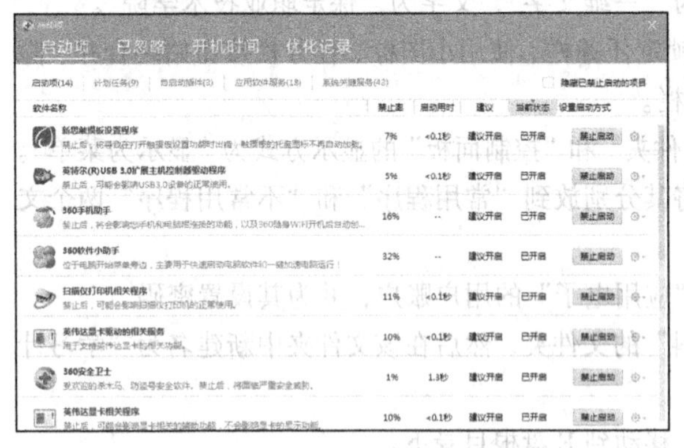

图 2–106　“启动项”界面

图 2–107　“360 软件管家”界面

三、其他注意事项

除了利用上面的方法平时做好系统的维护和优化外，还要注意以下几点。

1．安装应用程序注意事项

现在的软件推广愈演愈烈，90%的软件在安装的时候都会有很多打勾的选项，除了“我同意”，其他就是软件推广的方式了，如果没有取消那些选项，当安装了一款软件的时候，不知不觉中又多安装了 3～4 款软件，有浏览器、视频软件、全安软件，数不胜数，导致系统速度变慢。特别是安装了数款安全软件的时候，系统会出现更多问题。

2．安装软件及下载的应用不要放在 C 盘

在下载的时候对下载工具进行一个设置，将默认下载目录指向系统盘外的分区，安装软件的时候也不要安装到 C 盘，否则系统会越来越慢。

3．删除不用的应用程序

使用 Windows 7 系统的过程就是一个不断安装软件和使用软件的过程，等软件越来越多地占据系统的时候，系统也会变的比之前更加的卡顿，其中有很多软件应用还在后台运行并驻留在系统内存中，所以如果确认软件不再使用，就立马卸载。

强化练习

1. 简述系统备份的重要性。
2. 为什么使用 Ghost 可以备份/还原系统分区，而使用拷贝/粘贴不能备份/还原系统分区？
3. 使用 Ghost 软件进行系统分区的备份、还原操作，分区之间的复制操作。
4. 使用一键 Ghost 软件对系统进行备份和还原操作。
5. 使用 Ghost Explorer 可以完成哪些操作？
6. 窗口练习：打开多个窗口，实现窗口的 3 种排列方式：层叠窗口、堆叠显示窗口、并排显示窗口。打开一个窗口，练习窗口最小化、最大化、向下还原、移动、调整窗口大小等操作。
7. 设置桌面练习：在桌面上显示“计算机”“回收站”“控制面板”图标。将系统提供的“建筑”主题作为桌面背景。设置屏幕保护程序为“三维文字”，文字为“保定职业技术学院”。
8. 设置任务栏练习：自动隐藏任务栏、锁定任务栏、使用小图标、任务栏按钮始终合并、隐藏标签。将应用程序“腾讯 QQ”锁定到任务栏。
9. 设置“开始”菜单练习：设置“个人文件夹”和“控制面板”的显示方式为“显示为菜单”。整理“开始”菜单所有程序部分中的程序，将其分别放到“常用程序”和“不常用程序”两个文件夹中。
10. 设置用户账户练习：添加用户名为“应用电子”的用户账户，并为其设置密码。
11. 在 D 盘根目录下新建名为“学习资料”的文件夹，然后在该文件夹中新建名为“学习计划”的 Word 文档。
12. 将上述新建的“学习资料”文件夹，移动到 E 盘根目录下。
13. 将“学习计划”文件设置为“只读”文件和“隐藏文件”，将“学习资料”文件夹设置为共享文件夹。
14. 将隐藏的“学习计划”文件显示出来，并重命名为“大一学习计划”。
15. 将“学习资料”文件夹加密压缩。
16. 删除“学习资料”压缩包，然后清空回收站。
17. 在整个计算机中搜索扩展名为 GHO 的镜像文件。
18. 磁盘检查有什么意义？怎样进行磁盘检查？
19. 磁盘碎片是怎样形成的？如何消除？
20. 安装系统补丁有什么意义？安装系统补丁有几种方式？
21. 哪些因素影响开机速度？怎样利用 360 安全卫士软件提高开机速度？

单元 3 Word 2010 文字处理软件应用

学习目标

通过本单元内容的学习，使读者能够具有以下基本能力：

- 利用 Word 2010 软件进行简单文字编辑处理操作。
- 利用 Word 2010 软件进行简单的表格处理操作。
- 利用 Word 2010 软件进行图文混排操作。
- 利用 Word 2010 软件进行长文档排版操作。
- 利用 Word 2010 软件进行批量信息处理操作。

学习内容

本单元学习 Word 2010 软件的相关知识和操作技能，分解为 5 个学习任务。

- 任务 1　制作大学学习计划书
- 任务 2　制作个人简历
- 任务 3　制作电子板报
- 任务 4　制作并排版毕业设计论文
- 任务 5　制作学生成绩通知单

任务 1　制作大学学习计划书

任务描述

大学生活是一个过程也是一段非常重要的经历。如何更加有意义地度过这个过程，是每一名大学生都要面对的问题，所以要在大学开始阶段利用所学内容，根据自己情况制作一份大学学习计划书。本次任务是简单制作大学学习计划书。具体要求如下：

① 新建以“大学学习计划书”为名的 Word 2010 文档，并保存到“桌面”中。

② 在“大学学习计划书”文档中输入或者插入相关文字内容。

③ 设置标题和正文的文本格式，包括字体设置、段落设置等。

④ 设置页边距、打印方向等。

⑤ 样张如图 3-1 所示。

大学学习计划书

经历过高考，才感觉到自己身上的不足。为了日后能更好的在社会上立足，我要通过在大学期间的学习学到更多的本领，提高自己认识事物判断事物的能力。我会把自己的生活作的井井有条，培养自己的生活习惯，锻炼自己的生活意志，提高自己的生活自理能力。这是我在大学期间的主要目的和任务。

一、自我期许

拥有持之以恒的毅力。对自己有足够的自觉，善待他人。能够学以致用回报社会。每天自我反省。拥有健康的体魄和温柔、坚定的心。

二、主要学习内容

在大学里专业课是日后谋生的重要手段，是我们找到工作的重要技能，在今后的学习中我会加强与老师同学的交流，平日里认真研究练习，从各个渠道获取最新的技能知识，我要在大学这三年的学习中学到一身好本领，我步入社会寻找工作增加自己的筹码。在努力学习专业课同时也好学好文化课基础课，例如英语，掌握英语是现代人不可或缺的一项能力，它能够提高自身素养和语言能力同时也可以扩大交流面，这是我大一最主要的任务。

三、常规性学习

◆阅读：每天读报、每月读一份文学类杂志、每年至少读一本名著。

◆英文：以书信、作文形式练习写作，加强阅读量。

◆专业：加强基本技巧的练习。

◆体育：每天去晨跑一次，每周去健身房不定期参与。

◆随时加入其他学习。

四、学习原则

◆循序渐进，持之以恒，不能“三天打鱼两天晒网”。

◆统筹兼顾，科学安排。处理好学习与工作的关系，做到学习与生活有机统一。

◆融会贯通，学以致用。

◆学习和实践相结合。用学习来提高实践能力，用实践来验证学习效果。

五、备注

在学习的过程中要持之以恒，切忌偷懒，并随时修改不切实际之处，使计划得以完善。

图 3-1　大学学习计划书样张

任务分析

通过学习本任务，读者应该了解 Word 2010 软件的常用功能，掌握 Word 2010 的基本编排和文字格式化方面的配置操作。使读者最终能够独立进行简单的文字编排工作，能够制作相应 Word 2010 文档。

通过完成本任务，应该达到的知识目标和能力目标如表 3-1 所示。

表 3-1　知识目标和能力目标

知 识 目 标	能 力 目 标
①了解 Word 2010 软件的相关作用 ②熟悉 Word 2010 软件界面和操作方法	①掌握 Word 2010 的字体、段落和页面方面的设置 ②具有根据不同用户需求，简单编写并排版 Word 2010 文档的能力

知识准备

一、Word 2010 的启动与退出

学习 Word 2010 操作编辑之前，首先要学习软件的启动与退出。软件的正常启动、退出是文档完整不被破坏的前提，所以 Word 2010 的启动、退出操作尤为重要。

1. 启动 Word 2010

Word 2010 的启动有多种方法，下面介绍最常用的方法：

在 Windows 系统桌面找到 Word 2010 图标，双击启动。单击“开始”菜单“所有程序”，找到“Microsoft Office”组，在“Microsoft Office”组中找到“Microsoft Office Word 2010”，单击启动。或者双击已有 Word 文档，打开 Word 2010 程序。

2. 退出 Word 2010

Word 2010 的退出方法更为简单，只需要单击程序右上角的关闭按钮。或者通过“文件”菜单中的“退出”命令进行退出。

二、Word 2010 的窗口界面

每个软件的第一个窗口界面对于初学者来说都是非常重要的，Word 2010 也不例外。只有掌握了窗口中各个组成部分的名称和位置，才能更加高效地学习和使用软件。Word 2010 采用了全新的窗口界面，如图 3-2 所示。将各种功能命令进行分类，使用户能够更清楚明了地找到相应功能，从而灵活高效地使用 Word 2010 处理各种文档。

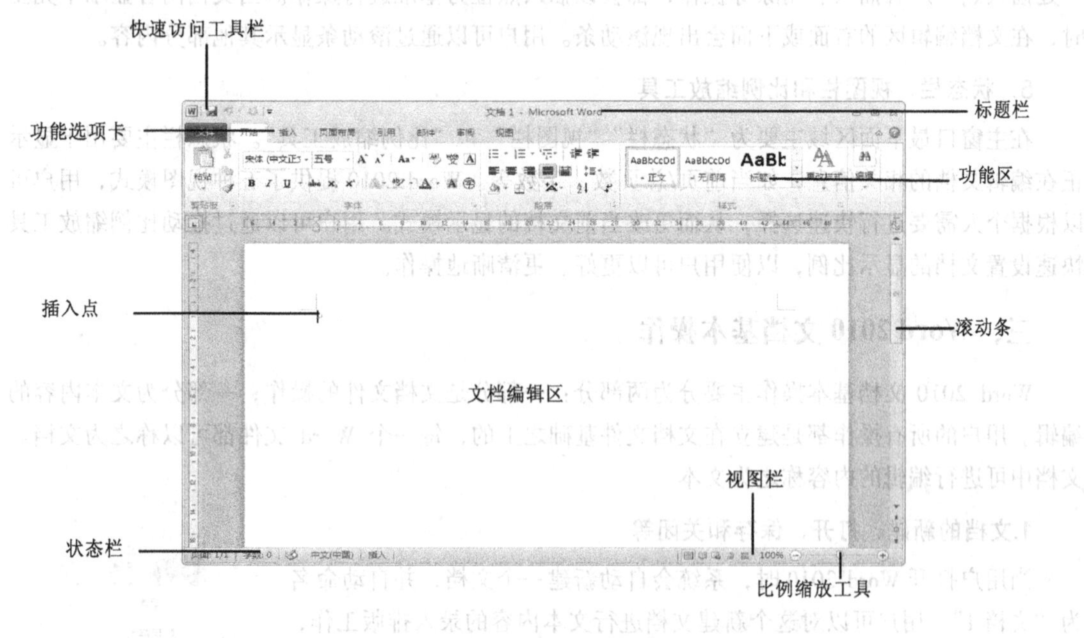

图 3-2　Word 2010 窗口界面

1. 快速访问工具栏

快速访问工具栏位于窗口左上角位置区域，用于放置常用工具快捷按钮，系统默认显示“保存”“撤销”和“重复”三个按钮，读者也可以根据自己的习惯进行更改。

单击快速访问工具栏最右面的“自定义快速访问工具栏”按钮▾，在下拉菜单中选择相应工具，或者通过“其他命令”进行更多选择，即可在快速访问工具栏中显示相应工具按钮，如果不想显示相应工具按钮，只要去掉勾选即可。

2. 标题栏

标题栏位于窗口上方中间位置，显示当前编辑的文档名称以及所使用的软件名称，标题栏中

还包括了三个窗口控制按钮，位于窗口的右上角，分别为“最小化”“向下还原”和“关闭”。

3. 功能选项卡和功能区

功能选项卡位于快速访问工具栏和标题栏下方，它代替了传统的菜单栏和工具栏，可以帮助用户快速找到完成某一任务所需的命令。功能区中的命令被组织在逻辑组中，位于不同的功能选项卡下，每个选项卡都与一种类型的活动相关。

常见的功能选项卡主要有“开始”“插入”“页面布局”等。如果在特定模式下还会出现不同选项卡。“开始”功能选项卡中主要包括“字体”“段落”等最常用的命令组。Word 2010 中所有操作命令按钮均可在不同的功能选项卡下的功能区中找到。

4. 文档编辑区、插入点和滚动条

文档编辑区是 Word 2010 主窗口的主要组成部分，主要位于主窗口中间区域。所有编辑处理的文件数据均在该区域显示，在此区域可以输入、编辑、排版和查看文档。在文档编辑区都会有一处插入点。所有插入、删除等操作，都会以插入点位为基准进行操作。当文档内容显示不完全时，在文档编辑区的右面或下面会出现滚动条。用户可以通过滚动条显示其他部分内容。

5. 状态栏、视图栏和比例缩放工具

在主窗口最下面区域主要为“状态栏”“视图栏”和“比例缩放工具”。状态栏主要用于显示正在编辑文档的相关信息，如当前页/总页数、字数等。Word 2010 提供了五种视图模式，用户可以根据个人需要进行快速选择，从而更改当前文档的显示模式。用户可以通过拖动比例缩放工具快速设置文档的显示比例，以便用户可以更好、更清晰地操作。

三、Word 2010 文档基本操作

Word 2010 文档基本操作主要分为两部分：一部分是文档文件的操作；一部分为文本内容的编辑。用户的所有操作都是建立在文档文件基础之上的，每一个 Word 文件都可以称之为文档。文档中可进行编辑的内容称之为文本。

1.文档的新建、打开、保存和关闭等

当用户打开 Word 2010 时，系统会自动新建一个文档，并自动命名为“文档 1”。用户可以对这个新建文档进行文本内容的录入排版工作，然后选择“文件”菜单下的“保存”命令将其保存起来。还可以通过“文件”菜单下的“新建”命令，选择相应的模板进行建立。

提示：可以在快速访问工具栏中单击“新建”按钮，或者使用【Ctrl+N】组合键，建立新空白文档。

如果已经打开 Word 2010 软件，可以打开“文件”菜单，如图 3-3 所示，选择“打开”命令，找到文件存储位置并选中后，单击“打开”按钮或双击该文档打开。

提示：如果没有打开 Word 2010 软件，可直接在计算机中找到需要打开的文档，双击打开即可。

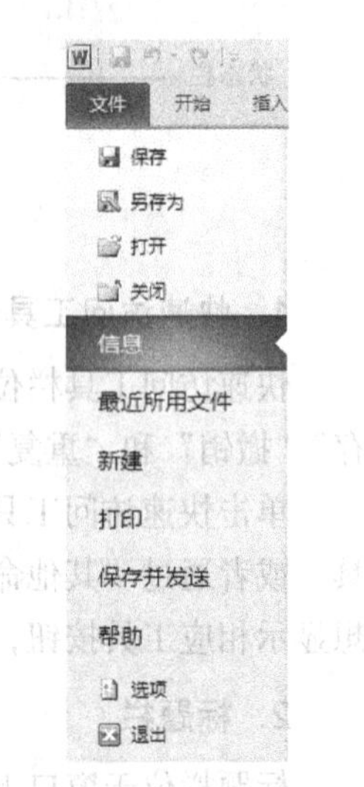

图 3-3 “文件”菜单

对于已经进行编辑的文档，用户需要进行保存操作。否则由于意外断电或其他故障，导致计算机重启，用户编辑好的文档将会丢失。所以在使用 Word 2010 编辑文档时用户要养成良好的使用习惯，及时保存编辑后的文档。保存文档分为“保存”和“另存为”两种。对于首次保存的文档“保存”和“另存为”命令相同，会弹出“另存为”对话框，如图 3-4 所示，在“另存为”对话框中指定保存地点，并输入保存的文件名称，选择好保存类型，单击“保存”按钮即可。

对于已有文档，如果希望重新保存为另一个新文档，也可以使用“另存为”的方式进行保存。在文档的编辑录入过程中，用户也应该时刻注意进行保存操作，以避免因意外情况导致的文档内容丢失。如果是在编辑录入过程中进行保存操作，并且已经不是第一次保存，那么用户只需选择“文件”菜单中的“保存”命令即可（或者单击快速访问工具栏中的“保存”按钮），Word 2010 会进行保存操作，保存地址和文件名称不变。

提示： Word 2010 还提供一种自动保存设置。选择“文件”菜单中的“选项”命令，打开“Word 选项”对话框，选择“保存”选项卡，勾选“保存自动恢复信息时间间隔”复选框，选择 10 分钟，如图 3-5 所示。这样间隔 10 分钟 Word 2010 会自动保存一次。自动保存文档平时不会出现，只有在系统发生非正常退出时才会出现自动保存信息，所以用户平时还要注意手动保存。

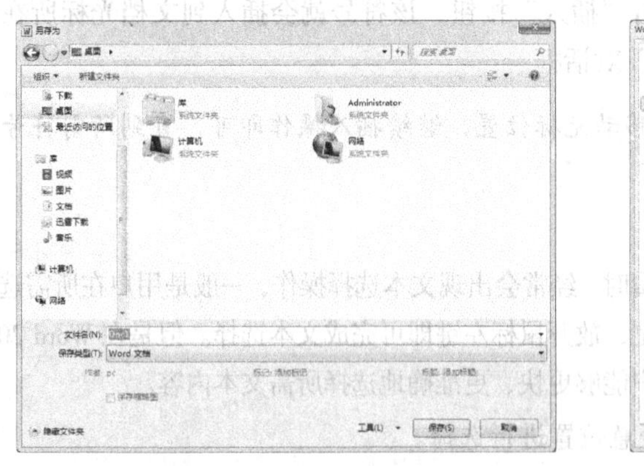

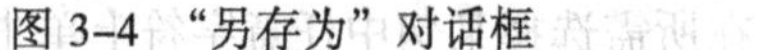

图 3-4 “另存为”对话框　　图 3-5 “Word 选项”对话框

如果想要关闭编辑的文档，选择“文件”菜单中的“关闭”命令，若所要关闭的文档已经被改动而且改动后没有进行保存操作，则 Word 2010 会提示用户是否保存对该文档的修改，单击“是”按钮，对该文档保存并退出；单击“否”按钮，对该文档不保存退出；单击“取消”按钮，对该文档不做任何操作，文档不会关闭。

2．文本的录入、选择、插入、定位、删除、复制、剪切和粘贴等

（1）中英文输入法的切换

文本的录入一般分为中英文录入和特殊符号录入。默认情况下，输入法为英文，如果要输入中文，进行中英文输入法切换即可（【Ctrl+空格】为中、英文输入法切换快捷键）。

提示： 回车键通常表示一个段落的结束，而并非是一行的结束。在输入内容时如果一行内容过多，Word 2010 会自动换行，不需要用户通过回车键强制换行。

（2）插入特殊符号

文档录入内容中，有时会出现一些诸如🕮这类的符号。Word 2010 将其称之为特殊符号，并提供了内容丰富的各种特殊符号。插入特殊符号方法如下：

① 在“插入”选项卡中，单击“符号”组中的“符号”列表框中的“其他符号”按钮，如图 3-6 所示，弹出“符号”对话框，如图 3-7 所示。

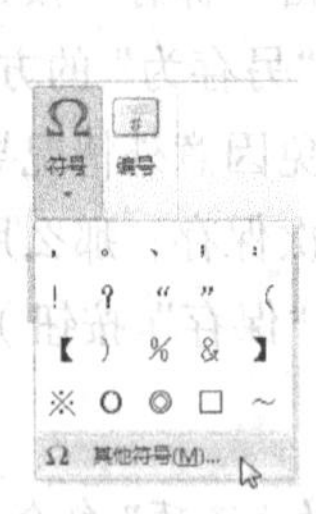

图 3-6　选择“其他符号”

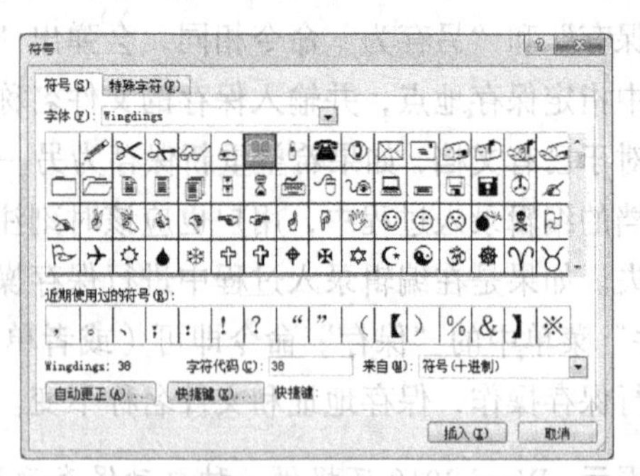

图 3-7　“符号”对话框

② 在“符号”对话框中，选择“符号”选项卡。找到“字体”列表框，根据用户需要选择某一选项，下方会出现该选项下的特殊符号，可以通过上下滚动条查找所需符号。

③ 选择好用户需要的特殊符号后，单击“插入”按钮，该符号就会插入到文档光标所在位置，如果没有其他符号插入即可关闭“符号”对话框。

提示：如果需要插入多个符号，可直接移动光标位置，继续插入操作即可，直到所需符号插入完全后，关闭“符号”对话框即可。

（3）选择文本

在使用 Word 2010 进行各种文本输入、编辑时，经常会出现文本选择操作，一般是用户在所需选择文本开始处单击，然后拖动鼠标至选择文本结尾，放开鼠标左键即可完成文本选择。但是在 Word 2010 中还有一些更快的特殊文本选择方法，帮助用户能够更快、更准确地选择所需文本内容。

① 选择某一词语：可以双击该词语中任意位置进行选择。

② 选择某一句文本：可以按住【Ctrl】键后，在所需选择某句中任意字符上单击，这一操作是将某一任意字符前、后的两个句号中的内容进行选择。

③ 选择某一段文本：可以在某一段中任意字符上三击鼠标左键，或者在段落左侧空白处双击，即可选择整个段落。这一操作是将某一任意字符前、后的回车键中的内容进行选择。

④ 选择较长文本：可以首先将光标定位到所需选择文本的开始，然后通过滚轮或滚动条拖动文档找到文本结束位置，按住【Shift】键后单击文本结束位置进行选择。

⑤ 选择整篇文本：可以使用快捷键【Ctrl+A】进行选择。

（4）文本的插入和定位

在 Word 2010 的使用过程中，有“插入”和“改写”两种状态。用户编辑文档一般是“插入”状态，在该状态下输入的内容会插入到光标当前所在位置，并且光标位置后面的内容自动后移到插入内容最后。如果是改写状态，则输入的内容会覆盖光标位置后的内容。

用户可以通过“状态栏”查看当前文档是“插入”状态（见图 3-8），还是“改写”状态（见图 3-9）。“插入”和“改写”状态可以通过键盘上的【Insert】键进行切换，或者首先单击“状态栏”中的插入/改写按钮，然后定位到需要插入/改写的位置，即可进行切换。

图 3-8 “插入”状态 “状态栏” 　　图 3-9“改写”状态 “状态栏”

在 Word 2010 文档编排修改过程中，需要找到修改位置，这一操作称之为“定位”。当编辑修改的文档内容较少时，可以通过鼠标直接定位修改位置。但是当编辑修改文档内容较多时，就需要用到“定位”操作。操作方法如下：

① 在“开始”选项卡“编辑”组的“查找”下拉菜单中，选择“转到”命令。

② 在打开的“查找和替换”对话框中，选择“定位”选项卡，在“定位目标”栏中选择“页”，在“输入页号”文本框中输入要定位的页数。

③ 当输入数字后，“查找和替换”对话框中的“下一处”按钮将变为“定位”按钮。单击后即可定位到相应页。

（5）文本的复制、剪切和粘贴

Word 2010 在排版编辑的过程中除了插入删除操作以外，还会有复制、剪切和粘贴等操作。这些操作可以使用命令方式、键盘方式、鼠标方式以及功能区按钮方式实现，操作方法如下：

复制操作主要是将文本或图形复制到剪切板上，以便粘贴操作使用。复制操作首先要选择需要复制的文本或图形内容，右击选定的内容，在弹出的快捷菜单中选择“复制”命令，或选择“开始”选项卡“剪切板”组中的“复制”命令，完成复制操作。

剪切操作用于复制被选择的内容，并将其放置在剪切板上，以便粘贴操作使用，并将该内容从原位置删除。剪切操作也要先选择需要剪切的文本或图形内容，右击选定的内容，在弹出的快捷菜单中选择“剪切”命令，或选择“开始”选项卡“剪切板”组中的“剪切”命令，完成剪切操作。

粘贴操作主要将剪切板上的内容插入到文档中的插入点所在位置。粘贴是复制和剪切的后续操作，也就是说无论是复制还是剪切，操作完后都要进行粘贴操作。粘贴操作只要将鼠标指针定位到需要插入内容的位置，然后右击，在弹出的快捷菜单中根据个人需要进行选择，或选择“开始”选项卡“剪切板”组中的“粘贴”命令，根据个人需要进行选择，完成粘贴操作。

提示：“保留源格式”命令：被粘贴内容保留原始内容的格式；“合并格式”命令：被粘贴内容保留原始内容的格式，并且合并应用目标位置的格式；“仅保留文本”命令：被粘贴内容清除原始内容和目标位置的所有格式，仅保留文本。

四、Word 2010 文字格式化操作

文字格式化主要是指对字符的字号、字形、字体、颜色、显示效果等方面的设置。文本内容输入完毕后，用户可以通过单击“开始”选项卡，在“字体”组中找到常用的字体编辑命令进行设置。这些常用命令能够满足用户大部分的字体设置操作要求，如果需要进行更加详细的字体设置操作，用户可以单击“字体”组右侧下方的按钮图标，或者选择需要设置的内容后，右击，在弹出的快捷菜单中选择“字体”命令，打开“字体”对话框，如图 3-10 所示。在“字体”对话框中可以详细设置中英文字体、字形、字号、颜色和下画线等参数。“高级”

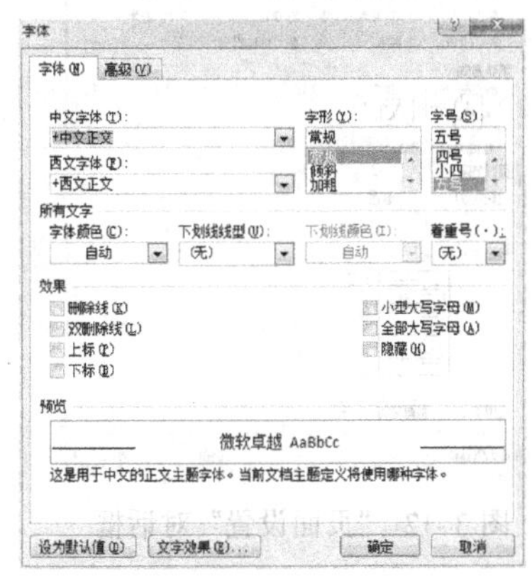

图 3-10 “字体”对话框

选项卡中还可以设置字符间距，设置完成后可以在下方的“预览”框中预览字体设置情况。如果需要设置文字效果，可以单击“文字效果”按钮，打开“设置文本格式”对话框，进行详细设置。

五、Word 2010 段落格式化操作

段落格式化主要是指对段落的对齐方式、缩进、间距等方面的设置，使段落之间层次清晰。段落格式化的设置同文字格式化设置类似，在“开始”选项卡“段落”组中，可以进行常用的段落设置。如果用户需要进行详细设置，可以单击“段落”组右侧下方的按钮图标，或者选择需要设置的内容后，右击，在弹出的快捷菜单中选择“段落”命令，打开“段落”对话框，如图 3-11 所示。在“段落”对话框中可以详细设置段落的“缩进和间距”“换行和分页”和“中文版式”等参数。设置完成后可以在下方的“预览”框中预览段落设置情况。

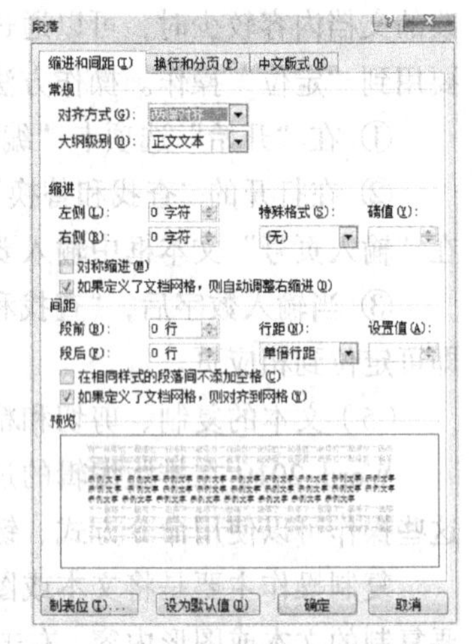

图 3-11 “段落”对话框

提示：段落中行与行之间的距离称之为“行间距”，而两个段落之间的距离称之为“段间距”。

六、设置页面和打印预览输出

① 页面设置主要包括页边距、纸张、版式和文档网络等参数。页面设置可以在“页面布局”选项卡中的“页面设置”组进行简单设置，如果需要进行详细设置，可以单击“页面设置”组右侧下方的按钮图标，打开“页面设置”对话框进行页边距、纸张和版式的详细设置，如图 3-12 所示。

② 页面设置完毕后，用户一般都需要进行预览和打印操作。在 Word 2010 中预览和打印被设置到同一界面内。用户选择“文件”菜单中的“打印”命令，打开“打印预览和打印”界面，如图 3-13 所示。其中右侧为打印预览效果。用户在该界面可以进行打印机设置，也可以进行“页面设置”，根据用户需要设置完成后，单击“打印”按钮，即可完成打印操作。

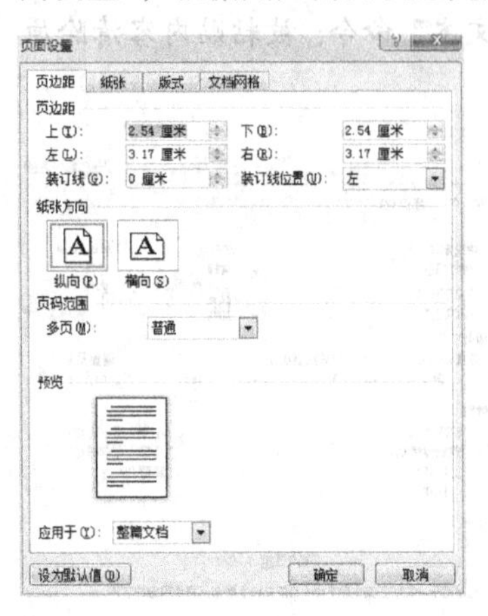

图 3-12 “页面设置”对话框

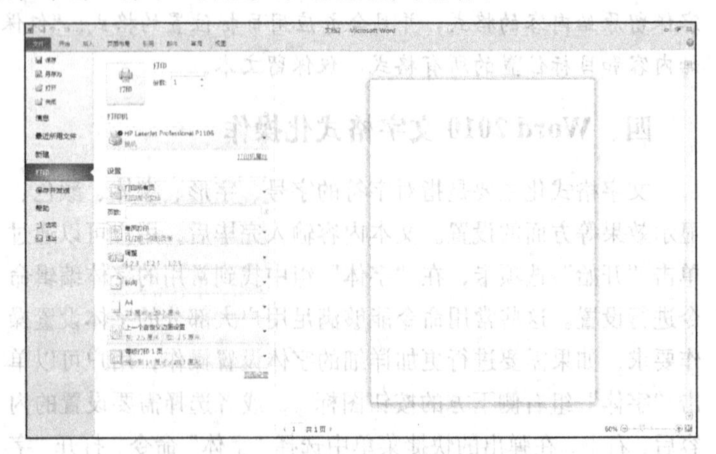

图 3-13 “打印预览和打印”界面

任务实施

步骤一：新建并保存文档

① 启动Word 2010软件，选择“文件”菜单中的“保存”或“另存为”命令，打开“另存为”对话框。

② 在保存位置列表框中选择“桌面”，“文件名”文本框中输入“大学学习计划书”，“保存类型”列表框中选择“Word文档”选项。

③ 单击“保存”按钮。

步骤二：输入大学学习计划书内容

① 输入文字以及标点符号。如果有相关素材可以通过“插入”选项卡“文本”组中“对象”下拉菜单里的“文件中的文字”命令进行插入，如图3–14所示。选择相应素材文件插入相关内容。

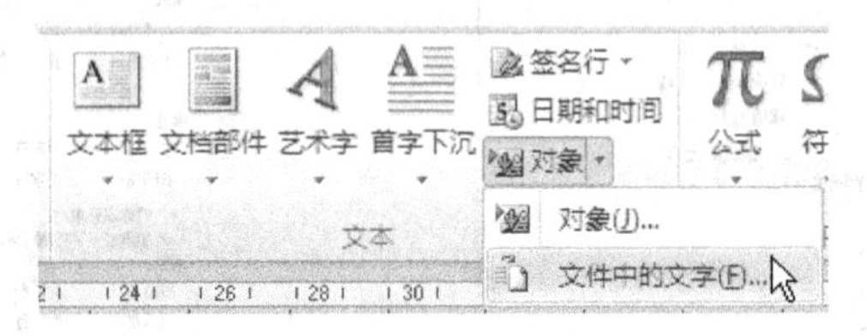

图3–14 “文件中的文字”命令

② 内容插入或编写完毕后，单击“保存”按钮。

③ 操作结果如图3–15所示。

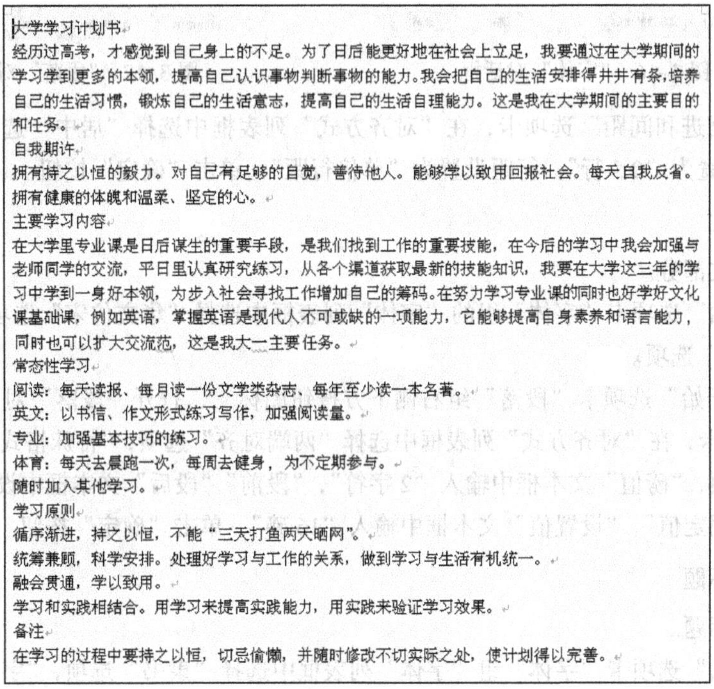

大学学习计划书

经历过高考，才感觉到自己身上的不足。为了日后能更好地在社会上立足，我要通过在大学期间的学习学到更多的本领，提高自己认识事物判断事物的能力。我会把自己的生活安排得井井有条，培养自己的生活习惯，锻炼自己的生活意志，提高自己的生活自理能力。这是我在大学期间的主要目的和任务。

自我期许

拥有持之以恒的毅力。对自己有足够的自觉，善待他人。能够学以致用回报社会。每天自我反省。拥有健康的体魄和温柔、坚定的心。

主要学习内容

在大学里专业课是日后谋生的重要手段，是我们找到工作的重要技能，在今后的学习中我会加强与老师同学的交流，平日里认真研究练习，从各个渠道获取最新的技能知识，我要在大学这三年的学习中学到一身好本领，为步入社会寻找工作增加自己的筹码。在努力学习专业课的同时也好学好文化课基础课，例如英语，掌握英语是现代人不可或缺的一项能力，它能够提高自身素养和语言能力，同时也可以扩大交流范，这是我大一主要任务。

常态性学习

阅读：每天读报、每月读一份文学类杂志、每年至少读一本名著。

英文：以书信、作文形式练习写作，加强阅读量。

专业：加强基本技巧的练习。

体育：每天去晨跑一次，每周去健身，为不定期参与。

随时加入其他学习。

学习原则

循序渐进，持之以恒，不能“三天打鱼两天晒网”。

统筹兼顾，科学安排。处理好学习与工作的关系，做到学习与生活有机统一。

融会贯通，学以致用。

学习和实践相结合。用学习来提高实践能力，用实践来验证学习效果。

备注

在学习的过程中要持之以恒，切忌偷懒，并随时修改不切实际之处，使计划得以完善。

图3–15 操作结果

步骤三：设置文档格式

1．设置首标题

① 选择首行文字“大学学习计划书”，将其作为文章的标题，在“开始”选项卡“字体”组“字体”列表框中选择“隶书”选项，“字号”列表框中选择“小二”选项，单击“加粗”按钮。

② 单击“字体”组右侧下方按钮图标，在弹出的“字体”对话框中选择“高级”选项卡。如图 3-16 所示。

③ 在“间距”列表框中选择“加宽”选项，“磅值”文本框中输入“3 磅”，单击“确定”按钮。

④ 选择文章首行标题部分，单击“段落”组右侧下方按钮图标，打开“段落”对话框，如图 3-17 所示。

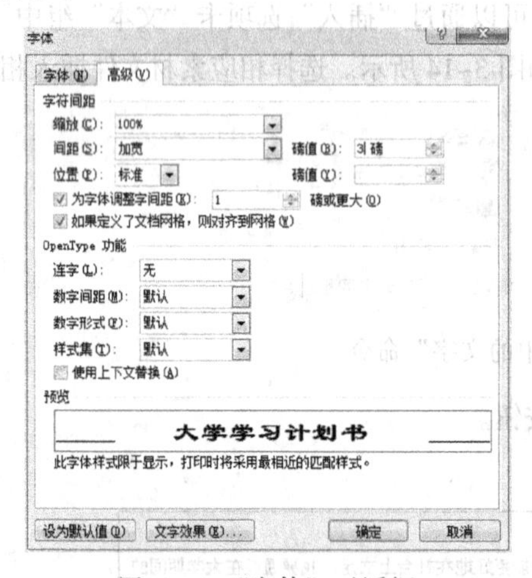

图 3-16 “字体”对话框

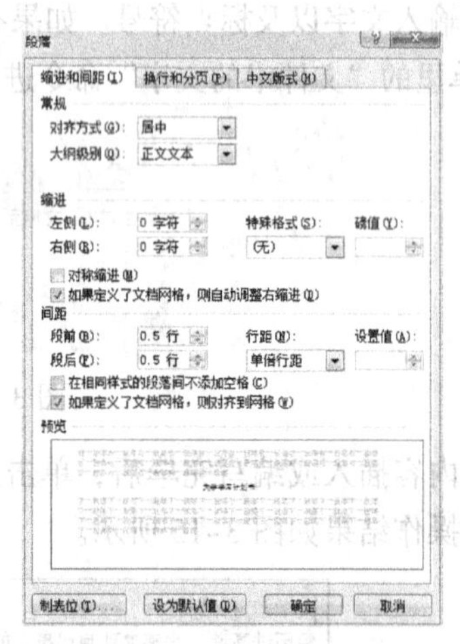

图 3-17 “段落”对话框

⑤ 选择“缩进和间距”选项卡，在“对齐方式”列表框中选择“居中”选项，“段前”“段后”文本框中设置为“0.5 行”，行距设置为“单倍行距”，单击“确定”按钮。

2．设置正文

① 选择正文部分。

② 在“开始”选项卡“字体”组的“字体”列表框中选择“华文仿宋”选项，“字号”列表框中选择“小四”选项。

③ 单击“开始”选项卡“段落”组右侧下方按钮图标，打开“段落”对话框，选择“缩进和间距”选项卡，在“对齐方式”列表框中选择“两端对齐”选项，“特殊格式”列表框中选择“首行缩进”选项，“磅值”文本框中输入“2 字符”，“段前”“段后”文本框中设置为“0.5 行”，行距设置为 “固定值”，“设置值”文本框中输入“16 磅”，单击“确定”按钮。

3．设置小标题

① 选择小标题。

② 在“开始”选项卡“字体”组“字体”列表框中选择“隶书”选项，“字号”列表框中选择“小四”选项。

③ 单击“开始”选项卡“段落”组右侧下方按钮图标，打开“段落”对话框，选择“缩进和间距”选项卡，在“特殊格式”列表框中选择“首行缩进”选项，“磅值”文本框中输入“2 字符”，“段前”“段后”文本框中设置为“0.5 行”，行距设置为“单倍行距”，单击“确定”按钮。

4．设置标题项目符号和编号

① 选择一级标题。

② 单击“段落”组中的“编号”下拉按钮，打开“编号库”列表框，如图 3-18 所示。

③ 在“编号库”列表框中选择“一、二、三……”选项。

④ 选择二级标题。

⑤ 单击“段落”组中的“项目符号”下拉按钮，打开“项目符号库”列表框，如图 3-19 所示。

图 3-18　“编号库”列表框

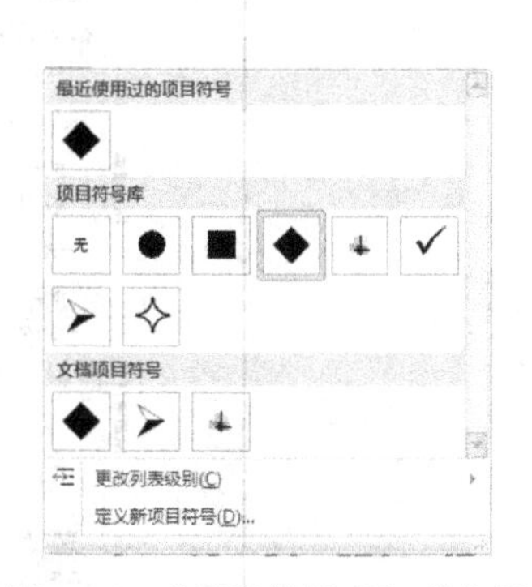

图 3-19　“项目符号库”列表框

⑥ 在“项目符号库”中选择项目符号“◆”。

步骤四：设置页面布局并预览打印

① 在“页面布局”选项卡“页面设置”组中，单击右侧下方按钮图标，打开“页面设置”对话框。

② 选择“页边距”选项卡，设置上、下、左、右边距均为 3 cm，设置纸张方向为纵向，单击“确定”按钮。

③ 单击“文件”菜单中的“打印”按钮，即可进行预览、打印操作。

任务 2　制作个人简历

任务描述

大学生活是五彩缤纷的，大学的课余时间也是丰富多彩的。当今大学生一般都会利用假期和课余时间去进行实践工作，找工作就成为每一名大学生必须学习的技能，而个人简历的制作就是这一技能的开始。本次任务就是制作个人简历。

利用所学内容完成“个人简历”的制作，具体要求如下：

① 新建以“个人简历”为名的 Word 2010 表格文档，并保存到“桌面”中。

② 在文档首行输入标题内容。

③ 插入 24 行 8 列的表格。

④ 根据内容进行表格调整。

⑤ 输入表格内容并进行设置。

⑥ 样张如图 3-20 所示。

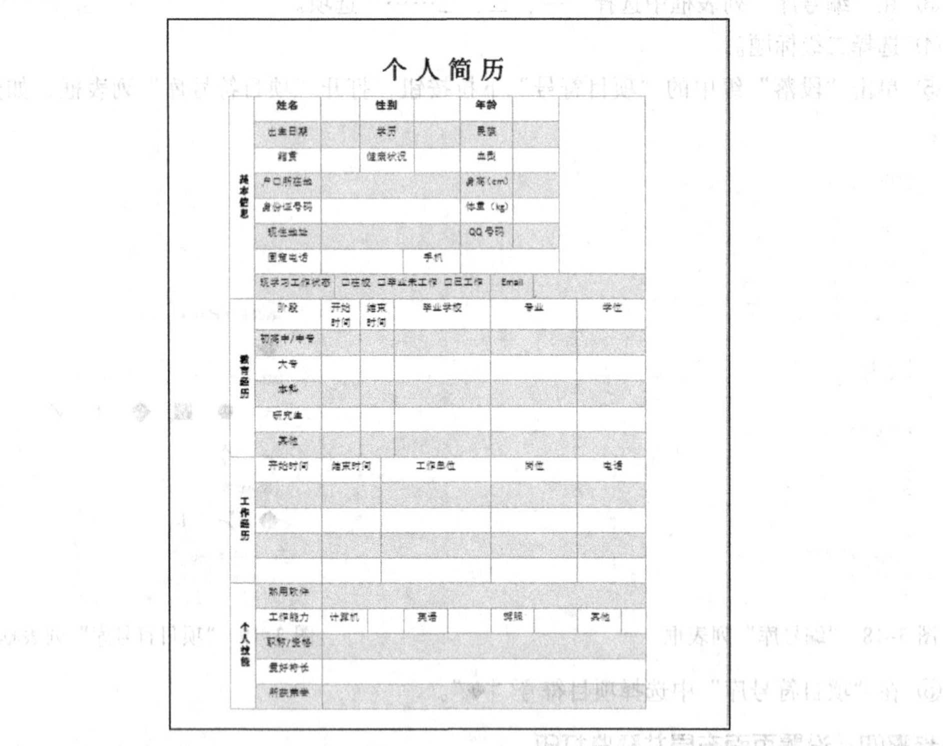

个人简历

基本信息	姓名		性别		年龄		
	出生日期		学历		民族		
	籍贯		健康状况		血型		
	户口所在地				身高(cm)		
	身份证号码				体重（kg)		
	现住地址				QQ号码		
	固定电话		手机				
	现学习工作状态	□在校 □毕业未工作 □已工作			Email		
教育经历	阶段	开始时间	结束时间	毕业学校	专业	学位	
	初高中/中专						
	大专						
	本科						
	研究生						
	其他						
工作经历	开始时间	结束时间	工作单位	岗位	电话		
个人技能	常用软件						
	工作能力	计算机		英语	驾驶	其他	
	职称/资格						
	爱好特长						
	所获荣誉						

图 3-20 个人简历样张

任务分析

通过上一任务的学习，读者学习了 Word 2010 的简单文本编辑、排版操作。但在实际操作中除了简单文本的编辑、排版操作外，还会经常用到各种类型的表格。Word 2010 还提供了丰富的表格制作功能。本任务就是学习在文档中建立、编辑和美化表格的方法，掌握基本的 Word 2010 表格方面的操作技能。

通过完成本任务，应该达到的知识目标和能力目标如表 3-2 所示。

表 3-2 知识目标和能力目标

知 识 目 标	能 力 目 标
①了解 Word 2010 表格的制作调整方法 ②熟悉表格制作和设置相关内容	①掌握表格制作、插入、删除的方法 ②掌握表格的编辑美化方法 ③能根据相应需求制作 Word 2010 表格

一、创建表格

Word 2010 软件提供了丰富的表格制作方法，可以通过插入或手工绘制的方法插入表格，然后在表格中填充内容；还可以将特定格式的文本转换为表格，文本内容就是表格内容。

1. 自动插入表格

对于插入表格不超过 8 行、10 列的情况，可以使用自动插入表格方法进行表格插入操作。首先将鼠标指针定位到需要插入表格的位置，然后在“插入”选项卡“表格”组中，单击“表格”下拉按钮，在弹出的下拉菜单上半部的示例表格中拖动鼠标，示例表格顶部就会出现相应的列、行数，文档表格插入位置也会相应出现示例表格，如图 3-21 所示。当列、行数达到要求后单击确定，即可自动插入表格。

2. 插入表格

如果行列数超过示例数量，或预先指定表格格式。也可以在图 3-21 位置，选择“插入表格”命令，打开“插入表格”对话框，如图 3-22 所示，指定表格的行数和列数，进行其他参数设置后，单击“确定”按钮，插入相应表格。

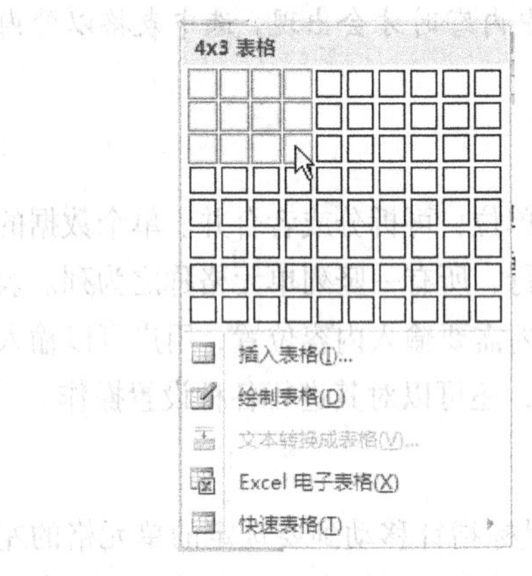

图 3-21 表格示例

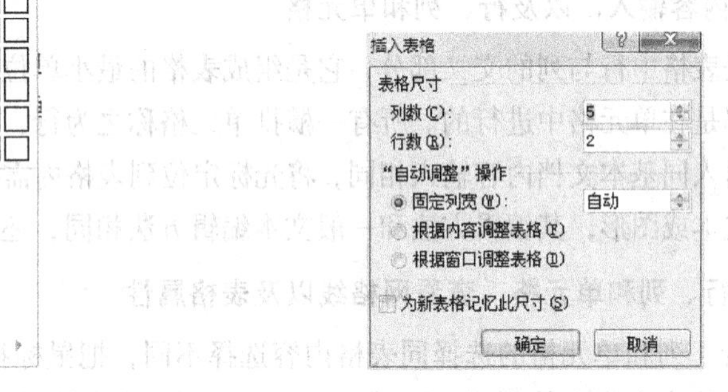

图 3-22 “插入表格”对话框

3. 绘制表格

Word 2010 提供了手动绘制表格方法。可以通过图 3-21 中的“绘制表格”命令来完成。当用户选择“绘制表格”命令后，鼠标指针就变成铅笔图标，这时用户可以根据自己的实际需求绘制特定表格。对已有表格进行修改、完善方面的操作，也可以使用“绘制表格”功能。

4. 使用“文本转换成表格”命令将文字转换成表格

如果已经有了需要添加到表格中的数据，也可以使用 Word 中的“文本转换表格”功能，直接将其转换成表格。在转换前，必须要在转换文本中确定加入文字分隔符，然后选择所需转换文本内容。在图 3-21 中，选择“文本转换成表格”，打开“将文字转换成表格”对话框，如图 3-23 所示 。进行相应设置后，单击“确定”按钮，完成表格插入操作。

提示：Word 是通过文字分隔符来确定表格格式的。文字分隔符可以通过逗号、空格或者其他字符表示。只需在转换时正确设置即可。如果想从表格再转换为文本，可以在“表格工具–布局”选项卡“数据”组中，选择“转换为文本”即可。

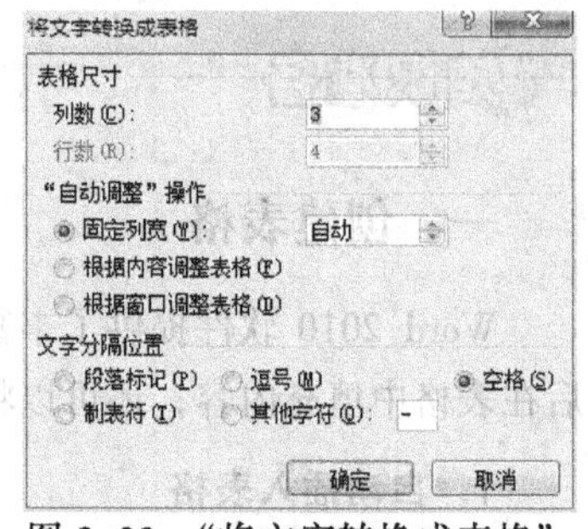

图 3–23 “将文字转换成表格”对话框

二、编辑表格

插入表格之后，需要输入表格内容，对表格的行、列和单元格进行调整，这些操作都可以称之为表格编辑。在选中表格后，Word 2010 软件会自动增加一个“表格工具”的选项卡组，其中包括“设计”和“布局”两个选项卡，如图 3–24 所示。表格方面的各种操作都可以在这两个选项卡中实现。

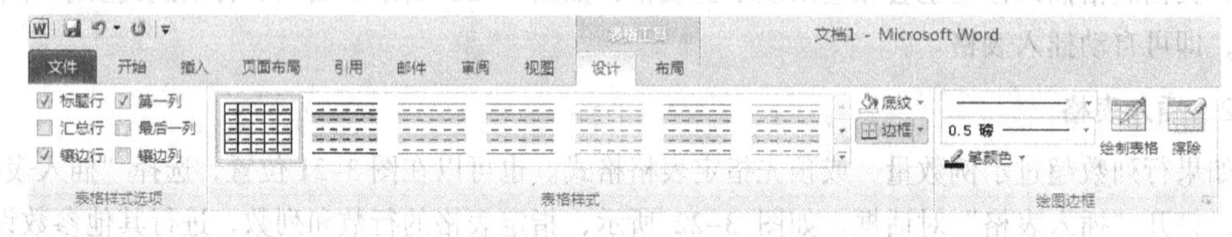

图 3–24 “表格工具”组

提示：“表格工具”选项卡组只有在选中表格或选中表格中内容时才会出现，选中表格以外内容，“表格工具”选项卡组又会自动消失。

1. 表格内容输入，以及行、列和单元格

单元格是表格中行与列的交叉部分，它是组成表格的最小单位，可拆分或者合并。单个数据的输入和修改都是在单元格中进行的。所有一横排单元格称之为行，所有一竖列单元格称之为列。表格中的内容输入同基本文档内容输入相同，将光标定位到表格内需要输入内容位置，用户可以输入或删除任何文本或图形，其编辑方法和一般文本编辑方法相同，还可以对其进行各种设置操作。

2. 选择行、列和单元格，查看网格线以及表格属性

表格的行、列和单元格的选择同表格内容选择不同，把鼠标指针移动到要选定的单元格的左侧，当指针变为右上指向箭头“↗”时，单击，就可以选定该单元格；如果双击，就可以选定单元格所在行。如果把鼠标指针放到表格的顶端，当鼠标指针变为向下的箭头“⬇”时，单击，就可以选定箭头所指的列。

另外，在“表格工具–布局”选项卡“表”组中“选择”按钮中提供了选择单元格、列、行或整个表格的命令。如果要选择单元格，可以将指针定位到某单元格中，选择“选择”按钮中的“选择单元格”命令，即可选定鼠标定位所在的单元格。同理也可以通过选择行、列或表格的命令，选定鼠标定位所在单元格的整行、整列或整个表格。

如果表格框线是不显示的，用户可以通过选择“查看网格线”命令，以虚线形式显示网格线，但是这个虚线形式的网格线是不能打印的。如果不再查看，可以重新单击“查看网格线”命令，关闭虚线形式显示的网格线。

用户可以通过“表格工具–布局”选项卡“表”组中“属性”按钮，打开“表格属性”对话

框，如图 3-25 所示。在该对话框中可以进行表格、行、列、单元格和可选文字等方面的设置和操作。还可以通过“表格”选项卡下面“边框和底纹”按钮，打开“边框和底纹”对话框。

3．插入和删除行、列和单元格

表格的修改操作包括插入和删除两部分。这两部分的操作都可以通过“表格工具-布局”选项卡中的“行和列”组进行操作。在表格中如果需要插入一行或列，首先需要将光标定位到该插入行或列的上方或下方某一位置，然后选择“行和列”组中的“在上方插入”“在下方插入”行或“在左侧插入”“在右侧插入”列按钮，即可插入行或列。如果需要插入单元格，则需要单击“行和列”组中右侧下方按钮图标。弹出“插入单元格”对话框，如图 3-26 所示。进行相应选择后，单击“确定”按钮，插入单元格。

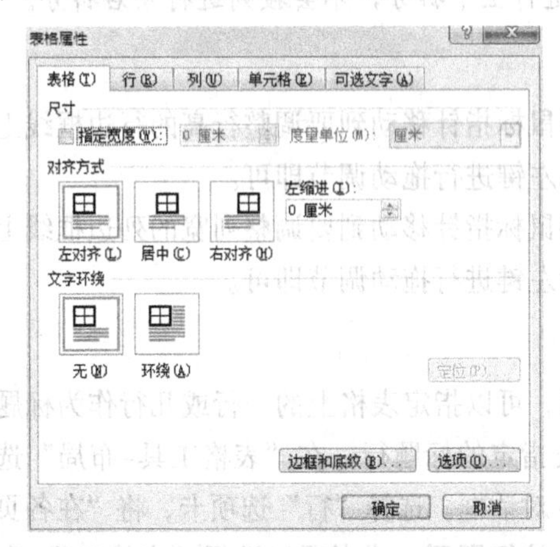

图 3-25 “表格属性”对话框

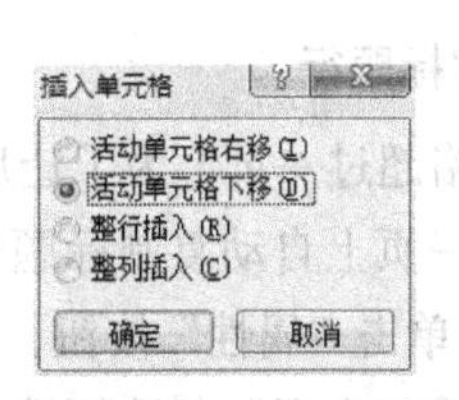

图 3-26 “插入单元格”对话框

在表格中如果需要删除一行或列，首先需要将光标定位需要删除的行或列上的某一单元格内，然后选择“行和列”组中“删除”命令下的“删除行”或“删除列”按钮，进行行或列的删除操作。如果需要删除单元格，则选择“行和列”组中“删除”命令下的“删除单元格”按钮，弹出“删除单元格”对话框，如图 3-27 所示，进行相应选择后，单击“确定”按钮，删除单元格。删除操作中还包括“删除表格”命令，选择该命令就会将整个表格和表格中的内容全部删除。

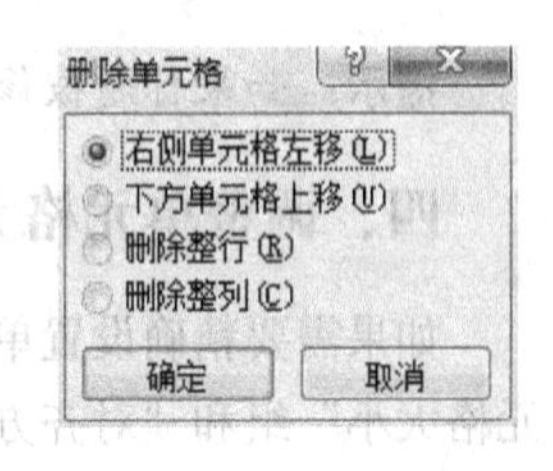

图 3-27 “删除单元格”对话框

提示： 如果只删除表格中的内容，可以先选择删除内容然后按【Delete】键删除，这种方式不会删除表格。如果想删除表格和内容，可以先选择表格，然后直接按【Backspace】键删除即可。

三、合并与拆分表格

Word 2010 可以把一行或列中的多个连续的单元格合并成一个单元格，也可以将一个单元格拆分成多个单元格。这样可以制作不规则的表格。

1．合并、拆分单元格

合并单元格的操作非常简单，只需选择需要合并的单元格，然后在“表格工具-布局”选项卡“合并”组中，单击“合并单元格”命令，即可实现单元格的合并操作。拆分单元格也需要选择需要拆分的单元格，然后在“表格工具-布局”选项卡“合并”组中，单击“拆分单元格”命令，弹出“拆分单元格”对话框，如图3-28所示，进行相应设置后，单击“确定”按钮，即可完成单元格的拆分操作。

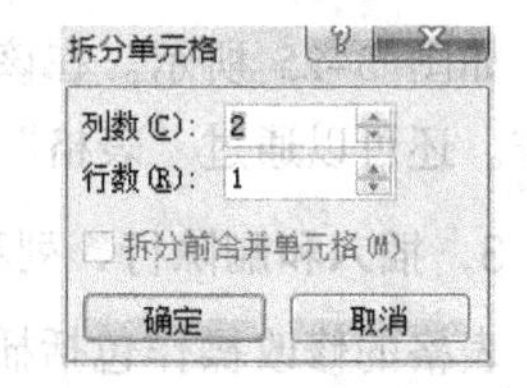

图3-28 “拆分单元格”对话框

2. 拆分表格

除了常用的合并和拆分单元格命令外，还有一个叫“拆分表格”的命令，该命令能够将现有表格，以光标定位点为中心进行表格的拆分操作。

提示：“拆分表格”命令一般指的是表格按行进行上下拆分，不会按列进行左右拆分。

3. 手动调整行高和列宽

如果不需要对表格行高进行精确调节，可以将鼠标指针移动到要调整行高的行边框线上，当鼠标指针变为改变大小的行尺寸工具时，按住鼠标左键进行拖动调节即可。

如果不需要对表格列宽进行精确调节，可以将鼠标指针移动到要调整列宽的列边框线上，当鼠标指针变为改变大小的列尺寸工具时，按住鼠标左键进行拖动调节即可。

4. 指定标题行

如果表格超过一页，为了让后续页也显示标题，可以指定表格上的一行或几行作为标题行，系统会在每一页上自动复制标题行。首先选中需要指定的标题行，在“表格工具-布局”选项卡“表”组中，单击“属性”按钮，打开“表格属性”对话框。选择“行”选项卡，将“在各页顶端以标题形式重复出现”复选框选中，单击“确定”按钮即可。或者通过选择“表格工具-布局”选项卡“数据”组中的“重复标题行”命令，也可完成指定标题行的操作。

提示：如果标题被修改，则所有重复的标题都将自动更新。

四、调整单元格大小和对齐方式

如果需要精确设置单元格参数和对齐方式，用户可以通过“表格工具-布局”选项卡中的“单元格大小”组和“对齐方式”组中进行设置。

1. 精确调整单元格大小

如果用户需要对表格的行高和列宽进行详细设置，可以首先选中需要设置的行或列，在“表格工具-布局”选项卡 “单元格大小”组中进行详细设置。或者通过“表格工具-布局”选项卡“表”组中的“属性”按钮，调出“表格属性”对话框，进行详细设置。用户还可以通过“自动调整”命令中的“根据内容自动调整表格”“根据窗口自动调整表格”和“固定列宽”等命令进行相应设置。

2. 对齐方式

用户如果需要对表格中的内容进行对齐方式的调整，可以通过“表格工具-布局”选项卡“对齐方式”组中各个命令进行相应设置。还可以设置单元格中的文字方向、单元格边距等参数。

五、排序和计算

Word 提供了对表格数据的一些排序和计算功能，用户可以利用这些功能，对表格数据进行一定的编辑操作工作。

1. 排序

如果要对表格数据进行排序操作，可以首先选中表格，在“表格工具-布局”选项卡“数据”组中，单击“排序”按钮，打开“排序”对话框，如图 3-29 所示。在“主要关键字”列表框中选择排序列名称，“类型”列表框中选择排序类型，并根据情况选择“升序”或“降序”单选按钮。如果有必要也可以选择“次要关键字”和“第三关键字”。根据实际情况确定有无标题行，设置完成后，单击“确定”按钮即可完成排序工作。

2. 计算

Word 在计算方面提供了求和、求平均值等常用的计算功能，用户可以利用这些计算功能对表格中的数据进行简单处理。首先选中需要放置计算结果的单元格，然后在“表格工具-布局”选项卡“数据”组中，单击“公式”按钮，打开“公式”对话框，如图 3-30 所示。在相应文本框中输入相应参数，单击“确定”按钮即可。

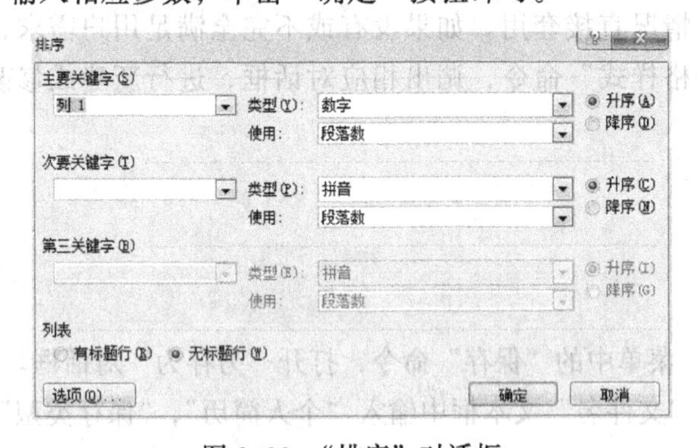

图 3-29 “排序”对话框

图 3-30 “公式”对话框

六、格式化表格

Word 2010 可以对文本进行格式化，也可以对表格和表格内容进行格式化操作。表格内容的格式化包括文本的字体、字号、字形等方面，对表格的格式化主要指表格的边框线、底纹、颜色以及表格的格式套用等方面。表格内容的格式化同普通文本内容格式化相同，不再重复介绍，在此主要介绍表格的格式化操作。

1. 边框和底纹

在 Word 中，可以对表格及表格中的单元格边框线设置不同的边框线和底纹。首先选择表格或单元格，然后在再单击“表格工具-设计”选项卡“绘图边框”组右侧下方的按钮图标，打开“边框和底纹”对话框（也可选择“表格样式”组“边框”下拉菜单中的“边框和底纹”命令调出该对话框），如图 3-31 所示。

在打开的“边框和底纹”对话框中选择“边框”选项卡，从“设置”列表框中可以选择相应边框线的格式，“样式”“颜色”和“宽度”选择框可以设置边框线的线型、颜色和宽度，“预览”

框中既可查看设置效果，也可以直接单击其中相应位置按钮添加或删除边框线。在“底纹”选项卡，如图 3-32 所示，还可以设置底纹颜色图案。

图 3-31 “边框和底纹”对话框“边框”选项卡

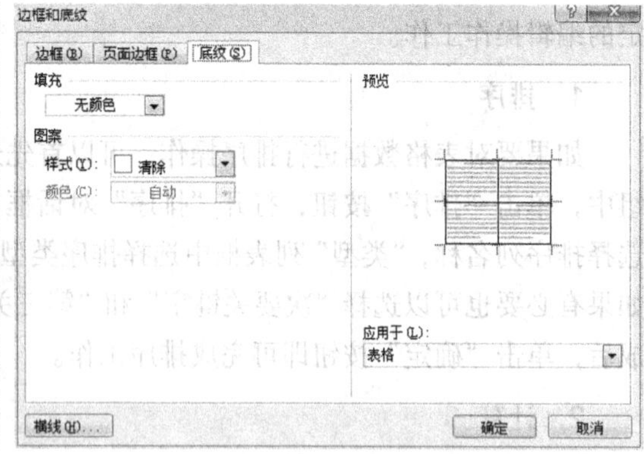

图 3-32 “边框和底纹”对话框“底纹”选项卡

2. 套用表格样式

Word 2010 中有一些已经设置好格式的表格，可以通过“表格工具-设计”选项卡“表格样式”组中的内置样式，根据自己的实际情况直接套用。如果没有或不完全满足用户需求，还可以通过“新建表格样式”或“修改表格样式”命令，调出相应对话框，进行新建或修改样式操作。

任务实施

步骤一：新建并保存文档

① 打开 Word 2010 软件，选择“文件”菜单中的“保存”命令，打开“另存为”对话框。

② 在保存位置列表框中选择“桌面”，“文件名”文本框中输入“个人简历”，“保存类型”列表框中选择“Word 文档”选项。

③ 单击“保存”按钮。

步骤二：输入表格标题文字

① 在页面第一行输入标题“个人简历”。

② 设置标题字体为“宋体”“一号”“加粗”，字间距为“加宽”，磅值为“3 磅”。

步骤三：创建空表格

① 将光标定位于页面第 2 行开始位置。

② 在“插入”选项卡“表格”组中，单击“表格”下拉按钮，打开“表格”列表框。

③ 选择“插入表格”命令，打开“插入表格”对话框。

④ 在“列数”文本框中输入“8”，“行数”文本框中如入“24”，然后单击“确定”按钮，插入 24 行 8 列表格。

步骤四：合并、调整单元格

① 选择表格第1列的1至8行单元格，单击“表格工具-布局”选项卡“合并”组中的“合并单元格”按钮，合并相应单元格。

② 依次合并并调整其他单元格，调整后如图3-33所示。

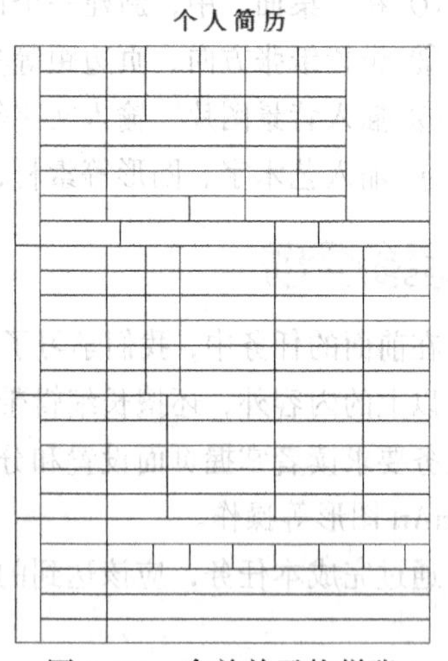

图3-33　合并单元格样张

步骤五：表格文字设置

① 按要求输入表格内容

② 设置表格内文字为“宋体”“五号”，对齐方式为“中部居中”。

③ 选择第一列内容，调整文字为竖排。

步骤六：套用样式并进行修改

① 选择整个表格，在“表格工具-设计”选项卡“表格样式”组中选择表的外观样式为“浅色网格-强调文字颜色5”。

② 完善表格，按照例图进行调整设置，完成“个人简历”。

③ 单击“保存”按钮。

任务3　制作电子版报

任务描述

在大学的学习生活中，会遇到很多图文混排的示例。使用Word 2010设计并制作图文并茂、内容丰富的电子板报就是最常见的一种。“电子板报”的内容中主要包括文字、图片、文本框、图形和艺术字等。要完成这些操作，就需要掌握如何在Word 2010文档中对文字、图形和图片等素材进行插入编辑的操作。本次任务的要求就是利用所学内容完成“电子板报”的设计、编辑和排版操作。最终效果如图3-34所示。

图3-34　电子版报样张

具体要求如下：

① 在“桌面”中，新建一个以“电子板报”为名的 Word 2010 文档。

② 设置纸张方向、页边距等参数。

③ 插入背景图片、输入文字等，并设置分栏文字属性。

④ 输入艺术字、图形等素材，并进行设计、编辑和排版等操作。

任务分析

在前面的任务中，我们学习了 Word 2010 的简单文档编排以及表格制作处理方法。Word 2010 除了以上的内容外，还擅长编辑带有图形对象的文本文档，就是我们常说的图文混排的操作。这一任务要求读者掌握页面设置和分栏的操作，以及在文档中插入图形、图像、文本框、艺术字和 SmartArt 图形等操作。

通过完成本任务，应该达到的知识目标和能力目标如表 3-3 所示。

表 3-3 知识目标和能力目标

知识目标	能力目标
①了解 Word 2010 图文混排的操作方法 ②熟悉图片、图形、艺术字和 SmartArt 图形的插入编辑方法	①掌握 Word 2010 版面设置、图文混排 ②掌握 Word 2010 文本框、图形、艺术字的设计编排排版操作 ③能根据具体要求独立完成图文混排

知识准备

一、插入图片和剪贴画

图片和剪贴画是日常文档中的重要元素。在制作文档时，常常需要插入相应的图片或剪贴画文件来具体说明一些相关的内容，使得文档内容更加充实美观。在 Word 2010 中插入图片分为两类：一类属于自定义的个人提供的素材图片，这就是我们常说的插入图片；一类属于软件自身提供的素材图片，这就是软件中的插入剪贴画。

在日常文档编辑的过程中，有时用户需要插入一些自选图片。可以通过单击“插入”选项卡“插图”组中的“图片”按钮，打开“插入图片”对话框，如图 3-35 所示。找到所需图片，单击“插入”按钮，即可完成插入操作。

Word 2010 还内置了一个比较多样化的剪辑库，其中存放了大量的实用有趣的照片、图片等，我们一般称之为剪贴画。如果用户没有合适的自备图片，就可以在剪贴画中找寻相近的素材。

插入剪贴画的方法也比较简单，单击“插入”选项卡“插图”组中的“剪贴画”按钮，在 Word 2010 软件窗口的右侧打开“剪贴画”对话框，如图 3-36 所示。在“搜索文字”文本框中输入所需剪贴画的主题，并在“结果类型”列表框中选择文件类型，单击“搜索”按钮，下方会出现查找出的结果示例，根据个人需求选中所需图片，单击完成插入操作。

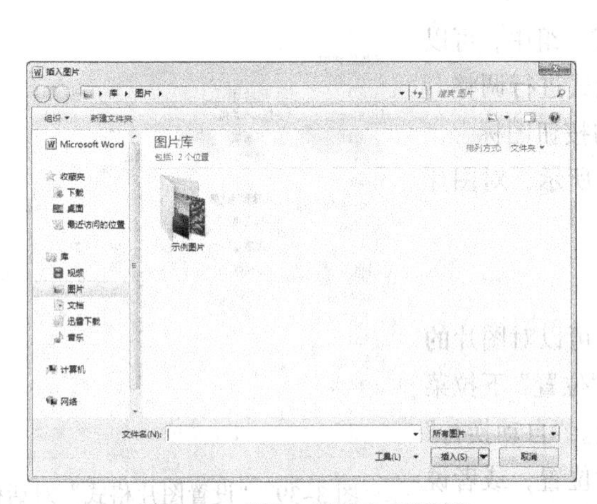

图 3-35 “插入图片”对话框

图 3-36 “剪贴画”对话框

二、图片和剪贴画的编辑

在插入图片或剪贴画素材后，双击插入的图片，功能区会自动添加一个“图片工具–格式”的选项卡，如图 3-37 所示。图片方面的各种编辑和操作都可以在这个选项卡中实现。

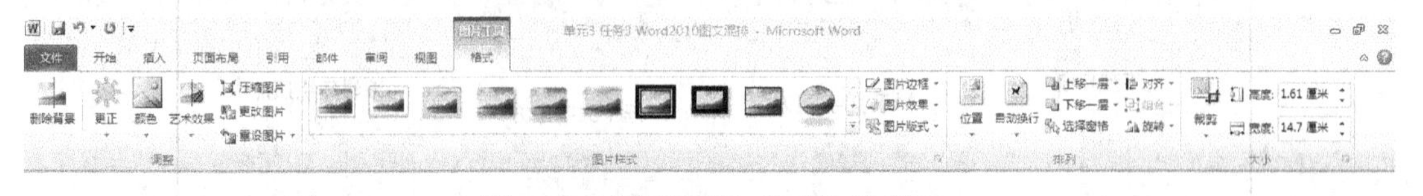

图 3-37 “图片工具–格式”选项卡

提示：“图片工具–格式”选项卡，只有在选中图片时才会出现，如果没有选中图片，那么“图片工具–格式”选项卡将会自动消失。如果文档为 Word 2003 格式文档，那么“图片工具–格式”选项卡的显示界面将不同，如图 3-38 所示，但是功能相同。如果需要回到书中介绍界面，只需要将 Word 2003 格式文档另存为 Word 2010 格式文档，再打开即可。

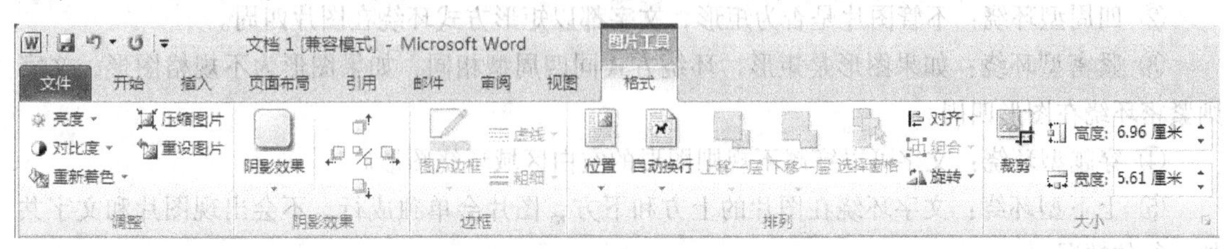

图 3-38 Word 2003 环境下的“图片工具–格式”选项卡

1．图片调整

在“图片工具-格式”选项卡“调整”组中，集成了一些图片处理工具，可以进行“删除背景”“更正”“颜色”“艺术效果”“更改图片”等方面的操作。这些操作都是针对图片本身的编辑处理操作。

2．图片样式

在“图片工具-格式”选项卡“图片样式”组中，可以为图片设定样式，对图片的边框、效果和版式进行调整。用户还可以单击“图片样式”组右侧下方的按钮图标，打开“设置图片格式”对话框，如图3-39所示，对图片进行更加详细的设置操作。

图3-39 “设置图片格式”对话框

3．图片排列

“图片工具-格式”选项卡“排列”组，可以对图片的位置、文字环绕模式等方面进行相应设置。“位置”下拉菜单中的命令主要指的是图片在文本中的位置。“自动换行”下拉菜单中的命令主要指图片和文本的相对位置，或者说是文字的环绕模式。

文字环绕方式效果如图3-40所示。

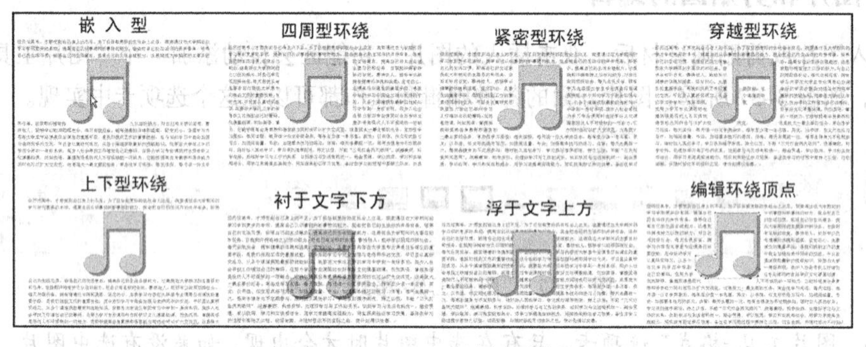

图3-40 文字环绕方式示例图

“自动换行”菜单中每种文字环绕方式的含义如下：

① 嵌入型：直接将图片插入到文字中，图片和文字可以共处一行。

② 四周型环绕：不管图片是否为矩形，文字都以矩形方式环绕在图片四周。

③ 紧密型环绕：如果图形是矩形，环绕方式同四周型相同，如果图形为不规格图形，文字则紧密环绕在图形四周。

④ 穿越型环绕：文字可以穿越不规则图形的空白区域环绕图形。

⑤ 上下型环绕：文字环绕在图片的上方和下方，图片会单独成行，不会出现图片和文字共处一行的情况。

⑥ 衬于文字下方：图片在下、文字在上，共分两层，文字覆盖图片。

⑦ 浮于文字上方：图片在上、文字在下，共分两层，图片覆盖文字。

⑧ 编辑环绕顶点：用户可以编辑文字环绕区域的顶点，实现更个性化的环绕效果。

用户还可以通过“图片工具-格式”选项卡“排列”组中“位置”或“自动换行”下拉菜单中的“其他布局选项”命令，调出“布局”对话框，如图3-41所示。在“位置”“文字环绕”和“大小”等方面进行详细设置。

如果出现多张叠加图片，会出现重叠覆盖现象，这时就涉及“层”的概念，一般都是上层的图片覆盖下层图片。如果图片覆盖错误就可以用“排列”组中的“选择窗口”进行图片选择，然后通过“上移一层”或“下移一层”命令，改变覆盖效果。“对齐”“组合”和“旋转”也可以对图片进行进一步的调整。

4. 图片剪裁及大小

在“图片工具-格式”选项卡“大小”组中，可以对图片的大小进行精确设置，还可以对图片进行裁剪操作。

提示：在改变图片大小时，Word 2010默认是锁定纵横比的。这样调节图片大小，图片不会变形。如果想指定图片的高度和宽度，需要单击“大小”组右侧下方的按钮图标，打开“布局”对话框，选择“大小”选项卡，如图3-42所示。去掉“锁定纵横比”复选框的勾选，即可随意设置图片的高度和宽度。

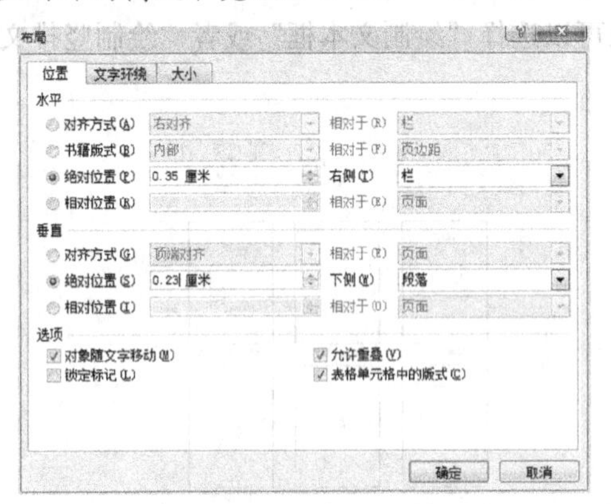

图3-41 “布局”对话框

图3-42 “布局”对话框“大小”选项卡

三、插入自选图形、艺术字和文本框

Word 2010除了可以插入图片和剪贴画以外，还可以插入自选图形、艺术字和文本框，从而大大增强了Word在图文混排美化方面的功能。

1. 插入自选图形

对于一些简单的图形，用户可以采用自选图形的方法来绘制。自选图形是运用现有图形，如矩形、圆形等基本形状以及各种线条或连接符，绘制出用户需要的图形样式。自选图形包括基本形状、箭头汇总、公式形状、流程图等类型，各种类型又包含了多种形状，用户可以选择相应图标绘制所需图形。如图3-43所示。自选图形的插入方法非常简单，单击“插入”

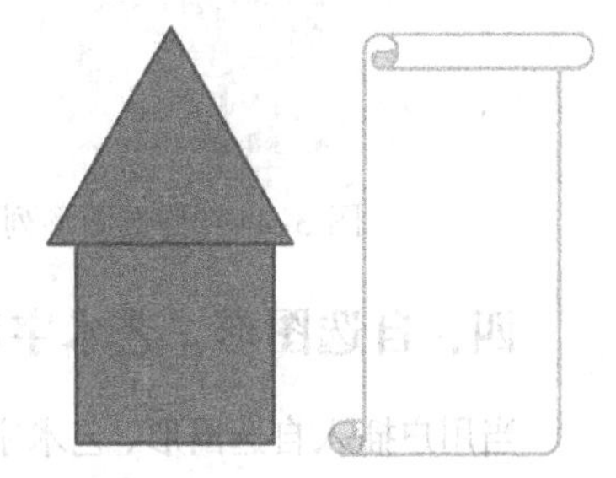

图3-43 自选图形示例

选项卡“插图”组中的“形状”下拉按钮，打开自选图形列表框，如图 3-44 所示。选择所需形状对应图标按钮，然后在页面中单击或者拖动鼠标，绘制出所需图形。如果需要对图形大小进行非精确性调整，可以直接选中图形，在选中的图形周围出现八个控制点，通过拖动控制点即可改变图形大小。

2. 插入艺术字

灵活运用 Word 中艺术字的功能，可以为文档添加生动且具有特殊视觉效果的文字。艺术字是作为图形对象放置在文档中的，用户可以将其作为图形来处理，因此在添加艺术字并对艺术字样式、位置、大小进行放置时，操作比较简单。在 Word 2010 中，艺术字的插入在“插入”选项卡“文本”组中，单击“艺术字”下拉按钮，打开“艺术字”样式库，用户根据自己的需求进行相应选择后，单击插入艺术字，在文档中出现的艺术字提示框中输入相应内容即可。选择相应艺术字，还可以进行相应的字体、字号等方面的设置。

3. 插入文本框

在文档的编辑过程中，一些文本内容需要显示在图片中，或者放置在文档指定位置，此时可以运用 Word 提供的文本框功能，以文本框的形式排列文字内容。文本框包括横排文本框和竖排文本框两种。在“插入”选项卡“文本”组中，单击“文本框”下拉菜单，打开文本框列表框，如图 3-45 所示。可以选择系统内置的文本框，也可以选择“绘制文本框”或者“绘制竖排文本框”等选项。

图 3-44 自选图形列表框

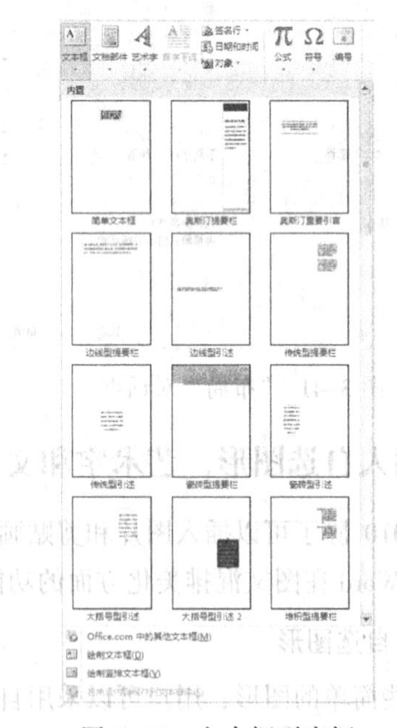

图 3-45 文本框列表框

四、自选图形、艺术字和文本框的编辑

当用户插入自选图形、艺术字和文本框的时候，Word 又会在功能区自动生成“绘图工具-格式”选项卡，如图 3-46 所示。自选图形、艺术字和文本框等方面的各种操作可以在这个选项卡中实现。

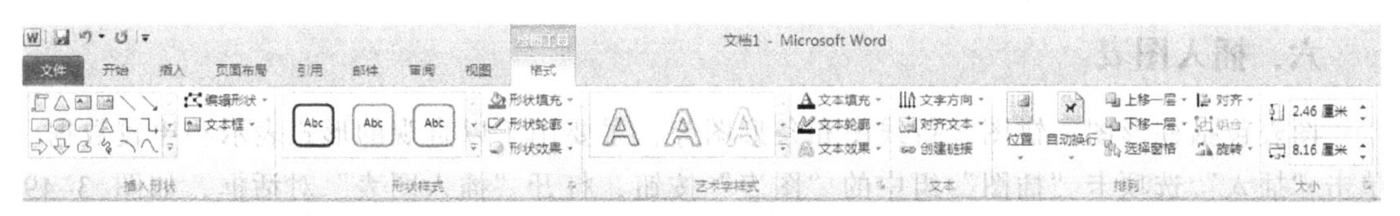

图 3-46 “绘图工具-格式”选项卡

1. 插入形状

在“绘图工具-格式”选项卡“插入形状”组中，用户可以通过下拉菜单插入所需形状，还可以通过“编辑形状”下拉菜单，进行“更改形状”或“编辑顶点”的操作。由于插入的形状中可以输入文字内容，所以插入的文本框可以当成为特殊的形状加文字的组合。所以在“插入形状”组中还可以插入绘制文本框。

2. 形状样式和艺术字样式

“形状样式”组主要是对插入的自选图形进行样式、填充、轮廓和效果方面的设置操作。还可以通过“形状样式”组右侧下方的按钮图标，打开“设置形状格式”对话框，如图 3-47 所示。在“设置形状格式”对话框中可以详细设置填充、线型、阴影、三维格式等方面参数。

“艺术字样式”组主要是艺术字方面的设置命令，包括“艺术字样式”“文本填充”“文本轮廓”和“文本效果”等方面的参数。

3. 文本、排列和大小

“绘图工具-格式”选项卡中的“文本”组主要是对于“文字方向”和“对齐方式”等方面的设置。“排列”和“大小”组中的功能，同“图片工具-格式”选项卡中的“排列”和“大小”组的功能相近。详细参照第二部分的图片样式和图片排列等相关内容。

五、插入 SmartArt 图

SmartArt 图形包括图形列表、流程图以及更为复杂的图形等，主要用于直观地描述各部分之间的流程、层次结构等关系。在创建 SmartArt 图形之前，用户要考虑最为合适的显示数据的类型和布局，确定 SmartArt 图形是否能够完全表达相应含义。单击“插入”选项卡“插图”组中的“SmartArt”按钮，打开“选择 SmartArt 图形”对话框，如图 3-48 所示，根据用户实际需要，在该对话框中选择所需图形即可完成插入操作。插入 SmartArt 图形后再进行相应编辑、设计操作即可。

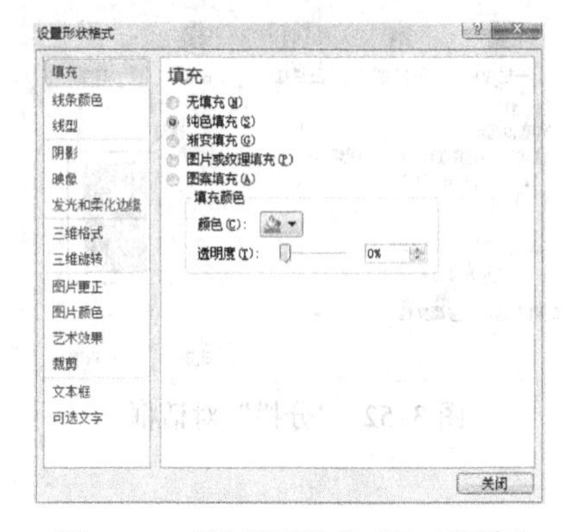

图 3-47 “设置形状格式”对话框

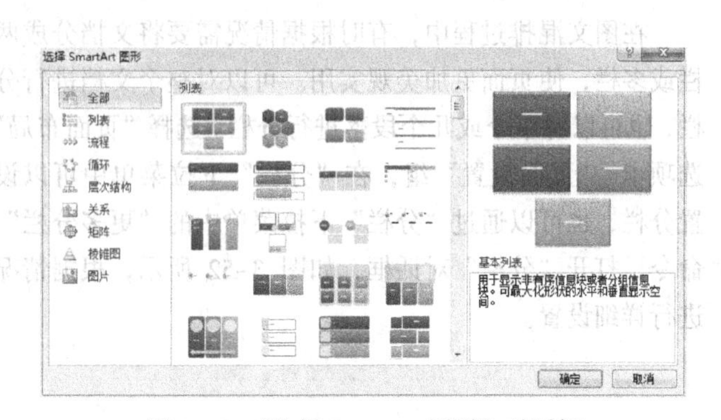

图 3-48 “选择 SmartArt 图形”对话框

六、插入图表

图表包括柱形图、饼图、折线图和条形图等，主要用于以直观的形式表示和比较数据。单击“插入”选项卡“插图”组中的“图表”按钮，打开“插入图表”对话框，如图 3-49 所示。根据用户实际需要，在该对话框中选择图表类型以及图表子类型。单击“确定”按钮完成插入。

插入图表后会自动启动 Excel 程序，并且在 Word 选项卡中出现“图表工具”选项卡组，如图 3-50 所示，其中包括“设计”“布局”和“格式”三个选项卡。在 Excel 程序中填入相应数据，再通过“图表工具”选项卡组，进行相应设置，即可完成图表插入操作。

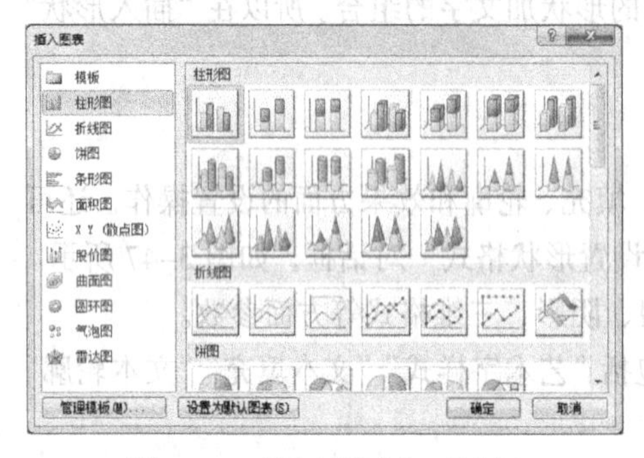

图 3-49 “插入图表”对话框

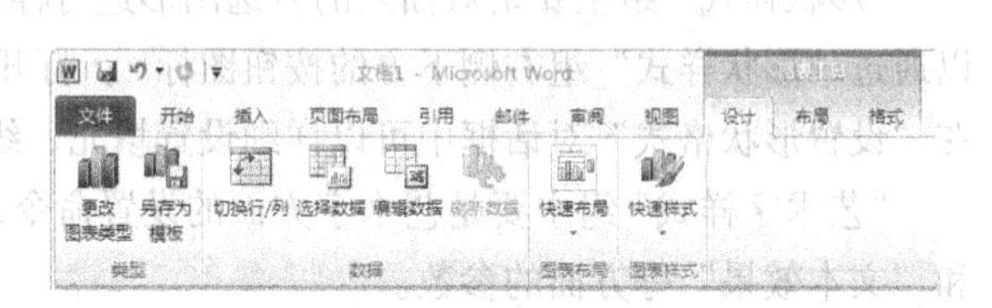

图 3-50 “图表工具”选项卡组

七、屏幕截图

屏幕截图是 Word 2010 新增功能，可以轻松快速截取任何未最小化到任务栏的程序的界面，并将屏幕截图插入到 Word 2010 文档。单击“屏幕截图”按钮时，可以选择插入整个程序窗口，也可以使用“屏幕剪辑”工具选择窗口中的一部分。打开的程序窗口会以缩略图的形式显示在“可用视窗”库中，如图 3-51 所示，当用户将指针悬停在缩略图上时，将弹出工具提示，其中会显示程序的名称和文档的标题。

图 3-51 “屏幕截图”下拉框

八、设置分栏

在图文混排过程中，有时根据情况需要将文档分成两栏或多栏，使页面更加美观实用。可以对整个文档进行分栏，也可以对单个或几个段落进行分栏。选择“页面布局”选项卡 “页面设置”组，在“分栏”下拉菜单中可以设置分栏，也可以通过“分栏”下拉菜单中的“更多分栏”命令，打开“分栏”对话框，如图 3-52 所示，根据情况进行详细设置。

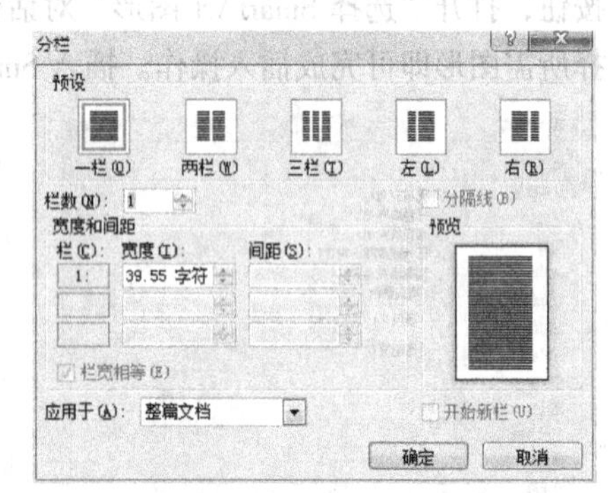

图 3-52 “分栏”对话框

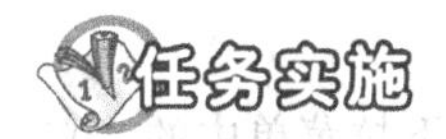

任务实施

步骤一：新建并保存文档

① 启动 Word 2010 软件，选择“文件”菜单中的“保存”命令，打开“另存为”对话框。

② 在“保存位置”列表框中选择“桌面”，“文件名”文本框中输入“电子板报”，“保存类型”列表框中选择“Word 文档”选项。

③ 单击“保存”按钮。

步骤二：页面设置

① 选择“页面布局”选项卡“页面设置”组右侧下方的按钮图标，打开“页面设置”对话框。

② 在“页边距”选项卡中，设置上、下、左、右页边距均为 2.5 厘米，纸张方向为横向，如图 3-53 所示。

步骤三：插入背景图并进行设置

① 选择“插入”选项卡“插图”组中的“图片”按钮，在打开的“插入图片”对话框中找到素材“背景.jpg”图片，单击“插入”按钮。

② 选中插入的图片，选择“图片工具-格式”选项卡“排列”组中的“自动换行”下拉菜单，在弹出的下拉菜单中选择“衬于文字下方”命令。

③ 选择“图片工具—格式”选项卡“排列”组中的“位置”下拉列表中的“其他布局选项”，打开“布局”对话框。

④ 在“位置”选项卡中设置水平对齐方式为“左对齐”，相对于“页面”；垂直对齐方式为“顶端对齐”，相对于“页面”，如图 3-54 所示。

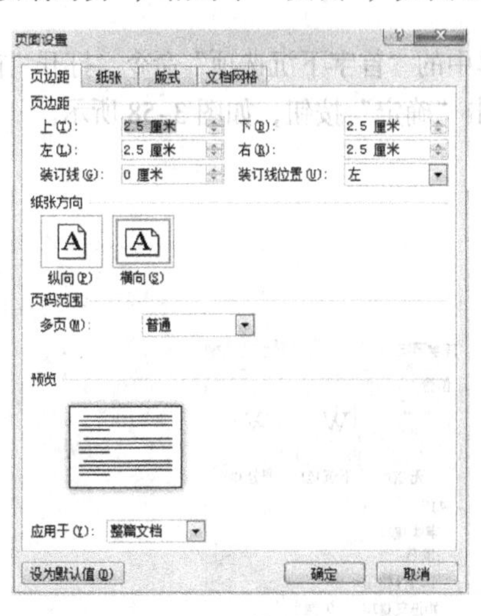

图 3-53 “页面设置”对话框

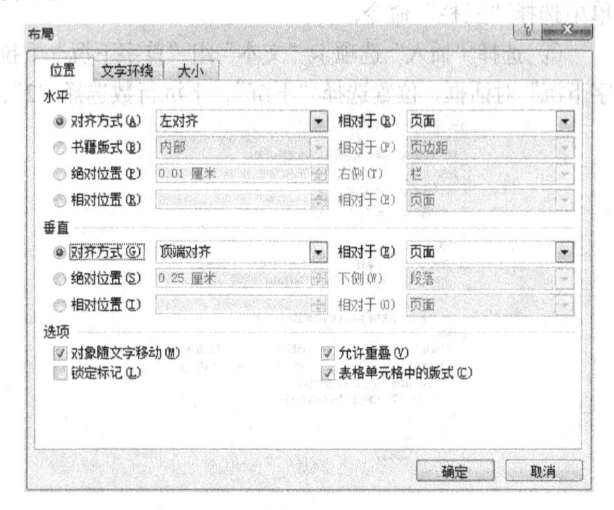

图 3-54 “布局”对话框“位置”选项卡

⑤ 在“大小”选项卡中首先将“锁定纵横比”勾选去掉，然后高度绝对值设置为“21 厘米”，宽度绝对值设置为“30 厘米”，如图 3-55 所示。

步骤四：输入内容并进行分栏、字体、段落和首字下沉设置

① 将光标定位到文档起始部分，选择“插入”选项卡“文本”组“对象”下拉菜单中的“文件中的文字”命令，打开“插入文件”对话框，找到素材文件“电子板报内容素材.docx”，单击“插入”按钮，插入素材文字并调整素材文字位置（可以通过在素材文字前加入两个空行的方法，使文字部分下沉）。

② 选中素材文字，选择“开始”选项卡“字体”组右侧下方按钮图标，打开“字体”对话框。设置中文字体为“楷体_GB2312”或“楷体”、字号为“四号”、字体颜色选择标准色“紫色”，单击“确定”按钮，如图3-56所示。

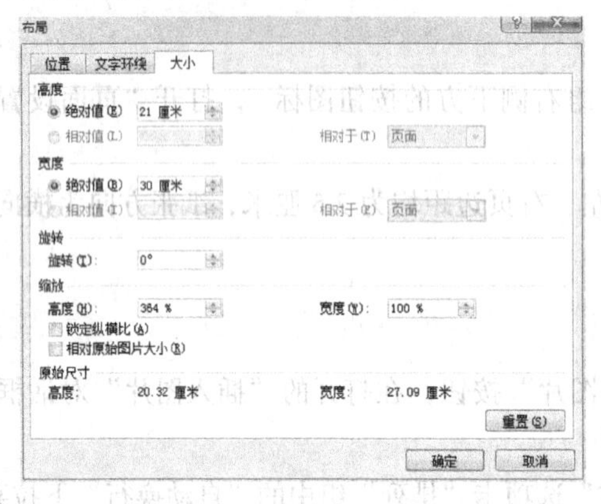

图3-55 “布局”对话框“大小”选项卡

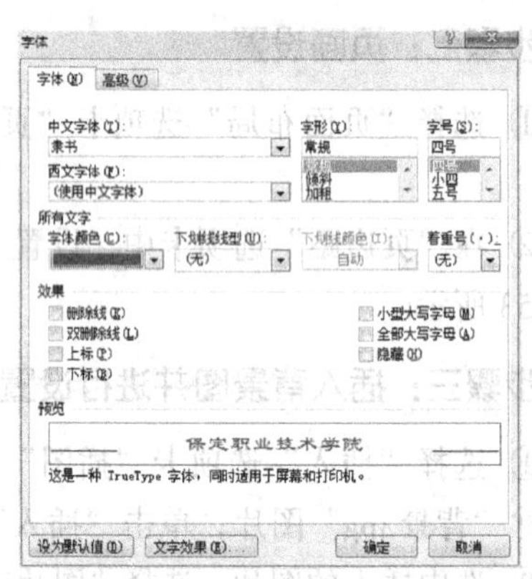

图3-56 “字体”对话框

③ 选中素材文字，选择“开始”选项卡“段落”组右侧下方按钮图标，打开“段落”对话框。设置对齐方式为“两端对齐”；特殊格式为“首行缩进”，磅值“2字符”；行距为“固定值”，设置值“28磅”，如图3-57所示。

④ 选中素材文字，选择“页面布局”选项卡“页面设置”组“分栏”下拉菜单，在下拉菜单中选择“三栏”命令。

⑤ 选择“插入”选项卡“文本”组“首字下沉”下拉菜单中的“首字下沉选项”命令，打开“首字下沉”对话框，位置选择“下沉”，下沉行数选择“2”，单击“确定”按钮，如图3-58所示。

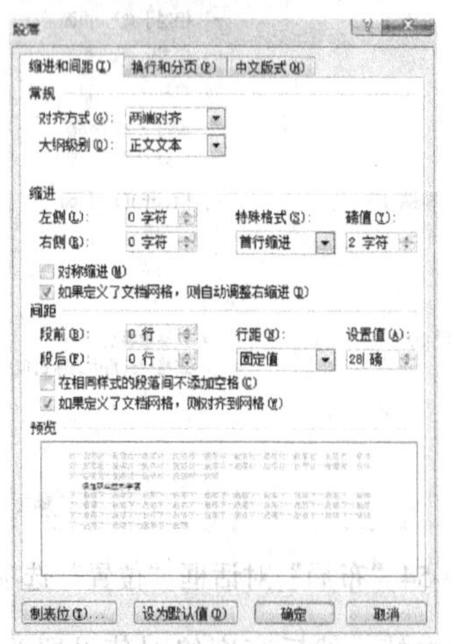

图3-57 “段落”对话框

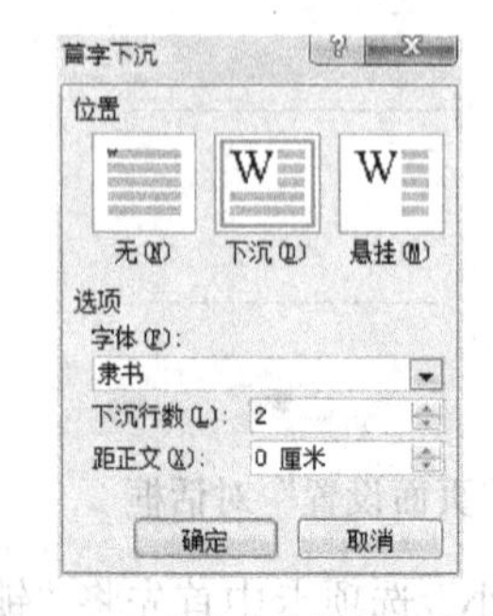

图3-58 “首字下沉”对话框

步骤五：插入图片并设置图片的环绕方式

① 定位光标到第一段文字结尾，选择“插入”选项卡“插图”组中“图片”命令，打开“插入图片”对话框，找到素材图片“1.jpg”，单击“插入”按钮。

② 选中插入的图片，在“图片工具-格式”选项卡“排列”组“自动换行”下拉菜单中，选择“四周型环绕”选项。

③ 单击“图片工具-格式”选项卡“大小”组右侧下方按钮图标，打开“布局”对话框。在“位置”选项卡中设置水平绝对位置为“5.5 厘米”，相对于“页面”；垂直绝对位置为“14 厘米”，相对于“页面”；在“大小”选项卡中将“锁定纵横比”勾选去掉，然后高度绝对值设置为“3.5 厘米”，宽度绝对值设置为“4.5 厘米”。

④ 在“图片工具-格式”选项卡“图片样式”组中，选择图片样式为“棱台型椭圆，黑色”，“图片边框”下拉菜单中的“粗细”下拉菜单里选择“0.25 磅”选项。

⑤ 同样方法插入素材图片“2.jpg”，设置为“四周型环绕”，设置水平绝对位置为“14.5 厘米”，相对于“页面”；垂直绝对位置为“5 厘米”，相对于“页面”；在“大小”选项卡中将“锁定纵横比”勾选去掉，然后高度绝对值设置为“3.5 厘米”，宽度绝对值设置为“4 厘米”。

⑥ 在“图片工具-格式”选项卡“图片效果”组中，“预设”选项为“预设 2”；“柔化边缘”选项为“1 磅”；“棱台”选项为“圆”。

⑦ 同样方法插入素材图片“3.jpg”，设置为“衬于文字下方”，设置水平绝对位置为“19.5 厘米”，相对于“页面”；垂直绝对位置为“15.7 厘米”，相对于“页面”；在“大小”选项卡中将“锁定纵横比”勾选去掉，然后高度绝对值设置为“5 厘米”，宽度绝对值设置为“8 厘米”。

步骤六：插入标题艺术字并进行设置

① 选择“插入”选项卡“文本”组中的“艺术字”下拉菜单，打开艺术字样式库，选择“填充无，轮廓-强调文字颜色 2”，如图 3-59 所示。

② 在弹出的艺术字文本框中输入“保定职业技术学院”，设置字体为“楷体-GB2312”或“楷体”“初号”“加粗”，字间距为“加宽”“3 磅”。

③ 选中艺术字，选择“绘图工具-格式”选项卡“大小”组右侧下方按钮图标，打开“布局”对话框。设置水平绝对位置为“12 厘米”，相对于“页面”；垂直绝对位置为“0.15 厘米”，相对于“页面”；在“大小”选项卡中设置高度绝对值设置为“2.5 厘米”，宽度绝对值设置为“14 厘米”。

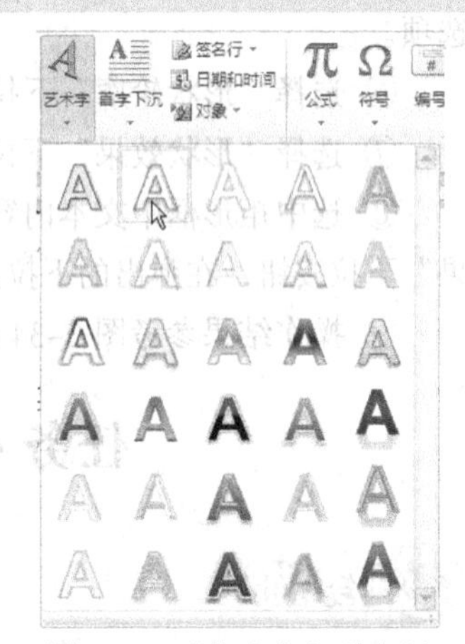

图 3-59 “艺术字”列表框

步骤七： 插入图形、输入文字并进行设置

① 找到“插入”选项卡“插图”组中的“形状”下拉菜单，单击下拉菜单中的“矩形”按钮，然后使用鼠标在电子板报空白处通过拖曳的方法画出矩形框。

② 选中矩形框，右击，在弹出的快捷菜单中选择“添加文字”命令，添加“--梦想起飞的地方”，设置文字格式为“隶书”“加粗”“一号”，字体颜色为标准色“蓝色”。

③ 选中矩形框，单击“绘图工具-格式”选项卡“大小”组右侧下方按钮图标，打开“布局”对话框。设置水平绝对位置为“19 厘米”，相对于“页面”；垂直绝对位置为“2.5 厘米”，相对于“页面”；在“大小”选项卡中设置高度绝对值设置为“2 厘米”，宽度绝对值设置为“8.5 厘米”。

④ 选中矩形框，选择“绘图工具-格式”选项卡“形状样式”组中的样式为“细微效果-蓝色，强调颜色 1”，如图 3-60 所示。

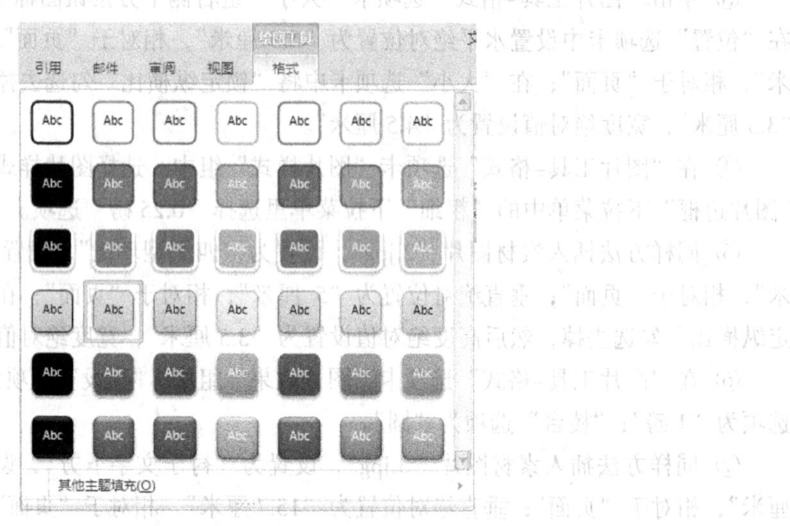

图 3-60 “绘图工具格式”选项卡“形状样式”列表框

⑤ 找到“形状填充”下拉菜单中的“渐变”级联菜单，选择其中的“线性对角-右下到左上”选项。

⑥ 选择“形状轮廓”下拉菜单中的“无轮廓”命令。

⑦ 选择“形状效果”下拉菜单里的“阴影”级联菜单中的“内部右下角”选项。

⑧ 选中矩形框中文本内容，单击“绘图工具-格式”选项卡“艺术字样式”组中的“文本效果”下拉按钮，在弹出的下拉菜单中选择“映像”级联菜单里的“紧密映像，接触”选项。

⑨ 操作结果参考图 3-34 所示。

任务 4　制作并排版毕业设计论文

任务描述

在大学学习期间，会遇到各种文档编辑排版操作。尤其学业最后的毕业论文是每一名大学生都要经历的。毕业论文内容编写需要自己的专业知识，但是毕业论文的版式编排就会用到本任务所学知识。各种标题、正文等样式的设置和应用、页眉页脚的设置、目录的生成和大纲级别的划分等操作是这次任务重点讲授部分。

利用所学内容完成“毕业设计”论文的排版操作。具体要求如下：

① 新建并保存毕业设计文档。

② 页面设置：A4 纸，上、下、左、右边距均为 2.5 厘米，添加相关文档文件信息。

③ 设计毕业论文首页，可以参照样张，也可以通过模板进行设计制作。

④ 内容摘要标题居中，按正文一级子标题要求处理，字间各空一格，摘要内容按正文要求处理。摘要内容不设页码。

⑤ 索引关键词与内容摘要同处一页，位于摘要内容之后，另起一行空两格并以“关键词:”开头（字体加粗），后跟 3～5 个关键词（字体不加粗），词间空一字，其他要求同正文。

⑥“目录”两字居中，按正文一级子标题处理，字间空两格，自动生成目录，目录包括一级标题、二级标题和三级标题部分，以及标题所在页码，内容打印要求与正文相同。封面、摘要和目录页不设页码。

⑦ 必须将正文开始设置为第一页。页码在页末居中打印，页眉统一居中输入“保定职业技术学院毕业设计报告（论文）”；报告正文一级子标题为标准四号黑体字，居中，单倍行间距，段前分页；报告二级及以下子标题为标准小四号黑体字，左起空两个字打印，行间距为固定值 20 磅。

⑧ 正文一律使用标准小四号宋体字，首行缩进 2 字符，行间距为固定值 20 磅。

⑨ 正文中的插图应与文字紧密配合，文图相符，内容正确，绘制规范。插图居中设置，合理调节大小，按章编号并置于插图的正下方，不命名，如第二章的第三个插图序号为“图 2-3”，插图序号使用标准五号宋体字。

⑩ 后记独占一页，标题按正文一级子标题要求处理，内容按正文要求处理。

⑪ 参考文献按规定的格式打印，内容的打印要求与报告正文相同。

⑫ 范文示例如图 3-61 所示。

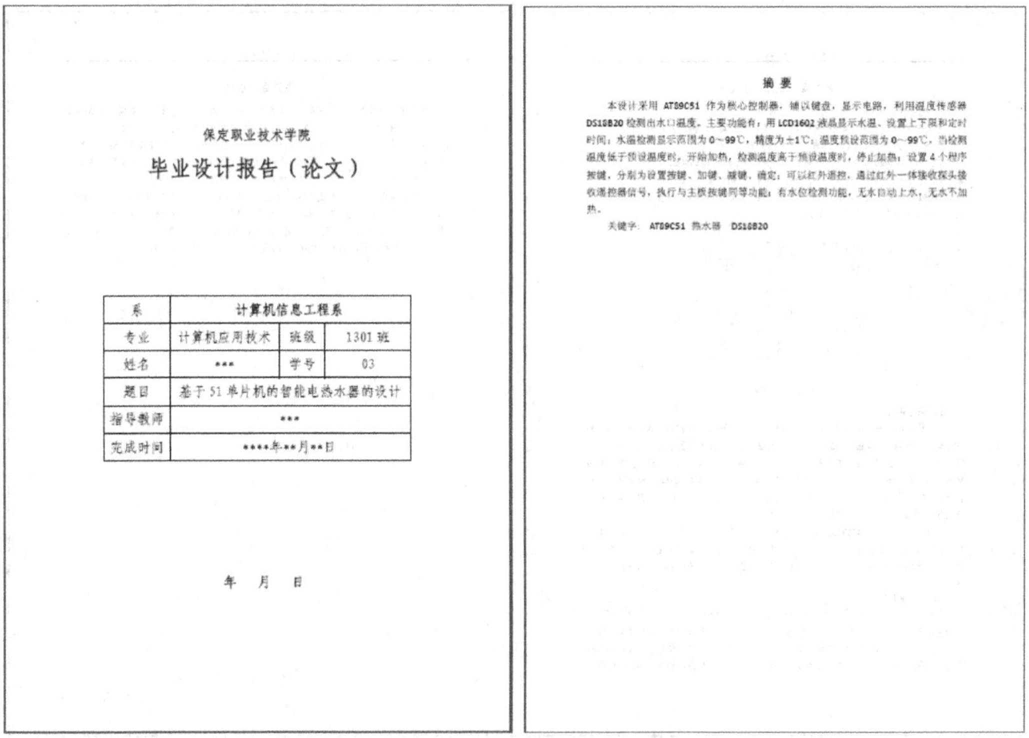

保定职业技术学院

毕业设计报告（论文）

系	计算机信息工程系		
专业	计算机应用技术	班级	1301 班
姓名	***	学号	03
题目	基于 51 单片机的智能电热水器的设计		
指导教师	***		
完成时间	****年**月**日		

年 月 日

摘 要

本设计采用 AT89C51 作为核心控制器，辅以键盘，显示电路，利用温度传感器 DS18B20 检测出水口温度。主要功能有：用 LCD1602 液晶显示水温、设置上下限和定时时间；水温检测显示范围为 0～99℃，精度为±1℃；温度预设范围为 0～99℃，当检测温度低于预设温度时，开始加热，检测温度高于预设温度时，停止加热；设置 4 个程序按键，分别为设置按键、加键、减键、确定；可以红外遥控，通过红外一体接收探头接收遥控器信号，执行与主板按键同等功能；有水位检测功能，无水自动上水，无水不加热。

关键字：AT89C51 热水器 DS18B20

（a）“论文封面”和“摘要”排版效果

图 3-61 毕业设计论文排版效果

目 录

第一章 概 述 1
1.1 选题的背景、目的及意义 1
1.2 研究设想和实验设计 1
第二章 硬件系统设计 2
2.1 方案验证 2
2.2 硬件系统 2
2.2.1 电源电路 2
2.2.2 键盘接口电路 5
2.2.3 报警电路 5
2.2.4 温度检测电路 5
第三章 软件系统设计 8
3.1 主程序流程图 8
第四章 小结 9
后记 10
参考文献 11

保定职业技术学院毕业设计报告（论文）

第一章 概 述

1.1 选题的背景、目的及意义

近几年来,随着人们的生活水平的不断提高,热水器已成为日常生活中不可缺少的家用电器,设计制造更实用,更方便,更安全,更节能的热水器是产品设计师和生产商家不断追求的目标,快热式热水器与普通的热水器的最大区别是他取消了储水罐,热水随开随用,不需预热,减少了电能浪费,另外还具有体积小，使用安全，安装方便等优点。

在当今社会，科技日新月异，热水器技术飞速发展，越来越多的科技成果被运用到热水器的制造中，如今的热水器产品已经绝对不是一个简单的加热器，而是科技含量高的现代化家电产品。随着我国人民生活水平的逐渐提高，其生活条件有了很大的改善，智能化电器在人们日常生活中占有比重越来越大，与家庭生活密切相关的热水器品种层出不穷，花样翻新。正是在这样的背景下，本设计选择基于 AT89C51 单片机的智能电热水器的设计研究。

1.2 研究设想和实验设计

本设计采用 AT89C51 作为智能电热水器的控制芯片，通过选用电源模块、单片机模块、ISP 在线编程接口、键盘模块、数码管及指示灯显示模块、水温、水位检测模块、报警输出模块，来实现智能控制的要求。

具体实验设计：

AT89C51 采用+5V 电源供电，采用 220V 市电供电，经桥式整流后送入滤波电路，再经稳压芯片输出+5V 电压，单片机硬件部分由单片机最小系统配以按键、显示器件构成，由 12MHz 晶振和两个 30μF 陶瓷平衡电容组成振荡电路。系统还有红外遥控的功能，可以通过红外遥控器远距离控制热水器的工作，提高了系统的安全性。

系统工作时，首先检测功能按键，进行温度范围设置。其次检测加减按键，进行温度范围调节，也可以按下红外遥控器上的按键操作，与主板上的按键功能一样，然后运行程序，由传感器 DS18B20 检测水温，当检测温度低于预设温度下限时，开始加热；检测温度高于预设温度上限时，停止加热，并可以预约加热，设定时间 0-999 分钟，定时时间到达自动开始加热。

（b）“目录”和“第一章”排版效果

保定职业技术学院毕业设计报告（论文）

第二章 硬件系统设计

2.1 方案验证

方案一:用热敏电阻组成电桥来采集信号,再经放大,A/D 转换后送给单片机,再由数码管显示,通过可控硅控制发热管,这种方法,线路复杂,不直观。

方案二:以 AT89C51 单片机为控制中心的智能电热水器。A8T9C51 单片机具有结构简单、控制能力强、可靠性高、体积小、价格低等优点，在许多行业都得到了广泛的应用。以 AT89C51 单片机为核心，配以外围电路如时钟电路、复位电路、按键、显示器件即可构成电热水器系统。所以采用方案 2。

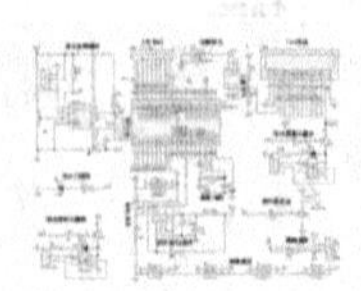

图 2-1 系统控制电路总图

2.2 硬件系统

单片机应用系统的硬件电路设计包含两部分内容，一是系统扩展，即单片机内部的功能单元，如 ROM、RAM、I/O、定时器/计数器、中断系统等不能满足应用系统的要求时，必须在片外进行扩展，选择适当的芯片，设计相应的电路。二是系统的配置，即按照系统功能要求配置外围设备，如键盘、显示器、打印机、A/D、D/A 转换器等，要设计合适的接口电路，本设计中只用最小系统加上键盘、显示、ISP 接口电路，单片机本身资源可以满足设计要求，所以不必对单片机进行扩展。

系统的硬件系统以 AT89C51 单片机为核心，主要分两部分：直流稳压电源和智能电热水器控制电路。直流稳压电源由变压器、整流桥、滤波电路、稳压电路组成。智能电热水器系统由时钟电路、复位电路、报警电路、键盘、温度检测电路和显示接口电路组成。

2.2.1 电源电路

电源电路按元件类型可分为电子管稳压电路、三极管稳压电路、可控硅稳压电路、集成稳压电路等，根据调整元件与连接方法，可分为并联型和串联型；根据调整元件工作状态不同，可分为线性和开关稳压电路。本设计中采用了线性工作状态的线性集成稳压电源，直流稳压电源一般由电源变压器、整流滤波电路及稳压电路所组成，设计框图

2

保定职业技术学院毕业设计报告（论文）

第四章 小结

在克服种种困难之后，我终于完成了毕业设计，本次设计主要可以实现用 LCD1602 液晶显示水温、设置上下限和定时时间；当检测温度低于预设温度时，开始加热，检测温度高于预设温度时，停止加热；可以设置按键；检测水位和红外遥控等功能。当然本设计也存在着不足之处，在设计完成后单片机偶尔会出现死机的问题，复位后又恢复到正常状态。希望能够在以后的学习中找到原因以及解决此问题的方法。

这次完成论文的经历,我使深深地感受到了理论和实际结合的重要性,在整个过程中,我的动手能力和专业知识的运用能力得到了加强,同时,也从中学习到如何去思考和解决问题,以及如何灵活的改变方法去实现设计方案,通过此次设计,用所学的专业基础知识，解决了实际工程问题的能力，使我的人生又得到了一次很好的锻炼机会。

9

（c）“第二章”和“小结”排版效果

图 3-61 毕业设计论文排版效果（续）

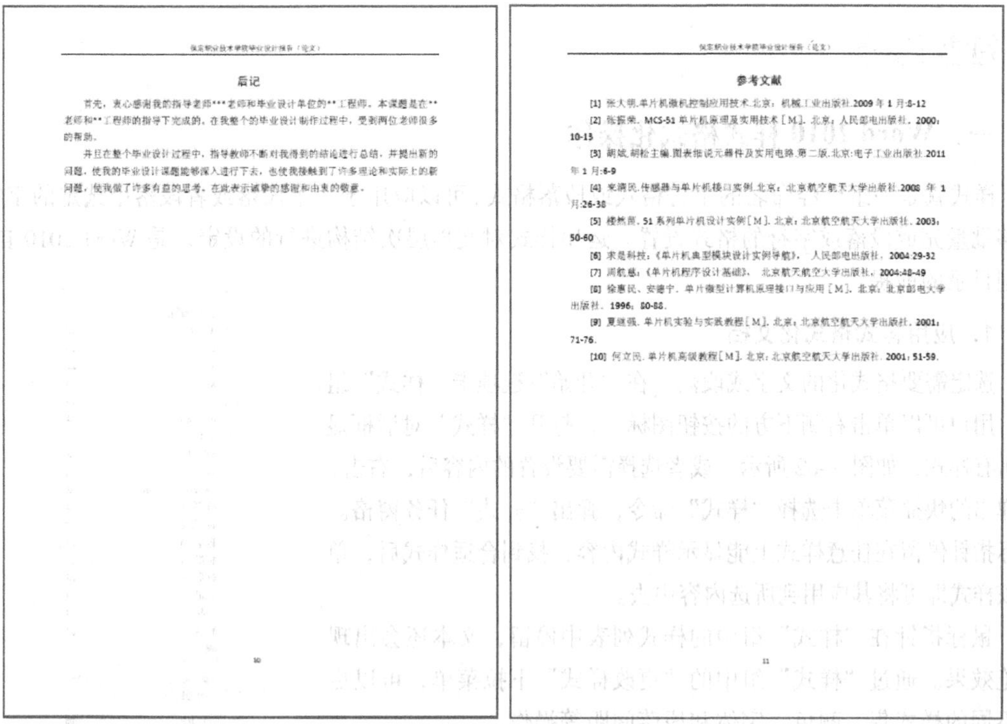

保定职业技术学院毕业设计报告（论文）

后记

首先，衷心感谢我的指导老师***老师和毕业设计单位的**工程师。本课题是在**老师和**工程师的指导下完成的。在我整个的毕业设计制作过程中，受到两位老师很多的帮助。

并且在整个毕业设计过程中，指导教师不断对我得到的结论进行总结，并提出新的问题，使我的毕业设计课题能够深入进行下去，也使我接触到了许多理论和实际上的新问题，使我做了许多有益的思考。在此表示诚挚的感谢和由衷的敬意。

10

保定职业技术学院毕业设计报告（论文）

参考文献

[1] 张大明.单片机微机控制应用技术.北京：机械工业出版社.2009年1月:8-12

[2] 张振荣. MCS-51单片机原理及实用技术[M]. 北京：人民邮电出版社. 2000：10-13

[3] 胡斌.胡松主编.图表细说元器件及实用电路.第二版.北京:电子工业出版社.2011年1月:6-9

[4] 来清民.传感器与单片机接口实例.北京：北京航空航天大学出版社.2008年1月:26-38

[5] 楼然苗. 51系列单片机设计实例[M]. 北京：北京航空航天大学出版社. 2003：50-60

[6] 求是科技：《单片机典型模块设计实例导航》，人民邮电出版社，2004:29-32

[7] 周航慈：《单片机程序设计基础》，北京航天航空大学出版社，2004:48-49

[8] 徐惠民、安德宁. 单片微型计算机原理接口与应用[M]. 北京：北京邮电大学出版社. 1996：80-88.

[9] 夏继强. 单片机实验与实践教程[M]. 北京：北京航空航天大学出版社. 2001：71-76.

[10] 何立民. 单片机高级教程[M]. 北京：北京航空航天大学出版社. 2001：51-59.

11

（d）“后记”和“参考文献”排版效果

图3-61　毕业设计论文排版效果（续）

任务分析

在前面的任务中我们学习了短文档、表格和图文的编辑与排版操作。短文档通常定义为内容篇幅在十页以内的文档。比如通知、公告、工作总结等，相对于短文档而言，篇幅较长一般超过十页甚至几十、上百页以上的文档，一般统称为长文档。比如论文、报告、小说、书籍等。在日常办公中，短文档和长文档的处理操作方法有所不同，处理短文档时用户可能只会用到一些初级的操作排版方法即可完成。比如字体、段落等设置。然而对于长文档来说重复的各种基本设置不但操作烦琐，还极易设置错误，降低工作效率。因此，在编排长文档时，我们要用到Word 2010的一些高级方法与技巧。这些方法与技巧非常适合批量处理各种长文档设置方面的操作，通过Word 2010中的应用样式、大纲级别设置、生成目录和设置项目编号等功能，能够方便快捷地处理长文档中重复烦琐的简单任务。

通过完成本任务，应该达到的知识目标和能力目标如表3-4所示。

表3-4　知识目标和能力目标

知识目标	能力目标
①懂得长文档、短文档排版的区别和操作方法 ②能够通过样式等操作批量设置文档操作 ③理解分节符的概念操作设置以及同页眉页脚之间的关系	①掌握样式应用的新建、更改操作与技巧 ②正确设置大纲级别，划分出一级标题二级标题等 ③能够正确插入相应分节符，通过插入分节符能够设置不同的页眉页脚 ④能够完成简单长文档的其他编排操作

一、Word 2010 样式格式化操作

样式就是一组已经命名的字符格式或段落格式，可以应用于一个段落或者段落中选定的字符，能够批量完成段落或字符的格式设置。运用样式对文档层次结构进行的设定，是 Word 2010 自动编制目录的前提。

1. 应用样式格式化文档

选定需要格式化的文字或段落，在“开始”选项卡“样式”组中，用户可以单击右侧下方的按钮图标，打开“样式”对话框显示所有样式，如图 3-62 所示。或者选择需要设置的内容后，右击，在弹出的快捷菜单中选择“样式”命令，弹出“样式”任务窗格。鼠标指针停留在任意样式上能显示样式内容，找到合适样式后，单击该样式即可将其应用到所选内容中去。

鼠标指针在“样式”组中的样式列表中停留，文本还会出现预览效果。通过“样式”组中的“更改样式”下拉菜单，可以更改不同的样式集、颜色、字体和段落间距等操作。

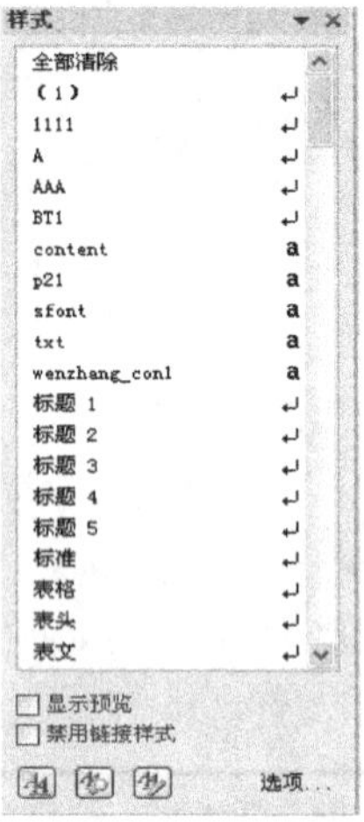

图 3-62 “样式”任务窗格

2. 创建新样式

在“样式”任务窗格中，单击“新建样式”按钮，打开“根据格式设置创建新样式”对话框，如图 3-63 所示，根据具体需求进行新样式字体、段落等属性、格式的设置，设置完成后的新样式会保存在样式集里。当用户需要进行样式设置时，就可以调用自己新建的样式格式。

3. 修改样式

如果需要进行样式的修改，单击“样式”任务窗格中需要修改的样式右侧下拉按钮，在弹出的下拉菜单中单击“修改”命令按钮，弹出“修改样式”对话框，如图 3-64 所示。根据具体需求进行样式的字体、段落等属性格式的修改操作。完成后修改好的样式会保存在样式集里，使用时可以直接调用。

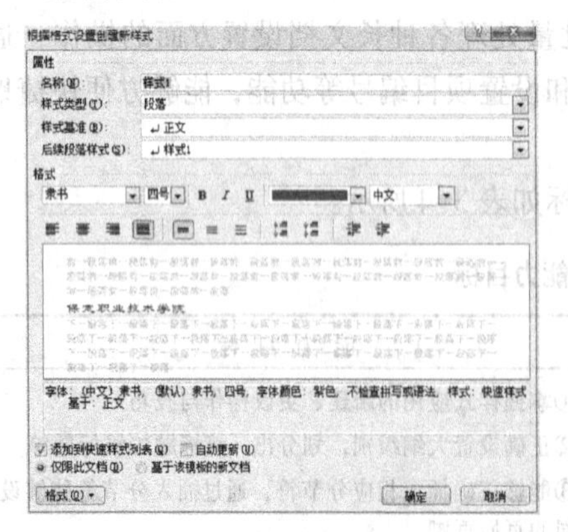

图 3-63 “根据格式设置创建新样式”对话框

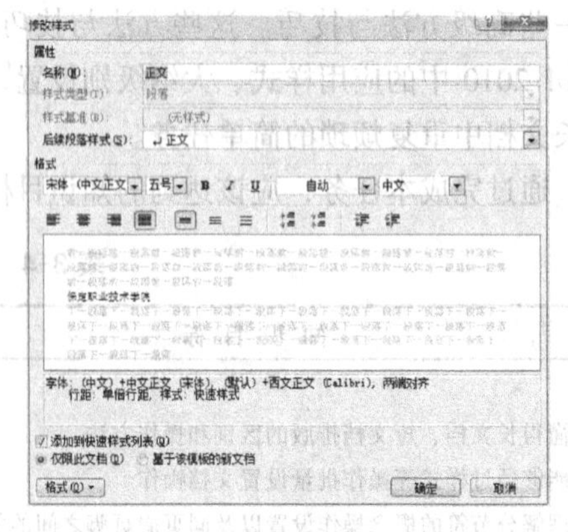

图 3-64 “修改样式”对话框

二、Word 2010 中的分隔符的操作

在 Word 2010 中分隔符被分为两种：一种称之为分页符，一种称之为分节符。可以通过“页面布局”选项卡“页面设置”组中的“分隔符”下拉菜单找到 “分页符”和“分隔符”命令组，如图 3-65 所示。

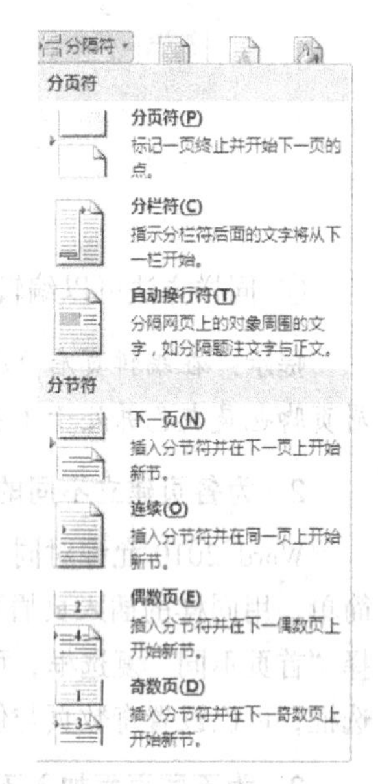

图 3-65 “分隔符”列表框

1. 分页符

分页符是分页的一种符号,处于上一页结束到下一页开始的位置。Word 2010 可自动插入分页符，也可以通过手动插入分页符以实现在指定位置强制分页的效果。分页符中还包括分栏符，它的主要作用是在指定的文字后面开始分栏操作。

2. 节

节是 Word 2010 中的一种格式组件，作为上下文的分隔，在设置格式、页码等元素时可以只对某个节适用,其他节不受影响。Word 2010 允许一个文档有若干个节，每个节都可以拥有不同的页面设置方式。创建节的方法主要是通过选择“页面布局”选项卡，在“页面设置”组中的“分隔符”下拉菜单中，找到“分节符”列表框，根据情况选择分节符类型。

3. 分节符

分节符是指为表示节的结尾插入的标记。分节符包含节的格式设置元素，如页边距、页面的方向、页眉和页脚，以及页码的顺序等。分节符又分为“下一页”开始进行分节操作、“连续”在分节符插入页开始分节操作，以及“奇数页”或“偶数页”，即在插入的分节符下一个奇数或偶数页开始分节操作的几种分节符类型。

提示：分页符只做分页操作，前后还是同一节；分节符是分节，可以将该页设置为上一节，也可以从下一页开始分节。两者的用法最大的区别在于页眉、页脚与页面设置等方面的不同。

三、Word 2010 设置页眉、页脚和页码

页眉和页脚是分别位于页面中顶端和低端的特殊区域，页眉位于文档顶部，页脚位于文档底部。Word 2010 允许对同一文档按首页、单页和双页的情况分别设置页眉页脚。还可以通过加入分节符的方法，在不同节中建立不同的页眉页脚。页码可以看成为特殊的页脚，页码的操作同页脚操作相似。

1. 建立页眉和页脚

① 在“插入”选项卡“页眉页脚”组中，选择“页眉”列表框中的“编辑页眉”命令，打开“页眉”编辑窗口，同时出现“页眉页脚工具-设计”选项卡，如图 3-66 所示。

② 用户可以在页眉编辑窗口编辑页眉内容，在“页眉页脚工具-设计”选项卡中进行“页眉和页脚”“插入”“导航”“选项”和“位置”等方面的设置操作。

③ 完成设置操作后，单击“关闭页眉页脚”按钮或双击正文编辑区域任意位置，返回文档

编辑状态。

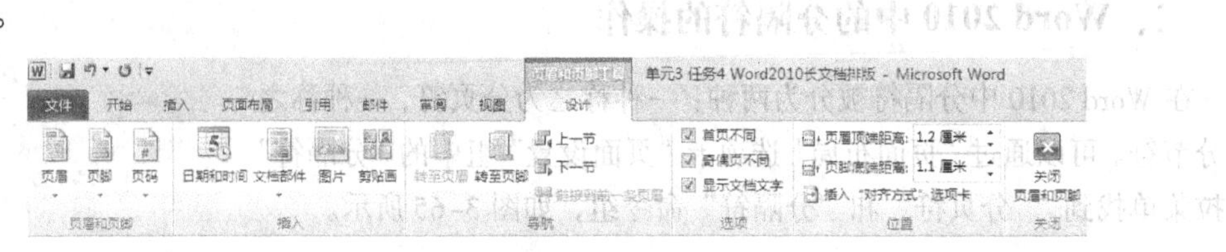

图 3-66 “页眉页脚工具设计”选项卡

④ 同样方法可以编辑页脚。

提示：在编辑页眉页脚时，正文的颜色是灰色，处于不可编辑状态，如果在编辑正文时，页眉页脚也是灰色并处于不可编辑状态。

2. 为各页建立不同的页眉页脚

Word 2010 允许对同一文档根据首页、奇偶页情况不同，分别设置页眉页脚。设置方法非常简单，用同样的插入页眉页脚方法，在打开的“页眉页脚工具-设计”选项卡“选项”组中，选择“首页不同”复选框，可以设置首页与其他页面具有不同的页眉页脚；选择“奇偶页不同”复选框，可以设置奇数页与偶数页拥有不同的页眉页脚。

3. 为不同页面加入不同页眉页脚

① 在“页面布局”选项卡“页面设置”组中，单击“分隔符”下拉按钮，弹出列表框，可以根据情况选择“分节符”组下的“下一页”“连续”“奇数页”和“偶数页”中的某一项，将文档分为多个节。

② 将光标定位于需要建立不同页眉页脚的节中，单击“插入”选项卡“页眉页脚”组下的“页眉”（或“页脚”）下拉菜单中的“编辑页眉”（或“编辑页脚”）命令，使文档处于页眉页脚编辑状态。将“页眉页脚工具-设计”选项卡“导航”组中“链接到前一条页眉”取消选择，这样这一节的页眉（或页脚）就可以同上一节页眉进行区别设置。

提示：在设置页眉时将“链接到前一条页眉”的选择去掉，但是页脚还会相同，如果页脚也想不同，页脚也需要进行这样设置。

③ 反之，如果想跟上一节相同，就将“链接到前一条页眉”的按钮选择上即可。

4. 插入页码

插入页码操作同插入页眉页脚相似，通过“插入”选项卡“页眉页脚”组“页码”下拉菜单，如图 3-67 所示。根据用户具体需求选择进行插入即可。

用户还可以通过“页边距”“当前位置”和“设置页码格式”等命令进行更加详细的设置。

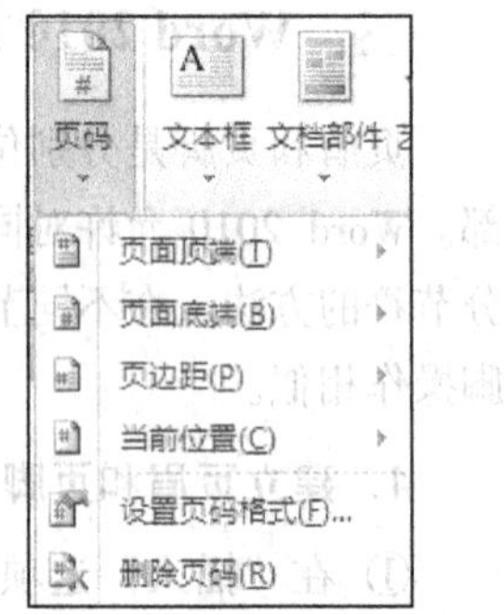

图 3-67 “页码”下拉菜单

四、Word 2010 设置大纲级别

大纲级别就是标题级别，主要是用来制作目录和文档结构图，能够清晰地显示文档结构。文

档有几级标题，那么大纲级别就需要设置对应级别数量。大纲级别可以通过“开始”选项卡“段落”组右侧下方按钮图标，打开“段落”对话框。在“段落”对话框“缩进和间距”选项卡“大纲级别”下拉菜单中进行相应选择，如图3-68所示。用户可以通过勾选“视图”选项卡“显示”组中的“导航窗格”复选框，打开“导航”列表框，查看设置好的文档结构图，如图3-69所示。

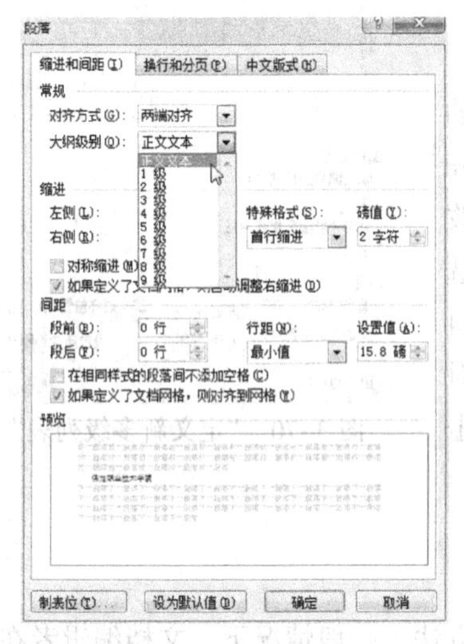

图3-68 “段落”对话框

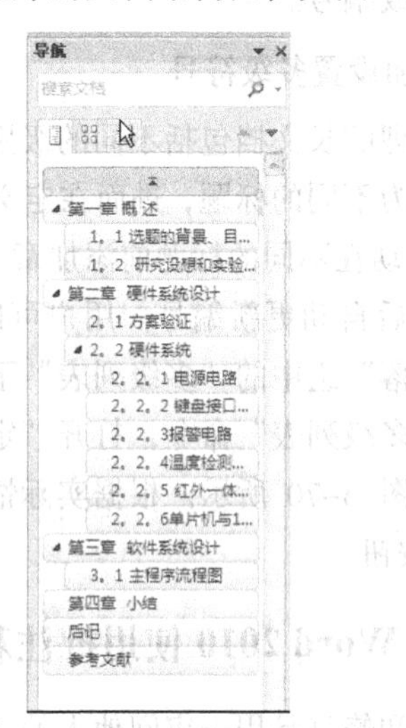

图3-69 导航列表框

五、Word 2010创建目录

在编辑论文或书籍等文档的过程中，创建目录是必不可少的重要内容。用户可以通过目录快速了解文档结构，并可快速定位需要查询的内容。一般目录中，左侧是目录标题，右侧是标题所对应的页码。如果在文档中正确设置了大纲级别，Word 2010就能非常方便快捷地自动建立目录。用户可以单击“引用”选项卡“目录”组里的“目录”下拉菜单中的“插入目录”命令，打开“目录”对话框，进行相应选择设置后，自动建立文档目录。自动建立的目录可以随文档变化而进行变化，也可以通过“更新目录”按钮，根据情况选择后，进行目录的更新。

六、Word 2010的项目符号和列表编号

项目符号和编号是在文档段落前加上的符号或编号。既可以在现有文本行中添加项目符号或列表编号，也可以在输入文本同时自动添加项目符号和列表编号。

1. 手动添加项目符号和列表编号

① 在段落开始处输入“1.”或“1、”等，再按空格键或【Tab】键，然后输入文本，当结束该段输入时按回车键，Word 2010会自动将该段落转换为拥有列表编号的列表项。在增加或减少自动编号的段落后，Word 2010也会自动进行编号更新。

② 在段落开始处输入连字符（-）或（*）等，再按空格键或【Tab】键，然后输入文本，当结束该段输入时按回车键，Word 2010会自动将该段落转换为拥有项目符号的列表项。

③ 如果想结束项目编号或列表符号，可以按两次回车或按退格键【Backspace】删除最后一个编号或符号即可。

2. 自动添加项目符号和列表编号

选择需要添加的段落文本后，通过“开始”选项卡“段落”组中的“项目符号”或“编号”按钮，可以添加项目符号或编号。

3.添加设置多级符号

当处理的长文档包括不同的级别时，可以将不同的级别定义为不同的标题，进而在定义多级符号后，Word 2010 将自动在不同的标题前添加章节编号，并能在修改文档内容后自动更新编号。用户可以通过 “开始”选项卡“段落”组中的“多级列表”下拉菜单，选择“自定义新的多级列表”命令，打开“定义新多级列表”对话框，如图 3-70 所示。根据实际情况选择设置后单击“确定”按钮。

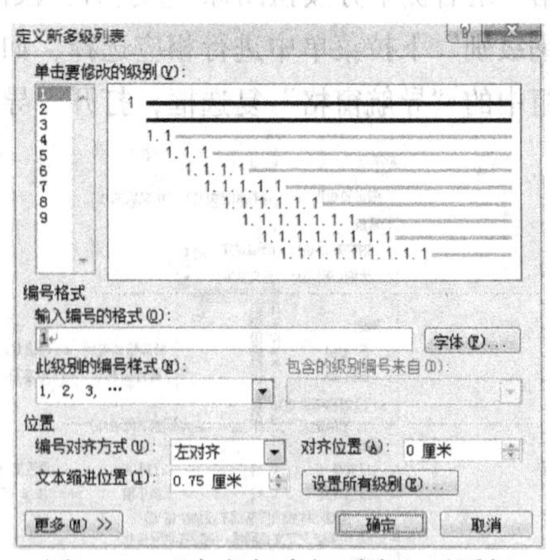

图 3-70 “定义新多级列表”对话框

七、Word 2010 使用批注和修订

批注和修订是用于审阅他人的 Word 文档的两种方法。一般情况下，文档编辑者在编辑排版基本结束后，会提交给其他人审阅。审阅者可以通过批注和修订对文档提出修改意见，文档编辑者可以接受或拒绝审阅者添加的批注和修订。

① 批注是读者在阅读文档时所提出的注释、建议或其他想法。批注不会集成到文本编辑中。它们只对文档编辑提出建议，批注中的建议文字经常会被复制并粘贴到文本中，但批注本身不是文档中的一部分。

② 修订是文档中的一部分，修订是对文档进行插入、删除、替换等编辑操作时，使用的一种特殊标记来记录所做修改，以便于其他用户了解文档所做修改，文档编辑者可根据实际情况决定是否接受修订。

任务实施

步骤一：新建并保存毕业论文文档，设置文档信息和页面设置

① 启动 Word 2010 软件，选择“文件”菜单中的“保存”命令，打开“另存为”对话框。

② 在“保存位置”列表框中选择“桌面”，“文件名”文本框中输入“毕业论文”，“保存类型”列表框中选择“Word 文档”选项。

③ 单击“保存”按钮。

④ 选择“页面布局”选项卡“页面设置”组右侧下方按钮图标，打开“页面设置”对话框。

⑤ 在“页边距”选项卡中，设置页边距上、下、左、右均为 2.5 厘米。“纸张”选项卡中“纸张大小”设置为“A4”。

⑥ 单击“文件”菜单“信息”命令下的“属性”下拉按钮，选择“高级属性”命令，如图 3-71 所示，打开“毕业设计属性”对话框，在“摘要”选项卡“标题”文本框中输入“基

于51单片机的智能电热水器的设计”，“作者”文本框中输入“***”，“单位”文本框中输入“保定职业技术学院”，如图3-72所示，单击“确定”按钮。

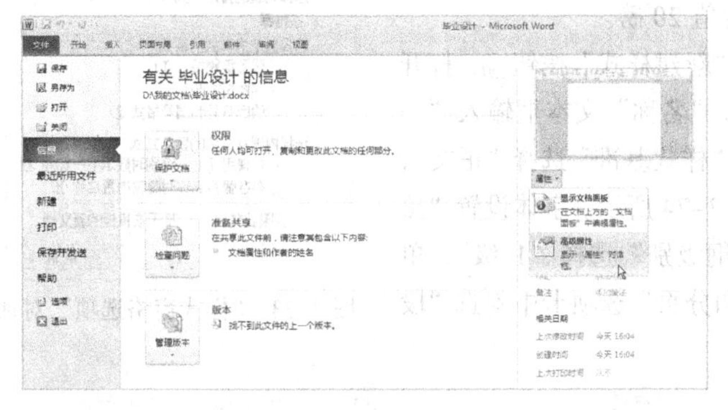

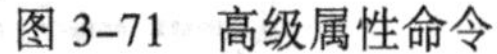
图3-71 高级属性命令

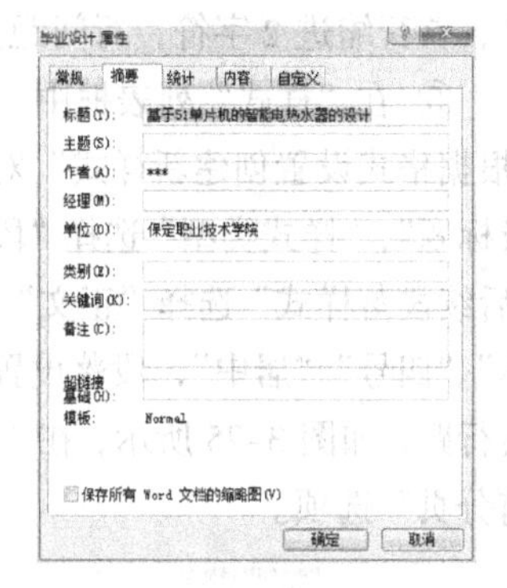

图3-72 毕业设计属性对话框

步骤二：制作毕业论文文档封面

① 参照样张制作毕业论文封面。

② 输入首行标题文字“保定职业技术学院”，设置字体为“仿宋_GB2312”或“仿宋”，“3号”“加粗”和“居中”。

③ 输入第二行标题文字“毕业设计报告（论文）”，设置字体为“仿宋_GB2312”或“仿宋”，“1号”“加粗”“居中”和“单倍行距”。

④ 插入6行4列表格，居中设置，进行表格调整后填入相应文字，文字字体设置为“仿宋_GB2312”或“仿宋”，“3号”和“居中”。

⑤ 输入“***年**月**日”，设置字体为“仿宋_GB2312”或“仿宋”，“3号”“加粗”和“居中”。

⑥ 参照样张调整页面布局。

提示： 用户还可以通过选择“插入”选项卡“页”组中的“封面”下拉按钮，在弹出的列表框中选择Word 2010内置的封面模板。

步骤三：插入正文

① 选择“页面布局”选项卡“页面设置”组“分隔符”下拉菜单中的“分页符”命令，另起一页。

② 选择“插入”选项卡“文本”组“对象”下拉菜单中的“文件中的文字”命令，在弹出的“插入文件”对话框中找到素材“毕业论文.docx”文档，插入毕业论文正文。或者通过粘贴、复制方法插入正文。

步骤四：新建、修改标题、正文和图的样式

① 勾选“视图”选项卡“显示”组中的“导航窗格”复选框，打开“导航”列表框。

② 单击“开始”选项卡“样式”组右侧下方按钮图标，打开“样式”列表框。

③ 单击“样式”列表框中的“选项”按钮，打开“样式窗格选项”对话框，如图3-73所示，在“选择要显示的样式”下拉菜单中选择“当前文档中的样式”，单击“确定”按钮，用于屏蔽其他多余样式，减少干扰因素。

④ 单击“样式”列表框中“正文”样式右侧下拉列表中的“修改”命令，打开“修改样式”对话框。设置正文小四号宋体字，首行缩进 2 字符，行间距为固定值 20 磅。

⑤ 在“样式”列表框中，单击“新建样式”按钮，打开“根据格式设置创建新样式”对话框，“名称”文本框输入“一级标题”，“样式类型”选择“段落”，“样式基准”选择“正文”，“后续段落样式”选择“正文”，如图 3-74 所示。字体设置“黑体”“四号”“居中”，段落设置“大纲级别”选择“1 级”，单倍行距，如图 3-75 所示，在“换行和分页”选项卡中勾选“段前分页”选项。

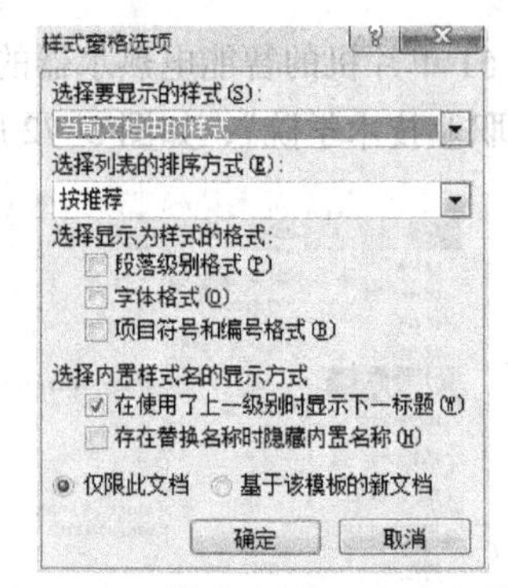

图 3-73 “样式窗格选项”对话框

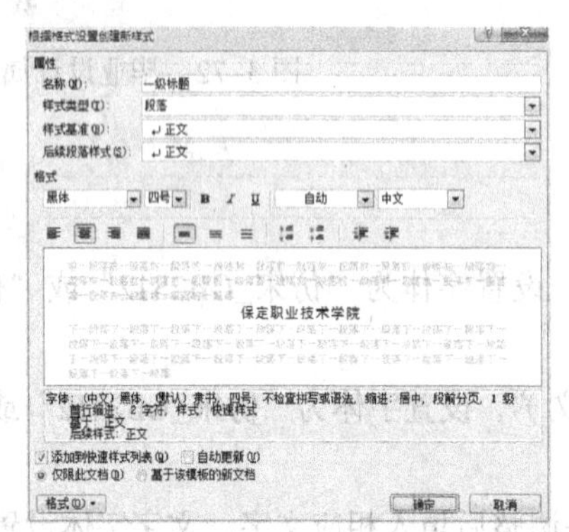
图 3-74 “根据格式设置创建新样式”对话框

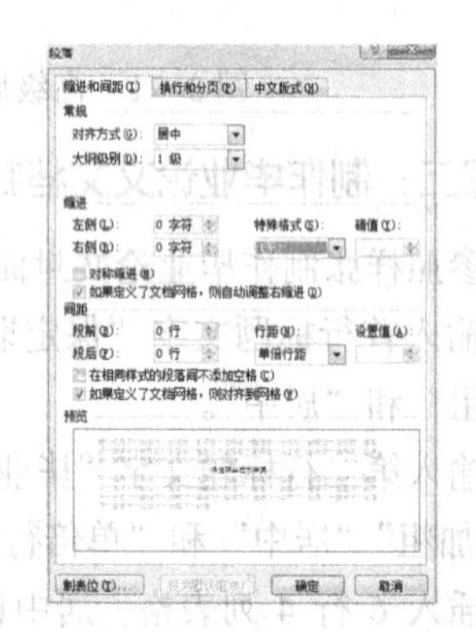
图 3-75 “段落”对话框

⑥ 同样方法新建“二级标题”样式，字体设置“黑体”“小四”“两端对齐”“首行缩进 2 字符”，段落设置“大纲级别”选择“2 级”，行间距为固定值 20 磅。

⑦ 同样方法新建“三级标题”样式，字体设置“黑体”“小四”“左对齐”“首行缩进 2 字符”，段落设置“大纲级别”选择“3 级”，单倍行距。

⑧ 同样方法新建“图片”样式，对齐方式设置为“居中”，“大纲级别”选择“文本正文”，段前段后“0.5 行”，单倍行距。

⑨ 同样方法新建“图片标注”样式，字体设置“宋体”“五号”“居中”，“大纲级别”选择“文本正文”，段前段后“0.5 行”，“单倍行距”。

步骤五：应用样式

① 选择论文正文部分，选择样式库中“正文”样式。

② 选择论文中所有一级标题，选择样式库中“一级标题”样式。

③ 同理将二级标题、三级标题、图片和图片标注样式应用于论文之中。

步骤六：插入分节符用于设置页眉页码

① 将光标定位到“摘要”页最后，选择“页面布局”选项卡“页面设置”组中的“分隔符”下拉按钮，单击“分隔符”下拉菜单中“分页符”组中的“分页符”选项，使摘要与正文之间增加一张空白页，用于生成目录页。

② 将光标定位到正文最前端，选择“页面布局”选项卡“页面设置”组中的“分隔符”下拉按钮，单击“分隔符”下拉菜单中“分节符”中的“连续”选项，将正文分成另一节。

提示：可以将光标定位到空白页，输入“目录”二字后，插入“下一页”分节符，此时光标所在空白页即为新节的开始，用户只需使用【Delete】键将空白页删除，这样正文也会被分成另一新节。

技巧：插入的分节符和分页符，可以通过“开始”选项卡“段落”组中的“显示/隐藏编辑标记”按钮，来显示和隐藏。

③ 光标定位到论文正文第一页，选择“插入”选项卡“页眉页脚”组“页眉”下拉菜单中的“编辑页眉”选项，进入页眉页脚编辑状态。

④ 将“页眉和页脚工具-设计”选项卡“导航”组中的“链接到前一条页眉”选项去掉，并在页眉编辑区输入页眉文字“保定职业技术学院毕业设计报告（论文）”，文字设置“居中”。

⑤ 选择“页眉和页脚工具-设计”选项卡“导航”组中的“转至页脚”选项，将“链接到前一条页眉”选项去掉。

⑥ 单击“页眉和页脚工具-设计”选项卡“页眉和页脚”组中的“页码”下拉按钮，选择“设置页码格式”命令，打开“页码格式”对话框，如图3-76所示。在“页码编号”中选择“起始页码”选项，在后面的文本框中选择“1”，单击“确定”按钮。

⑦ 单击“页眉和页脚工具-设计”选项卡“页眉和页脚”组中的“页码”下拉按钮，在下拉菜单中找到“页面底端”菜单，选择其中的“普通文字2”，为正文插入页码，单击“关闭页眉和页脚”返回正文编辑状态。

步骤七：生成毕业论文目录

① 将光标定位到“摘要”和“正文”页中间的空白页中，输入“目录”二字，字体设置“黑体”“四号”“居中”，段落设置“单倍行距”，“目录”两字间空两格。

② 选择“引用”选项卡“目录”组 “目录”下拉菜单中的“插入目录”命令，打开“目录”对话框，勾选“显示页码”和“页码右对齐”复选框，显示级别设置为“3”，如图3-77所示，设置完成单击“确定”按钮，自动生成目录。

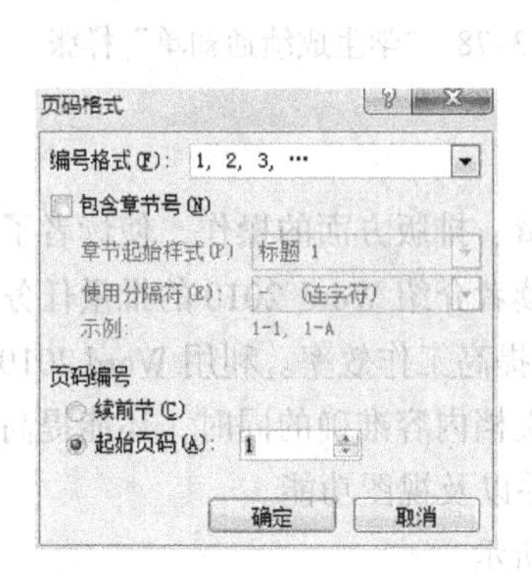

图3-76 “页码格式”对话框

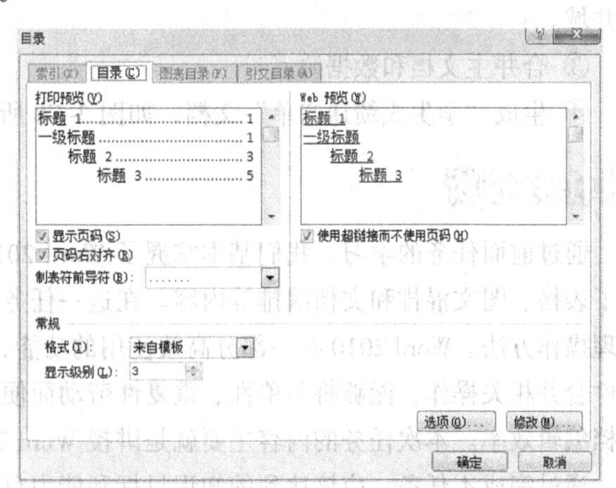

图3-77 “目录”对话框

步骤八：根据要求调整完善

① 摘要页“摘要”二字字间各空一格，标题居中，“四号”“黑体”，内容设置为“宋体”“小四号”，行间距设置为固定值 20 磅。摘要内容不设页码。

② 索引关键词与摘要内容同处一页，位于摘要内容之后，另起一行空两格并以“关键词：”开头，字体设为“加粗”“宋体”“小四号”，行间距设置为固定值 20 磅，后跟关键词字体不加粗，词间空一字。

③ 后记独占一页，后记标题设置为一级标题，后记内容设置为“宋体”“小四号”，行间距设置为固定值 20 磅。

④ 参考文献设置为一级标题，内容的打印要求与报告正文相同。

任务 5　制作学生成绩通知单

任务描述

在大学期间有些同学会遇到一些 Word 方面简单重复的操作。比如帮老师为同学制作学生成绩通知单、邀请函、通知书和信笺等文档。这些操作都有一个共同的性质，那就是页面基本内容不会变化，但其中的一些关键数据是不同的。如果用以前学习的内容来完成这些操作，工作量是非常大、非常烦琐，简单重复性劳动较多，如果不小心还会出错。如何解决这一问题？就是此次任务讲授的内容。本次任务的内容就是利用 Word 2010 批量处理操作，简单制作学生成绩单。

利用所学内容批量处理完成“学生成绩通知单”，具体要求如下：

① 创建数据源文件“成绩单汇总”，并保存到相关目录中。

② 创建主文档文件“学生成绩通知单主文档”，并插入合并域。

③ 合并主文档和数据源。

④ 生成“学生成绩通知单”文档，如图 3-78 所示。

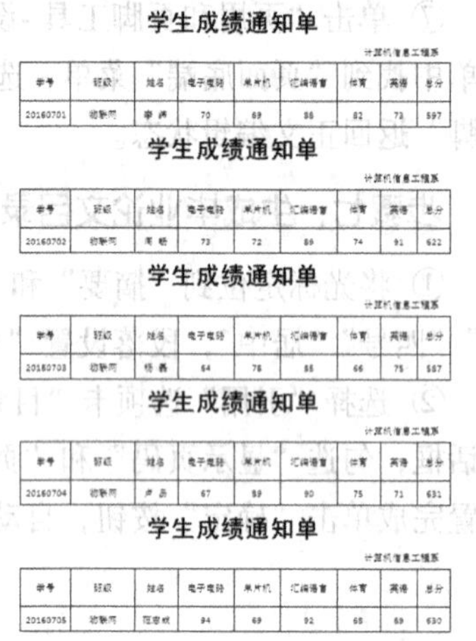

图 3-78 “学生成绩通知单”样张

任务分析

通过前面任务的学习，我们基本掌握了 Word 2010 在日常编辑、排版方面的操作，使读者了解了表格、图文混排和文档编排等内容。在这一任务中，主要给读者介绍 Word 2010 的批量任务处理操作方法。Word 2010 有一部分高效使用的功能，可以极大地提高工作效率。利用 Word 2010 邮件合并相关操作，能够将简单性、重复性劳动简便化，在保证文档内容准确的同时，还能提高文档编辑效率。本次任务的内容主要就是讲授 Word 2010 邮件合并以及视图功能。

通过完成本任务，应该达到的知识目标和能力目标如表 3-5 所示。

表3-5 知识目标和能力目标

知 识 目 标	能 力 目 标
①理解邮件合并的作用和含义 ②理解不同视图作用及含义	①学习邮件合并的操作方法 ②能够根据不同要求，设计排版所需邮件合并内容 ③能够根据具体情况在利用不同视图查看Word文档

一、邮件合并

日常办公过程中，常常会遇到根据数据表信息制作大量邀请函、准考证或成绩通知单的工作。Word 2010提供的邮件合并功能，可以轻松、准确、快速地完成这些任务。

1. 邮件合并概念

“邮件合并”就是在邮件文档（主文档）的固定内容（相当于模板）中，合并发送与信息相关的一组数据，这些数据可以来自于文本文件、Word文档以及Excel表格，甚至来自于Access数据库。充分利用邮件合并功能，批量生成需要的邮件文档，能大大提高工作效率。

2. 邮件合并步骤

（1）准备数据源

数据源就是带标题行的数据记录表，它包括相关的字段信息和内容记录。数据源表格可以是Word、Excel和Access中的记录表。一般在做邮件合并时，用户的数据源是已经存在的，如果没有，用户一般需要自己根据要求建立数据源，通常数据源一般都建立为Excel文件。当然Word文件和Access文件也可以被用于制作数据源。

（2）建立主文档

主文档一般指的就是邮件合并文档中固定不变的主题数据内容，如信封的落款、通知书的主要文字内容等。在做邮件合并之前，一般用户需要首先建立主文档，也就是说首先建立文档中不变的内容。

（3）合并数据源

合并数据源就是将数据源中的信息，合并到主文档的固定内容之中。一般数据源中表格的行数，决定了生成邮件合并文件的份数。整个操作过程都是利用“邮件”选项卡中的各项功能实现的。

3. 邮件合并功能区介绍

Word 2010中的邮件合并功能，都是通过“邮件”选项卡下面功能区中的命令来实现的。“邮件”选项卡中包括了“创建”“开始邮件合并”“编写和插入域”“预览结果”以及“完成”等工作组。

“创建”组中提供了信封、标签等内容的制作向导，用户可以通过向导轻松制作相应的信封和标签格式。

“开始邮件合并”组中可以选择邮件合并的类型或向导工具，主要操作是通过“选择收件人”下拉菜单连接到相应数据源。在连接数据源之前，后面的“编写和插入域”“预览结果”和“完成”组都为不可选状态。

在用户连接数据源后“编写和插入域”组即可使用，使用最多的也是必须设置的是“插入合并域”功能。这一功能的作用是，将主文档中变化部分同数据源一一对应，使文档能够读取相应数据源中的不同信息。在“编写和插入域”组中，用户还可以选择“突出显示合并域”“地址块”和“问候语”等功能选项。

“预览结果”组主要是为用户提供预览服务。在将主文档同数据源连接后，用户可以通过“预览结果”命令查看数据调用情况，通过左右箭头可以查看前后不同数据。

“完成”组主要是生成邮件合并后的数据。这些合并后的数据可以直接生成文档，也可以直接打印或以发送电子邮件的形式体现出来。

二、视图模式

Word 2010 软件为满足用户在不同情况下的编辑、查看文档的需要，提供了多种视图模式以供用户选择。这些视图模式主要由“页面视图”“阅读版式视图”“Web 版式视图”“大纲视图”和“草稿”等五种视图模式所组成。用户可以通过“视图”选项卡下面的“文档视图”组中的不同视图按钮进行相应切换。也可以通过 Word 2010 主窗口右侧下方的“视图栏”中的视图选项进行切换。

1. 页面视图

页面视图用于显示整个页面的分布状况和整个文档在每一页上的位置情况，包括图形、表格、文本框、页眉和页脚等。对这些内容进行编辑后，显示的页面效果与打印效果完全相同。页面视图显示 Word 2010 文档的打印结果外观，主要包括页眉、页脚、图形对象、分栏设置、页面边距等元素。在该视图模式下，用户可以预先看见整个文档，以什么样的形式输出在打印纸上，可以处理图形、文本框和分栏的位置，还可以对文本、格式及版面进行最后的修改。它是用户平常使用最多的一种视图模式，也是一种最接近打印结果的页面视图。如图 3-79 所示。

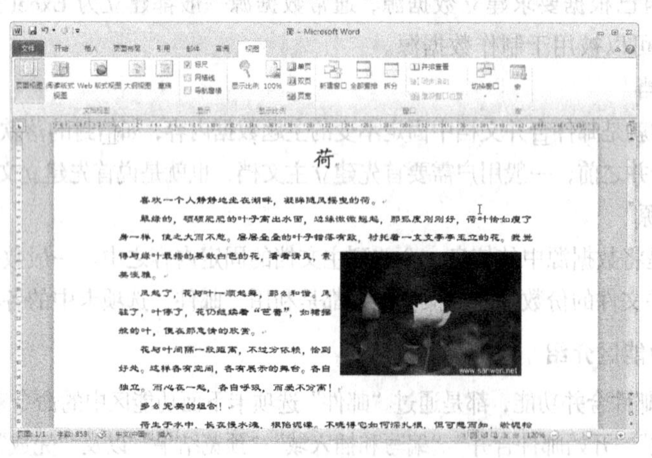

图 3-79 “页面视图”模式

2. 阅读版式视图

阅读版式视图是最佳的阅读观看视图，分为左、右两个窗口显示。以“阅读版式视图”样式显示的 Word 2010 文档，“文件”菜单和各种功能选项卡等窗口元素都会被隐藏起来。用户可以通过单击“工具”“视图选项”等下拉按钮进行相应设置。如果需要退出“阅读版式视图”，直接单击右上角“关闭”按钮，即可退出该视图，返回到页面视图模式。阅读版式视图的定位是，为用户提供一种最佳阅读方式的视图，如图 3-80 所示。

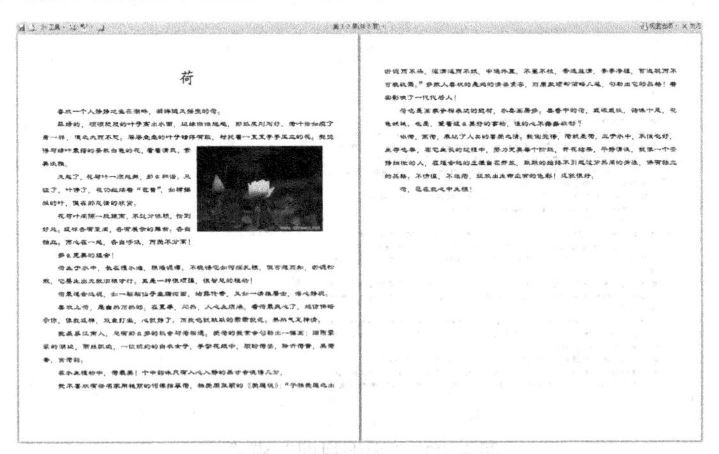

图 3-80 “阅读版式视图”模式

3. Web 版式视图

在 Web 版式视图中，Word 能优化 Web 页面，使其外观与在 Web 上发布时的外观一致，可以看到背景、自选图形和其他在 Web 文档及屏幕上查看文档时常用的效果，适用于发送电子邮件和创建网页。Web 版式视图是 Word 视图中唯一的一种按照窗口大小进行折行显示的视图方式，Web 版式视图方式的排版效果与打印结果并不一致，但该视图却是最佳的网上发布视图，如图 3-81 所示。

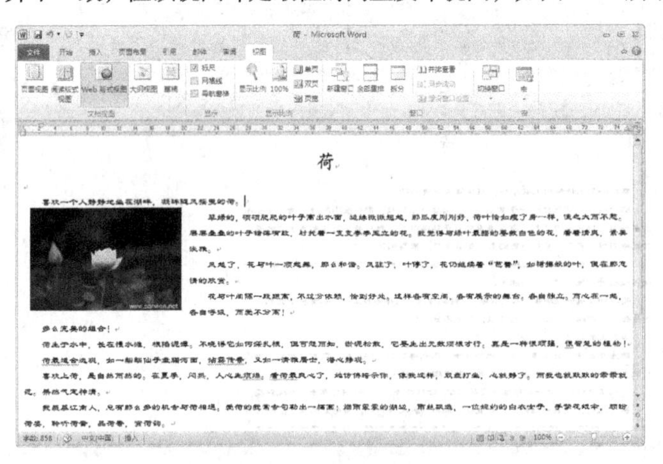

图 3-81 “Web 版式视图”模式

4.大纲视图

大纲视图主要用于显示文档的框架、设置文档的标题层级结构，并可以方便地折叠和展开各种层级的文档。用户可以用它来组织文档，观察文档的结构，为用户调整文档的结构提供方便。也为文档进行大块移动、生成目录和其他列表等操作提供了一个方便、快捷的途径。大纲视图广泛应用于 Word 2010 长文档的排版操作中，前面长文档排版任务，我们只用到导航栏即可，如果是复杂长文档排版，用户一定需要用到大纲视图。大纲视图是最佳的文档结构调整视图。如果需要退出大纲视图，直接单击“大纲”选项卡“关闭”组中的“关闭大纲视图”按钮即可，如图 3-82 所示。

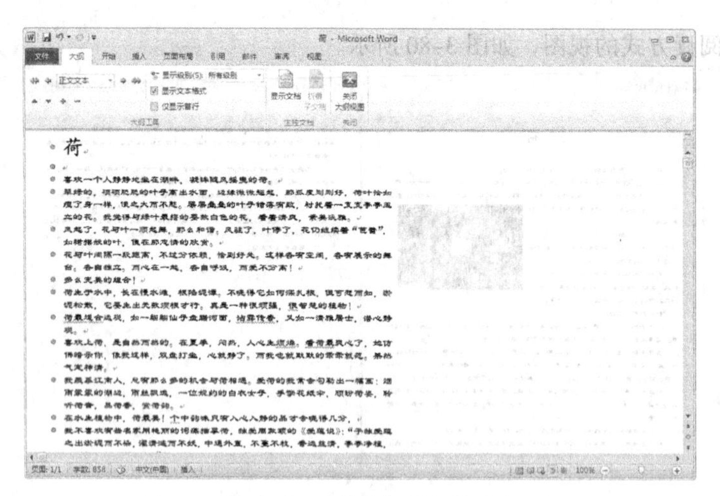

图 3-82 “大纲视图”模式

5.草稿

草稿视图是取消了页面边距、分栏、页眉页脚和图片等元素，仅显示标题和正文，是最节省计算机系统硬件资源的视图方式。主要是为计算机配置较低的用户编写文档时使用。当然现在计算机系统的硬件配置都比较高，基本上不存在由于硬件配置偏低而使 Word 2010 运行遇到障碍的问题，所以该视图是最不常用到的视图模式，如图 3-83 所示。

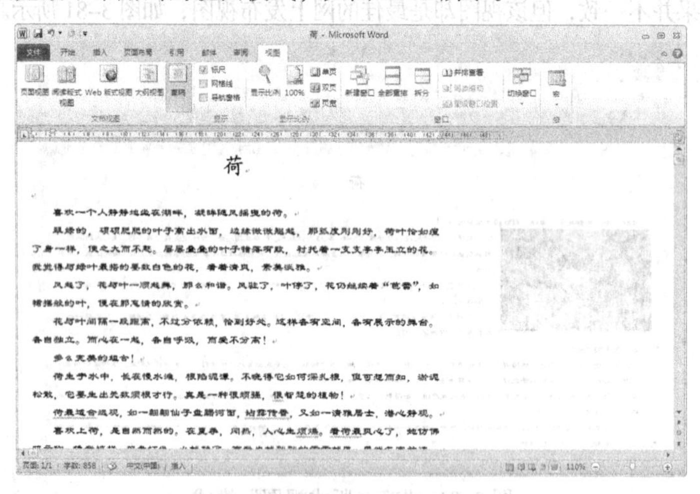

图 3-83 “草稿”视图模式

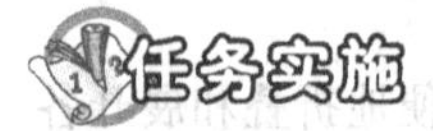

步骤一：创建数据源

① 启动 Word 2010 软件，选择“文件”菜单中的“保存”命令，打开“另存为”对话框。

② 在“保存位置”列表框中选择“桌面”，“文件名”文本框中输入“成绩单汇总”，“保存类型”列表框中选择“Word 文档”选项。

③ 利用所学知识输入成绩单汇总表以及相关数据内容，完成数据源的建立工作。

④ 单击“保存”按钮，如图 3-84 所示。

学号	班级	姓名	电子电路	单片机	汇编语言	体育	英语	总分
20160501	应用电子	张华	75	87	91	87	84	650
20160502	应用电子	张敏	76	84	94	91	76	629
20160503	应用电子	张郁	66	78	86	73	78	617
20160504	应用电子	张松	68	67	89	69	81	615
20160505	应用电子	马林	89	69	90	76	66	616
20160701	物联网	李 纬	70	69	88	82	73	597
20160702	物联网	周 畅	73	72	89	74	91	622
20160703	物联网	杨 磊	64	78	85	66	75	587
20160704	物联网	卢 易	67	89	90	75	71	631
20160705	物联网	范志成	94	69	92	68	69	630

图 3-84　“成绩单汇总”样张

步骤二：创建主文档

① 启动 Word 2010 软件，选择“文件”菜单中的“保存”命令，打开“另存为”对话框。

② 在“保存位置”列表框中选择“桌面”，“文件名”文本框中输入“学生成绩通知单主文档”，“保存类型”列表框中选择“Word 文档”选项。

③ 首行输入文字“学生成绩通知单”，字体设置为“黑体”“一号”和“加粗”，段落设置为“居中”“单倍行距”。

④ 第二行输入文字“计算机信息工程系”，字体设置为“宋体（中文正文）”、“五号”，段落设置为“右对齐”“单倍行距”。

⑤ 第三行位置插入两行九列表格，并在表格第一行输入相应文字内容。设置表格中文字为“宋体（中文正文）”“五号”“水平居中”，如图 3-85 所示。

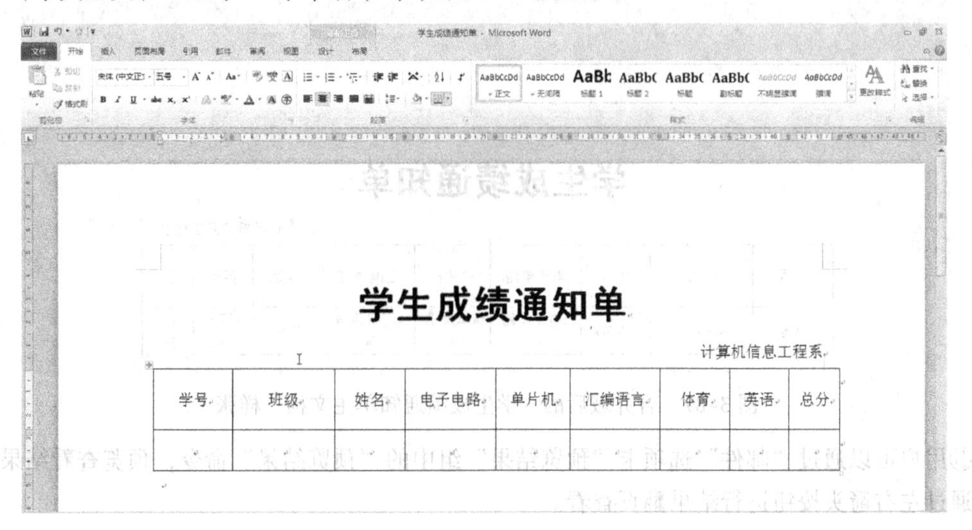

学生成绩通知单

计算机信息工程系

学号	班级	姓名	电子电路	单片机	汇编语言	体育	英语	总分

图 3-85　“学生成绩通知单主文档”样张

步骤三：插入合并域

① 将光标定位于表格第二行第一列单元格内，通过“邮件”选项卡“开始邮件合并”组中的“开始邮件合并”下拉菜单，选择其中的“普通 Word 文档”命令。

② 选择“邮件”选项卡“开始邮件合并”组中的“选择收件人”下拉菜单，选择其中的“使用现有列表”命令，打开“选取数据源”对话框，如图 3-86 所示。找到建立好的数据源“成绩单汇总.docx”文件，单击“打开”按钮。

图 3-86 “选取数据源”对话框

③ 通过“邮件”选项卡“编写和插入域”组中的“插入合并域”下拉菜单，选择“学号”命令（用户在实际操作时，要根据具体情况选择相应字段）。

④ 使用相同方法，在其他单元格中也插入相应的合并域，如图 3-87 所示。

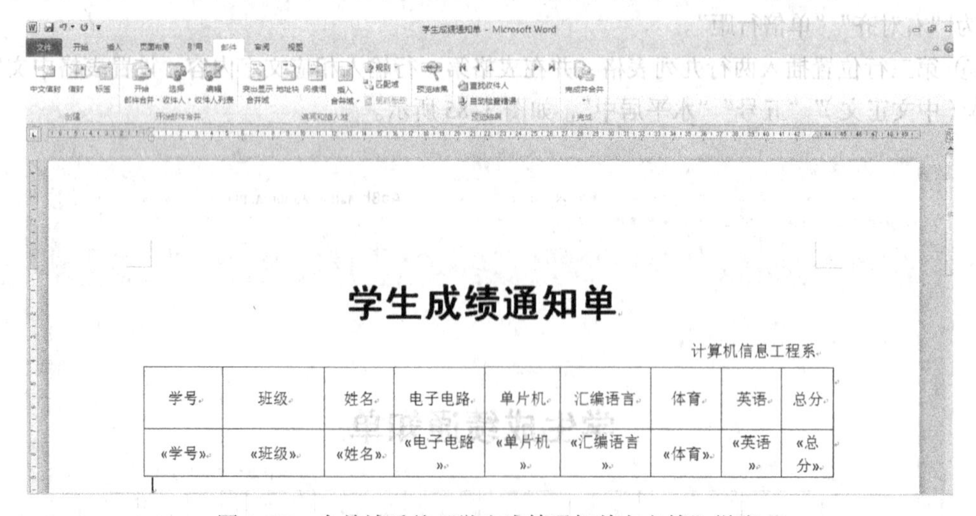

学生成绩通知单

计算机信息工程系

学号	班级	姓名	电子电路	单片机	汇编语言	体育	英语	总分
«学号»	«班级»	«姓名»	«电子电路»	«单片机»	«汇编语言»	«体育»	«英语»	«总分»

图 3-87 合并域后的“学生成绩通知单主文档”样张

⑤用户可以通过“邮件”选项卡“预览结果”组中的“预览结果”命令，预览查看结果，还可以通过左右箭头按钮进行结果翻页查看。

步骤四：合并主文档以及数据源并整理排版

① 预览结果查看无误，单击“邮件”选项卡“完成”组中的“完成并合并”下拉按钮，选择下拉菜单中的“编辑单个文档”命令，打开“合并到新文档”对话框，如图 3-88 所示。单击“确定”按钮，生成一个新 Word 2010 文档。

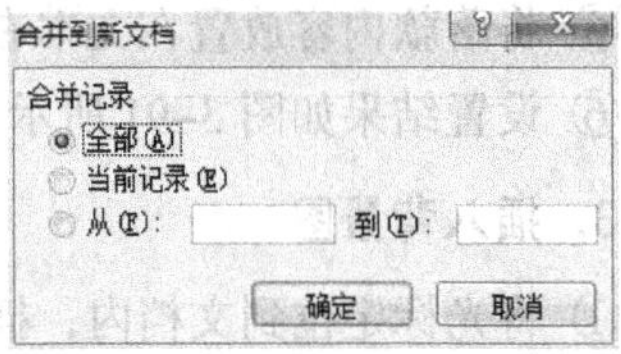

② 生成的新文档每页只有一条数据，新文档为每条数据之间都自动添加了一个分节符。为了充分利用纸张，用户可以通过查找替换的方式将分节符删除，然后再根据具体情况调整页面。

图 3-88 “合并到新文档”对话框

③ 最后选择“文件”菜单中的“保存”命令，打开“另存为”对话框。在“保存位置”列表框中选择“桌面”，“文件名”文本框中输入“学生成绩通知单”，“保存类型”列表框中选择“Word 文档”选项。单击“保存”完成操作。

④ 操作结果如图 3-78 所示。

强 化 练 习

一、制作邀请函

1. 认识 Word 2010

① 参考图 3-2，熟悉 Word 2010 窗口界面。

② 启动 Word 2010，将默认“文档 1.docx”另存为“大赛邀请函.docx”，保存到“桌面”中。

2. 制作“大赛邀请函.docx”文档，并美化排版

① 版面设置。页边距上、下、左、右均为“2 厘米”，纸张方向为“横向”。

② 输入大赛邀请函内容文字。

③ 设置“邀请函”三个字，字体为“楷体_GB2312”或“楷体”，“初号”，字体颜色为“茶色，背景 2，深色 50%” ，如图 3-89 所示，字符间距“加宽”“10 磅”；设置段落对齐方式为“居中”，行距为“单倍行距”，如图 3-90 所示。

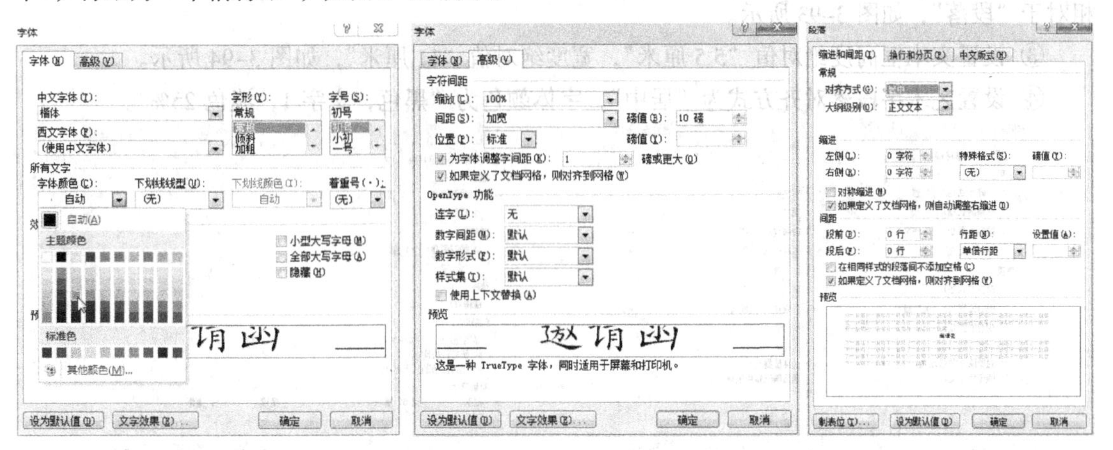

图 3-89 字体设置和字符间距　　图 3-90 段落设置

④ 以同样方式设置邀请函内容和落款，字体“华文楷体”“小一”，字体颜色为“茶色，背景 2，深色 50%”，段落对齐方式为“两端对齐”，“首行缩进”“2 字符”，行距设置为“最小值”“12 磅”。

⑤ 将落款内容放置在文本右下角部分，并设置对齐方式为“右对齐”。

⑥ 设置结果如图 3-91 所示。

3．插入背景图

① 将光标定位到文档内，插入素材图片“大赛邀请函背景.jpg”文件。

② 将图片设置为 “衬于文字下方”。

③ 设置图片水平对齐方式为“左对齐”相对于“页面”，设置垂直对齐方式为“顶端对齐”相对于“页面”。

④ 设置图片高度绝对值“21 厘米”，宽度绝对值“30 厘米”。

⑤ 设置结果如图 3-92 所示。

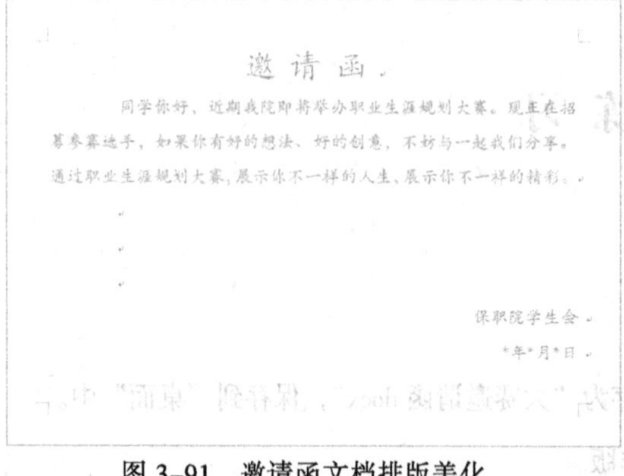

图 3-91 邀请函文档排版美化

图 3-92 插入背景图示例

4．插入艺术字

① 插入艺术字“职业生涯规划大赛敬请您的参加”，选择“填充-蓝色，强调文字颜色 1，金属棱台，映像”。

② 设置艺术字文本框，水平绝对位置为“5 厘米”相对于“栏”，垂直绝对位置为“0.7 厘米”相对于“段落”，如图 3-93 所示。

③ 设置文本框高度绝对值“5.5 厘米”，宽度绝对值“11 厘米”，如图 3-94 所示。

④ 设置艺术字段落对齐方式为“居中”，字体颜色为“黑色，文字 1，淡色 25%”。

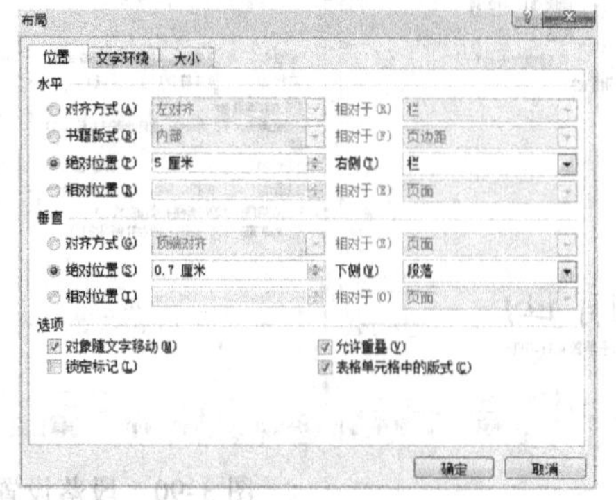

图 3-93 设置艺术字文本框位置

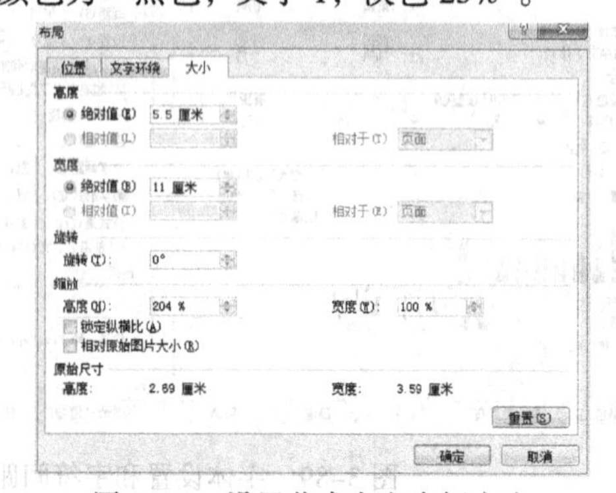

图 3-94 设置艺术字文本框大小

⑤ 设置结果如图 3-95 所示。

⑥ 保存“大赛邀请函.docx”文档，并关闭备用。

5. 利用素材，制作“人名单.docx”表格文档

① 利用素材文件“人名单.docx”，插入文档内容。

② 将插入的内容，转换为 2 列 9 行的表格，如图 3-96 所示。

图 3-95 插入艺术字样张

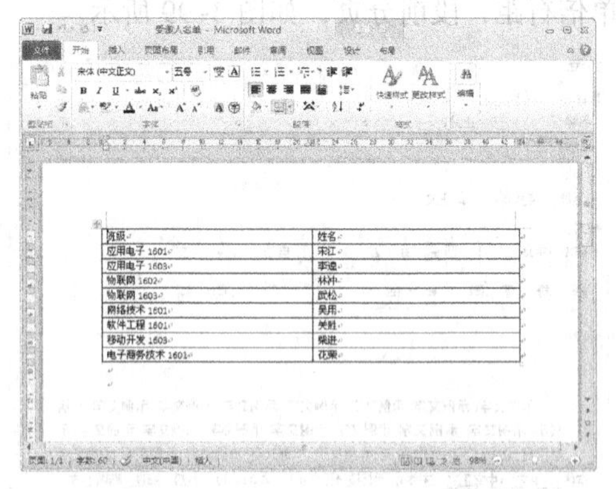

图 3-96 制作“受邀人名单”表格

6. 合并主文档和数据源数据并最后生成“大赛邀请函成品.docx”文档

① 将主文档“大赛邀请函.docx”，与数据源“受邀人名单.docx”文件进行合并。

② 设置“插入合并域”“姓名”数据。

③ 通过“预览结果”命令，查看预览结果。

④ 预览结果无误，“完成并合并”文件，并将文件另存为“大赛邀请函成品.docx”文档，保存到“桌面”目录中，以备打印。

二、职业生涯规划文档排版

1. 新建文档并进行页面设置

① 新建一个空白文档，并以“职业生涯规划.docx”为名，保存在“桌面”文件夹中。

②设置文档页面属性，页边距上、下、左、右均为“2.5 厘米”，纸张大小选择“A4”。

2. 撰写或插入文档内容，设置排版环境

① 通过素材文件“职业生涯规划源文.docx”文件，插入文档内容。

② 打开“导航”对话框和“样式”对话框。

③ 单击“样式”列表框中的“选项”按钮，打开“样式窗格选项”对话框，在“选择要显示的样式”下拉菜单中选择“当前文档中的样式”，如图 3-97 所示，单击“确定”按钮，用于屏蔽其他多余样式，减少干扰因素。

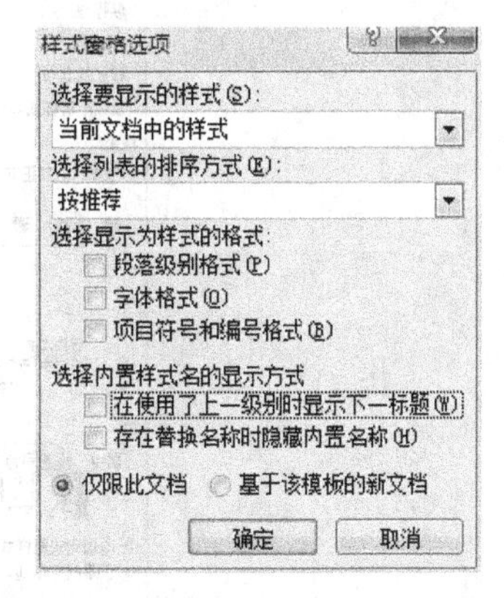

图 3-97 “样式窗格选项”对话框

3．使用样式设置文档格式

① 修改“正文”样式为正文小四号宋体字，首行缩进 2 字符，行间距为固定值 20 磅，如图 3–98 所示。

② 新建 “一级标题”样式，“样式类型”选择“段落”，“样式基准”选择“正文”，“后续段落样式”选择“正文”。字体设置“黑体”“四号”“居中”，段落设置“大纲级别”选择“1 级”，单倍行距，段前分页，如图 3–99 所示。

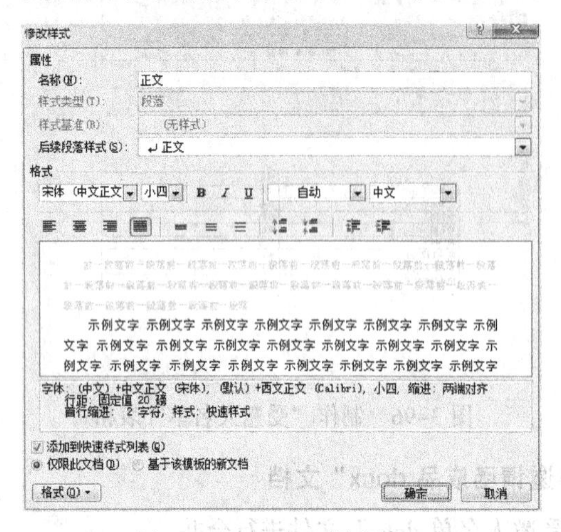

图 3–98 “正文”样式设置

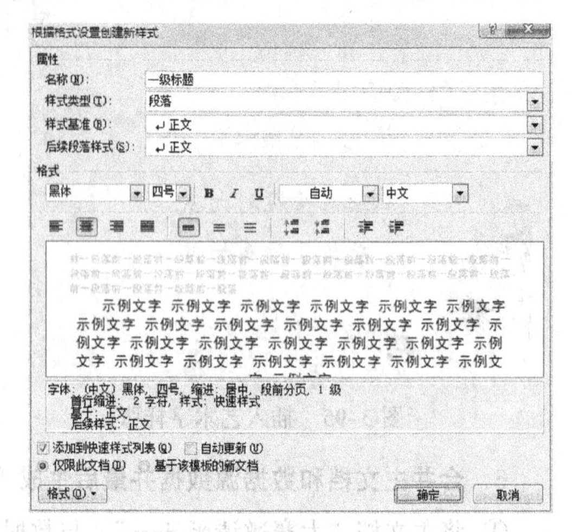

图 3–99 “一级标题”样式设置

③ 同样方法新建“二级标题”样式，字体设置“黑体”“小四”“两端对齐”“首行缩进 2 字符”，段落设置“大纲级别”选择“2 级”，行间距为固定值 20 磅。

④ 同样方法新建“三级标题”样式，字体设置“黑体”“小四”“左对齐”“首行缩进 2 字符”，段落设置“大纲级别”选择“3 级”、单倍行距。

⑤ 同样方法新建“图片”样式，对齐方式设置为“居中”，“大纲级别”选择“文本正文”，段前段后“0.5 行”，单倍行距，如图 3–100 所示。

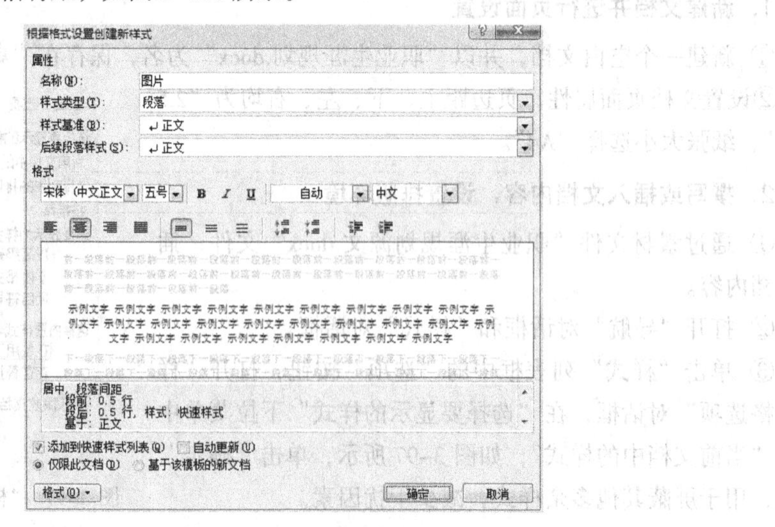

图 3–100 “图片”样式设置图

4. 应用样式

① 将论文中正文部分，应用“正文”样式。

② 将论文中所有一级标题，应用“一级标题”样式。

③ 同理将二级标题、三级标题、图片和图片标注样式应用与论文之中。

5. 插入目录页并设置页眉和页脚

① 将光标定位于“总论（引言）”最前面的“总”字之前，通过“页面布局”选项卡“页面设置”组中的“分隔符”下拉菜单，选择“分节符”组中的“下一页”按钮。在“总论（引言）”前插入新的一页，并跟正文分为不同节。

② 将光标定位于“总论（引言）”页，通过“插入”选项卡“页眉和页脚”组中的“页眉”下拉菜单，单击“编辑页眉”按钮，进入页眉页脚编辑状态。

③ 将“页眉和页脚工具–设计”选项卡“导航”组中的“链接到前一条页眉”选项去掉，并在页眉编辑区键入页眉文字“职业生涯规划书”，文字设置“居中”。

④ 选择“页眉和页脚工具–设计”选项卡“导航”组中的“转至页脚”选项，将“链接到前一条页眉”选项去掉。

⑤ 选择“页眉和页脚工具–设计”选项卡“页眉和页脚”组中的“页码”下拉菜单，选择“设置页码格式”命令，打开“页码格式”对话框。在“页码编号”中选择“起始页码”选项，在后面的文本框中选择“1”，单击“确定”按钮。

⑥ 选择“页眉和页脚工具–设计”选项卡“页眉和页脚”组中的“页码”下拉菜单，在下拉菜单中找到“页面底端”菜单，选择其中的“普通文字2”，为正文插入页码，单击“关闭页眉和页脚”返回正文编辑状态即可。

6. 自动提取目录

① 将光标定位到第一页输入文字“目录”，字体设置“黑体”“四号”“居中”，字符间距“加宽”“10磅”，段落设置“大纲级别”选择“正文文本”，单倍行距。

② 选择“引用”选项卡“目录”组 “目录”下拉菜单中的“插入目录”命令，打开“目录”对话框，勾选“显示页码”和“页码右对齐”复选框，显示级别设置为“3”，设置完成单击“确定”按钮，自动生成目录。

7. 自动生成封面

① 打开“插入”选项卡“页”组“封面”下拉菜单，选择下拉菜单中的“网格”型，Word会为文档自动添加封面。

② 在打开的封面中填入相关信息。

8. 保存并关闭文档

检查整理无误后，单击“文件”菜单中的“保存”命令，保存文档并关闭。完成后最终效果如图3–101所示。

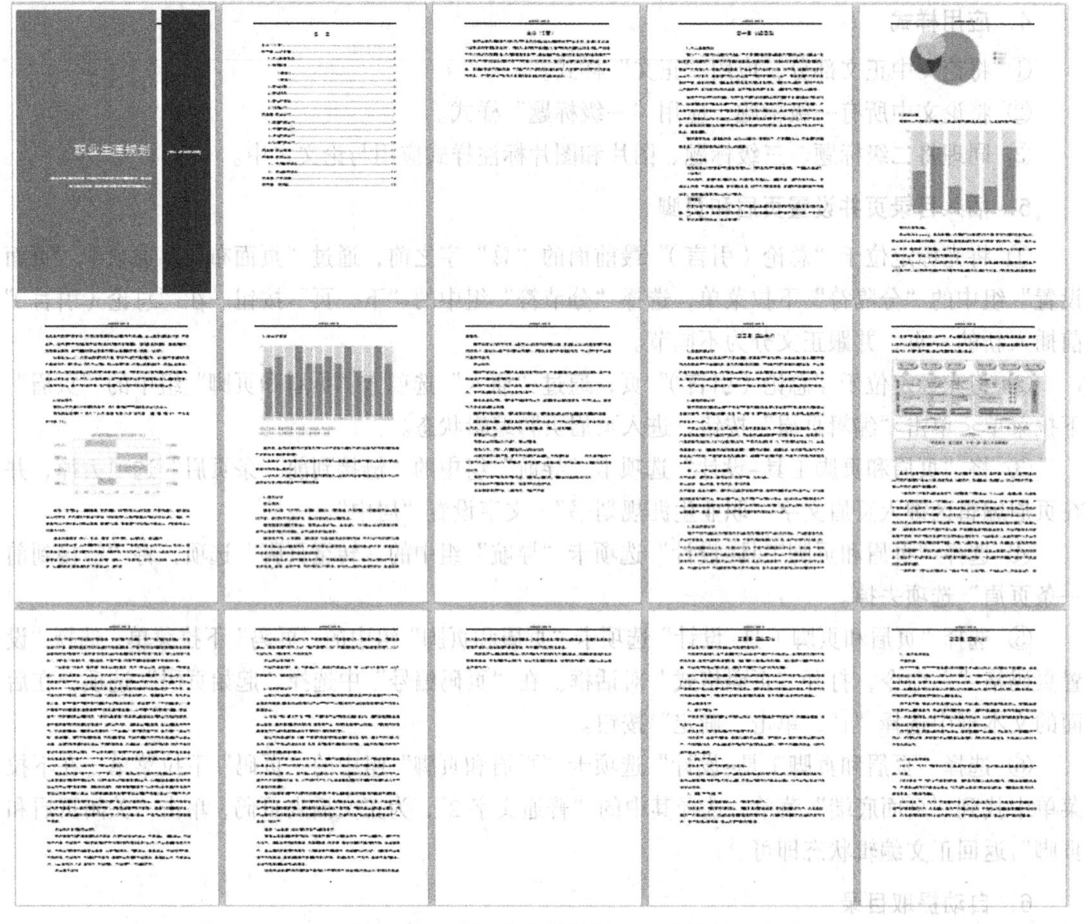

图 3-101 “职业生涯规划”文档排版

单元 4 Excel 2010 电子表格处理软件应用

学习目标

通过本单元内容的学习，使读者能够具有以下基本能力：

- 使用 Excel 2010 电子表格进行表格数据编辑的基本能力。
- 使用 Excel 2010 电子表格进行表格数据计算的基本能力。
- 使用 Excel 2010 电子表格进行表格数据统计分析的基本能力。

学习内容

本单元学习使用 Excel 2010 电子表格软件的知识和技能，分解为 4 个学习任务。

- 任务 1　制作产品销售年报
- 任务 2　评价客户等级
- 任务 3　统计和分析产品销量
- 任务 4　编制产品销售报告

任务 1　制作产品销售年报

任务描述

懂得 Excel 2010 电子表格软件的功能，学习基本使用方法，熟悉用户操作界面，能够建立并编辑简单电子表格。

本任务要求利用 Excel 2010 的表格创建、编辑、格式设置等功能完成“产品销售年报.xlsx”工作簿的编制。具体要求如下。

① 在文件夹“D:\EXCEL\任务”中，新建 Excel 2010 工作簿“产品销售年报.xlsx”。

② 在工作簿“产品销售年报.xlsx”工作表“Sheet1”中输入、编辑产品销售年报数据，将工作表标签“Sheet1”命名为“产品销售年报”。

③ 结果如图 4-1 所示。

④ 将工作表“产品销售年报”复制到工作表“Sheet2”中，并命名为“产品销售年报（格式化）”，对其进行格式设置，效果如图 4-2 所示。

- 表标题设置为黑体、24 号、白色，行高 35 磅，合并居中，红色底纹。其余行高 22 磅。

A	B	C	D	E	F	G	H	I	J	K
产品销售年报										
编制单位：销售部		2009年12月31日	单位：元							
产品类别	产品名称	产品单价	单位	第一季	第二季	第三季	第四季	合计	平均	销售金额
计算机	服务器	20000.00	台	10	15	12	20	57	14	1140000
计算机	台式机	4000.00	台	200	180	220	240	840	210	3360000
计算机	笔记本	6000.00	台	150	160	180	190	680	170	4080000
外设	打印机	800.00	台	240	280	320	320	1160	290	928000
外设	显示器	1000.00	台	280	300	320	340	1240	310	1240000
外设	扫描仪	2000.00	台	100	120	120	130	470	118	940000
耗材	打印纸	120.00	箱	200	250	200	300	950	238	114000
耗材	硬盘	500.00	个	150	170	190	200	710	178	355000
耗材	光盘	50.00	盒	300	250	310	320	1180	295	59000
合计	合计									12216000

图 4-1 产品销售年报

- 第 2 行设置为黑体、14 号。
- 表格文字区设置为黑体、14 号、水平及垂直居中，表格数值区设置为黑体、14 号、右对齐，金额数值保留 2 位小数，列标题行底纹为浅绿色，合计行底纹为红色。
- 表格外边框为红色双实线，内边框为黑色单实线。

⑤ 设置纸张方向为横向，上、下、左、右边距各为 2 厘米，打印预览，结果如图 4-2 所示。

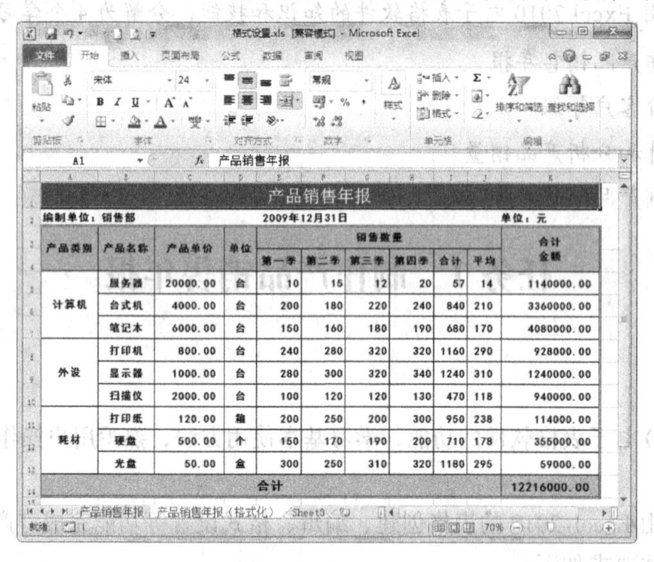

产品销售年报										
编制单位：销售部				2009年12月31日					单位：元	
产品类别	产品名称	产品单价	单位	销售数量						合计金额
				第一季	第二季	第三季	第四季	合计	平均	
计算机	服务器	20000.00	台	10	15	12	20	57	14	1140000.00
	台式机	4000.00	台	200	180	220	240	840	210	3360000.00
	笔记本	6000.00	台	150	160	180	190	680	170	4080000.00
外设	打印机	800.00	台	240	280	320	320	1160	290	928000.00
	显示器	1000.00	台	280	300	320	340	1240	310	1240000.00
	扫描仪	2000.00	台	100	120	120	130	470	118	940000.00
耗材	打印纸	120.00	箱	200	250	200	300	950	238	114000.00
	硬盘	500.00	个	150	170	190	200	710	178	355000.00
	光盘	50.00	盒	300	250	310	320	1180	295	59000.00
合计										12216000.00

图 4-2 产品销售年报格式设置效果

任务分析

Excel 2010 是 Office 2010 办公软件中的一个组件，该软件是主要针对表格对象进行编辑处理的集成环境。在电子表格环境下，用户不仅能快速创建、编辑、格式化图表，还能对表格进行计算、排序、筛选、汇总等操作。

通过完成本任务，应该达到的知识目标和能力目标如表 4-1 所示。

表 4-1 知识目标和能力目标

知识目标	能力目标
①懂得 Excel 2010 的功能、用户操作界面和基本使用方法 ②学习工作簿、工作表、单元格等基础知识 ③学习工作表各类数据的输入、编辑和格式化方法 ④工作表的页面设置和打印输出	①掌握 Excel 2010 基本操作方法 ②能够建立 Excel 工作簿、工作表 ③能够对工作表进行编辑和格式化 ④设置产品销售年报的页面和打印格式

一、Excel 2010 的功能

Excel 2010 的主要功能如下：

① 表格操作：Excel 2010 提供了丰富的格式化命令。

② 计算能力：Excel 2010 提供了 11 类函数及公式计算的功能，可实现许多复杂的计算。

③ 图表功能：Excel 2010 提供了数十种图表类型，可以创建各种直观、形象的图表。

④ 数据库管理：Excel 2010 可以把工作表的行作为数据库文件的记录，列作为数据库文件的字段，实现计算、排序、筛选、汇总、数据透视表等操作。

⑤ 数据共享：Excel 2010 数据共享功能可以实现多个用户共享同一个工作簿文件。

二、Excel 2010 的启动与退出

1. 启动 Excel 2010

执行"开始"→"程序"→"Microsoft Office"→"Microsoft Office Excel 2010"命令，就可以启动 Excel 2010。启动 Excel 2010 后系统将自动建立一个名为"工作簿 1"的空电子表格文档，等待输入内容。启动 Excel 2010 后的界面如图 4-3 所示。

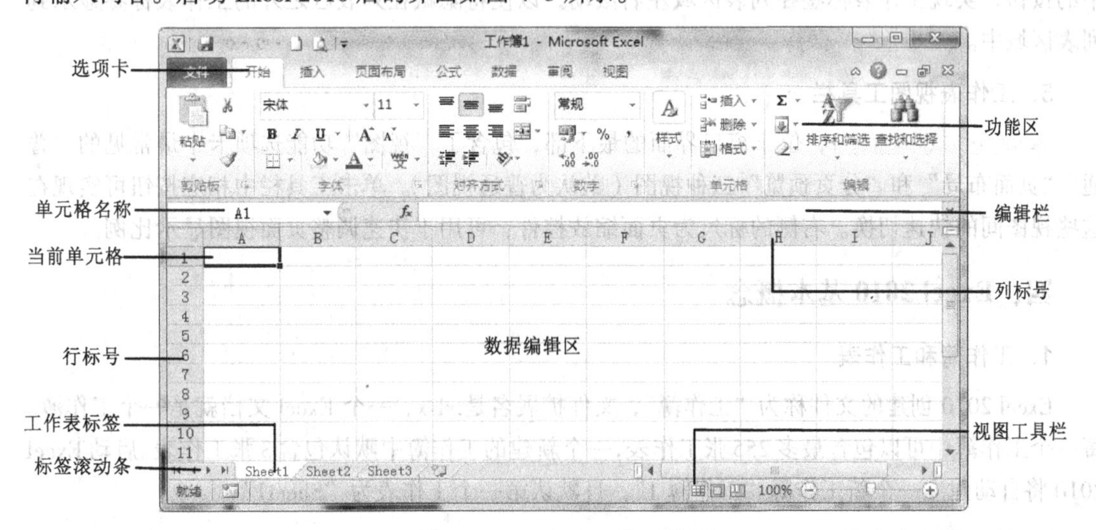

图 4-3 Excel 2010 窗口界面

提示：双击桌面上 Excel 2010 快捷方式图标也可以启动 Excel 2010，并建立"工作簿 1"文档。或者双击已建立的 Excel 文档名称，系统会首先启动 Excel 2010，然后打开该文档。

2. 退出 Excel 2010

单击标题栏左上角的应用程序图标，选择“关闭”菜单项，或单击标题栏右上角的“关闭”按钮，或选择“文件”选项卡中的“退出”命令，均可退出 Excel 2010。

三、Excel 2010 的窗口界面

Excel 2010 的窗口界面如图 4-3 所示。与其他 Office 组件相同，上半部分是标题栏、功能选项卡、功能区等，窗口下半部分是 Excel 特有界面，主要包含下列部分：

1. 公式栏或编辑栏

A1 fx，位于功能区下方，是 Excel 的一个重要工具，用于输入和显示存放在单元格中的数据、公式或函数。

2. 数据编辑区

位于窗口界面的中下部，是 Excel 电子表格数据录入、编辑的区域，左边有行标号，上边有列标号，右边有垂直滚动条，下边右侧有水平滚动条。

3. 工作表标签

Sheet1 Sheet2 Sheet3，位于窗口界面的左下部，一个工作簿可以有多个工作表，每一个表可以有不同的名字（即标签），Sheet 为其通用名字，单击某一表标签，可以直接进入相应的工作表。右击表标签，打开“表标签”快捷菜单，可以选择相应的命令，拖动表标签，可以移动工作表位置，按住【Ctrl】键拖动表标签，可以快速复制工作表。

4. 工作表标签滚动条

，位于工作表标签左侧。如果当前工作簿中包含众多工作表，则可通过单击该滚动条中的按钮，实现工作表标签在列表区域左右滚动，以便将隐藏在列表区之外的工作表标签显示到列表区域中。

5. 工作表视图工具栏

100%，位于窗口界面的最下部，包含了“视图”功能选项卡中最常见的“普通”“页面布局”和“分页预览”三种视图（默认为普通视图）。单击工具栏中相应按钮可实现在这些视图间的快速切换。右侧的标尺为页面缩放控件，可用于快速调整页面视图显示比例。

四、Excel 2010 基本概念

1. 工作簿和工作表

Excel 2010 创建的文件称为“工作簿”，文件扩展名是.xlsx，一个 Excel 文档就是一个工作簿。每一个工作簿中可以包含最多 255 张工作表，一个新建的工作簿中默认包含 3 张工作表。启动 Excel 2010 将自动建立一个新工作簿“工作簿 1”，且默认第一个工作表为“Sheet1”。

2. 行、列和单元格

单元格是组成工作表的最小单位，也就是工作表中的一个“格”。单元格中可以输入包括文字、数字、声音等各种类型的数据。为了便于对单元格的数据进行计算、筛选、排序等处理，每个单

元格都有一个由行和列定义的地址，而每个行都有自己的行标（1、2、3…），每个列都有自己的列标（A、B、C…）。这样，就可以用行标和列标的代号来表示每个单元格的位置，如A1就表示在第A列第1行的单元格。

五、工作表的基本操作

在Excel中对工作表的操作主要有：向工作簿中添加工作表，重命名工作表，复制、移动和删除工作表以及保护工作表中的数据安全等。

1. 向工作簿中添加工作表

一个新建的工作簿中默认包含3张工作表，若要工作簿中包含更多的工作表，可通过以下方法向工作簿中添加工作表。

① 右击位于Excel窗口左下角的某个工作表标签，在弹出的快捷菜单中选择“插入”命令，如图4-4所示，选择“工作表”后单击“确定”按钮即可在当前工作表前方插入一个新的空白工作表（快捷键【Shift+F11】）。上述操作也可以选择其他插入项目，插入相应对象。

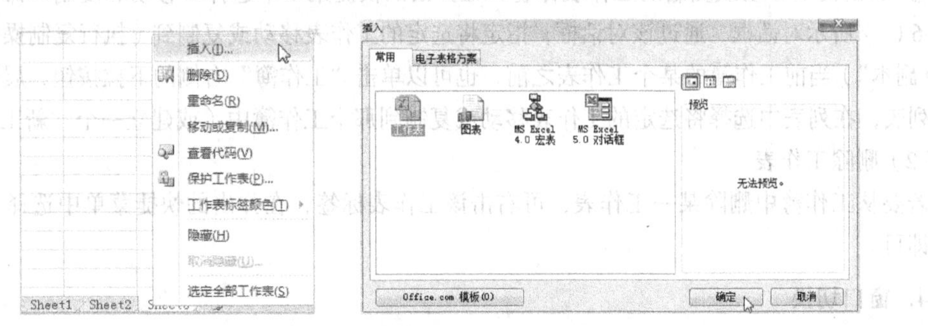

图4-4 使用快捷菜单向工作簿中插入工作表

② 单击Excel窗口左下角的工作表标签右侧的“插入工作表”按钮，即可直接在当前工作表序列最后插入一张新的空白工作表。如图4-5所示。

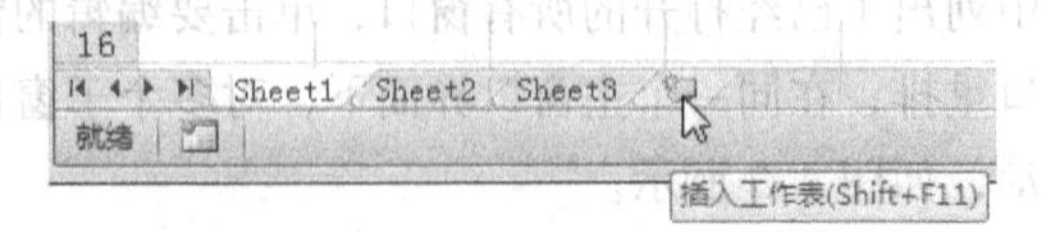

图4-5 使用快捷按钮向工作簿中插入工作表

2. 工作表重命名

为了更直观地表现工作表中数据的含义，应将其重命名为便于理解的名称，如“工资表”“物资表”“考勤表”等。更名时，在需要重命名的工作表标签上右击，在弹出的快捷菜单中选择“重命名”命令，录入新的名称，确认。

3. 移动、复制和删除工作表

移动工作表是指调整工作表的前后排列顺序或将工作表整体迁移到一个新的工作簿中。复制工作表指的是建立指定工作表的副本，以便在此数据基础上快速建立一个新的工作表。例如，复制“1月份工资表”到“2月份工资表”，通过部分数据的修改可大幅度提高工作效率。

（1）移动或复制工作表

在 Excel 工作簿中移动或复制工作表常用以下方法：

① 在当前工作簿中，拖动工作表标签到新的位置，即可实现工作表的移动，若拖动的同时按下【Ctrl】键，则可实现工作表的复制，如图 4-6 所示。

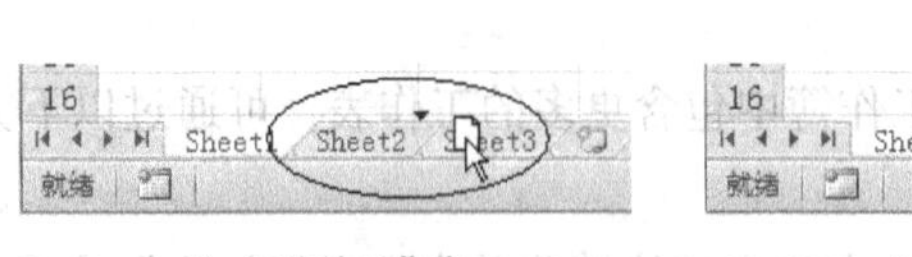

（a）移动工作表　（b）复制工作表　（c）使用快捷菜单移动或复制工作表

图 4-6　移动或复制工作表

② 右击需要移动或复制的工作表标签，在弹出的快捷菜单中选择“移动和复制”命令，出现图 4-6（c）所示对话框，通过该对话框，指定将选定的工作表移动或复制到（执行复制操作应勾选“建立副本”）当前工作簿的某个工作表之前，也可以单击“工作簿”右侧的下拉按钮，展开“工作簿”列表，在列表中选择将选定的工作表移动或复制到那个工作簿中（或建立一个“新工作簿”）。

（2）删除工作表

若要从工作簿中删除某一工作表，可右击该工作表标签，在弹出的快捷菜单中选择“删除”命令即可。

4. 窗口切换

Excel 2010 可以在一个窗口中编辑多个工作簿。将 Excel 2010 本身所在的窗口（即含有 Excel 2010 功能区的窗口）称为 Excel 2010 主窗口，而将每一个工作簿所在的窗口称为子窗口（或称为工作簿窗口或工作簿编辑区）。子窗口只能在 Excel 2010 主窗口内。选择“视图”选项卡，在“窗口”组“切换窗口”列表中列出了已经打开的所有窗口，单击要编辑的窗口名称选项，即可实现窗口切换。还可以选择窗口重排，在同一个主窗口界面下，对多个子窗口进行重排，实现子窗口之间的并排查看和同步滚动，如图 4-7 所示。

图 4-7　Excel 2010“视图”选项卡“窗口”组界面

5. 保护工作表和工作簿

在 Excel 电子表格中通常会存放一些重要的数据，如员工的个人信息、财务数据、学生成绩等。Excel 2010 提供了一些专用的安全功能来保护这些数据。

单击“文件”选项卡→“信息”→“保护工作簿”，如图 4-8 所示。可以看到这些功能有“标记为最终状态”“用密码进行加密”“保护当前工作表”“保护工作簿结构”“按人员限制权限”和“添加数字签名”六项。其中，最常用的是“用密码进行加密”“保护当前工作表”“保护工作簿结构”。

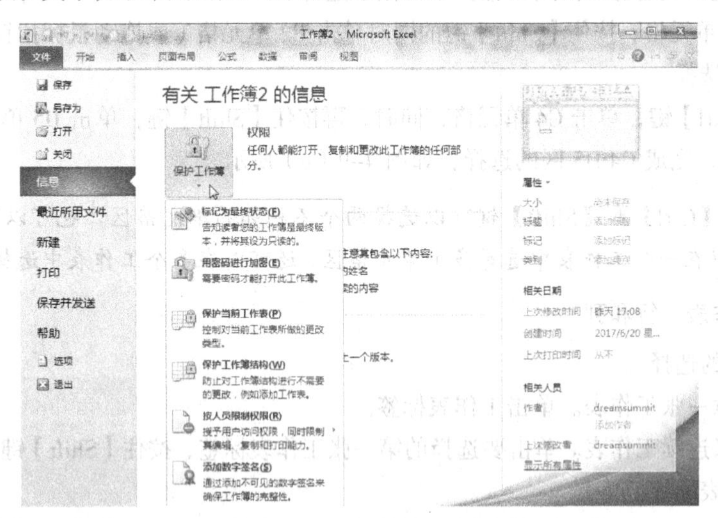

图 4-8　保护工作簿和工作表

六、向表格中输入数据

在对电子表格进行数据录入、复制、格式化、字体设置、运算等操作之前，首先要确定对哪个电子表格中的哪些单元格进行操作，即选择活动单元格并确定当前工作表的工作区域。

1．选择工作表

单击工作表标签滚动条中的按钮可以向左或向右移动工作表标签；单击某一表标签可以直接进入相应的工作表；右击“表标签滚动”按钮，打开当前工作簿中的工作表清单，可以在该清单上选择工作表。

2．选择单元格

（1）单个单元格的选择

单击单元格可以选择单元格，如图 4-9（a）所示。

（2）连续单元格区的选择

一个活动单元格是用两对角（左上角和右下角）单元格表示的，可以用鼠标或键盘来选择。如要选择 B2:C5 单元格区，单击 B2 后拖动到 C5；或先单击 B2 单元格，按住【Shift】键的同时单击 C5 单元格，如图 4-9（b）所示。

当要选择的单元格区域较大时，可以利用“定位”命令来选择单元格区。如要选择 A1:Z10 区，操作方法如下：

① 单击 A1 单元格，使其为当前单元格。

② 在“编辑”组的“查找和替换”列表中选择“转到”命令，打开“定位”对话框。

③ 在“定位”对话框的“引用位置”文本框中输入“Z10”。

④ 按住【Shift】键，单击“确定”按钮。

（3）多个单元格区的选择

若要选择的单元格区不是一个矩形连续区域，而是多个不连续区域，可以先选择第一个区域，再按住【Ctrl】键依次选择后面的区域。如要同时选择 A1:B2 和 C4:D5 区，操作方法如下：

① 单击 A1 单元格，按住【Shift】键的同时单击 B2 单元格（或拖动鼠标指针至 B2 单元格），完成 A1:B2 区的选择。

② 按住【Ctrl】键，单击 C4 单元格，同时，再按住【Shift】键，单击 D5 单元格（或拖动鼠标至 D5 单元格），完成 C4:D5 区的选择，如图 4-9（c）所示。

提示：借助【Ctrl】和【Shift】键可以选择两个不相邻的单元格区，也可以同时选择不同的行、列。不但可以在一个工作表中选择多个单元格区，还可以在多个工作表中选择多个单元格区。

3．选择工作表、行和列

（1）工作表的选择

① 选择任意一张工作表。单击工作表标签。

② 选择多张连续工作表。单击要选择的第一张工作表标签，按住【Shift】键，再单击要选择的最后一张工作表标签。

③ 选择多张不连续工作表。单击要选择的第一张工作表标签，按住【Ctrl】键，再依次单击要选择的其他工作表标签。

（2）行和列的选择

① 选择任意一行（列）。单击行（列）号，如图 4-9（d）和图 4-9（e）。

② 选择连续的行（列）。单击要选择的第一行（列）的行（列）号，按住【Shift】键，再单击要选择的最后一行（列）的行（列）号（或拖动鼠标至最后一行（列））。

③ 选择不连续的行（列）。单击要选择的第一行（列）的行（列）号，按住【Ctrl】键，再依次单击要选择的行（列）的行（列）号。

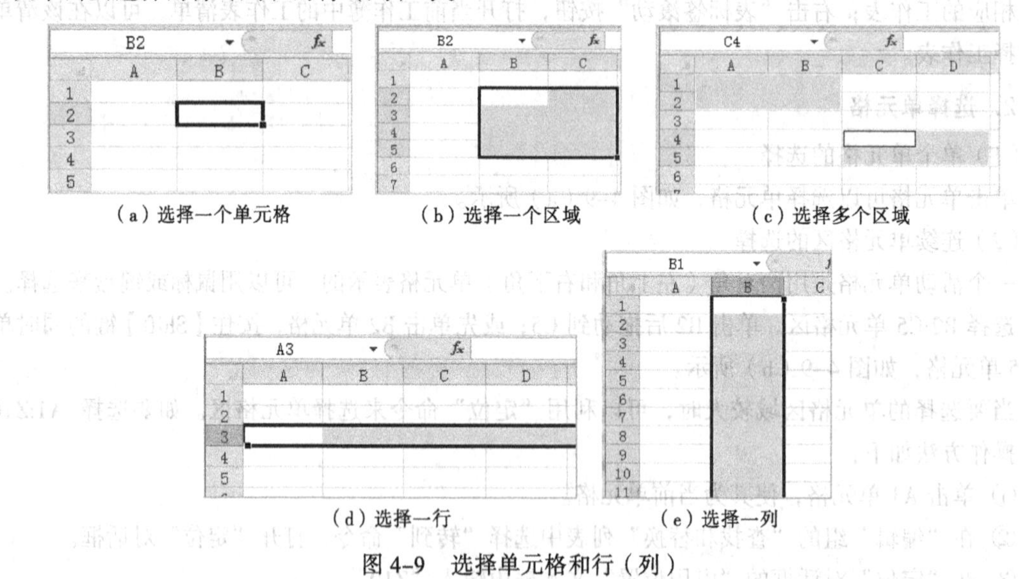

（a）选择一个单元格　（b）选择一个区域　（c）选择多个区域

（d）选择一行　（e）选择一列

图 4-9　选择单元格和行（列）

4．表格内容的输入

Excel 2010 单元格中可以输入多种类型的数据（如文本、数字、日期等），掌握不同类型数据的输入技巧是使用 Excel 必不可少的操作基础。

（1）输入文本类型的数据

默认情况下输入到单元格中的文本数据是左对齐的。在选定的目标单元格中输入文本后按【Enter】键确认，并将当前单元格切换到下一行相同列位置。若按【Tab】键将切换到同一行右侧单元格。

向单元格中输入数据时，当前单元格中会出现插入点光标，输入的数据也会同步显示到单元格编辑栏中，并且在编辑栏左侧会出现用于确认和取消输入的按钮✓和×，单击“确认”✓按钮确认输入，但不变更当前单元格的位置。单击“取消”×按钮或按【Esc】键，则取消输入到单元格中的内容。

需要注意的是，单元格在初始状态下有一个默认的宽度，即只能显示一定长度的字符，如果输入的字符数超出了单元格的宽度，仍可继续输入，表面上它会覆盖右侧单元格中的数据，实际上仍属本单元格内容。确定输入后，如果右侧单元格为空，则此单元格中的文本会跨越单元格完整显示；如果右侧单元格不是空的，则只能显示一部分字符，超出单元格列宽的文本将被截断，但在编辑区中会显示完整的文本。

（2）处理由数字组成的字符串

有时需要把一些数字串当做文本类型数据（如电话号码、邮政编码、身份证号等不参加数学运算的数字串）来处理，以避免因类型理解不正确而导致数据错误。如图 4-10 所示，在输入身份证号码“31020319191112××××”时，由于 Excel 将其默认为数值数据进行了处理而出现了输入错误。

为避免以上情况的发生，需要将这些数字设置为文本格式。设置方法为：

① 如图 4-11 所示，在数字字符串前加一个英文的单引号“'”，即可指定后续输入的数字串为文本格式。使用这种方法，在输入文本格式的数字串后，选中单元格在其右侧会出现一个“警告”标记，指针指向该标记时，会显示提示信息，单击该标记会弹出处理操作菜单。一般情况下可忽略该标记，继续进行后续操作。

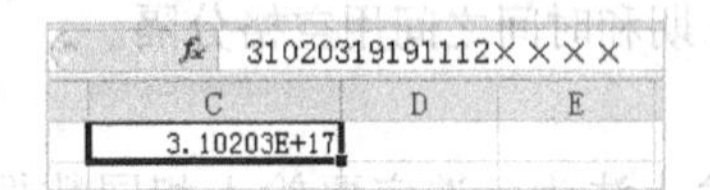

图 4-10　文本按数字处理时出现的问题

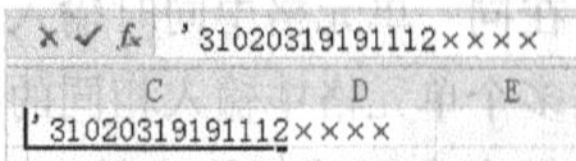

图 4-11　使用“'”号使数字串按文本处理

② 将需要输入数字字符串的单元格、列、行或区域设置为文本格式。首先选中单元格、列、行或区域。在“开始”选项卡“数字”组中单击“常规”下拉列表框右侧的三角按钮，如图 4-12 所示，在弹出的列表中选择“文本”。该操作表示在选定的单元格、列、行或区域中输入的任何数据都按文本数据处理，而不必再在每一个数据前逐一添加“'”了。

（3）输入数值类型数据

输入的数值类型数据，一般按“常规”方式显示，但当输入数值的长度超出单元格宽度时，Excel 自动以科学计数法表示，如输入身份证号码“31020319191112××××”时，显示为“3.102E+17”，表示 3.102X10^{17}（Excel 支持的数字精度为 15 位）。

如图 4-13 所示，若数值所占宽度超过了所在单元格的宽度，则数字将以一串“#”代替，从而避免产生阅读错误。拖动单元格右边线调整单元格宽度后，数值方可恢复正常显示。

在单元格中输入正数时，前面的“+”号可以省略。负数的输入可以用“-”表示，也可以用数字加括号的形式，例如，“-12”可以输入为“(12)”。

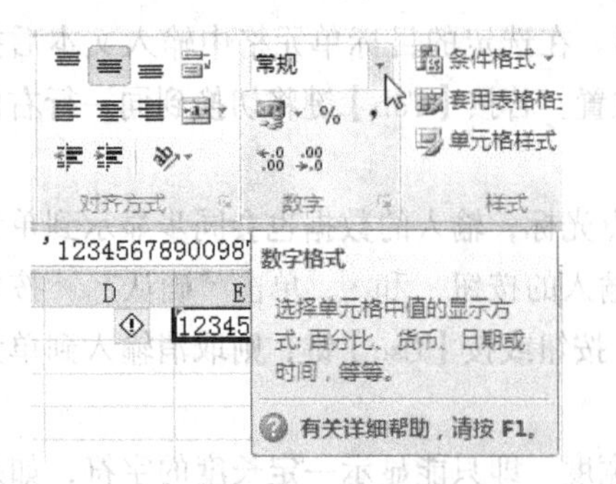

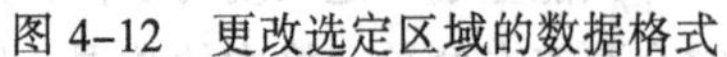

图 4-12　更改选定区域的数据格式

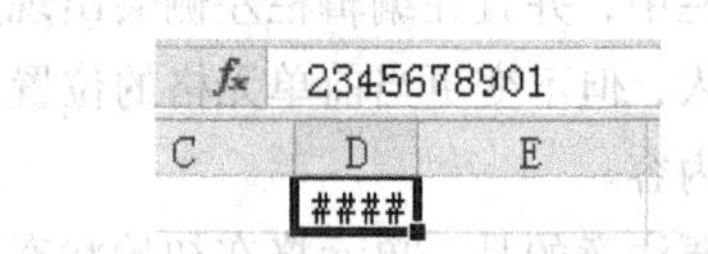

图 4-13　数据宽度超过了单元格宽度

Excel 2010 支持用分数形式输入数值，但输入时必须先以零或正数开头，然后按一下空格键，再输入分数。如，“0 1/2”（表示 ½）、“1 1/2”（表示 1½）。

在输入表示货币的数值时，数值前面可以添加$、￥等具有货币含义的符号，计算时不受影响。若在数值尾部加“%”符号，表示该数除以 100。如，“32%”，在单元格内显示 32%，实际值是 0.32。

（4）输入日期/时间类型数据

① 输入日期数据。输入日期的格式为“年-月-日”或“年/月/日”。如，“2018 年 10 月 2 日”可按以下形式之一输入：2018-10-2，18-10-2，2018/10/2，18/10/2，2/Otc/18，2-Otc-18。若要在单元格中输入当前日期，可按【Ctrl+;（分号）】组合键。

② 输入时间数据。在单元格中输入时间的格式为：“时：分：秒”。如“9:11:12”。若要输入当前时间，可按【Ctrl+Shift+;（分号）】组合键。

Excel 2010 默认对时间数据采用 24 小时制。若要输入 12 小时制的时间数据，可在时间数据后按一个空格，然后输入 AM（上午）或 PM（下午）。

如果要在同一单元格中同时输入日期和时间，则应在日期和时间之间用空格分隔。

（5）在多个单元格中输入相同的数据

如果需要在多个单元格中输入相同的数据，其快捷输入法为：选定要输入相同数据的多个单元格（连续或不连续均可），在活动单元格中输入数据后按【Ctrl+Enter】键，之前所选定的单元格中都将被填充成同样的数据。如果前面选定的单元格中已有数据，则这些数据将被覆盖。

5. 使用自动填充提高输入效率

工作表中经常会用到许多序列，如日期序列、数字序列、相同的计算公式或函数等，Excel 2010 提供了“自动填充”功能以方便用户通过简单拖动来实现数据的快速录入。

（1）相同数据的自动填充

在某单元格输入数据后，将鼠标指针移至单元格右下角的“填充柄”（右下角的黑色点标记）上，当指针变成黑色十字标记+时，按下左键并向上、下、左、右方向拖动鼠标，即可完成相同数据的快速输入，如图 4-14 所示。

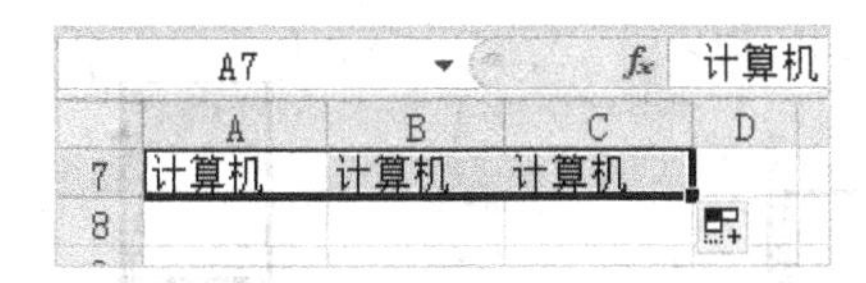

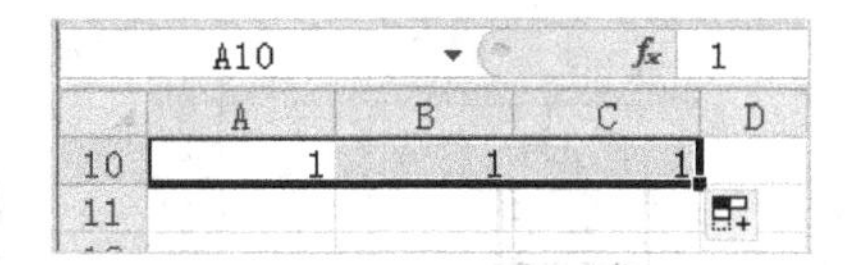

图 4-14 自动填充效果

自动填充完成后，屏幕上会显示一个“自动填充选项”图标，单击该图标可弹出图 4-15 所示的快捷菜单，用户可使用其中提供的命令设置自动填充选项。对于不同的数据类型，Excel 2010 提供的自动填充选项也不相同。从菜单中可以看出，对于数值型数据来说不仅可以实现复制填充，还可以实现序列填充。同时选项菜单还提供了仅填充格式或不带格式填充选项。

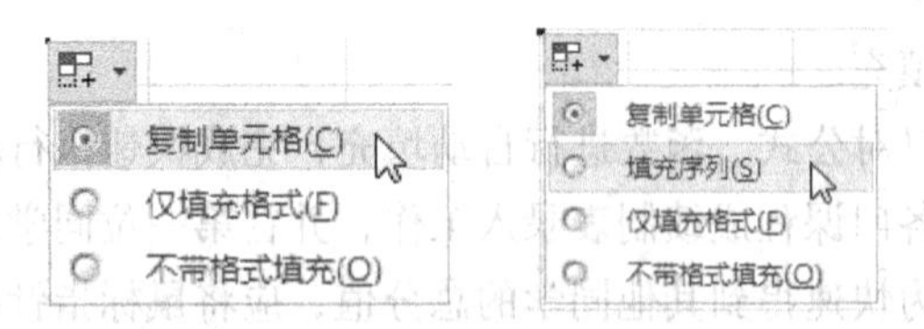

图 4-15 自动填充选项菜单

（2）数据序列自动填充

在创建表格时，常会遇到需要输入一些按某些规律变化的数字序列。如一月、二月、三月…；星期一、星期二…；等。使用自动填充功能录入数据序列是十分方便的。

Excel 2010 中已经预定义了一些常用的数据序列，也允许用户按照自己的需要添加新的序列。使用已定义的数据序列进行自动填充操作时，可首先输入序列中的一个项（不要求一定是第一个项）。而后将鼠标指针移动到“填充柄”上，当指针变成黑色十字形状时，按住左键向希望添加数据序列的方向拖动进行填充。图 4-16 所示的是填充数据序列“星期一”“星期二”…时得到的填充效果。

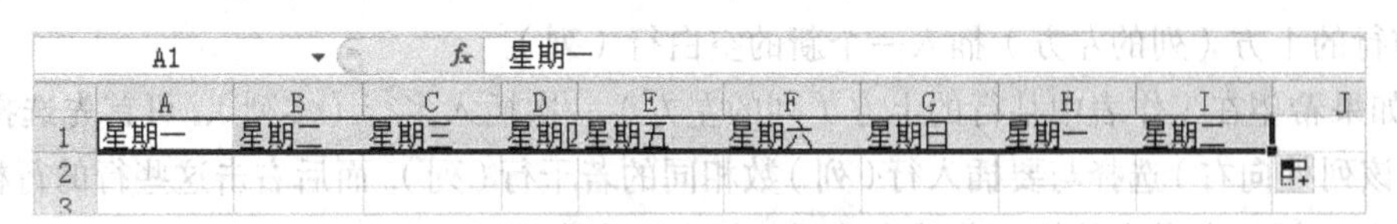

图 4-16 填充数据序列

从图 4-16 中可以看出，填充时系统从用户输入的某个序列项开始，逐个填充后续项。当填充完序列中的最后一个项时，周而复始，继续填充，直到用户停止拖动为止。如果对默认填充的结果不满意，可单击屏幕上出现的“自动填充选项”按钮，在弹出的菜单中通过相关命令进行修改。如上面填充中，若单击“以工作日填充”选项，则序列中将不再有“星期六”和“星期日”项。

（3）规律变化的数字序列填充

对于规律变化的数字序列，Excel 2010 默认按等差数列的方式自动填充数字序列，其步长值为两个起始项之间的差值。

选择要填充数据序列区域的前两个值，拖动填充柄覆盖要填充的区域，释放按键可以按升序或降序填充单元格内容到相邻单元格。向下或向右拖动填充柄时，按升序填充；向上或向左拖动填充柄时，按降序填充，如图 4-17 所示。

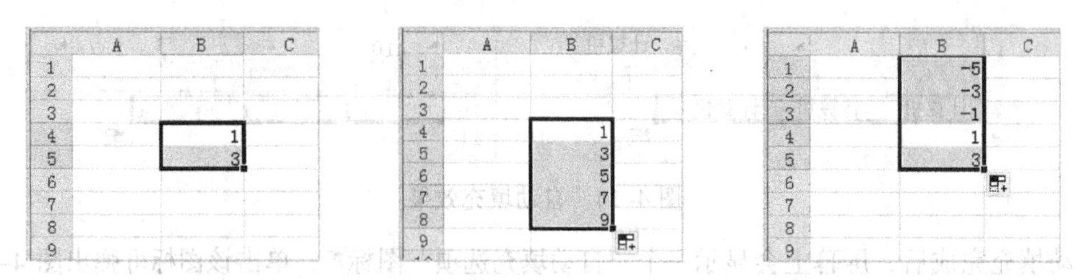

图 4-17 规律变化的数字序列填充（向下升序，向上降序）

提示：用右键拖动填充柄到指定位置，释放右键，打开快捷菜单，可选择菜单命令进行数据填充。

（4）公式、函数自动填充

在 Excel 2010 中还可以对公式、函数进行自动填充，完成快速执行相同计算方法的操作。

假设已完成班级成员各门课程成绩制表录入工作，并在第一位同学的总分单元格中输入求和公式，算出总分。这时，为快速得到其他同学的总分值，应将鼠标指针指向第一位同学总分单元格的填充柄，当指针变成黑色十字标记时，按住左键向下拖动，直到覆盖所有同学的总分单元格，执行公式的填充操作，放开鼠标后，可以看到所有同学的总分都计算出来了。

填充完成后，选择不同的总分单元格会，在编辑栏中看到填充进来的公式各不相同。

七、编辑工作表

1．添加、删除工作表中的行、列和单元格

向工作表中某行（列）的上方（左方）插入一行或多行（一列或多列）可以通过以下方法来实现。

① 右击工作表中某行（列）的行（列）标号，在弹出的快捷菜单中选择“插入”命令，即可在当前行的上方（列的左方）插入一个新的空白行（列）。

② 如果希望在工作表中某行的上方（列的左方）一次插入多行（多列），可首先选择在该行处向下（该列处向右）选择与要插入行（列）数相同的若干行（列），而后右击这些行的行标号（列的列标号）区域，在弹出的快捷菜单中选择“插入”命令即可。

③ 在工作表中单击某行（列）标号，选中该行（列），在“开始”选项卡的“单元格”组中，单击 按钮可在当前行上方（列左方）插入一个新的空白行（列）。单击“插入”下拉按钮，将弹出图 4-18 所示的下拉菜单，选择“插入工作表行”（“插入工作表列”）命令，可在当前行上方（列左方）插入一个新行（列）。

④ 在工作表中插入空白单元格。选择要插入新空白单元格的单元格或单元格区域，选取的单元格数量应与要插入的单元格数量相同。例如，要插入 5 个空白单元格，就要选取 5 个单元格。在“开始”选项卡上的“单元格”组中，单击“插入”命令按钮，在弹出的快捷菜单中选择“插入单元格”命令。也可以右击所选的单元格（区），在弹出的快捷菜单中选择“插入”，弹出“插入”对话框，按要求选择插入方式。

⑤ 删除单元格、行或列。在 Excel 2010 中，删除和清除是两个完全不同的概念。删除单元格（区域）时，被删除的单元格（区）从工作表中消失，空出的位置由周围的单元格填充；清除单元格（区）时，单元格中的内容、格式或附注消失，但空白单元格（区）仍保留在工作表中。

a. 清除单元格（区）。先选择单元格（区），然后选择“编辑”组“清除”列表框中的相应命令，或直接按【Del】键，即可清除单元格（区）的内容。

b. 删除单元格（区）。先选择单元格（区），然后选择“单元格”组“删除”列表框中的“删除单元格”命令，打开“删除”对话框，选择要删除的方式，单击“确定”按钮即可，如图4-19所示。

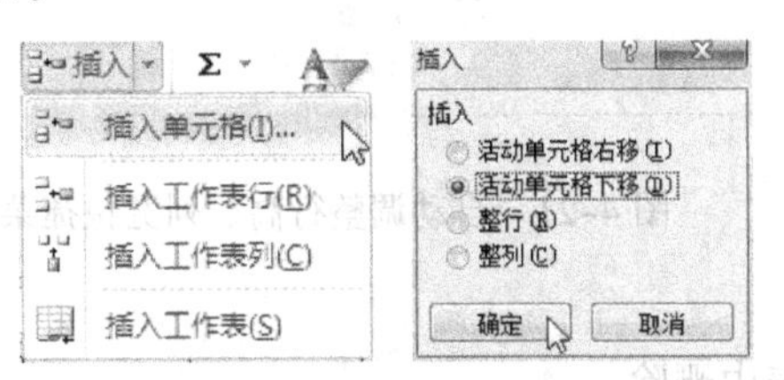

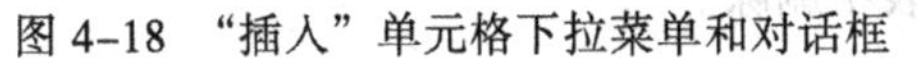
图4-18 “插入”单元格下拉菜单和对话框

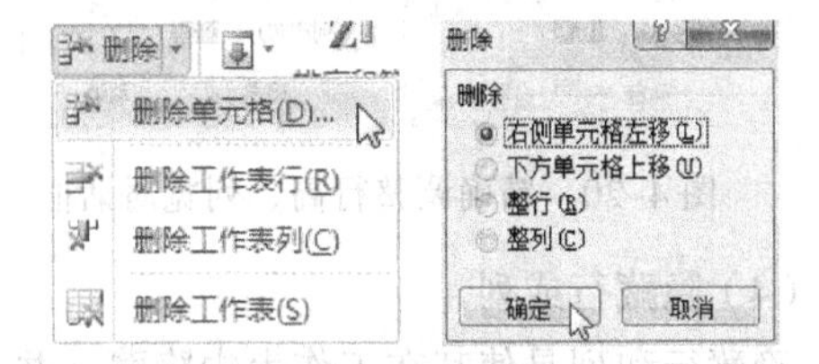

图4-19 “删除”单元格快捷菜单和对话框

c. 在工作表中选择了某行、某列、多行或多列后，右击选择区域的行或列标号区，在弹出的快捷菜单中选择“删除”命令，即可直接删除选定的行或列。

⑥ 复制或移动单元格、行或列。在选择了单元格、行、列或区域后，将指针靠近所选范围的边框处，当指针变成双十字箭头时，按住左键将其拖动到目标位置即可实现对象的移动。如果在拖动的同时按住【Ctrl】键（此时，鼠标指针旁会出现一个“+”标记），可实现对象的复制。

要注意的是，将某行（列）移动到某个包含有数据的行（列）前，应首先在目标位置插入一个新的空白行（列）。否则，目标位置的原有数据将会被覆盖。

2. 调整列宽和行高

如果Excel 2010工作表中的默认行高、列宽不能满足使用需要，就需要调整行高和列宽。

（1）快速更改行高和列宽

使用鼠标直接拖动行或列的边界线，可以快速更改行高和列宽。将鼠标指向行或列的边界线，当鼠标指针变成‡样式（调整行高）或✚样式（调整列宽）时，按下鼠标左键拖动即可实现行高或列宽的调整。

如果选择了多行或多列，拖动区域内任一下侧或右侧边界线，可同时调整选中的所有行高或列宽。

（2）精确设置行高和列宽

右击希望调整行高或列宽的行或列标号，在弹出的快捷菜单中选择“行高”或“列宽”命令，激活图4-20所示“行高”“列宽”对话框，在“行高”或“列宽”文本框中输入希望的值，单击“确定”按钮即可。

（3）自动调整行高和列宽

如果双击某行下端边界线或某列的右侧边界线，则可使行高或列宽自动匹配单元格中的数据高度或宽度。例如，单元格中数值数据超过了单元格宽度时会显示成一串“#”号，此时，双击单元格右侧边线即可自动调整列宽，并以适合数据的宽度完整显示。用户也可以在选择了需要自动调整的行或列后，在“开始”选项卡的“单元格”组，单击“格式”下拉按钮，在弹出的下拉菜单中选择“自动调整行高”或“自动调整列宽”命令即可，如图4-21所示。

图 4-20 精确调整行高、列宽对话框

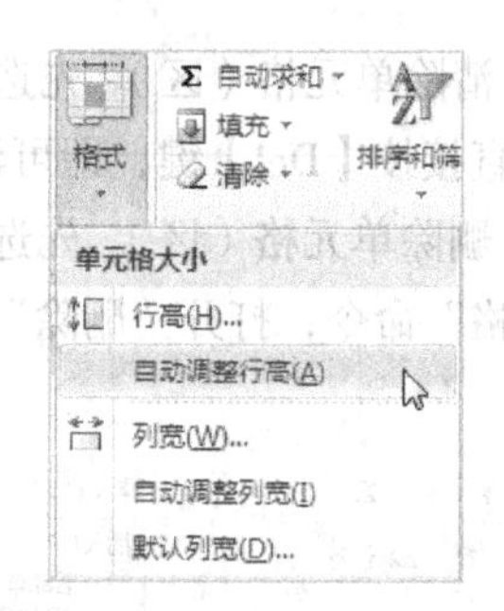

图 4-21 自动调整行高、列宽快捷菜单

（4）隐藏行或列

隐藏行和列是使其在工作表中隐藏，并不从工作表中删除。

① 鼠标操作：

隐藏行：拖动行标题下边框向上，使之与上边框重合，即可隐藏行，反之，取消隐藏。

隐藏列：拖动列标题右边框向左，使之与左边框重合，即可隐藏列，反之，取消隐藏。

② 功能区操作：

选择行或列，在“开始”选项卡“单元格”组“格式”列表框中，选择“隐藏和取消隐藏” 命令，即可设置隐藏或取消隐藏。

3．合并单元格

（1）合并相邻单元格

Excel 2010 提供了“合并后居中”“跨越合并”和“合并单元格”三种合并操作方式。选择两个或更多要合并的相邻单元格，可在“开始”选项卡的“对齐方式”组中单击“合并后居中”按钮右侧的标记，在弹出的下拉菜单中选择“合并单元格”或“合并后居中”命令。这种方法常用来进行表格标题的处理，如图 4-22 所示。

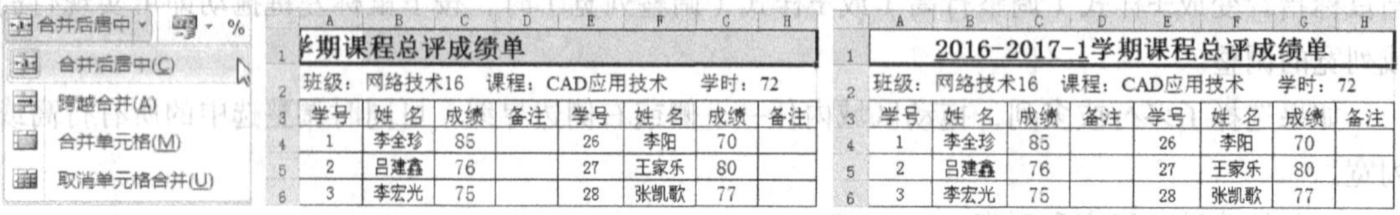

图 4-22 合并单元格

“跨越合并”的作用是将选择区域中的单元格按每行合并成一个单元格。

“合并单元格”的作用是将选择区域中的所有单元格合并成一个单元格，与“合并后居中”的区别仅在于合并后不会强制文本居中而已。

注意：如果被合并的单元格中已被录入了一些数据，则合并后只能留下所选区域左上角单元格中的数据，其他数据将被删除。

（2）取消合并的单元格

在 Excel 2010 中可以将合并后的单元格重新拆分成原状，但不能拆分未合并过的单元格。

选中已合并的单元格，在“开始”选项卡“对齐方式”组中单击“合并后居中”按钮右侧的标记，在弹出的下拉菜单中选择“取消单元格合并”命令。

4. 查找和替换

在“开始”选项卡上的“编辑”组中，单击“查找和选择”按钮，在弹出的下拉菜单中选择“查找”或“替换”命令，弹出图4-23所示的“查找和替换”对话框。

（1）查找数据

在“查找”选项卡的“查找内容”栏中，输入要搜索的关键字（可以是要查找内容的部分或全部），之后，单击“查找全部”或“查找下一个”按钮。“查找全部”表示将所有符合查询条件的数据全部显示到“查找和替换”对话框中。“查找下一个”仅将当前单元格定位到找到的第一个数据处。再次单击该按钮时定位到下一个符合条件的数据处。

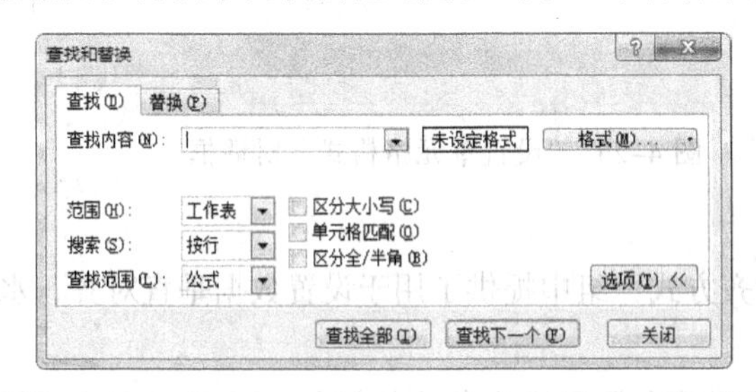

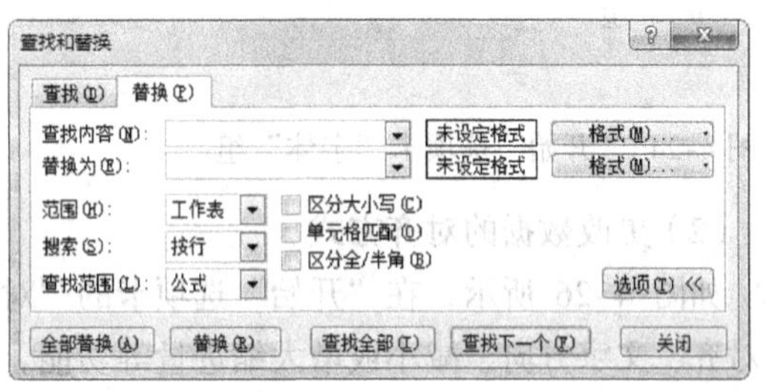

图4-23 “查找和替换”对话框

（2）使用通配符查找

查找内容栏中输入的关键字可以包含通配符星号“*”或问号“？”，星号可以代替任意字符串，问号可以代替任意的单个字符。

（3）替换

在“查找替换”对话框中单击“替换”选项卡，在“查找内容”栏输入原数据的内容，在“替换为”栏中输入用于替代原数据的内容。单击“全部替换”按钮，则将当前工作表中所有符合条件的数据替换成新的内容；单击“查找下一个”按钮，则光标将定位在第一个找到的单元格处，待用户确认无误后可单击“替换”按钮执行替换操作，否则继续“查找下一个”。

注意：在“查找和替换”对话框中单击“选项”按钮，将在对话框中显示出一些关于查找/替换的高级选项，通过定义这些高级选项，可以使查找/替换更精准。

八、格式化工作表

1. 设置数据格式

（1）设置字体

在图4-24所示的“开始”选项卡“字体”组中，提供了常用的文本数据格式设置工具，如字体、字号、增大或减小字号、字形等。

在默认情况下，输入的字体格式为“宋体”“常规”“11”号字。通过“开始”选项卡可重新设置字体、字形和字号，还可以添加下画线以及改变字的颜色。设置方法与Word 2010相同。

单击“字体”组右下角的对话框启动器按钮，将弹出图4-25所示的“设置单元格格式”对话框，通过该对话框可以更加详细地设置字体格式。

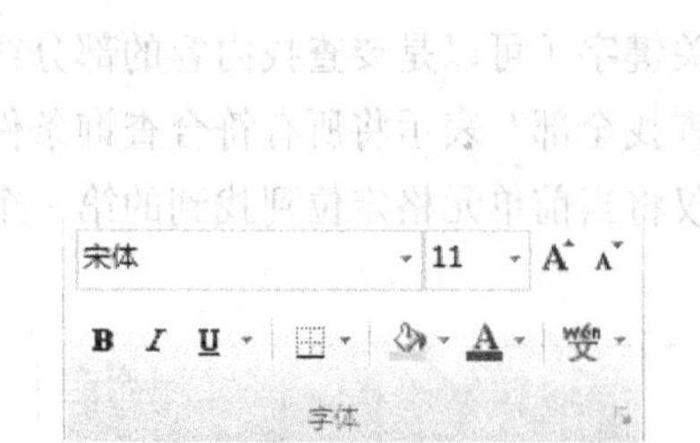

图 4–24 “开始”选项卡“字体”组

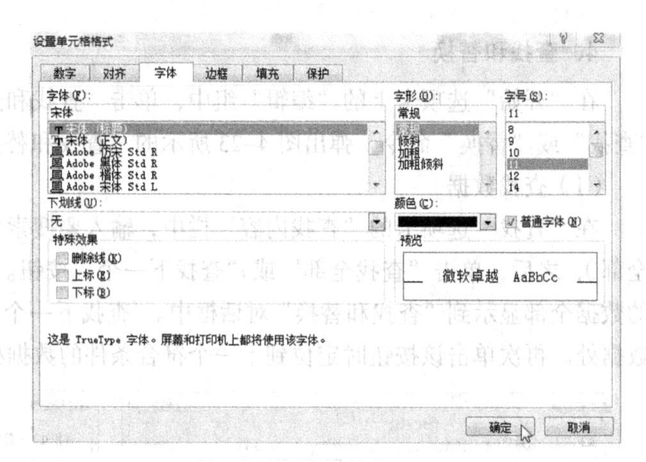

图 4–25 “设置单元格格式”对话框

（2）更改数据的对齐方式

如图 4–26 所示，在“开始”选项卡的“对齐方式”组中提供了用于设置数据垂直对齐、水平对齐、文字方向、减小或增大缩进量等功能。

其中，三个按钮用于设置单元格或所选区域中数据的垂直对齐方式，三个按钮用于设置数据的水平对齐方式，两个按钮分别用于设置减少或增大数据的缩进量。单击按钮，将弹出图 4–27 所示的下拉菜单，通过该菜单中提供的命令，可实现文字方向的调整，调整效果可参考各菜单项左侧图例。

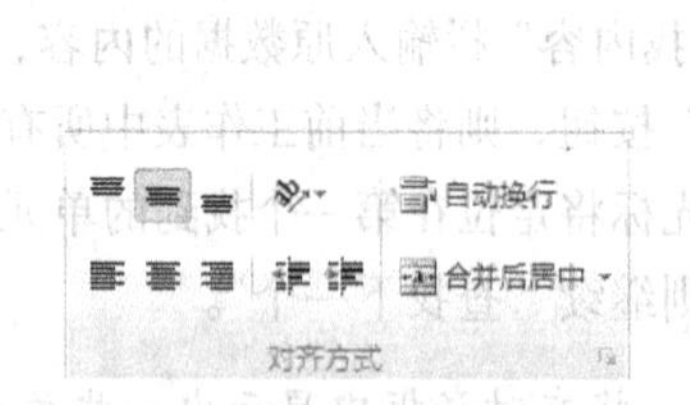

图 4–26 “开始”选项卡“对齐方式”组

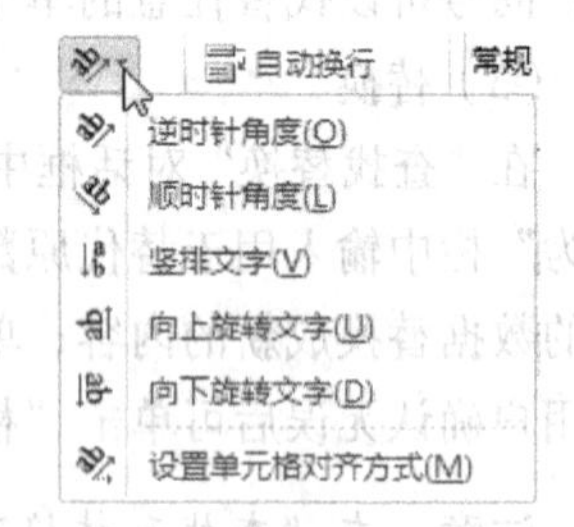

图 4–27 设置文字方向

单击“对齐方式”组右下角的对话框启动器按钮，将显示图 4–28 所示的“设置单元格格式”对话框“对齐”选项卡。在该选项卡内可以更加详细地设置单元格或选择区域中数据的对齐方式。

（3）设置数值格式

通过应用不同的数字格式，更改数字外观，可以使数值更易于表示。

Excel 2010 默认对数值应用“常规”格式，在默认情况下，“常规”格式的数字以输入的方式显示。但是，如果单元格的宽度不够显示整个数字，“常规”格式会用小数点对数字进行四舍五入。此外，“常规”格式将对较大的数字使用“科学计数”表示法。单击“常规”下拉列表框右侧的下拉按钮，将展开针对该数据的各种格式选项及实际表示形式。

如图 4–29 所示，“开始”选项卡的“数字”组中提供了一些常用的、用于设置数值格式的按钮，使用这些按钮可以快速进行基本的数字格式化。如：

①“货币样式”按钮：将数字如“123”格式化为货币数据，即“￥123.00”。

②“百分比样式”按钮%：将数字如“123”格式化为百分比数据，即“12300%”。

③“千位分隔样式”按钮，：将数字如“12300”格式化为千位分隔样式，即“12,300.00”。

此外，还可以使用“设置单元格格式”对话框中“数字”选项卡，进行数字格式设置。在“分类”列表框中选择格式类别，右侧框中选取具体的格式。当选取了某种数据格式后，对话框下方会显示每种数据格式的含义，供设置时参考。

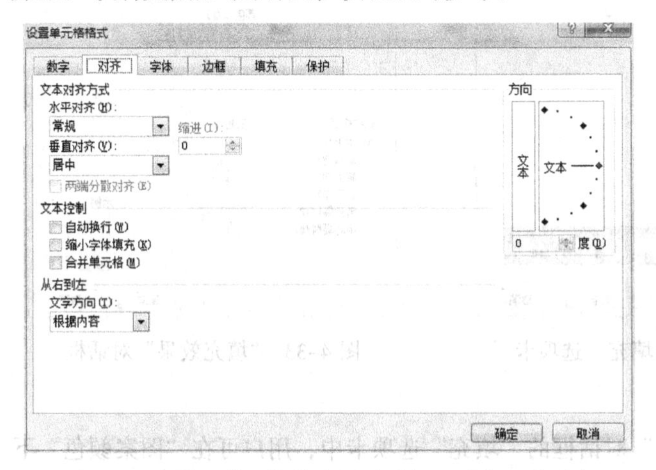

图4-28 “设置单元格格式”对话框“对齐”选项卡

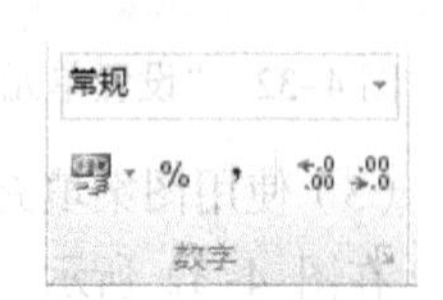

图4-29 “数字”组

2. 设置边框和底纹

（1）设置单元格或区域的背景色

首先选择要设置底纹的单元格或区域，在“开始”选项卡的“字体”组中，单击“填充颜色”按钮，可将当前颜色（“颜料桶”下方显示的颜色）设置为所选单元格或区域的底纹颜色。若希望使用其他颜色，可单击“填充颜色”按钮右侧的三角按钮，然后在图4-30所示的调色板上单击所需的颜色即可。如果“主题颜色”和“标准色”中没有合适的颜色，可选择下方“其他颜色”命令，在弹出的图4-31所示的“颜色”对话框中进行选择。

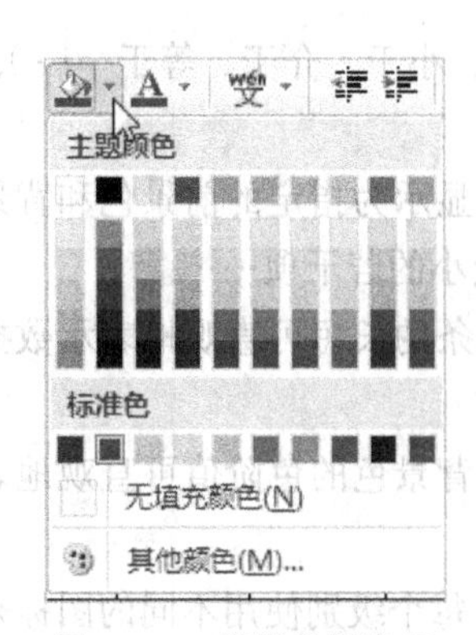

图4-30 背景色调色板

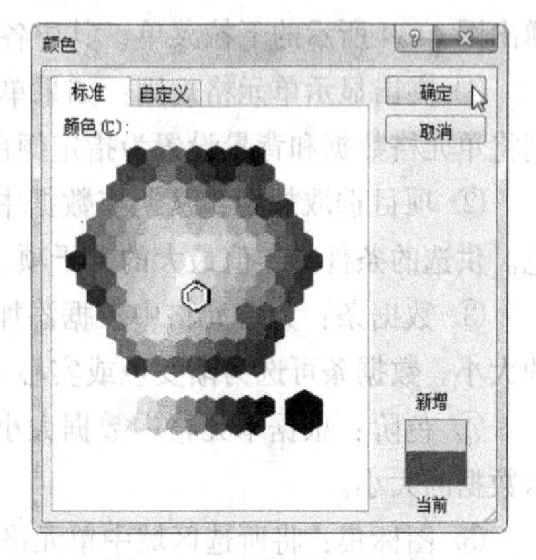

图4-31 “颜色”对话框

（2）设置填充效果

在“开始”选项卡中单击“字体”组右下角的对话框启动器按钮，在弹出的“设置单元格格式”对话框中单击“填充”选项卡，如图 4-32 所示，单击“填充效果”按钮，弹出图 4-33 所示的“填充效果”对话框，在这里可以选择形成渐变色效果的颜色及底纹样式。

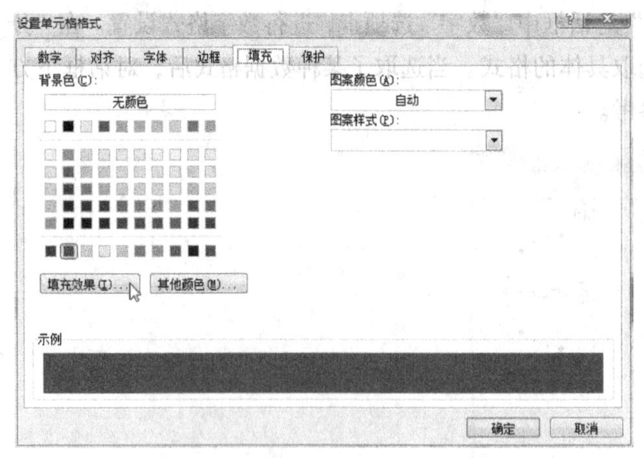

图 4-32 “设置单元格格式”对话框“填充”选项卡

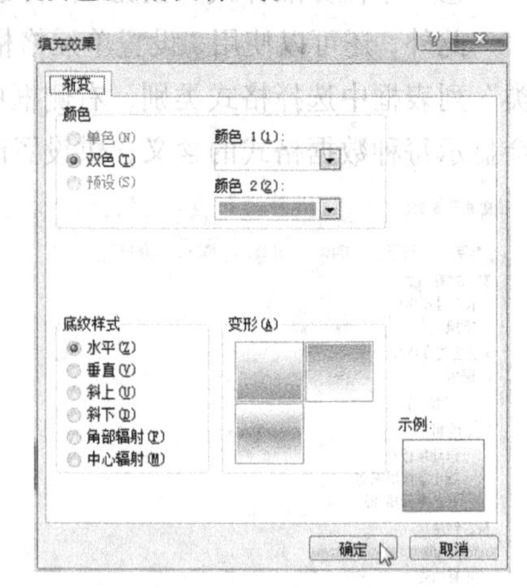

图 4-33 “填充效果”对话框

（3）使用图案填充单元格

在图 4-32 所示“设置单元格格式”对话框的“填充”选项卡中，用户可在“图案颜色”下拉列表中选择某种颜色后，再在“图案样式”下拉列表中选择“掺杂”方式，设置完毕后单击“确定”按钮。

如果希望删除所选单元格或区域中的背景设置，可在“开始”选项卡“字体”组中，单击“填充颜色”按钮右侧的三角按钮，在弹出的下拉菜单中选择“无填充颜色”命令即可。

3．设置条件格式

条件格式是使数据在满足不同的条件时，Excel 2010 可以显示不同的底纹、字体或颜色等数字格式。条件格式基于不同条件来确定单元格的外观。

在工作表中选择单元格或区域，在“开始”选项卡“样式”组中，单击“条件格式”按钮，弹出图 4-34 所示的下拉菜单，其中各项含义如下：

① 突出显示单元格规则：如果单元格中数据满足某条件（大于、小于、介于、等于……），则将单元格数据和背景设置为指定颜色。

② 项目选取规则：从所有数据中挑选出满足某条件的若干项并显示为指定的前景色和背景色。供选的条件有：值最大的若干项、值最大的百分之若干项、值最小的若干项……。

③ 数据条：为单元格中数据添加一个表示大小的数据条。数据条的长短可直观地表示数据的大小。数据条可选为渐变色或实心填充样式。

④ 色阶：根据单元格中数据大小为其添加一个不同的背景色，背景色的色阶值可直观地表示数据的大小。

⑤ 图标集：将所选区域中单元格的值按大小分为 3～5 个级别，每个级别使用不同的图标来表示。

若要取消单元格或区域中的条件格式设置，先选择单元格或区域，在图 4-34 所示菜单中选择“清除规则”命令，在其级联菜单中选择相应命令，完成清除操作。

4. 清除单元格中的数据和格式

若要在不删除单元格本身的前提下清空单元格，可在“开始”选项卡的“编辑”组中单击“清除”按钮，弹出图 4-35 所示的下拉菜单，可以选择“全部清除”“清除内容”“清除格式”等命令。

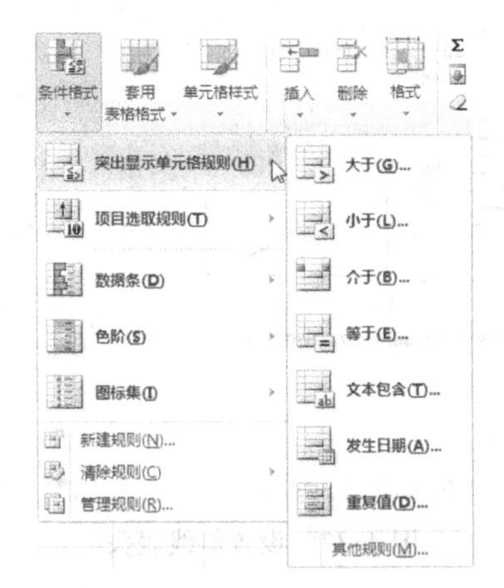

图 4-34 设置条件格式菜单

图 4-35 “清除”下拉菜单

5. 使用边框

（1）为单元格区域添加边框线

选择要添加边框的单元格或区域，在“开始”选项卡“字体”组中，单击“下边框”按钮，可为所选区域添加一个实线下边框线。若要设置其他边框样式可单击其右侧的三角按钮，弹出图 4-36 所示的下拉菜单，通过该菜单用户可以任意选择边框样式，也可以自主选择线型和颜色手工绘制边框，或擦除不再需要的边框。

如果在选择了某单元格或区域后，选择“无框线”命令，则区域内所有已设置的边框线将全部被删除。

（2）绘制斜线表头

选择要绘制斜线表头的单元格，右击，在弹出的快捷菜单中选择“设置单元格格式”命令，弹出图 4-37 所示对话框，在“边框”选项卡中，单击“外边框”选项，再单击从左上角至右下角的“对角线”按钮。

在该对话框中还可以设置线条的样式（实线、虚线、点画线……）和线条的颜色。

技巧：在斜线表头中输入文字时，应注意使用【Alt+Enter】组合键，将文字分别书写在两行上，并使用添加空格的方法调整文字的显示位置，使之满足表头文字需要。

6. 自动套用格式

Excel 2010 内部提供了多种表格套用格式，包括浅色、中等深浅和深色三类格式。

（1）应用自动套用格式

选择单元格（区），在“开始”选项卡“样式”组中单击“套用表格格式”下拉按钮，打开“套用表格格式”列表框，选择要套用的格式即可。

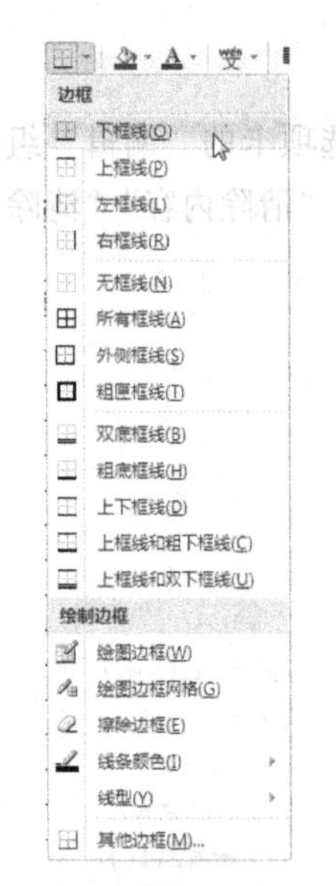

图 4-36　设置边框样式下拉菜单

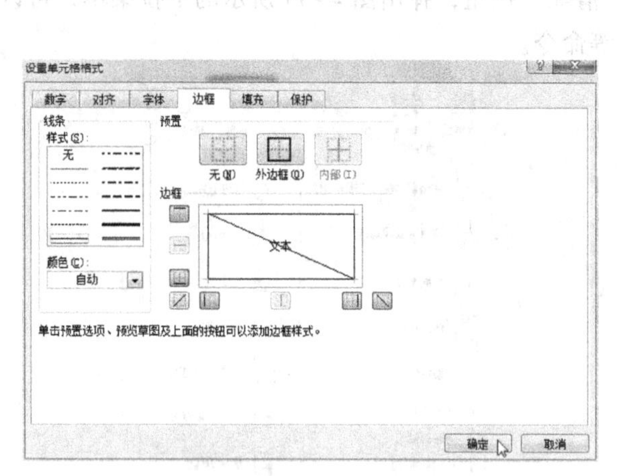

图 4-37　设置斜线表头

（2）删除自动套用格式

选择单元格（区），在“表格工具-设计”选项卡“工具”组中，单击“转换为区域”按钮，“将表格转换为普通区域”，即可删除自动套用格式。之后，再将背景色、字体、表格线等重新定义或清除，就可以将表格恢复到初始状态了。

九、设置页面和打印输出

1. 页面设置

选择“页面布局”选项卡“页面设置”组中的“页面设置”对话框启动器按钮，打开“页面设置”对话框。

① 选择“页面”选项卡，设置纸张方向，默认为纵向。“缩放比例”默认为 100，大于 100 为放大，小于 100 为缩小，“调整为”选项可以将大表格拆分为几页打印，如图 4-38 所示。

② 选择“页边距”选项卡，设置打印时纸张上、下、左、右留出的空白尺寸，页眉、页脚距上下页边的距离，还可将表格设置在页面水平、垂直居中打印（默认为靠左上对齐打印），如图 4-39 所示。

图 4-38　页面设置“页面”选项卡

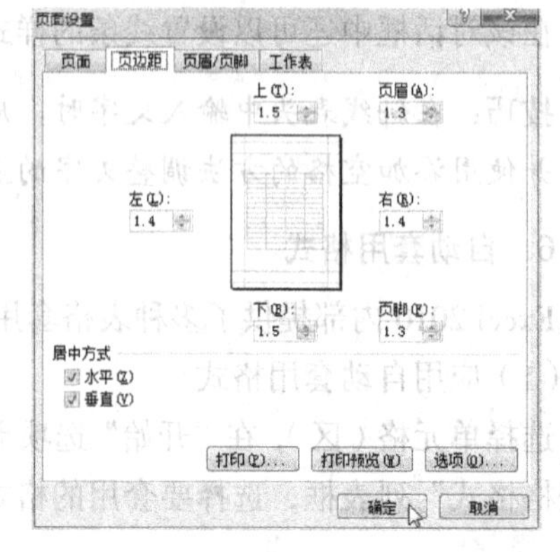

图 4-39　页面设置“页边距”选项卡

③ 选择“页眉/页脚”选项卡，可以直接从“页眉”/“页脚”列表框中选择预定义的格式设置页眉和页脚，也可以自定义页眉/页脚，如图4-40所示。

④ 选择“工作表”选项卡，可以进行打印设置。单击“打印区域”文本框右侧按钮，可以选择打印区域；单击“顶端行标题”和“左端列标题”文本框，可以设置当工作表很大时每页都打印的行标题和列标题；在“打印顺序”选项区中可以设置当工作表超出一页宽度和一页高度时的打印顺序，“先列后行”规定先垂直方向分页打印，“先行后列”则规定先水平方向分页打印，如图4-41所示。

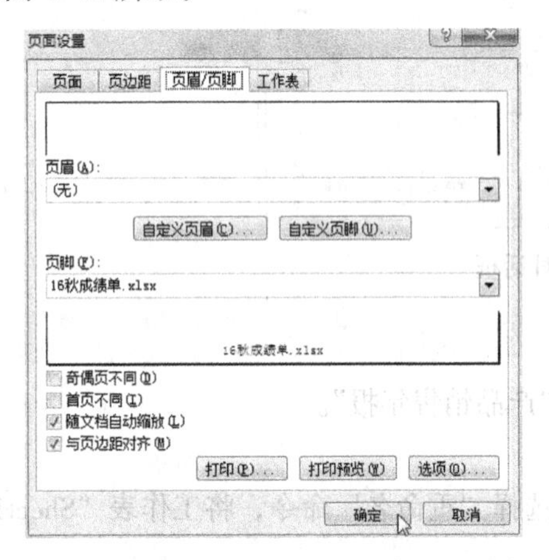

图4-40 页面设置“页眉/页脚”选项卡

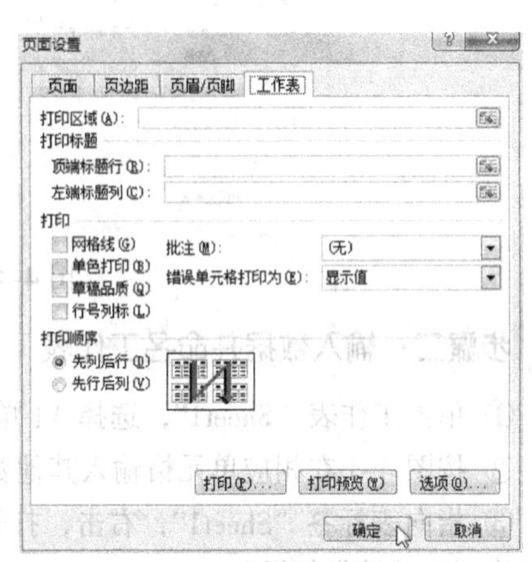

图4-41 页面设置“工作表”选项卡

2. 打印预览

单击快速访问工具栏右侧“打印预览和打印”按钮，打开“打印和预览”界面，右侧为预览效果，中间各项含义为：

①“打印”按钮：按当前设置打印文档。

②“打印机”：单击右侧下拉按钮，可以选择打印机，设置打印机属性。

③“设置”：设置打印范围、页边距、纸型、打印方向等。

3. 打印工作表

在“打印和预览”界面，单击“打印”按钮即可打印。

任务实施

利用Excel 2010的表格创建、编辑、格式设置等功能完成“产品销售年报.xlsx”工作簿的编制。

步骤一：新建并保存工作簿

① 启动Excel 2010，选择“文件”→“保存”命令，打开“另存为”对话框。

② 在“保存位置”列表框中选择“D:\EXCEL\任务”，“文件名”文本框中输入“产品销售年报”，“保存类型”列表框中选择“Microsoft Office Excel 工作簿（*.xlsx）”选项。

③ 单击“保存”按钮，如图4-42所示。

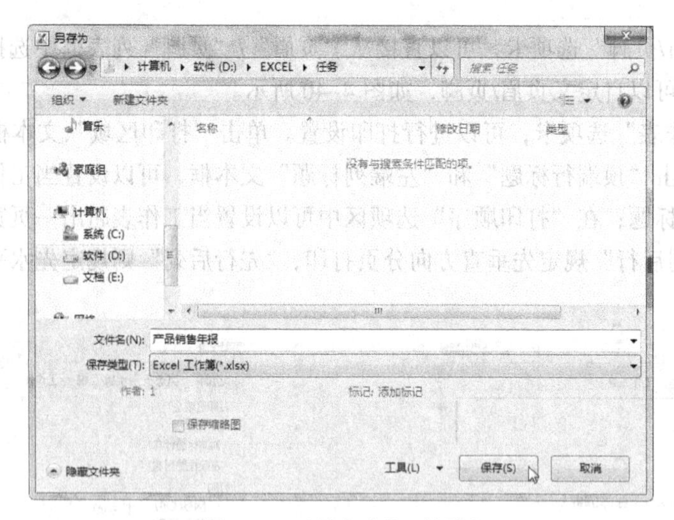

图 4-42 “另存为”对话框

步骤二：输入数据并命名工作表

① 单击工作表“Sheet1”，选择 A1 单元格，输入“产品销售年报”。

② 按图 4-1 在相应单元格输入其他数据。

③ 指向表标签“Sheet1”，右击，打开快捷菜单，选择“重命名”命令，将工作表“Sheet1”命名为“产品销售年报”。

步骤三：设置表格

① 复制工作表并重命名。

a. 选择工作表“产品销售年报”，右击，打开快捷菜单，选择“移动或复制”命令，弹出“移动或复制工作表”对话框，如图 4-43 所示。

b. 在“下列选定工作表之前”列表中，选中“Sheet2”，勾选“建立副本”复选框，单击“确定”按钮，生成“产品销售年报（2）”副本，完成工作表复制操作。

c. 指向表标签“产品销售年报（2）”，右击，打开快捷菜单，选择“重命名”命令，将工作表“产品销售年报（2）”重命名为“产品销售年报（格式化）”。

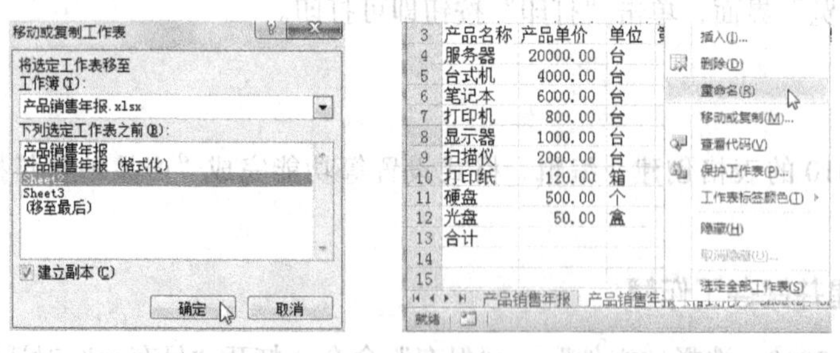

图 4-43 复制、重命名工作表

② 插入行，右击第 3 行行号，在弹出的快捷菜单中，选择“插入”命令，插入空行。

③ 合并单元格，选择 A3:A4 单元格，在“开始”选项卡的“对齐方式”组中，单击“合并后居中”图标，同时设置为垂直居中，并按样文合并其他单元格。在 E3 单元格中输入“销售数

量”，合并 E3:J3 单元格。

④ 设置标题。

a. 选择 A1:K1 单元格区域，单击 “合并后居中”图标。

b. 在“开始”选项卡的“字体”组中，单击“字体”对话框启动器，打开“设置单元格格式”对话框，选择“字体”选项卡。

c. 设置字体格式为“黑体”“24”“加粗”“白色”，如图 4-44 所示。

d. 选择“填充”选项卡，选择红色底纹，单击“确定”按钮，如图 4-45 所示。

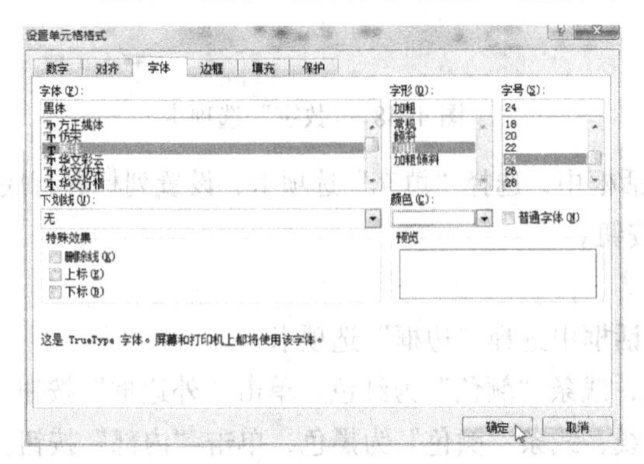

图 4-44 “字体”选项卡

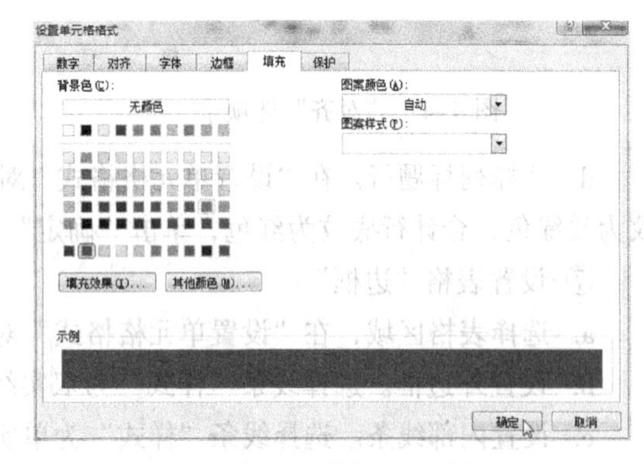

图 4-45 “填充”选项卡

e. 在“开始”选项卡的“单元格”组中，选择“格式”列表框中的“行高”命令，打开“行高”对话框，设置行高 35 磅，单击“确定”按钮，如图 4-46 所示。

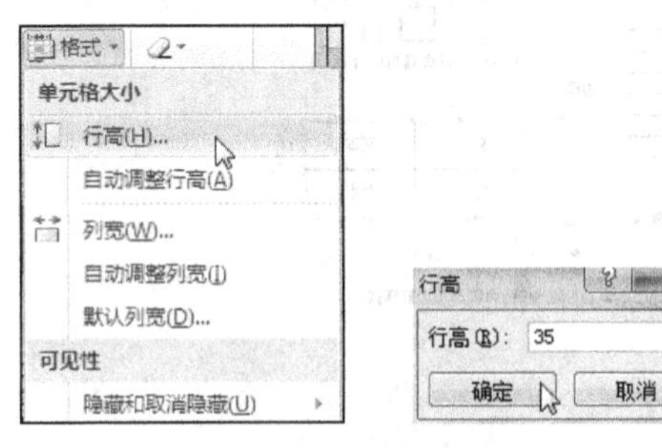

图 4-46 设置行高

⑤ 设置第二行。选择 A2:K2 单元格区域，在“开始”选项卡“字体”组中，设置字体格式为“黑体”“14”。

⑥ 设置表格“字体”“对齐”和“底纹”。

a. 选择表格文字区域。在“设置单元格格式”对话框中，选择“字体”选项卡，设置字体格式为“黑体”“14”；选择“对齐”选项卡设置文本对齐方式为水平及垂直居中，如图 4-47 所示。

b. 选择表格数值区域。在“开始”选项卡“字体”组中，设置字体格式为“黑体”“14”，并单击“右对齐”按钮。

c. 选择表格金额数值区域。在“设置单元格格式”对话框中，选择“数字”选项卡，在“分类”列表框中选择数值，设置小数位为 2 位小数，如图 4-48 所示。

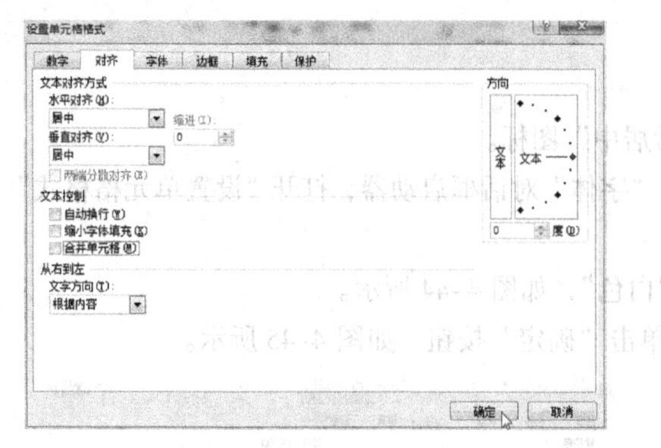

图 4-47 “对齐”选项卡

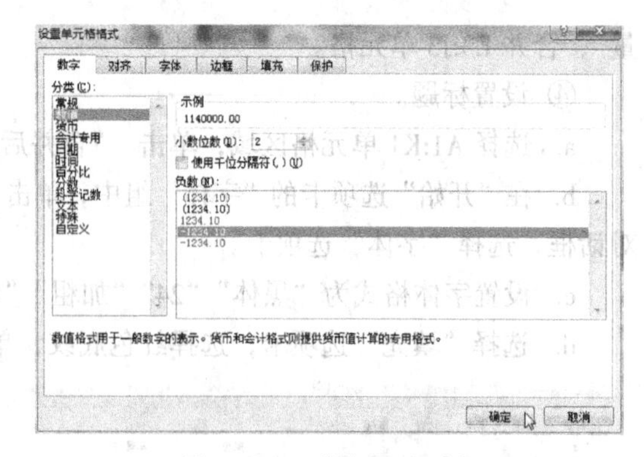

图 4-48 “数字”选项卡

d. 选择列标题行。在“设置单元格格式”对话框中，选择“填充”选项卡，设置列标题行底纹为浅绿色，合计行底纹为红色，单击“确定”按钮。

⑦ 设置表格“边框”

a. 选择表格区域，在“设置单元格格式”对话框中选择“边框”选项卡。

b. 设置外边框。选择线条“样式”为双实线，线条“颜色”为红色，单击“外边框”按钮。

c. 设置内部线条。选择线条“样式”为单实线，线条“颜色”为黑色，单击“内部”按钮。

d. 设置项目如图 4-49 所示。单击“确定”按钮，设置结果参见图 4-2。

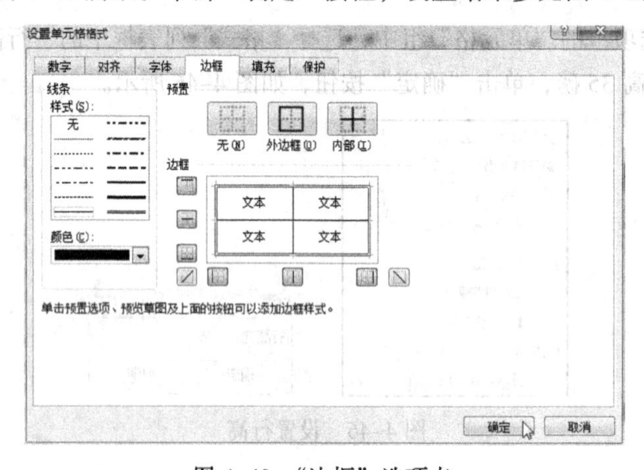

图 4-49 “边框”选项卡

步骤四：设置页面并预览

选择“产品销售年报（格式化）”工作表。

① 单击“页面布局”选项卡中“页面设置”组中“页面设置”对话框启动器，打开“页面设置”对话框，如图 4-50 所示。

② 选择“页面”选项卡，选择纸张方向为“横向”，其余各项采用默认值。

③ 选择“页边距”选项卡，设置纸张上、下、左、右边距各为 2，如图 4-51 所示。

④ 单击“确定”按钮。

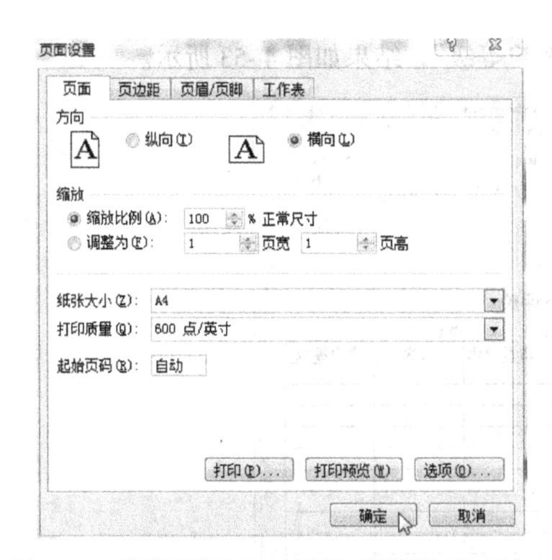

图 4-50 “页面设置”对话框“页面”选项卡

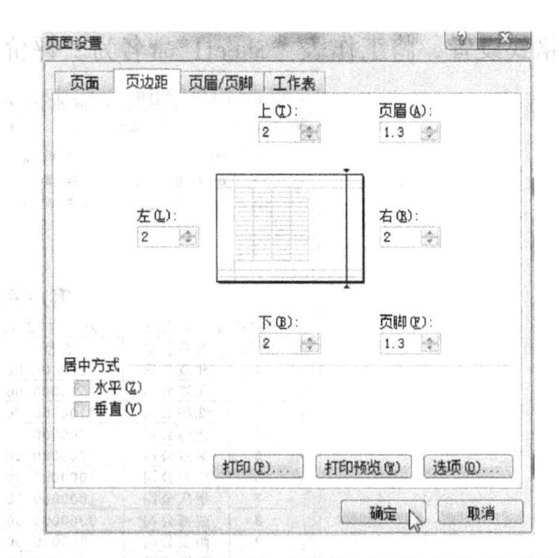

图 4-51 “页面设置”对话框“页边距”选项卡

⑤ 单击“文件”菜单，选择“打印”命令，查看预览效果。若有不当设置，单击“开始”选项卡，返回编辑页面，进行修改。若无须修改调整，则选择打印机，进行打印，如图 4-52 所示。

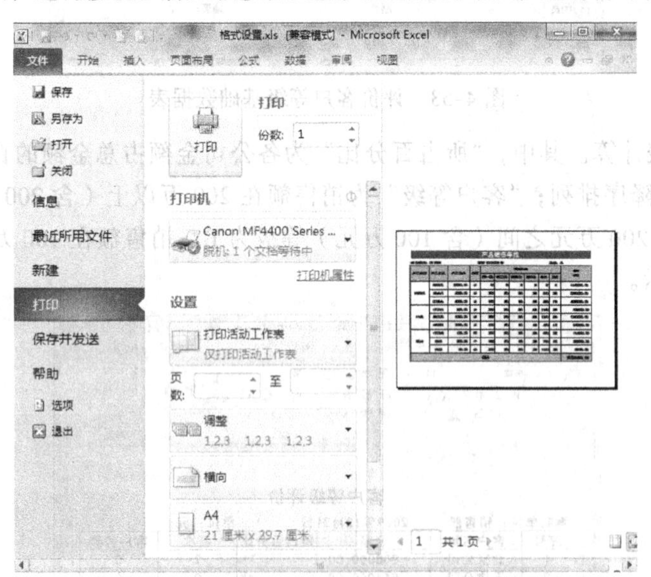

图 4-52 “文件”菜单“打印和预览”窗口

任务 2 评价客户等级

任务描述

本任务要求利用 Excel 2010 的表格函数、计算等功能完成“评价客户等级”报表的编制。具体要求如下：

① 在文件夹“D:\EXCEL\任务”中，新建 Excel 2010 工作簿“评价客户等级.xlsx”。

② 在工作簿“评价客户等级.xlsx”工作表“Sheet1”中输入评价客户等级的基础数据，并对其

进行格式设置，将工作表“Sheet1”命名为“评价客户等级”，结果如图 4-53 所示。

客户等级评价

编制单位：销售部　　2009年12月31日　　单位：元

序号	客户名称	金额	所占百分比	名次	客户等级
1	北京公司	800000.00			
2	天津公司	516000.00			
3	沈阳公司	1100000.00			
4	上海公司	2100000.00			
5	南京公司	700000.00			
6	广州公司	1000000.00			
7	重庆公司	1800000.00			
8	成都公司	3000000.00			
9	西安公司	300000.00			
10	深圳公司	900000.00			
客户数					
金额合计					
平均金额					
最大金额					

负责人：　　制表：　　填表：

图 4-53　评价客户等级基础数据表

③ 完成工作表计算。其中，“所占百分比”为各公司金额占总金额的百分比数；“名次”为按金额列数据的降序排列；“客户等级”为销售额在 200 万以上（含 200 万）等级为 A，销售额在 100 万元与 200 万元之间（含 100 万元）等级为 B，销售额在 100 万元以下等级为 C，结果如图 4-54 所示。

客户等级评价

编制单位：销售部　　2009年12月31日　　单位：元

序号	客户名称	金额	所占百分比	名次	客户等级
1	北京公司	800000.00	7%	7	C
2	天津公司	516000.00	4%	9	C
3	沈阳公司	1100000.00	9%	4	B
4	上海公司	2100000.00	17%	2	A
5	南京公司	700000.00	6%	8	C
6	广州公司	1000000.00	8%	5	B
7	重庆公司	1800000.00	15%	3	B
8	成都公司	3000000.00	25%	1	A
9	西安公司	300000.00	2%	10	C
10	深圳公司	900000.00	7%	6	C
客户数		10			
金额合计		12216000.00			
平均金额		1221600.00			
最大金额		3000000.00			

负责人：　　制表：　　填表：

图 4-54　评价客户等级表

任务分析

在实际工作中，我们要对客户进行有效的组织和管理，采取有针对性的个性化服务，这就要求我们对客户进行等级评定，包括：统计客户数量、客户销售金额、销售名次、划分等级等。

通过完成本任务，应该达到的知识目标和能力目标如表 4-2 所示。

表 4-2 知识目标和能力目标

知识目标	能力目标
①理解 Excel 公式、函数的概念 ②学习 Excel 公式的使用方法 ③学习 Excel 常用函数及其使用方法 ④理解单元格的相对地址和绝对地址引用	①掌握在 Excel 2010 中用公式计算合计金额、平均金额和最大金额 ②能够使用函数统计客户数量，计算客户名次、销售金额占总金额的百分比和客户等级

一、计算的基本概念

在 Excel 2010 表格中除了能输入文本、常数并对其进行编辑和格式化操作之外，还可以输入公式和函数进行各种计算，具有十分强大的数据处理功能，这也是 Excel 表格与 Word 表格最主要的区别之一。

1. 使用公式

工作表中需要输入计算值时可以使用公式，利用公式计算是最常用的形式。Excel 2010 公式的一般形式为“=表达式”，如“=A1+B2”。表达式由常量、运算符、单元格名称（也称“引用地址”或“地址”）、工作表函数以及圆括号等组成。

2. 运算符

运算符用于对公式中的运算对象进行运算操作。在 Excel 2010 中，运算符及其功能和优先级如表 4-3 所示。

表 4-3 运算符及其功能和优先级

类型	运算符	功能	优先级	示例
引用运算符	:（冒号）	连续区域引用	1	SUM(A1:A5)
	,（逗号）	不连续区域引用	2	SAM(A1:A5,C3:D7)
	（空格）	交叉区域引用		SAM(A1:B5 B2:C6)
算术运算符	-（负号）	负数	3	-10
	%（百分号）	百分比	4	80%(0.8)
	^（脱字符）	幂	5	2^3(2*2*2)
	*（星号）	乘	6	2*3
	/（斜杠）	除		3/2
	+（加号）	加	7	5+2
	-（减号）	减		5-2

续表

类　型	运　算　符	功　能	优　先　级	示　例
文本运算符	&（连接地）	连接两个文本	8	Office&Excel
比较运算符	>（大于号）	大于	9	2>1(结果为 TRUE) 1>2(结果为 FALSE)
	<（小于号）	小于		
	=（等于号）	等于		
	>=（大于等于号）	大于等于		
	<=（小于等于号）	小于等于		
	<>（不等于号）	不等于		

3. 单元格（区）引用

引用是对工作表的单元格（区）进行标识。通过引用，可以在一个公式中使用工作表不同部分的数据，或者在几个公式中使用同一单元格（区）的数据。同样，也可以对工作簿的其他工作表中的单元格（区）进行引用，甚至对其他工作簿或其他应用程序中的数据进行引用。

对其他工作表中的单元格（区）的引用称为跨工作表引用，对其他工作簿中的单元格（区）的引用称为外部引用，对其他应用程序中的数据的引用称为远程引用。同时，在引用时还可以根据所引用的单元格（区）的是否可变将引用分为相对引用和绝对引用。

（1）相对引用

单元格的相对引用是指在引用单元格时直接使用其名称的引用（如 E2、A3 等），这也是 Excel 2010 默认的单元格引用方式。相对引用时，单元格引用地址表示的是单元格的相对位置，而不是在工作表中的绝对位置。公式所在的单元格位置变更时，单元格引用也会随之改变。

相对引用直接以行标和列标表示。如单元格 E3 中的公式为“=C3*0.6+D3*0.4”，现将其复制到单元格 F4 中后，其中的公式变化为“=D4*0.6+E4*0.4”。这是因为目的位置相对源位置发生变化，导致参加运算的对象分别自动做出了相应的调整。

（2）绝对引用

绝对引用表示单元格地址不随移动或复制的目的单元格的变化而变化，即表示某一单元格在工作表中的绝对位置。绝对引用的表示法是在行标和列标前加符号“$”。如把单元格 E3 中的公式改为“=$C$3*0.6+$D$3*0.4”然后将其复制到单元格 F6 中后，则复制后的公式没有发生任何变化。

（3）混合引用

根据需要，公式中可以同时包含相对引用和绝对引用，如$A1 或 A$1，这类地址称为混合引用。若“$”符号在行号前，表明该行位置是绝对不变的，而列位置仍随目的位置变化做出相应变化。反之，若“$”符号在列名前，则表明该列位置是绝对不变的，只有行位置做相应变化。

（4）跨工作表引用

跨工作表单元格（区）引用的书写格式是在单元格（区）引用的前面加上“工作表名!”，指定引用单元格（区）所在的工作表。

（5）外部引用

外部引用的书写格式是在单元格（区）引用的前面加上“[工作簿名]工作表名!”，指定引用单元格（区）所在的工作簿和工作表。

4. 公式和数据的修改

如果要修改单元格中的公式，可选择包含公式的单元格后在编辑栏中修改，也可以直接双击该单元格使之进入编辑状态（出现插入点光标），修改完成后按【Enter】键或单击“输入”按钮✓。

完成公式或函数的计算后，若修改了相关的单元格中的数据，则在按下【Enter】键确认修改后，自动更新公式或函数所在单元格中的计算结果。

二、公式计算

进行公式计算的操作方法如下：

① 选择单元格，输入“=”，然后输入公式表达式。如果公式由函数开始，Excel 2010将自动插入等号。

② 按【Enter】键完成公式输入，此时Excel 2010会自动计算并将结果显示在单元格中，而将公式的内容显示在公式编辑栏中。

注意：利用公式计算得到的单元格数据，当公式中引用的单元格的数据改变后，该单元格的值将自动重新计算。

三、函数计算

Excel 2010除了使用公式对数据进行计算外，还提供了许多用于计算的内部函数，而且有些计算必须通过函数完成。在函数中实现函数运算所使用的数值称为参数，函数返回的数值称为结果。

1. 函数的形式

Excel 2010函数的形式为“函数名（[参数1，参数2，……]）”，其中，参数可以是数字、文本、逻辑值、数值或引用。当函数的参数本身也是函数时，就是所谓的嵌套。在Excel 2010中，允许嵌套7级函数。

2. 常用函数

Excel 2010提供的常用函数及其功能如表4-4所示。

表4-4 常用函数及其功能

函　　数	功　　能
SUM(num1,num2, ...)	返回某一单元格区域中所有数字之和
AVERAGE(num1,num2,...)	返回参数的平均值（算术平均值）
MAX (num1,num2,...)	返回一组值中的最大值
MIN (num1,num2,...)	返回一组值中的最大值
COUNT(value1,value2,...)	返回包含数字以及包含参数列表中的数字的单元格的个数
COUNTIF(range,criteria)	计算区域中满足给定条件的单元格个数
ROUND (num,num_digits)	返回某个数字按指定位数取整后的数字
IF(logical, true, false)	指定要执行的逻辑检测
RANK(num,ref,order)	返回一个数字在数字列表中的排位

要使用函数，可以在公式栏中直接输入，也可以使用Excel 2010提供的函数向导来帮助建立

函数，并输入必要的参数。操作方法如下：

① 将光标定位到插入点。

② 选择“公式”选项卡，在“函数库”组中，单击“插入函数”按钮（或单击公式编辑栏“插入函数”按钮），打开“插入函数”对话框。

③ 在“或选择类别”列表框中选择函数类别，“选择函数”列表框中选择函数名。

注意：在“搜索函数”编辑框中输入函数名称，单击“转到”按钮，可快速选择函数。

④ 单击“确定”按钮，打开“函数参数”对话框。

⑤ 在参数文本框中输入函数所需的参数。

⑥ 单击“确定”按钮。

技巧：当函数的参数文本框中需要输入单元格（区）内容时，可以直接输入单元格地址，也可以单击按钮切换至工作表，选择单元格，再单击按钮返回对话框。

3. 错误信息说明

如果输入的公式或函数无法正确地得到计算结果，Excel 2010 将会在单元格中显示一个表示错误类型的错误值。下面是常见错误值表示的错误原因。

① #####错误：当某列不足够宽而无法在单元格中显示所有字符时，或者单元格包含负的日期或时间值时，Excel 将显示此错误。

② #DIV/O!错误：当一个数除以零或不包含任何值的单元格时，Excel 将显示此错误值。

③ #N/A 错误：当某个值不可用于函数或公式时，Excel 将显示此错误值。

④ #NAME?错误：当 Excel 无法识别公式中的文本时，将显示此错误。

⑤ #NULL!错误：当指定两个不相交的区域的交集时，Excel 将显示此错误。交集运算符是分隔公式中的引用的空格字符。

⑥ #NUM!错误：当公式或函数包含无效数值时，Excel 将显示此错误值。

⑦ #REF!错误：当单元格引用无效时，Excel 将显示此错误值。例如，用户可能删除了其他公式所引用的单元格。

⑧ #VALUE!错误：如果公式所包含的单元格具有不同的数据类型，则 Excel 将显示此错误值。

任务实施

利用 Excel 2010 的表格函数、计算等功能完成“评价客户等级”报表的编制。

步骤一：新建并保存工作簿

① 启动 Excel 2010，选择“文件”→“另存为”命令，打开“另存为”对话框。

② 在“保存位置”列表框中选择“D:\EXCEL\任务”，“文件名”文本框中输入“评价客户等级”，“保存类型”列表框中选择“Microsoft Office Excel 工作簿（*.xlsx）”选项。

③ 单击“保存“按钮。

④ 在表“Sheet1”中输入“评价客户等级”表数据。

⑤ 将表“Sheet1”重命名为“评价客户等级”，并进行格式设置。

⑥ 复制“评价客户等级”表，生成新的工作表，并重命名为“评价客户等级（公式函数）”

⑦ 操作结果如图 4-53 所示。

步骤二：数据计算

1. 计算金额占总金额的百分比

① 选择 D4 单元格，在公式编辑栏输入公式“=C4/SUM($C$4:$C$13)”，按【Enter】键。

② 选择 D4 单元格，将指针指向填充柄，当指针变成一黑色十字时，拖动填充柄复制公式到 D13 单元格。

③ 选择 D4:D13，设置数字格式为百分比样式。

2. 计算客户名次

① 选择 E4 单元格，单击“公式”编辑栏中的“插入函数”图标，打开“插入函数”对话框，如图 4-55 所示。

② 在“或选择类别”列表框中选择“统计”选项，“选择函数”列表框中选择“RANK”选项，单击“确定”按钮，打开“函数参数”对话框。

③ 在“Number”文本框中输入“C4”，“Ref”文版框中输入“$C$4:$C$13”，“Order”文本框中输入“0”或不输入。单击“确定”按钮，如图 4-56 所示。

④ 选择 E4 单元格，将指针指向填充柄，当指针变成黑色十字时，拖动填充柄复制公式到 E13 单元格。

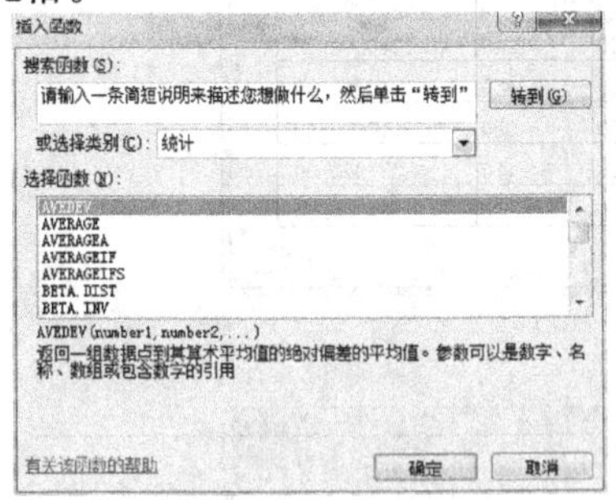

图 4-55 “插入函数”对话框

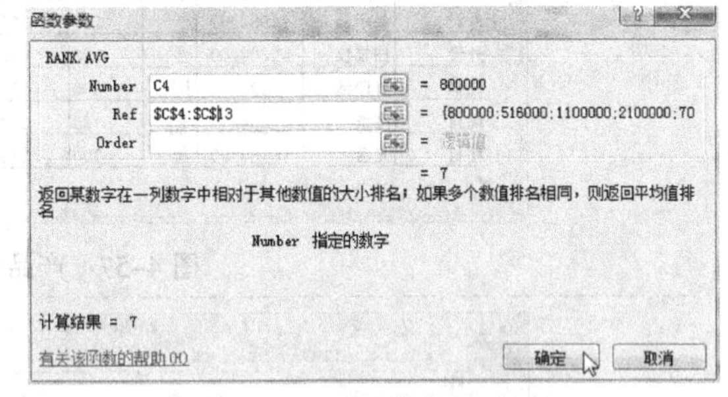

图 4-56 “函数参数”对话框

3. 计算客户等级

① 选择 F4 单元格，在公式编辑栏输入公式“=IF(C4>=2000000,"A",IF(AND(C4>=1000000, C4<2000000),"B","C"))”，按【Enter】键。

② 选择 F4 单元格，将指针指向填充柄，当指针变成一黑色十字时，拖动填充柄复制公式到 F13 单元格。

4. 计算客户数

选择 C14 单元格，在公式编辑栏输入公式“=COUNT(C4:C13))”，按【Enter】键。

5. 计算金额合计

选择 C15 单元格，在公式编辑栏输入公式“=SUM(C4:C13)”，按【Enter】键。

6. 计算最大金额

选择 C16 单元格，在公式编辑栏输入公式“=MAX(C4:C13)”，按【Enter】键。

上述操作结果如图 4-54 所示。

任务 3　统计分析产品销量

任务描述

本任务要求利用 Excel 2010 的表格排序、筛选、分类汇总、数据透视表等功能完成“统计分析产品销量”报表的编制。具体要求如下：

① 在文件夹“D:\EXCEL\任务”中，新建 Excel 2010 工作簿“统计分析产品销量.xlsx”。

② 在工作簿 “统计分析产品销量.xlsx” 工作表“Sheet1”“Sheet2”“Sheet3”“Sheet4”中存放相同的数据，结果如图 4-57 所示。

③ 对工作表“Sheet1”中的数据进行排序，排序条件为按销售金额降序，如图 4-58 所示。

产品类别	产品名称	产品单价	单位	第一季	第二季	第三季	第四季	销售合计	销售金额（元）
计算机	服务器	20000.00	台	10	15	12	20	57	1140000.00
计算机	台式机	4000.00	台	200	180	220	240	840	3360000.00
计算机	笔记本	6000.00	台	150	160	180	190	680	4080000.00
外设	打印机	800.00	台	240	280	320	320	1160	928000.00
外设	显示器	1000.00	台	280	300	320	340	1240	1240000.00
外设	扫描仪	2000.00	台	100	120	120	130	470	940000.00
耗材	打印纸	120.00	箱	200	250	200	300	950	114000.00
耗材	硬盘	500.00	个	150	170	190	200	710	355000.00
耗材	光盘	50.00	盒	300	250	310	320	1180	59000.00

图 4-57　产品销售数据

产品类别	产品名称	产品单价	单位	第一季	第二季	第三季	第四季	销售合计	销售金额（元）
计算机	笔记本	6000.00	台	150	160	180	190	680	4080000.00
计算机	台式机	4000.00	台	200	180	220	240	840	3360000.00
外设	显示器	1000.00	台	280	300	320	340	1240	1240000.00
计算机	服务器	20000.00	台	10	15	12	20	57	1140000.00
外设	扫描仪	2000.00	台	100	120	120	130	470	940000.00
外设	打印机	800.00	台	240	280	320	320	1160	928000.00
耗材	硬盘	500.00	个	150	170	190	200	710	355000.00
耗材	打印纸	120.00	箱	200	250	200	300	950	114000.00
耗材	光盘	50.00	盒	300	250	310	320	1180	59000.00

图 4-58　按销售金额排序

④ 对工作表“Sheet2”中的数据进行自动筛选，筛选条件为销售金额大于或等于 100 万元，如图 4-59 所示。

⑤ 对工作表“Sheet3”中的数据进行分类汇总，分类字段为“产品类别”，汇总方式为“求和”，汇总项为“销售金额（元）”，如图 4-60 所示。

产品类别	产品名称	产品单价	单位	第一季	第二季	第三季	第四季	销售合计	销售金额（元）
计算机	服务器	20000.00	台	10	15	12	20	57	1140000.00
计算机	台式机	4000.00	台	200	180	220	240	840	3360000.00
计算机	笔记本	6000.00	台	150	160	180	190	680	4080000.00
外设	显示器	1000.00	台	280	300	320	340	1240	1240000.00

图 4-59　数据筛选

产品类别	产品名称	产品单价	单位	第一季	第二季	第三季	第四季	销售合计	销售金额（元）
外设	打印机	800.00	台	240	280	320	320	1160	928000.00
外设	显示器	1000.00	台	280	300	320	340	1240	1240000.00
外设	扫描仪	2000.00	台	100	120	120	130	470	940000.00
外设 汇总									3108000.00
计算机	服务器	20000.00	台	10	15	12	20	57	1140000.00
计算机	台式机	4000.00	台	200	180	220	240	840	3360000.00
计算机	笔记本	6000.00	台	150	160	180	190	680	4080000.00
计算机 汇总									8580000.00
耗材	打印纸	120.00	箱	200	250	200	300	950	114000.00
耗材	硬盘	500.00	个	150	170	190	200	710	355000.00
耗材	光盘	50.00	盒	300	250	310	320	1180	59000.00
耗材 汇总									528000.00
总计									12216000.00

图 4-60　分类汇总

⑥ 对工作表“Sheet4”中的数据创建数据透视表，要求按产品类别、产品名称进行分类求和计算，如图 4-61 所示。

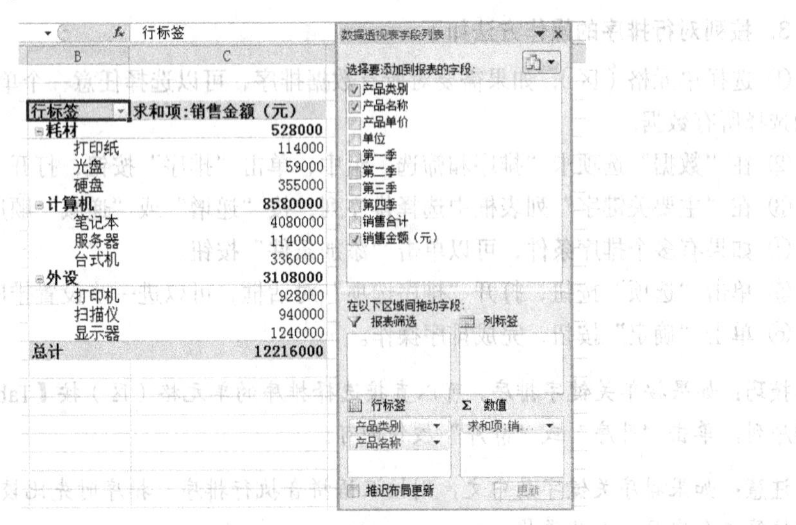

行标签	求和项:销售金额（元）
耗材	528000
打印纸	114000
光盘	59000
硬盘	355000
计算机	8580000
笔记本	4080000
服务器	1140000
台式机	3360000
外设	3108000
打印机	928000
扫描仪	940000
显示器	1240000
总计	12216000

图 4-61　数据透视表

任务分析

排序、筛选、分类汇总、数据透视表等功能，可以更好地将工作表中的数据按照某种需要转换成合适的图表，以利于用户快速、方便地从图表中获取所需要的信息。

通过完成本任务，应该达到的知识目标和能力目标如表 4-5 所示。

表 4-5　知识目标和能力目标

知 识 目 标	能 力 目 标
①理解 Excel 表格排序、筛选、分类汇总、数据透视表的相关概念 ②学习表格排序、筛选、分类汇总、数据透视表的操作方法	①掌握 Excel 2010 数据排序的操作方法 ②掌握 Excel 2010 数据筛选的操作方法 ③掌握 Excel 2010 数据分类汇总的操作方法 ④掌握 Excel 2010 数据透视表的操作方法

一、数据排序

数据排序是数据管理与分析中一个重要手段，通过数据排序可以了解数据的变化规律及某一数据在数据序列中所处的位置。Excel 2010 具有单条件排序和多条件排序两种排序方法。

1. 单条件排序

所谓“单条件排序”，是指将工作表中各行依据某列值的大小，按升序或降序重新排列。

2. 多条件排序

所谓“多条件排序”是指将工作表中各行按用户设定的条件进行排序。例如，要求按员工综合考核的降序排序，综合考核相同的则按销售业绩降序排序，销售业绩也相同则按请假天数的升序排序（请假天数多者排名靠后），前面三个条件都相同则按自然顺序排序。

3. 按列对行排序的操作方法如下。

① 选择单元格（区），如果需要对所有数据排序，可以选择任意一个单元格，Excel 2010 会自动选择所有数据。

② 在“数据”选项卡“排序和筛选”组中，单击“排序”按钮，打开“排序”对话框。

③ 在“主要关键字”列表框中选择排序列，按“递增”或“递减”顺序排序。

④ 如果有多个排序条件，可以单击“添加条件”按钮。

⑤ 单击“选项”按钮，打开“排序选项”对话框，可以进一步设置排序方式。

⑥ 单击“确定”按钮，完成排序操作。

技巧：如果按单关键字排序，可以直接选择排序的单元格（区）按【Tab】键将活动单元格置于排序列，单击“升序”或“降序”按钮即可。

注意：如果排序关键字是中文，则按汉语拼音执行排序。排序时先比较第一个字母，若相同再比较第二个字母，以此类推。

二、数据筛选

数据筛选是指从工作表包含的众多行中挑选出符合某种条件的一些行的操作方法，不符合条件的数据行将被隐藏起来，其实际上是一种“数据查询”操作。分为“自动筛选”和“高级筛选”两种操作。

1. 自动筛选

自动筛选的操作方法如下：

① 在“数据”选项卡“排序和筛选”组中，单击“筛选”按钮，系统将自动在工作表中各列标题右侧添加一个下拉按钮。

② 单击要进行筛选的数据列的下拉按钮，选择“数字筛选”（或“文本筛选”）→“自定义筛选”命令，打开“自定义自动筛选方式”对话框。

③ 设置筛选条件。

④ 单击“确定”按钮，完成自动筛选操作。

提示：如果要取消自动筛选，在“数据”选项卡“排序和筛选”组中单击“筛选”按钮即可。

注意：对单列自动筛选时，筛选条件可实现“与”“或”操作，但对多列自动筛选时，筛选条件之间只能实现“与”操作。

2. 高级筛选

与自动筛选不同，执行高级筛选操作时需要在工作表中建立一个单独的条件区域，并在其中输入高级筛选条件。使用高级筛选时，可以用两列或多于两列中的条件，也可以用单列中的两个或两个以上条件，或者将计算结果当做条件。操作方法如下。

① 在数据区的上端插入足够的空行，用于输入筛选条件。

② 在空行中输入或复制筛选条件的标题（字段名称），应与筛选的列的标题一致。

③ 在标题下面的单元格中输入要筛选的条件。

④ 在“数据”选项卡“排序和筛选”组中，单击“高级筛选”按钮，打开“高级筛选”对话框。

⑤ 在“列表区域”文本框中设置筛选数据的区域，“条件区域”文本框中选择筛选条件的区域。

⑥ 单击“确定”按钮，完成高级筛选操作。

技巧：在筛选条件区域中可以输入多个筛选条件，其中同行的条件间为“并且”关系，不同行的条件间为“或者”关系。

注意：筛选条件与数据区间至少要留一个空行，自动筛选时多列只能筛选“并且”关系，不能筛选“或者”关系；高级筛选时多列，既可以筛选“并且”关系，也可以筛选“或者”关系，但操作相对复杂。

三、分类汇总

Excel 2010可以对数据进行分类汇总，让数据按照某一个列进行分类，然后对分好类的数据进行汇总。

① 按分类字段排序。

注意：必须首先按汇总字段排序后，才能进行分类汇总。

② 在“分级显示”组中单击“分类汇总”按钮，打开“分类汇总”对话框。

③ 在“分类字段”列表框中选择分类列，在“汇总方式”列表框中选择汇总方式，在“选

定汇总项”复选框中选择汇总列，单击“确定”按钮。

注意：可以选择显示 3 级分类汇总的结果，单击行号左上角的按钮[1][2][3]，“1”只显示总计值，“2”显示各产品类别总计值，“3”显示所有项。

四、数据透视表

数据透视表能将筛选、排序和分类汇总等操作依次完成，并生成汇总表格。数据透视表是交互方式报表，可快速合并比较大量的数据，也可以旋转其行和列以查看源数据的不同汇总。

① 在“插入”选项卡“表格”组中单击“数据透视表”按钮，打开“创建数据透视表”对话框。

② 在“表格区域”编辑框中选择数据区域，在“位置”编辑框中输入数据透视表起始位置，单击“确定”按钮，打开“数据透视表字段列表”对话框。

③ 将要在行中显示数据的字段拖到“行标签”位置，要在列中显示数据的字段拖到“列标签”位置，要汇总的字段拖到“数值”位置。

创建数据透视表后，可以向数据透视表中添加字段、删除字段或更改字段位置，也可以对“报告格式”进行设置，以对数据透视表进行美化。

数据透视图是数据透视表的一种直观表示方法，它以图表的方法直观地表示出数据透视表所要表达的信息。

任务实施

利用 Excel 2010 的表格排序、筛选、分类汇总、数据透视表等功能完成“统计分析产品销量”报表的编制。

步骤一：新建并保存工作簿

① 启动 Excel 2010，选择“文件”→“另存为”命令，打开“另存为”对话框。

② 在“保存位置”列表框中选择“D:\EXCEL\任务”，“文件名”文本框中输入“统计分析产品销量”，“保存类型”列表框中选择“Microsoft Office Excel 工作簿（*.xlsx）”选项。

③ 单击“保存“按钮。

④ 在表“Sheet1”中输入“统计分析产品销量”表数据。

⑤ 将表“Sheet1”内容复制到“Sheet2”“Sheet3”“Sheet4”。

步骤二：数据排序

① 单击工作表“Sheet1”数据区域中任一单元格。

② 选择“数据”选项卡，如图 4-62 所示。

图 4-62 “数据”选项卡

③ 在“排序和筛选”组中单击“排序”按钮，打开“排序”对话框，如图 4-63 所示。

图 4-63 “排序”对话框

④ 在“主要关键字”列表框中选择“销售金额（元）”选项，“次序”列表框中选择“降序”。

⑤ 单击“确定”按钮，操作结果见图 4-58。

步骤三：数据筛选

① 单击工作表“Sheet2”数据区域中任一单元格。

② 在“排序和筛选”组中，单击“筛选”按钮，如图 4-64 所示。

产品类别	产品名称	产品单价	单位	第一季	第二季	第三季	第四季	销售合计	销售金额（元）
计算机	服务器	20000.00	台	10	15	12	20	57	1140000.00
计算机	台式机	4000.00	台	200	180	220	240	840	3360000.00
计算机	笔记本	6000.00	台	150	160	180	190	680	4080000.00
外设	打印机	800.00	台	240	280	320	320	1160	928000.00
外设	显示器	1000.00	台	280	300	320	340	1240	1240000.00
外设	扫描仪	2000.00	台	100	120	120	130	470	940000.00
耗材	打印纸	120.00	箱	200	250	200	300	950	114000.00
耗材	硬盘	500.00	个	150	170	190	200	710	355000.00
耗材	光盘	50.00	盒	300	250	310	320	1180	59000.00

图 4-64 “自动筛选”窗口

③ 单击“销售金额（元）”下拉按钮，打开图 4-65 所示的列表框。

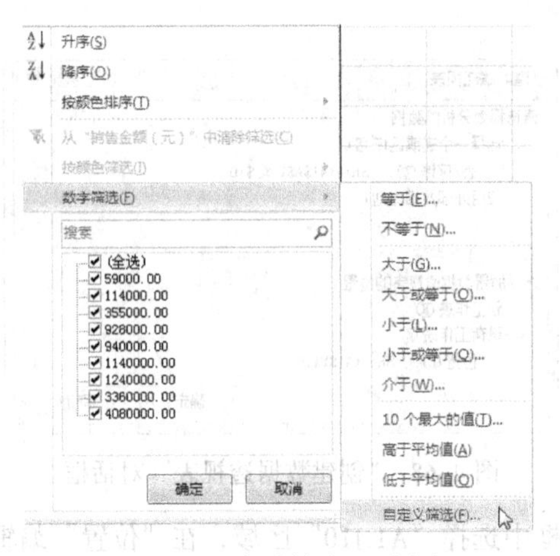

图 4-65 “自动筛选”列表框

④ 选择“数字筛选”→“自定义筛选”命令，打开“自定义自动筛选方式”对话框，如图 4-66 所示。

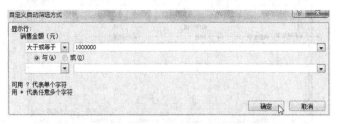

图 4-66 “自定义自动筛选方式”对话框

⑤ 在“销售金额（元）” 列表框中选择“大于或等于”，在文本框中输入“1000000”。

⑥ 单击“确定”按钮。结果如图 4-59 所示。

步骤四：分类汇总

① 单击工作表“Sheet3”数据区域中任一单元格，选择“数据”→“排序和筛选”→“排序”命令，打开“排序”对话框。

② 对工作表“Sheet3”中数据按“产品类别”排序。

③ 单击工作表“Sheet3”数据区域中任一单元格，选择“数据”→“分级显示”→“分类汇总”命令，打开“分类汇总”对话框，如图 4-67 所示。

④ 在“分类字段”列表框中选择“产品类别”选项，“汇总方式”列表框中选择“求和”选项，“汇总项”列表框中选择“销售金额（元）”选项。

⑤ 单击“确定”按钮，操作结果如图 4-60 所示。

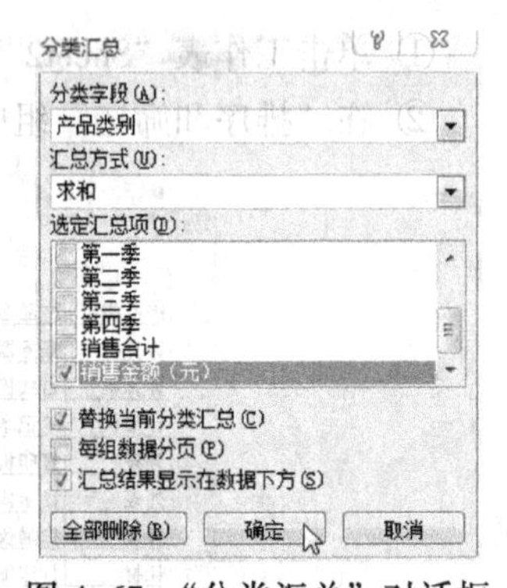

图 4-67 “分类汇总”对话框

步骤五：数据透视表

① 单击工作表“Sheet4”数据区域中任一单元格。

② 在“插入”选项卡“表格”组中，单击“数据透视表”按钮，打开“创建数据透视表”对话框，如图 4-68 所示。

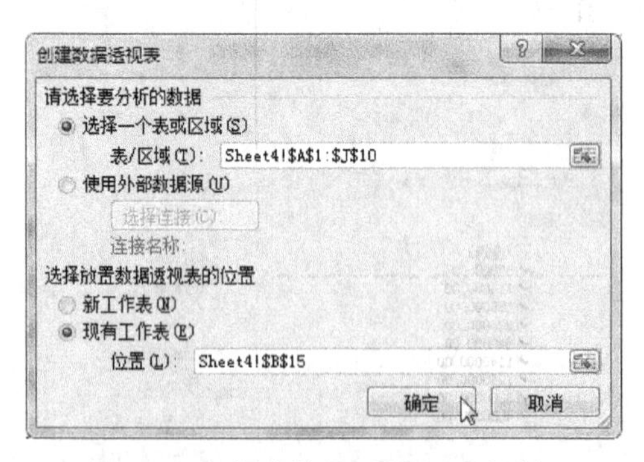

图 4-68 “创建数据透视表”对话框

③ 在“表/区域”编辑框中选择“A1:J10”区域，在“位置”编辑框中选择“B15”单元格，

单击“确定”按钮，打开“数据透视表字段列表”窗格。

④ 将“产品类别”“产品名称”拖到“行标签”位置，“销售金额（元）”拖到“数值”位置，操作结果如图 4-61 所示。

任务 4　编制产品销售报告

任务描述

本任务要求利用 Word 2010 的文档编排功能和 Excel 2010 的图表功能完成“产品销售报告”的编制。具体要求如下。

① 在文件夹“D:\WORD\任务”中，新建 Word 2010 文档“产品销售报告.docx”，并输入报告内容，参见图 4-69 文字部分。

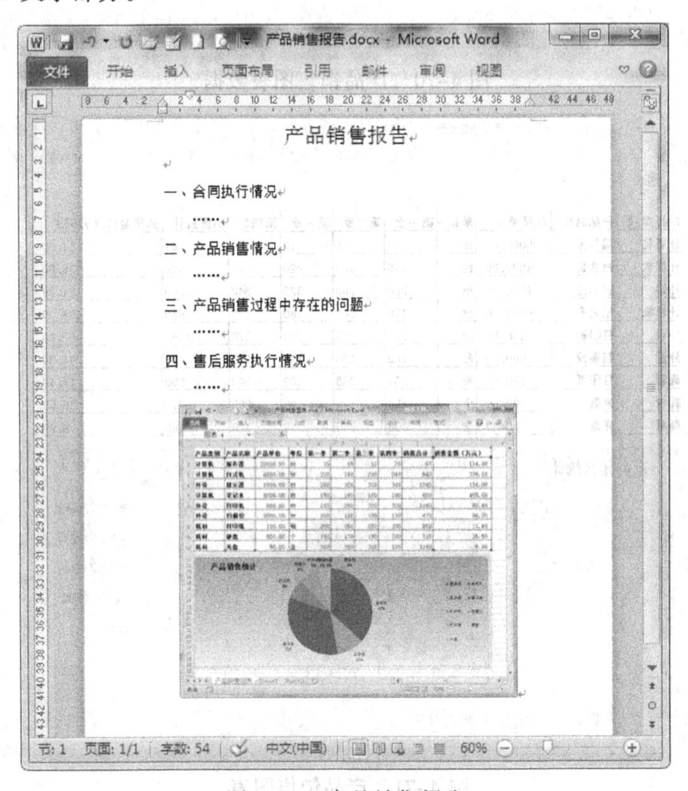

图 4-69　产品销售报告

② 在文件夹 “D:\EXCEL\任务”中，新建 Excel 2010 工作簿“产品销售图表.xlsx”

③ 在工作簿“产品销售图表.xlsx”工作表“Sheet1”中输入产品销售数据，如图 4-70 所示。

④ 用产品名称、销售金额（万元）两列数据制作饼图，要求系列产生在“列”，图表标题为“产品销售统计”，图例“靠右”，数据标志为“百分比”，图表作为对象插入到数据下方。

⑤ 对图表进行编辑。

⑥ 对图表进行格式设置，图表区背景为“预设”“雨后初晴”，如图 4-71 所示。

⑦打开“D:\WORD\任务\产品销售报告.docx”,将制作的图表插入到产品销售报告中，并对其进行排版。结果如图 4-69 所示。

产品类别	产品名称	产品单价	单位	第一季	第二季	第三季	第四季	销售合计	销售金额（万元）
计算机	服务器	20000.00	台	10	15	12	20	57	114.00
计算机	台式机	4000.00	台	200	180	220	240	840	336.00
外设	显示器	1000.00	台	280	300	320	340	1240	124.00
计算机	笔记本	6000.00	台	150	160	180	190	680	408.00
外设	打印机	800.00	台	240	280	320	320	1160	92.80
外设	扫描仪	2000.00	台	100	120	120	130	470	94.00
耗材	打印纸	120.00	箱	200	250	200	300	950	11.40
耗材	硬盘	500.00	个	150	170	190	200	710	35.50
耗材	光盘	50.00	盒	300	250	310	320	1180	5.90

图 4-70　产品销售图表数据

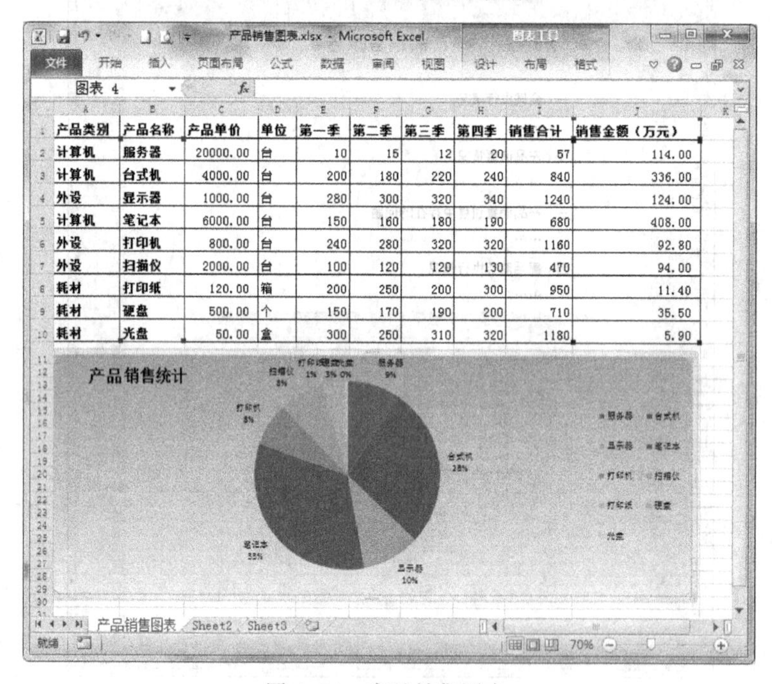

图 4-71　产品销售图表

任务分析

单纯的文字或表格数据固然能反映问题，但是一张设计良好的图表更具吸引力和说服力。Excel 2010 提供了 11 种标准图表和多种自定义图表，通过创建图表可以使工作表中的数据能以更加直观的形式表示出数据变化趋势及各类数据之间的关系，再配合相关文字，即可形成一篇图文并茂、可读性好的报告。

通过完成本任务，应该达到的知识目标和能力目标如表 4-6 所示。

表4-6 知识目标和能力目标

知识目标	能力目标
①理解 Excel 2010 图表的相关概念 ②学习 Excel 2010 图表的创建方法和编辑方法 ③明白 Excel 2010 和 Word 2010 数据共享的意义和方法	①掌握 Excel 2010 图表的创建方法 ②掌握 Excel 2010 图表的编辑方法 ③掌握 Excel 2010 和 Word 2010 数据共享的方法

知识准备

图表简化了数据间的复杂关系，描绘了数据的变化趋势，能使用户更清楚地了解数据所代表的意义。Excel 2010 可绘制 11 种类型的图表，每一种图表类型中又包括多种子类型。

一、图表类型

1. 柱形图和条形图

比较项目之间的关系而不是在时间上的变化时，选用柱形图。堆积柱形图可清晰地显示整体中的各个组成部分。堆积柱形图的特殊情况是 100%柱形图，可以表示整体中各个组成部分所占的百分比。条形图与柱形图类似，只是方向为水平方向，适用于显示较长的数值坐标。

2. 折线图

折线图用于描述和比较数值数据的变化趋势，有效地表示一个或多个数据集合在时间上的变化，尤其是随时间发生的动态变化。在单个图表中，不宜使用过多的系列，以使图表清晰明了。

3. 圆环图和饼图

圆环图和饼图通常用部分在整体中所占的百分比或数值来表示部分与整体的关系，每一个切片可以标记出数值或所占的百分比。当强调一个或多个切片时，可以把它们分离出来，以吸引观众的注意力。

4. XY 散点图

散点图的点一般是分散的，每一点代表了两个变量的数值，用来分析两个变量之间是否相关。

5. 面积图

面积图可以看作是折线图的一种特殊形式，表示系列数据的总值，而不强调数据的变化情况。

6. 三维图表

当需要增强图表的视觉效果时，可以使用相应的三维图表。

7. 组合图表

为了能更加直观地反映列表中的各种数据间的关系，可以将两种以上的图表类型组合到一个图表中。

二、图表的基本操作

1. 生成统计图表

Excel 2010 建立图表的工作其实非常简单，只要在“插入”选项卡“图表”组中插入所需的图表。

提示：插入图表后，如果选择图表，功能区将增加“设计”“布局”和“格式”选项卡，利用它们可以对图表进行编辑和格式设置。

2. 编辑图表

图表的选择、缩放、移动、复制、删除和一般图形的操作方法相同。图表类型、源数据、图表选项的编辑，可选择“设计”和“布局”选项卡中的相应命令，或选择快捷菜单中的相应命令，如图 4-72 和图 4-73 所示。

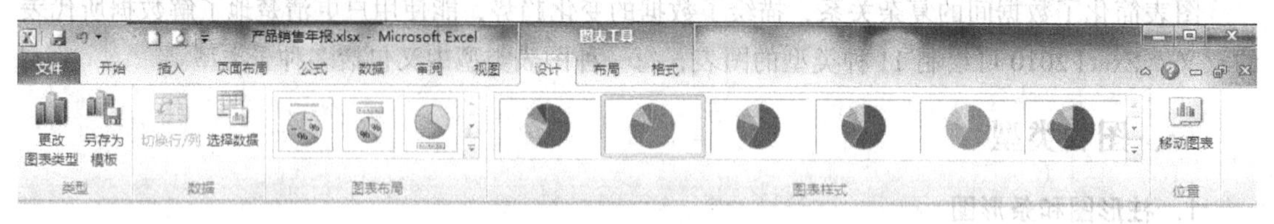

图 4-72 “设计”选项卡

3. 设置图表格式

设置图表格式的方法如下：

① 单击选择图表中要设置格式的对象。

② 选择“格式”选项卡中的相应命令。

提示：双击图表中要设置格式的对象（或右击图表中要设置格式的对象，选择对象的相应命令），也可以打开相应对象的格式对话框。

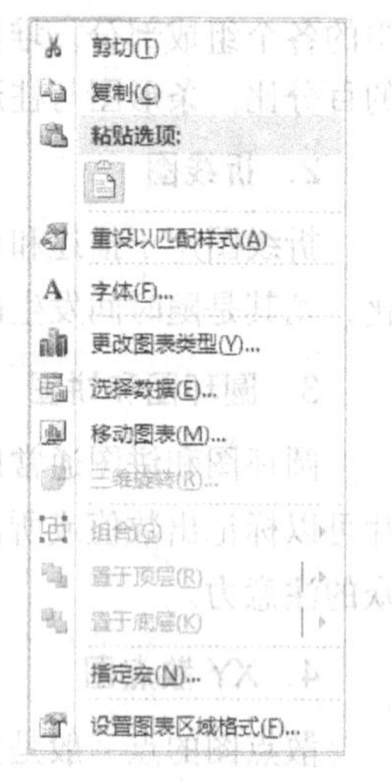

图 4-73 图表快捷菜单

任务实施

利用 Word 2010 的文档编排功能和 Excel 2010 的图表功能完成“产品销售报告”的编制。

步骤一：新建并保存文档

① 启动 Word 2010，输入“产品销售报告”文字部分，选择“文件”→“另存为”命令，打开“另存为”对话框。

② 在“保存位置”列表框中选择“D:\WORD\任务”，“文件名”文本框中输入“产品销售报告”，“保存类型”列表框中选择“Microsoft Office Word 工作簿（*.docx）”选项。

③ 单击“保存“按钮。

步骤二：新建并保存工作簿

① 启动 Excel 2010，在工作表“Sheet1”中输入产品销售数据，选择“文件”→“另存为”命令，打开“另存为”对话框。

② 在“保存位置”列表框中选择“D:\EXCEL\任务”，“文件名”文本框中输入“产品销售图表”，“保存类型”列表框中选择“Microsoft Office Excel 工作簿（*.xlsx）”选项。

③ 单击“保存“按钮。

④ 对“产品销售图表”进行格式设置，操作结果如图4-70。

步骤三：制作图表

① 单击工作表“Sheet1”，选择数据区域产品名称、销售金额（万元）两列数据。
② 选择“插入”→“图表”命令，打开“插入图表”对话框，如图4-74所示。

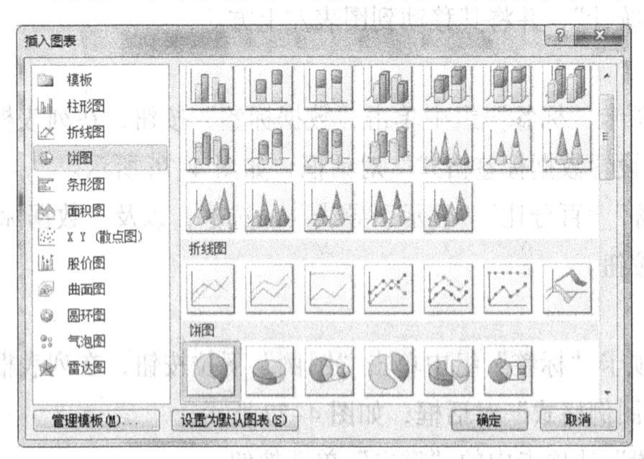

图4-74 “插入图表”对话框

③ 在“图表类型”列表框中选择“饼图”选项，然后在右侧选择“饼图”图表。单击“确定”按钮，如图4-75所示。

产品类别	产品名称	产品单价	单位	第一季	第二季	第三季	第四季	销售合计	销售金额（万元）
计算机	服务器	20000.00	台	10	15	12	20	57	114.00
计算机	台式机	4000.00	台	200	180	220	240	840	336.00
外设	显示器	1000.00	台	280	300	320	340	1240	124.00
计算机	笔记本	6000.00	台	150	160	180	190	680	408.00
外设	打印机	800.00	台	240	280	320	320	1160	92.80
外设	扫描仪	2000.00	台	100	120	120	130	470	94.00
耗材	打印纸	120.00	箱	200	250	200	300	950	11.40
耗材	硬盘	500.00	个	150	170	190	200	710	35.50
耗材	光盘	50.00	盒	300	250	310	320	1180	5.90

图4-75 插入图表

步骤四：编辑、格式化图表

（1）编辑图表

① 单击图表区任意空白位置选择图表，参照图4-70对图表进行整体移动和缩放。

② 单击绘图区任意空白位置选择绘图区，参照图 4-71 对绘图区进行整体移动和缩放。

（2）设置图表标题

① 选择“布局”选项卡。

② 在“标签”组中，单击“图表标题”按钮，打开列表框，选择“居中覆盖标题”命令，修改标题为“产品销售统计”，并将其移动到图表左上方。

（3）设置数据标签

① 在“布局”选项卡“标签”组中单击“数据标签”按钮，在列表框中选择“其他数据标签选项”命令，打开“设置数据标签格式”对话框，如图 4-76 所示。

② 选中“类别名称”“百分比”“显示引导线”复选框，以及“数据标签外”单选按钮。

③ 单击“关闭”按钮。

（4）设置图例

① 在“布局”选项卡“标签”组中单击“图例”下拉按钮，在列表框中选择“其他图例选项”命令，打开“设置图例格式”对话框，如图 4-77 所示。

② 选择“图例位置”选项卡中的“靠右”单选按钮。

③ 单击“关闭”按钮。

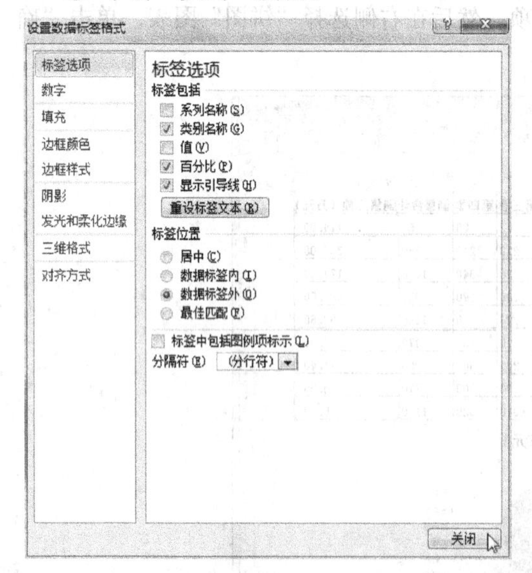

图 4-76 “设置数据标签格式”对话框

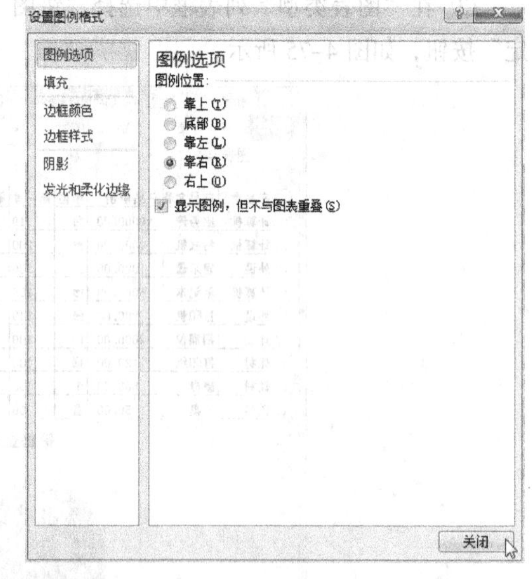

图 4-77 “设置图例格式”对话框

（5）设置图表背景区

① 单击图表区任意空白位置选择图表区，右击，打开快捷菜单，选择“设置图表区域格式”命令，打开“设置图表区域格式”对话框，如图 4-78 所示。

② 选择“填充”选项卡，选中“渐变填充”单选按钮，在“预设颜色”列表框中选择“雨后初晴”。

③ 单击“关闭”按钮。操作结果如图 4-71 所示。

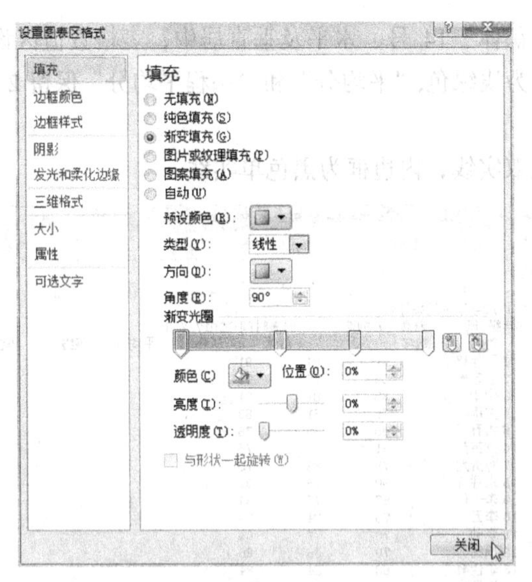

图4-78 “设置图表区格式”对话框

步骤五：插入图表

① 打开文档“D:\WORD\任务\产品销售报告.docx”。

② 在文档“产品销售报告.docx”中，单击要插入图表的位置，将制作的图表复制并粘贴到产品销售报告中，并对其进行排版。

③ 操作结果参见图4-69。

强 化 练 习

1. 认识Excel 2010

① 参考图4-3，熟悉Excel 2010窗口界面。

② 启动Excel 2010，将默认“工作簿1.xlsx”另存为“学生成绩统计表.xlsx”，保存到D:\作业\EXCEL文件夹中备用。

③ 关闭当前文件，关闭Excel 2010。

2. 创建“学生成绩统计表.xlsx”工作簿

① 打开D:\作业\EXCEL\学生成绩统计表.xlsx。参考图4-79，在“Sheet1”中录入基础数据，重命名为“基础数据”工作表。

② 将“基础数据”工作表中的数据复制到“Sheet2”中，重命名为“格式化”工作表，并对其进行格式设置，要求：

- 表标题设置为黑体、24号、白色，合并后居中，红色底纹，行高35磅。以下各行行高为20磅。
- 第2行设置为黑体、14号，合并后居中，左对齐。

- 表格文字区设置为黑体、14 号、水平及垂直居中，表格数值区设置为黑体、14 号、右对齐，列标题行底纹为浅绿色，“平均分”和“课程平均分”保留 2 位小数。调整列宽到恰当宽度。
- 表格外边框为红色双实线，内边框为黑色单实线。

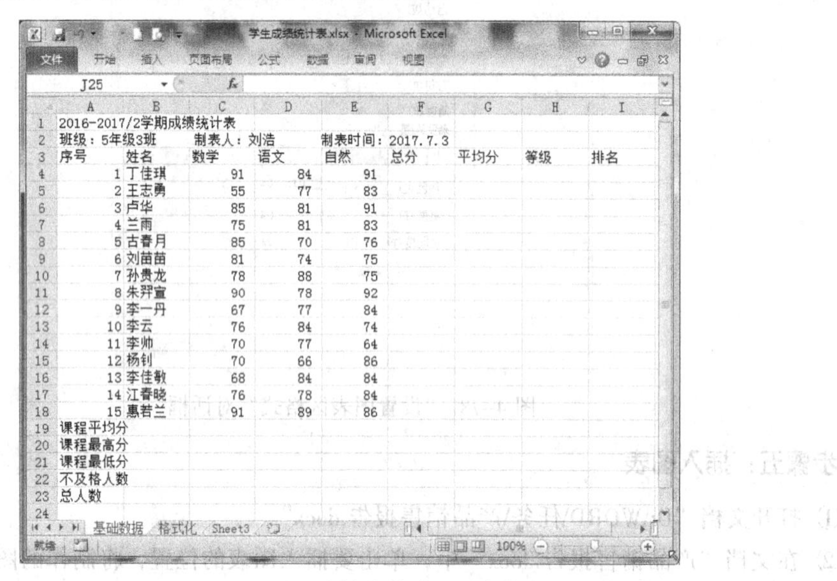

2016-2017/2学期成绩统计表

班级：5年级3班　　制表人：刘浩　　制表时间：2017.7.3

序号	姓名	数学	语文	自然	总分	平均分	等级	排名
1	丁佳琪	91	84	91				
2	王志勇	55	77	83				
3	卢华	85	81	91				
4	兰雨	75	81	83				
5	古春月	85	70	76				
6	刘苗苗	81	74	75				
7	孙贵龙	78	88	75				
8	朱羿宣	90	78	92				
9	李一丹	67	77	84				
10	李云	76	84	74				
11	李帅	70	77	64				
12	杨钊	70	66	86				
13	李佳敏	68	84	84				
14	江春晓	76	78	84				
15	惠若兰	91	89	86				
课程平均分								
课程最高分								
课程最低分								
不及格人数								
总人数								

图 4-79　学生成绩统计表基础数据

③ 设置纸张类型为 A4，方向为横向，上、下、左、右边距各为 2 厘米，表格水平居中，打印预览。

3. 用公式和函数处理学生成绩表

① 打开 D:\作业\EXCEL\学生成绩统计表.xlsx。参考图 4-80，按住【Ctrl】键拖动“格式化”工作表，生成“格式化（2）”，重命名为“成绩统计”。

2016-2017/2学期成绩统计表

班级：5年级3班　　制表人：刘浩　　制表时间：2017.7.3

序号	姓名	数学	语文	自然	总分	平均分	等级	排名
1	丁佳琪	91	84	91				
2	王志勇	55	77	83				
3	卢华	85	81	91				
4	兰雨	75	81	83				
5	古春月	85	70	76				
6	刘苗苗	81	74	75				
7	孙贵龙	78	88	75				
8	朱羿宣	90	78	92				
9	李一丹	67	77	84				
10	李云	76	84	74				
11	李帅	70	77	64				
12	杨钊	70	66	86				
13	李佳敏	68	84	84				
14	江春晓	76	78	84				
15	惠若兰	91	89	86				
课程平均分								
课程最高分								
课程最低分								
不及格人数								
总人数								

图 4-80　学生成绩统计表格式化效果

② 用公式和函数处理学生成绩统计表，结果如图 4–81 所示。要求：

- 计算每名同学总分、平均分、等级和排名。
- 计算每门课程的平均分、最高分、最低分和不及格人数。其中，“排名”按总分列数据降序排列；“等级”为平均分大于等于 85 分者为优秀，平均分在 75 分（含）到 85 分之间为良好，平均分在 60 分（含）到 75 分之间为及格，平均分在 60 分以下为不及格。
- 将课程不及格的学生的成绩单元格字体颜色设置为红色。

2016–2017/2学期成绩统计表

班级：5年级3班　　制表人：刘浩　　制表时间：2017.7.3

序号	姓名	数学	语文	自然	总分	平均分	等级	排名
1	丁佳琪	91	84	91	265	88.44	优秀	2
2	王志勇	55	77	83	215	71.63	及格	14
3	卢华	85	81	91	257	85.53	优秀	4
4	兰雨	75	81	83	240	79.85	良好	6
5	古春月	85	70	76	231	77.00	良好	10
6	刘苗苗	81	74	75	230	76.60	良好	11
7	孙贵龙	78	88	75	241	80.46	良好	5
8	朱羿宣	90	78	92	260	86.74	优秀	3
9	李一丹	67	77	84	228	76.02	良好	12
10	李云	76	84	74	234	78.08	良好	9
11	李帅	70	77	64	210	70.07	及格	15
12	杨钊	70	66	86	222	74.10	及格	13
13	李佳敏	68	84	84	236	78.60	良好	8
14	江春晓	76	78	84	237	79.11	良好	7
15	惠若兰	91	89	86	266	88.55	优秀	1
课程平均分		77	79	82				
课程最高分		91	89	92				
课程最低分		55	66	64				
不及格人数		1	0	0				
总人数					15			

图 4–81　学生成绩统计表计算效果

4. 对学生成绩进行统计和分析

① 将前面题目中建立的工作簿“学生成绩统计表.xlsx”另存为“学生成绩管理.xlsx”。

② 将工作表“成绩统计”中的数据复制到“Sheet3”“Sheet4”“Sheet5”“Sheet6”中，并依次命名为“排序”“筛选”“分类汇总”“数据透视表”。

③ 对工作表“排序”中的数据进行排序，排序条件为“排名”升序。

④ 对工作表“筛选”中的数据进行自动筛选，筛选条件为“平均分”大于等于 75 分并且小于 90 分。

⑤ 对工作表“分类汇总”中的数据进行分类汇总，分类字段为“等级”，汇总方式为“计数”，汇总项为“等级”。

⑥ 对工作表“数据透视表”中的数据创建数据透视表，要求按“等级”计算各门课程总分，即计算每个等级每门课程的总分，如图 4–82 所示。

5. 制作学生成绩统计图

根据题 4 中⑤所得分类汇总数据，制作学生成绩统计图，如图 4–83 所示。

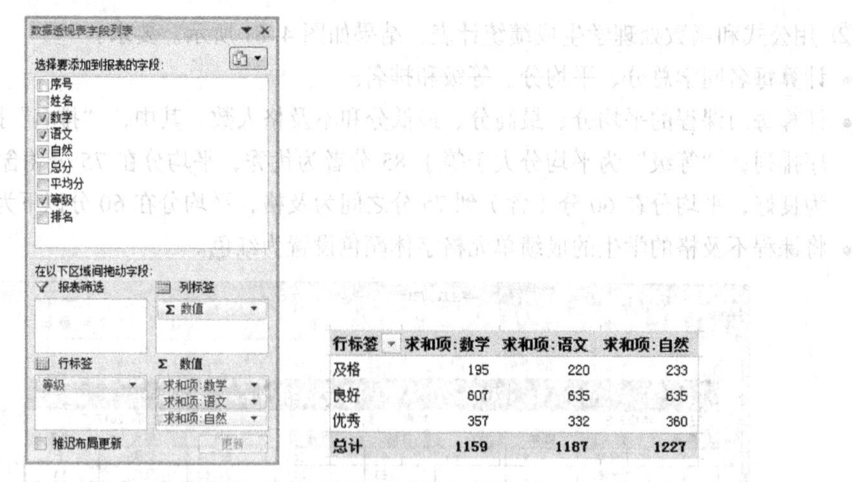

行标签	求和项:数学	求和项:语文	求和项:自然
及格	195	220	233
良好	607	635	635
优秀	357	332	360
总计	1159	1187	1227

图 4-82　学生成绩数据透视表

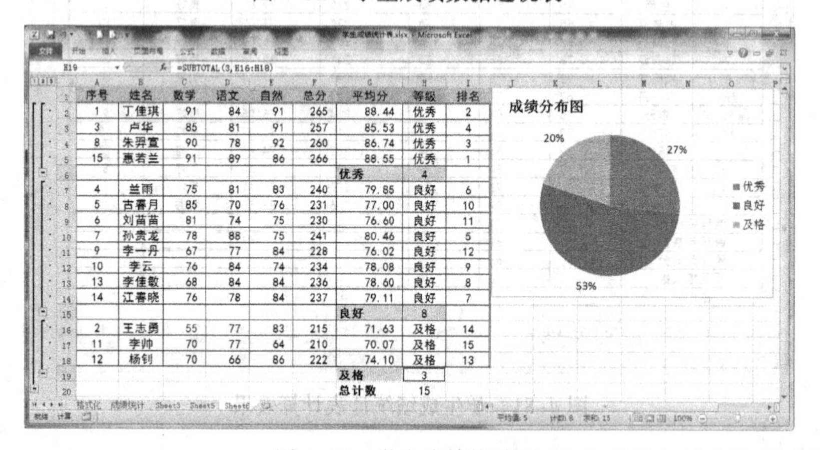

序号	姓名	数学	语文	自然	总分	平均分	等级	排名
1	丁佳琪	91	84	91	265	88.44	优秀	2
3	卢华	85	81	91	257	85.53	优秀	4
8	朱羿萱	90	78	92	260	86.74	优秀	3
15	惠若兰	91	89	86	266	88.55	优秀	1
						优秀	4	
4	兰雨	75	81	83	240	79.85	良好	6
5	古春月	85	70	76	231	77.00	良好	10
6	刘苗苗	81	74	75	230	76.60	良好	11
7	孙贵龙	78	88	75	241	80.46	良好	5
9	李一丹	67	77	84	228	76.02	良好	12
10	李云	76	84	74	234	78.08	良好	9
13	李佳敏	68	84	84	236	78.60	良好	8
14	江春晓	76	78	84	237	79.11	良好	7
						良好	8	
2	王志勇	55	77	83	215	71.63	及格	14
11	李帅	70	77	64	210	70.07	及格	15
12	杨钊	70	66	86	222	74.10	及格	13
						及格	3	
						总计数	15	

图 4-83　学生成绩统计图

单元 5 PowerPoint 2010 演示文稿制作软件应用

学习目标

通过本单元内容的学习，使读者能够具有以下基本能力：

- 使用 PowerPoint 2010 软件创建、编辑演示文稿的基本能力。
- 在 PowerPoint 2010 演示文稿中设置超链接、插入动画、音频、视频等多媒体对象的能力。
- 设置播放演示文稿、发布演示文稿的能力。

学习内容

本单元学习使用 PowerPoint 2010 演示文稿制作软件的知识和技能，分解为 3 个学习任务。

- 任务 1　制作论文答辩演示文稿
- 任务 2　美化论文答辩演示文稿
- 任务 3　制作电子相册

任务 1　制作论文答辩演示文稿

任务描述

本任务要求利用 PowerPoint 2010 的插入文本、插入图形、图片、表格、艺术字的功能完成论文答辩演示文稿的基本制作。演示文稿的整体效果如图 5-1 所示。

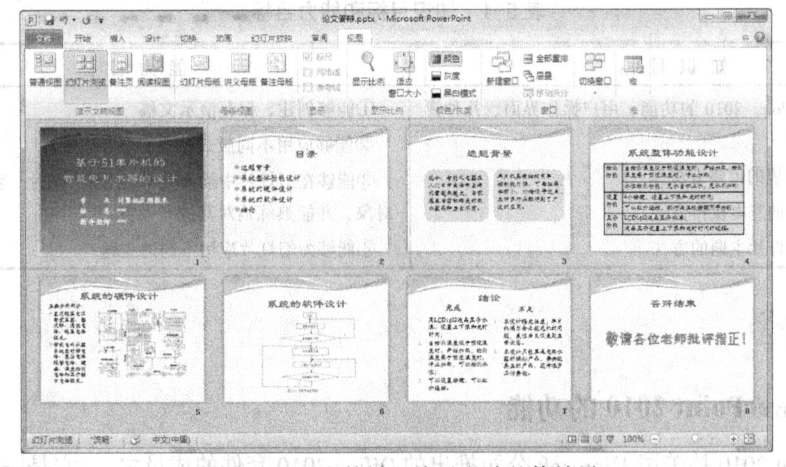

图 5-1　“论文答辩”演示文稿整体效果

具体要求如下。

① 新建演示文稿，选择“流畅”主题，并保存在文件夹“D:\PowerPoint\任务一 制作论文答辩演示文稿”中，命名为“论文答辩.pptx”。

② 第 1 张幻灯片为“标题幻灯片”，要求在“标题”占位符输入论文题目，在“副标题”占位符输入作者信息，并设置字体格式。

③ 第 2 张幻灯片要求利用“标题和内容”版式，在“标题”占位符输入“目录”，在“内容”占位符输入目录文本，设置字体格式并添加项目符号。

④ 第 3 张幻灯片要求利用“仅标题”版式，在“标题”占位符输入“选题背景”，然后在标题下方插入两个“圆角矩形”，设置其形状样式，在两个图形中输入相应文本，并设置字体格式。

⑤ 第 4 张幻灯片要求利用“仅标题”版式，在“标题”占位符输入“系统整体功能设计”，然后插入 6 行 2 列的表格，按要求进行单元格合并，设置表格样式，然后在表格中输入相应的文本，并设置字体格式。

⑥ 第 5 张幻灯片要求利用“两栏内容”版式，在“标题”占位符输入“系统的硬件设计”，在左边的“内容”占位符输入相应文本，设置字体格式并添加项目符号，在右边的“内容”占位符插入图片。

⑦ 第 6 张幻灯片要求利用“仅标题”版式，在“标题”占位符输入“系统的软件设计”，在标题下方空白处插入图片。

⑧ 第 7 张幻灯片要求利用“比较”版式，在“标题”占位符输入“结论”，“标题”占位符下面左侧的“文本”占位符输入文字“完成”，右侧的“文本”占位符输入文字“不足”，设置字体格式。在最下面的两个“内容”占位符中输入相应的文本，设置字体格式并添加编号。

⑨ 第 8 张幻灯片要求利用“仅标题”版式，在“标题”占位符输入“答辩结束”，在“标题”占位符下面插入艺术字，内容为“敬请各位老师批评指正！”，设置艺术字的样式。

任务分析

要想完成一个简单的电子演示文稿的制作，就要先创建演示文稿并保存，然后再插入不同版式的幻灯片，对每个幻灯片可以插入不同的对象进行编辑和设计，然后退出演示文稿。

通过完成本任务，应该达到的知识目标和能力目标如表 5-1 所示。

表 5-1　知识目标和能力目标

知 识 目 标	能 力 目 标
①懂得 PowerPoint 2010 的功能、用户操作界面、几种视图以及基本概念 ②熟悉演示文稿的创建方法 ③熟悉幻灯片的基本操作方法 ④熟悉设置幻灯片主题的方法	①能够创建、保存演示文稿 ②能够应用不同版式新建幻灯片 ③能够在幻灯片中插入文本、图形、图片、表格、艺术字等对象，并能熟练地对其进行设置 ④能够为幻灯片应用不同的主题

知识准备

一、PowerPoint 2010 的功能

PowerPoint 2010 是美国 Microsoft 公司推出的 Office 2010 套件的成员之一，它是一种操作简单，

集文字、表格、图标、图片、声音和动画于一体，专门用于编制演示文稿的软件。通过它可以生动、形象、准确地向观众展示产品、演示成果。用它制作的幻灯片既可以在计算机上显示，也可以打印到广告灯箱、35mm幻灯片或纸张上。

PowerPoint 2010的主要功能如下：

① 文字处理：文字的录入、编辑、排版等功能。

② 表格制作：表格的创建、编辑、排版等功能。

③ 多媒体对象处理：图形、图像、声音、动画的插入、编辑、排版等功能。

④ 对文本、图表等各种对象综合排版，设置动画、幻灯片放映方式。

二、PowerPoint 2010的启动与退出

1. 启动PowerPoint 2010

选择“开始”→“所有程序”→“Microsoft Office”→“Microsoft PowerPoint 2010”命令，可以启动PowerPoint 2010。启动后的界面如图5-2所示。

提示： *双击桌面上PowerPoint 2010快捷方式图标也可启动PowerPoint 2010或者通过双击PowerPoint2010的文档来启动PowerPoint2010。*

2. 退出PowerPoint 2010

单击“文件”→“退出”命令、双击标题栏上的应用程序图标、点击“关闭”按钮、使用【Alt+F4】组合键均可退出PowerPoint 2010。

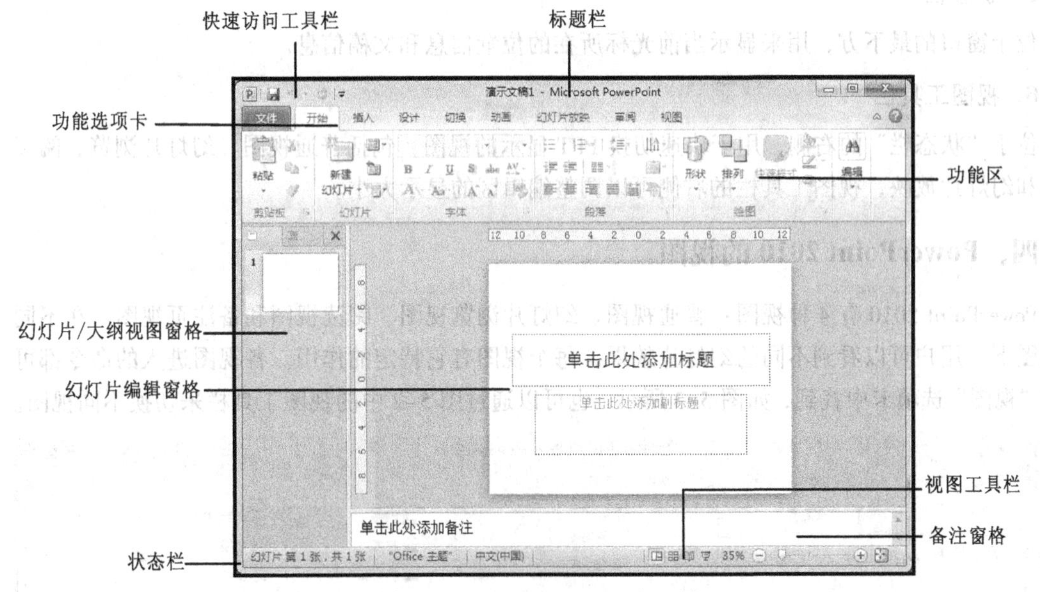

图5-2 PowerPoint 2010窗口界面

三、PowerPoint 2010的窗口界面

PowerPoint 2010的窗口界面如图5-2所示，这是最常用的普通视图的窗口界面。与其他Office组件相同，窗口的上半部分是标题栏、功能选项卡、功能区等，窗口下半部分是PowerPoint特有界面。

1．功能选项卡和功能区

在 PowerPoint 2010 中，常见的选项卡包括“文件”“开始”“插入”“设计”“切换”“动画”“幻灯片放映”“审阅”和“视图”，如果在特定模式下还会出现不同选项卡，每个选项卡都与一种类型的活动相关。单击“文件”选项卡会出现 Backstage 视图，可以管理文件及其相关数据。单击其他的功能选项卡，其下面便显示与之对应的功能区。功能区中的命令被组织在逻辑组中，PowerPoint 2010 中所有操作命令按钮均可在不同的选项卡下的功能区中找到。

2．幻灯片编辑窗格

“幻灯片编辑窗格”位于窗口的中心位置，它是编辑、修改幻灯片内容的地方。在该窗格中可以为幻灯片添加文本，插入图片、表格、图表、声音、视频、超链接和动画等对象。

3．幻灯片/大纲视图窗格

位于“幻灯片编辑窗格”的左侧。包括了幻灯片视图窗格和大纲视图窗格，选择“大纲”或“幻灯片”选项卡，可以在幻灯片视图窗格和大纲视图窗格之间进行切换。幻灯片视图窗格可以从整体上查看和浏览幻灯片的外观。在大纲视图窗格中，可以输入演示文稿的所有文本，也可以显示演示文稿的文本内容（大纲），包括幻灯片的标题和文本信息，适合组织和创建演示文稿的内容。

4．备注窗格

位于“幻灯片编辑窗格”的下方，一般是用来对幻灯片中的内容进行必要的补充说明，但不会显示在放映屏幕上。

5．状态栏

位于窗口的最下方，用来显示当前光标所在的位置信息和文稿信息。

6．视图工具栏

位于“状态栏”的右侧，用于快速切换 PPT 显示的视图，包括普通视图、幻灯片浏览、阅读视图和幻灯片放映，视图工具栏的右侧可以调整编辑区的显示大小。

四、PowerPoint 2010 的视图

PowerPoint 2010 有 4 种视图：普通视图、幻灯片浏览视图、阅读视图和备注页视图。在不同的视图下，用户可以看到不同的幻灯片效果，每个视图有它特定的作用。各视图进入的命令都可以在“视图”选项卡中找到，如图 5-3 所示。也可以通过图 5-2 中的视图工具栏来切换不同视图。

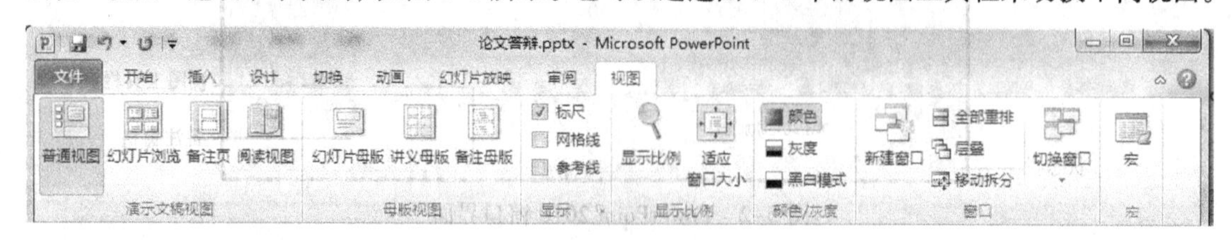

图 5-3　视图选项卡

1．普通视图

PowerPoint 2010 启动后，进入的默认视图就是普通视图，如图 5-2 所示。普通视图主要用于编

辑幻灯片的总体结构或单独编辑某张幻灯片。普通视图包含三个工作区域，幻灯片/大纲视图窗格，幻灯片编辑窗格和备注窗格，这些工作窗格使得用户可以在同一位置使用演示文稿的各种特性。

技巧：拖动窗格边框可调整不同窗格的大小。

2．幻灯片浏览视图

在幻灯片浏览视图中，可以在屏幕上同时看到演示文稿中的所有幻灯片，这些幻灯片是以缩略图显示的，这样就可以很容易地在幻灯片之间添加、删除和移动幻灯片以及选择动画切换。

提示：在幻灯片浏览视图中，不能对幻灯片内容进行编辑。

3．阅读视图

在幻灯片阅读视图下，演示文稿的幻灯片内容将以全屏的形式显示出来，如果用户设置了动画效果和幻灯片切换效果等，此视图会将全部效果显示出来。在此视图中，用户可以仔细查看幻灯片每个动画效果，检验演示文稿的正确性。

4．备注页视图

在备注页视图中，用户可以编辑备注窗格中的内容。在备注页视图中编辑备注有别于普通视图的备注窗格的编辑，在此视图中，用户能够为备注页添加图片内容。

五、PowerPoint 2010的基本概念

1．演示文稿

PowerPoint 2010创建的文件称为演示文稿，文件扩展名为.pptx。PowerPoint 2010可以对已有的演示文稿进行编辑和演示，也可以根据需要创建新的演示文稿。

2．幻灯片

PowerPoint 2010的幻灯片一般是指演示文稿的表现形式，是组成演示文稿的基本单位。一份演示文稿一般由多张幻灯片组成，每张幻灯片中都可以包含文字、图形、动画、声音等信息，这些信息随着幻灯片的放映表现出来。

3．模板

PowerPoint 2010的模板与Word 2010的模板类似，是一种反映演示文稿框架模式的文件，包含演示文稿的基本结构和设置，如标题样式、背景图案、配色方案、文字格式。PowerPoint 2010为用户提供了多达几百种类型的演示文稿模板，用户可根据需要选择适合的模板进行演示文稿的创建。

4．母版

母版是一种特殊的幻灯片，用来定义一份演示文稿中所有幻灯片的页面格式，通过设置母版可以实现所有幻灯片格式的修改，使它们都具有相同的外观。

5．版式

版式是指在幻灯片中插入对象的种类和位置，PowerPoint 2010提供了11种版式供用户选择，如标题幻灯片、标题和内容、两栏内容、仅标题、图片与标题等，用户可根据需要进行选择。同时，系统还提供了空白幻灯片版式，由用户自己进行设计。

6. 占位符

占位符是指幻灯片上一种带有虚线或阴影线边缘的框，绝大部分幻灯片版式中都有这种框。在这些框内可以放置标题及正文，或者是图表、表格和图片等对象。占位符的大小和位置一般取决于幻灯片所使用的版式。

六、创建演示文稿

1. 创建空演示文稿

创建空演示文稿是一种比较常用的方式，使用这种方式可以完全按照自己的需要在一个空白演示文稿上创作自己的幻灯片

① 启动 PowerPoint 2010。

② 在“开始”选项卡“幻灯片”组中单击“新建幻灯片”按钮。

③ 在列表框中选择幻灯片版式，创建相应版式的幻灯片。

2. 根据模板创建演示文稿

根据模板创建演示文稿，可以利用 PowerPoint 2010 提供的模板快速形成文档。模板提供了一个带有背景图案、配色方案、标题以及文本格式的空演示文稿，可以对内容进行修改，以达到满意的效果。

① 启动 PowerPoint2010。

② 在“文件”选项卡中选择“新建”命令，在“可用的模板和主题”窗格中选择“样本模板”选项，在打开的界面中会显示已安装的模板，如图 5-4 所示。

图 5-4　选择“样本模板”

③ 选择要使用的模板，然后单击“创建”按钮即可。

提示：如果安装的模板不能达到制作要求，可以在“新建”界面的“Office.com 模板”窗格中选择需要的模板样式，然后单击“下载”按钮即可下载使用。

3. 根据现有的演示文稿创建演示文稿

用户可以根据现有的演示文稿新建演示文稿。操作步骤如下：

① 启动 PowerPoint 2010。

② 在“文件”选项卡中选择“新建”命令，在“可用的模板和主题”窗格中选择“根据现有内容新建”选项，在打开的“根据现有演示文稿新建”对话框中找到并选定作为模板的现有演示文稿，然后单击“新建”按钮即可，如图 5-5 所示。

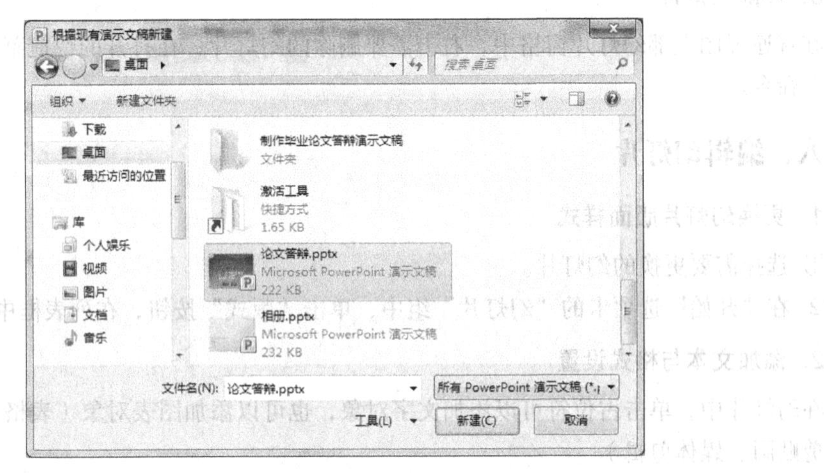

图 5-5 “根据现有演示文稿新建”对话框

七、管理幻灯片

1. 插入新幻灯片

PowerPoint 2010 新建的演示文稿默认只有一张幻灯片，可以在演示文稿中插入多张幻灯片，在“开始”选项卡中单击“新建幻灯片”按钮，选择所需要的幻灯片版式，就可以在演示文稿当前幻灯片后插入一张新幻灯片。

提示： 在“大纲/幻灯片视图”窗格中，单击“幻灯片”标签，在幻灯片视图窗格中，选中某个幻灯片右击，在弹出的快捷菜单中选择“新建幻灯片”命令，或按【Ctrl+M】组合键也可以在当前幻灯片后插入一张新幻灯片。

2. 选择幻灯片

单击幻灯片视图窗格的幻灯片，可以选择单张幻灯片。若要选择多张连续的幻灯片，可以单击第一张幻灯片，按住【Shift】键，再单击最后一张幻灯片，如果要选择多张不连续的幻灯片，可以单击第一张幻灯片，再按住【Ctrl】键，依次单击后面的幻灯片。

3. 移动幻灯片

① 在普通视图左部幻灯片窗格中，选择需要移动的幻灯片，在“开始”选项卡“剪贴板”组中单击“剪切”按钮。

② 在普通视图左部幻灯片窗格中，选择目标幻灯片，在“开始”选项卡“剪贴板”组中单击“粘贴”按钮，将幻灯片移动到该幻灯片后。

4．复制幻灯片

① 在普通视图左部幻灯片窗格中，选择需要复制的幻灯片，在“开始”选项卡“剪贴板”组中单击“复制”按钮。

② 在普通视图左部幻灯片窗格中，选择目标幻灯片，在“开始”选择选项卡“剪贴板”组中单击“粘贴”按钮，将幻灯片复制到该幻灯片后。

5．删除幻灯片

在普通视图左部幻灯片窗格中，右击需要删除的幻灯片，在打开的快捷菜单中选择“删除幻灯片”命令。

八、编辑幻灯片

1．更换幻灯片版面样式

① 选择需要更换的幻灯片。

② 在“开始”选项卡的“幻灯片”组中，单击“版式”按钮，在列表框中选择所需的版式。

2．添加文本与格式设置

在幻灯片中，单击占位符可以添加文字对象，也可以添加图表对象（表格、图表、图形、图片、剪贴画、媒体剪辑）。

3．插入对象

（1）插入图片

① 在“插入”选项卡“插图”组中单击“图片”按钮，在弹出的对话框选择图片，单击“插入”按钮。

② 用与 Word 2010 类似的方法调整图片大小和位置。

技巧：单击占位符中的“剪贴画”或“插入来自文件的图片”按钮，可以直接插入剪贴画或图片。

（2）插入表格

① 在“插入”选项卡“表格”组中单击“表格”按钮，在列表框中可选择相应命令插入表格，如图 5-6 所示。

② 用与 Word 2010 类似的方法格式化表格。

图 5-6 “表格”列表框

提示：在“插入”选项卡“文本”组中单击“对象”按钮，打开“插入对象”对话框，选择要插入的“Microsoft Word 文档”或“Microsoft Excel 图表”对象，可插入 Word 文档或者 Excel 图表。

（3）插入艺术字

① 在“插入”选项卡“文本”组中单击“艺术字”按钮，在列表框中选择艺术字样式，并输入艺术字内容。

② 用与 Word 2010 类似的方法调整艺术字大小和位置。

（4）插入自选图形

① 在“插入”选项卡“插图”组中单击“形状”按钮，在列表框中选择需要的形状图标。此时鼠标指针呈十字状，可按住鼠标左键不放，然后拖动鼠标进行绘制，绘制好后释放鼠标即可。

② 用与Word 2010类似的方法设置自选图形边框、填充颜色等格式。

（5）插入SmartArt图形

① 在“插入”选项卡“插图”组中单击“SmartArt”按钮。

② 打开“选择SmartArt图形”对话框，在左边选择一种类别，中间将会显示相应类别的缩略图，然后选择缩略图，右边将会展示一个较大的预览效果图，并对图形的可能用途进行了描述。选择一种图形，单击“确定”按钮，即可插入SmartArt图形，如图5-7所示。

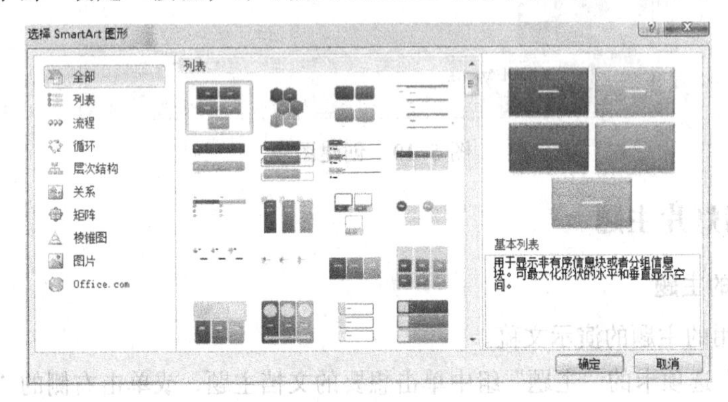

图5-7　“选择SmartArt图形”对话框

（6）插入图表

① 在“插入”选项卡“插图”组中单击“图表”按钮，打开“插入图表”对话框，如图5-8所示。选择一个图表的样式，然后单击“确定”按钮。

② 此时会打开一个Excel表格，这个表格中的数据就是用于建立图表的数据，一开始给出一些默认的数据，修改这些数据，改成需要的表格，如图5-9所示。

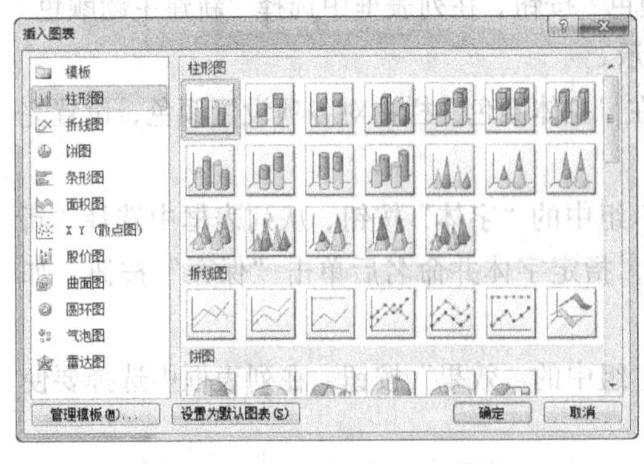

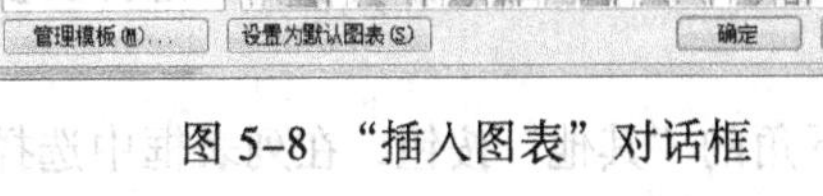

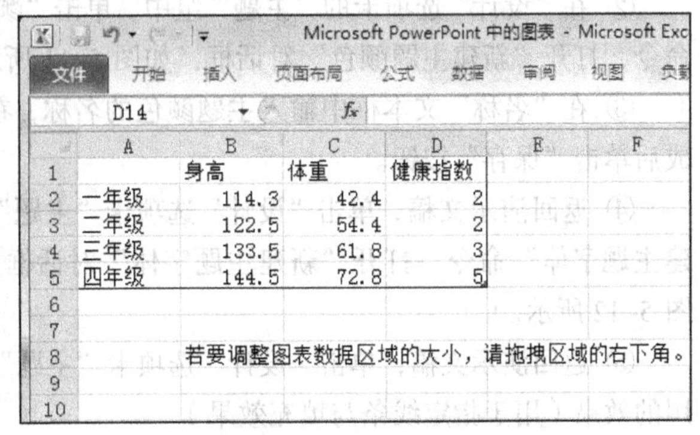

图5-8　“插入图表”对话框　　　　图5-9　编辑Excel表格中的数据

③ 关闭Excel，图表就自动创建了，如图5-10所示。

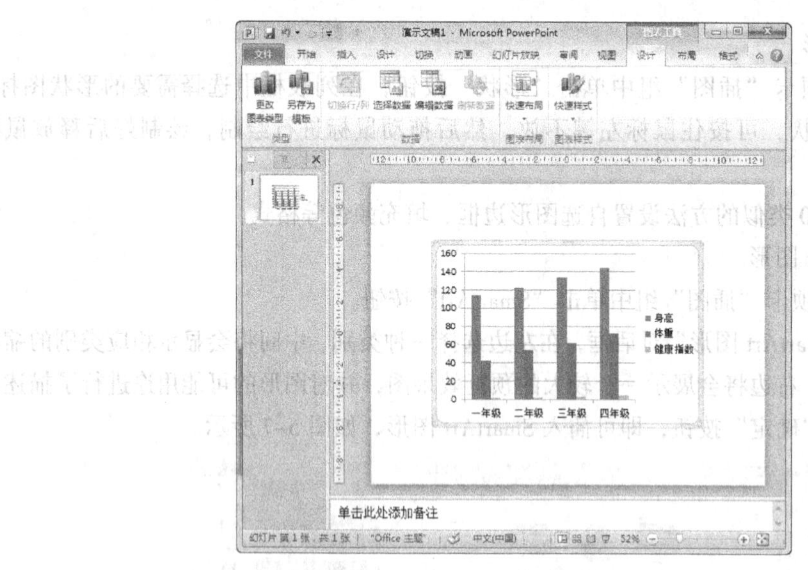

图 5-10　创建图表

九、设置幻灯片主题

1. 应用默认的主题

① 打开要应用的主题的演示文稿。

② 在“设计”选项卡的“主题”组中单击想要的文档主题，或单击右侧的“其他”按钮以查看所有可用的主题。

技巧：若希望只对选择的幻灯片设置主题，只需要右击所选的主题，然后选择“应用于选定幻灯片”命令。

2. 自定义主题

① 打开要自定义主题的演示文稿。

② 在“设计”选项卡的“主题”组中，单击“颜色”按钮，在列表框中选择“新建主题颜色”命令，打开“新建主题颜色”对话框，如图 5-11 所示。

③ 在“名称”文本框中输入主题颜色的名称，在“主体颜色”栏中对各项设置颜色，设置完成后单击“保存”按钮。

④ 返回演示文稿，单击“设计”选项卡“主题”组中的“字体”按钮，从列表框中选择“新建主题字体”命令，打开“新建主题字体”对话框，指定字体并命名后单击“保存”按钮，如图 5-12 所示。

⑤ 返回演示文稿，单击“设计”选项卡“主题”组中的“效果”按钮，在列表框中选择要使用的效果（用于指定线条与填充效果）。

⑥ 设置完成后，单击“设置”选项卡“主题”组中右下角的“其他”按钮，在列表框中选择“保存当前主题”命令，如图 5-13 所示。在出现的对话框中输入文件名并单击“保存”按钮。保存自定义主题后，可以在主题菜单中看到自定义的主题。

图 5-11　“新建主题颜色”对话框

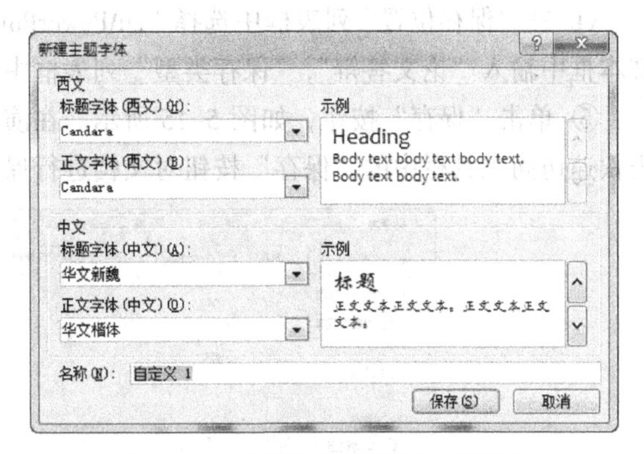

图 5-12　“新建主题字体”对话框

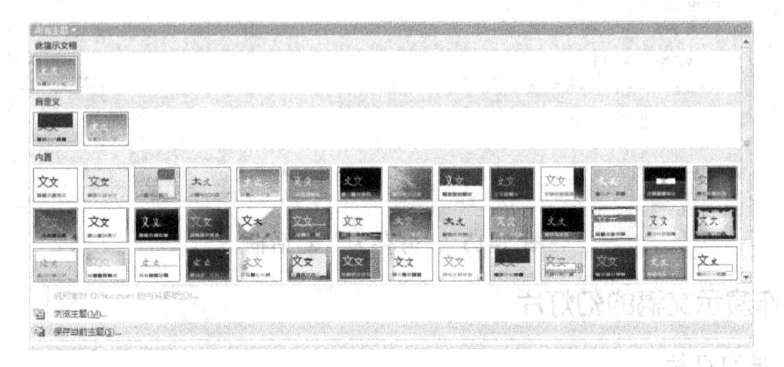

图 5-13　选择“保存当前主题”

任务实施

利用 PowerPoint 2010 的幻灯片的编辑功能完成“论文答辩.pptx”演示文稿的基本制作。

步骤一：选择主题新建并保存演示文稿

① 启动 PowerPoint 2010，默认为空白的标题幻灯片。

② 选择“文件”选项卡中的“新建”命令，在“可用的模板和主题”窗格中单击“主题”图标，如图 5-14 所示。在打开的主题窗格中选择一种主题，本任务选择“流畅”，双击后即可应用。

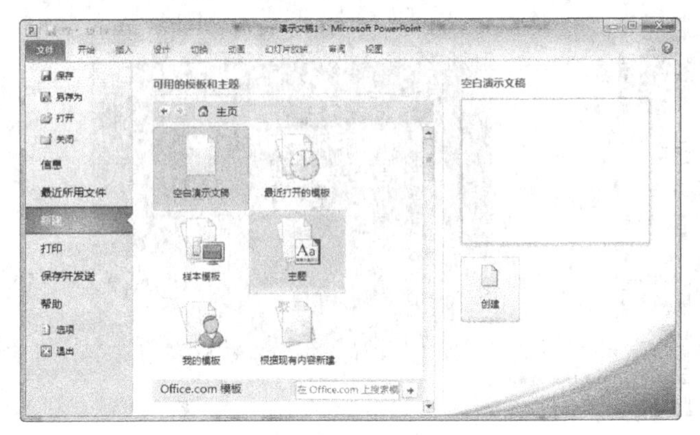

图 5-14　“可用的模板和主题”窗格

③ 选择“文件”→“保存”命令，打开“另存为”对话框。

④ 在“保存位置”列表框中选择“D:\PowerPoint\任务一 制作论文答辩演示文稿”，“文件名”文本框中输入“论文答辩”，“保存类型”列表框中选择“PowerPoint 演示文稿（*.pptx）”选项。

⑤ 单击“保存”按钮，如图 5-15 所示。在演示文稿编辑过程中，要时刻注意保存，可以单击快速访问工具栏中的“保存”按钮对文档进行保存。

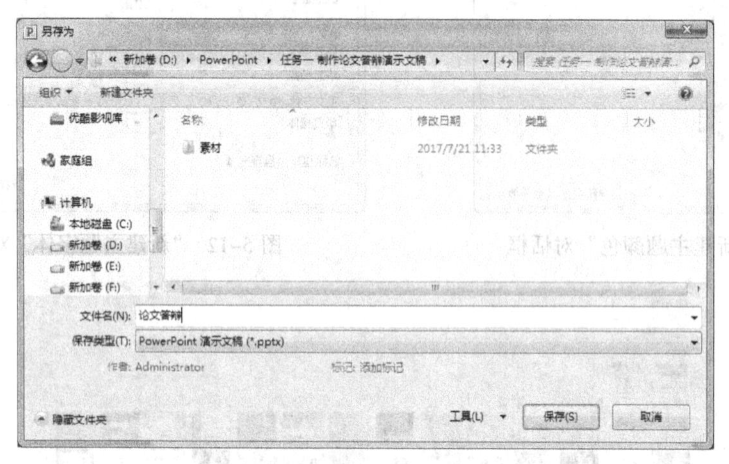

图 5-15 “另存为”对话框

步骤二：制作演示文稿的幻灯片

1. 制作第 1 张幻灯片

① 在标题幻灯片中，单击“标题”占位符，输入“基于 51 单片机的”，然后按键盘上的【Enter】键，继续输入“智能电热水器的设计”。字体颜色设置为“白色”，其他格式按默认即可。在“开始”选项卡中的“段落”组中，单击“居中”按钮，使文字居中。

② 单击“副标题”占位符，输入三行文字“专业：计算机应用技术”、“姓名：***”、“指导教师：***”。在“开始”选项卡的“字体”组中，设置字体格式为“华文楷体”“32”“白色”“加粗”，文字对齐方式为“文本左对齐”。调整“副标题”占位符文本框的大小和位置，最终效果如图 5-16 所示。

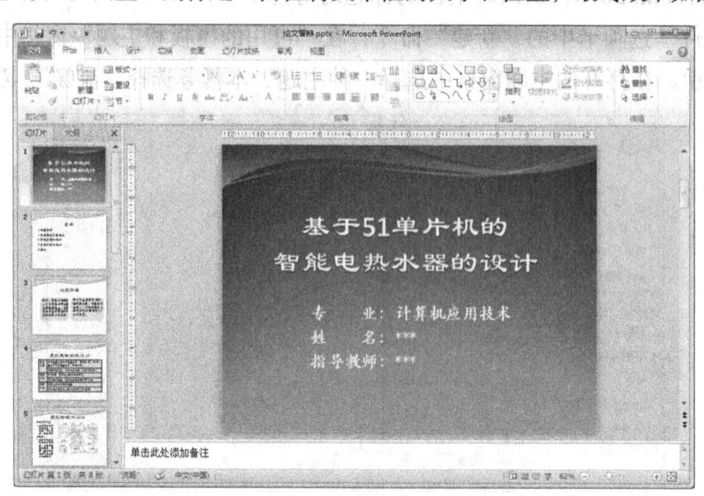

图 5-16 第 1 张幻灯片效果图

2．制作第2张幻灯片

① 单击“开始”选项卡“幻灯片”组中的“新建幻灯片”按钮，在列表框中选择“标题和内容”版式。

② 单击“标题”占位符，输入文字“目录”，字体格式按默认格式即可，居中对齐。

③ 单击“内容”占位符，输入文字。设置字体格式为“华文楷体”“32”“黑色”“文本左对齐”。选中占位符中的所有文字，在“开始”选项卡的“段落”组中，单击“项目符号”下拉按钮，在打开的下拉列表框中选择第2行第1列的项目符号，如图5-17所示，此时幻灯片效果图如图5-18所示。

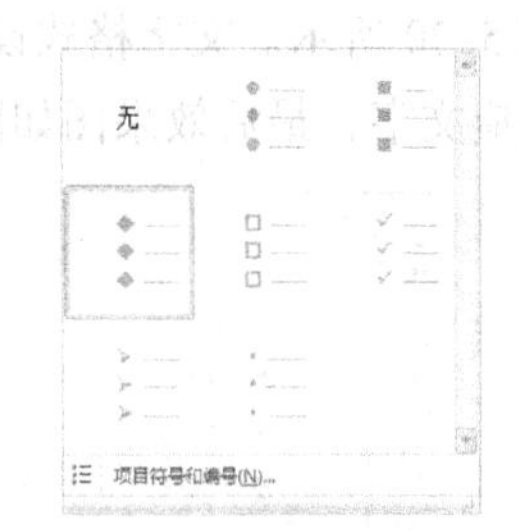

图5-17 “项目符号”下拉列表

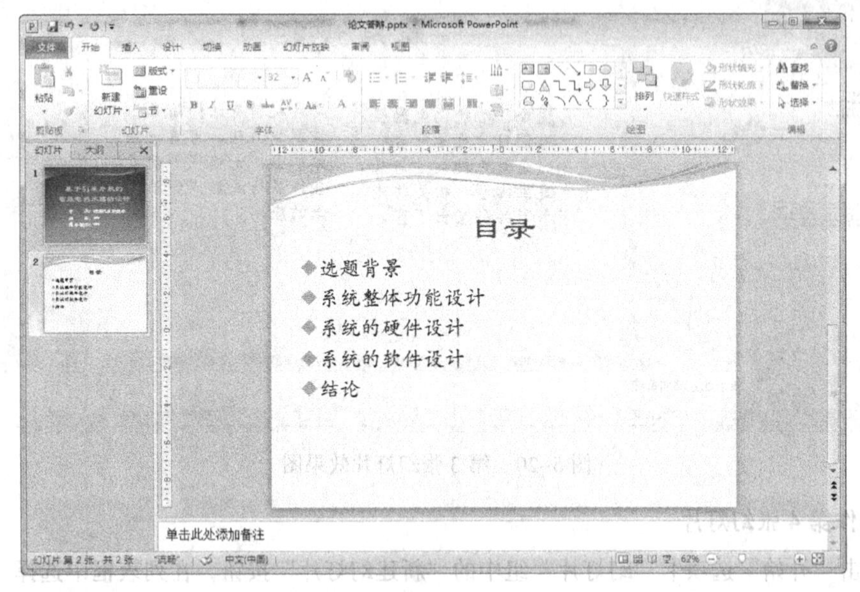

图5-18 第2张幻灯片效果图

3．制作第3张幻灯片

① 单击“开始”选项卡“幻灯片”组中的“新建幻灯片”按钮，在列表框中选择“仅标题”版式。

② 单击“标题”占位符，输入文字“选题背景”，字体格式按默认格式即可，居中对齐。

③ 在“插入”选项卡中的“插图”组中，单击“形状”下拉按钮，在打开的下拉列表中选择“矩形”区域中的“圆角矩形”形状，如图5-19所示。然后在“标题”占位符下方空白处拖动鼠标指针，画出一个大小适当的圆角矩形，然后用同样的方法，再画一个相同的圆角矩形。

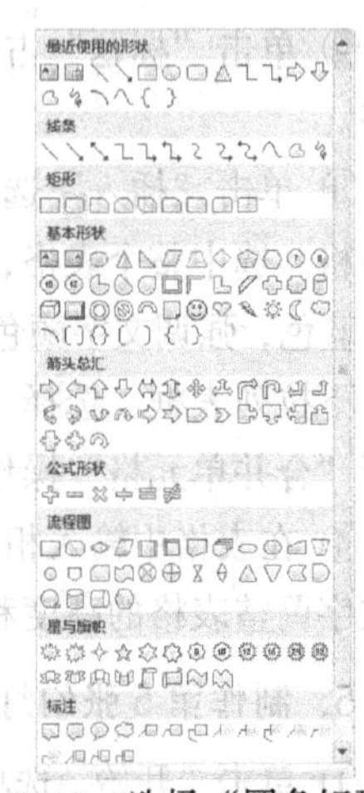

图5-19 选择“圆角矩形”

④ 选中一个圆角矩形，单击“格式”选项卡，在“形状样式”组中，单击“形状填充”下拉列表框，选择“蓝色，强调文字颜色

1，淡色 80%”作为圆角矩形的填充色，单击“形状效果”下拉列表框，选择“预设”→“预设 6”作为圆角矩形的效果。选中另一个圆角矩形，做同样的设置。

⑤ 选中圆角矩形，右击，在弹出的快捷菜单中选择“编辑文字”命令，然后输入相应的文字，如图 5-20 所示。文字格式设置为“华文楷体”“28”“文本左对齐”。然后调整圆角矩形的大小，以适应文字，最后效果图如图 5-20 所示。

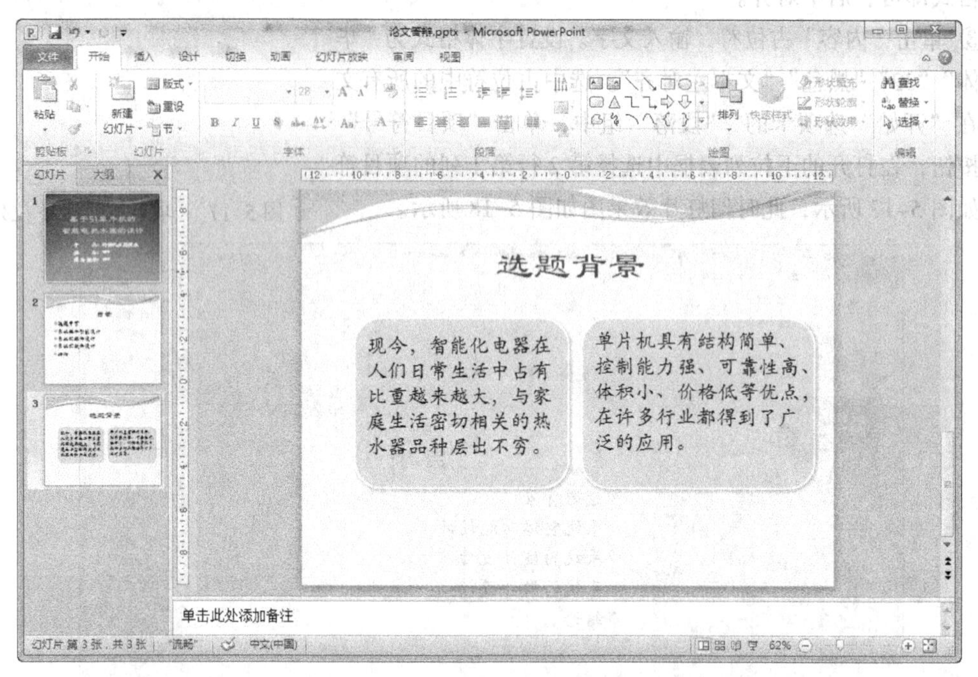

图 5-20 第 3 张幻灯片效果图

4．制作第 4 张幻灯片

① 单击“开始”选项卡“幻灯片”组中的“新建幻灯片”按钮，在列表框中选择“仅标题”版式。

② 单击“标题”占位符，输入文字“系统整体功能设计”，字体格式按默认格式即可，居中对齐。

③ 单击“插入”选项卡“表格”组中的“表格”按钮，在列表框中选择相应命令插入 2×6 的表格。选中整个表格，在“设计”选项卡的“表格样式”组中，单击“底纹”下拉列表框，选择“蓝色，强调文字颜色 1，淡色 80%”；单击“边框”下拉列表框，选择“所有框线”；单击“效果”下拉列表框，选择“阴影”→“透视”→“左上对角透视”效果。对第 1 列单元格，每两行进行“合并单元格”操作，如图 5-21 所示。

④ 在表格中输入相应的文字，字体格式设置为“华文楷体”“26”“黑色”“文本左对齐”。根据文字调整表格的高度和宽度。最终效果如图 5-21 所示。

5．制作第 5 张幻灯片

① 单击“开始”选项卡“幻灯片”组中的“新建幻灯片”按钮，在列表框中选择“两栏内容”版式。

② 单击“标题”占位符，输入文字“系统的硬件设计”，字体格式按默认格式即可，居中对齐。

③ 单击左侧的“内容”占位符，输入相应的文字，字体格式为“华文楷体”“24”“黑色”“文本左对齐”。然后为这两段文字添加“项目符号”下拉列表框中的第 3 行第 1 列的“箭头项目符号”。

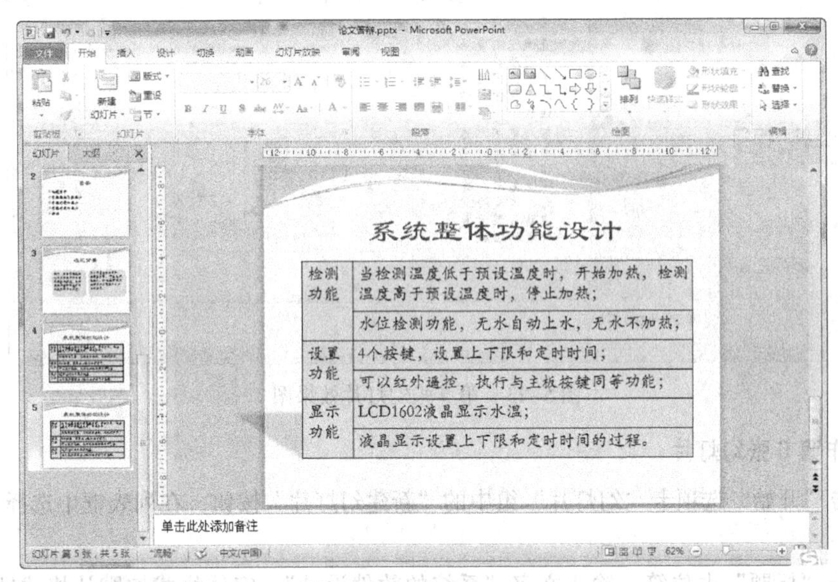

图 5-21　第 4 张幻灯片效果图

④ 单击右侧的占位符，单击“插入”选项卡“插图”组的“图片”按钮，打开“插入图片”对话框，如图 5-22 所示。选择相应的文件路径，选择“系统总体电路图.jpg”，然后单击“插入”按钮。

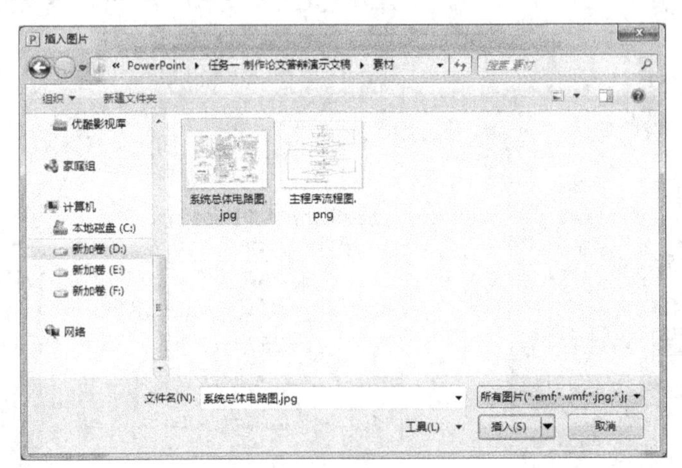

图 5-22　“插入图片”对话框

⑤ 调整图片的大小和位置，最终效果如图 5-23 所示。

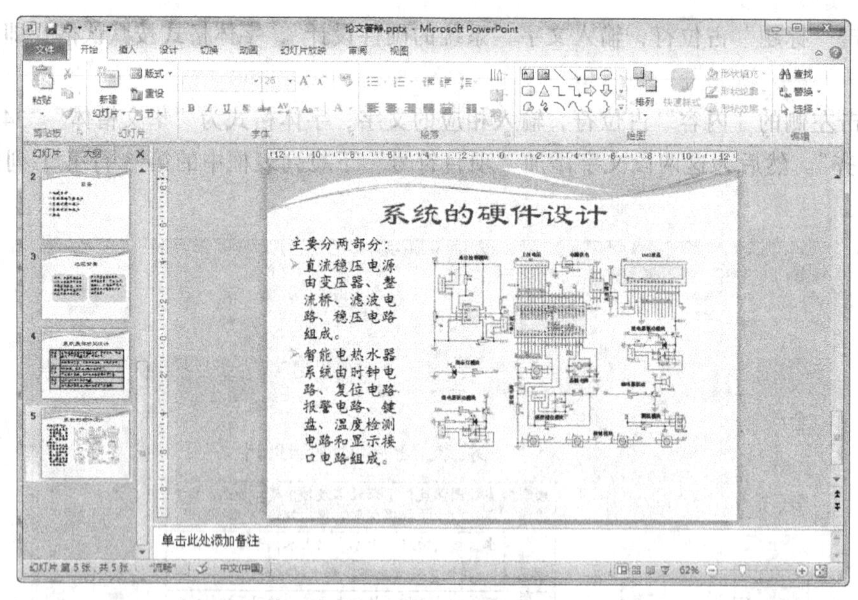

图 5-23　第 5 张幻灯片效果图

6．制作第 6 张幻灯片

① 单击“开始”选项卡“幻灯片”组中的“新建幻灯片”按钮，在列表框中选择“仅标题”版式。

② 单击“标题”占位符，输入文字“系统的软件设计”，字体格式按默认格式即可，居中对齐。

③ 用上述方法插入图片“主程序流程图.png”，调整图片的大小和位置，效果如图 5-24 所示。

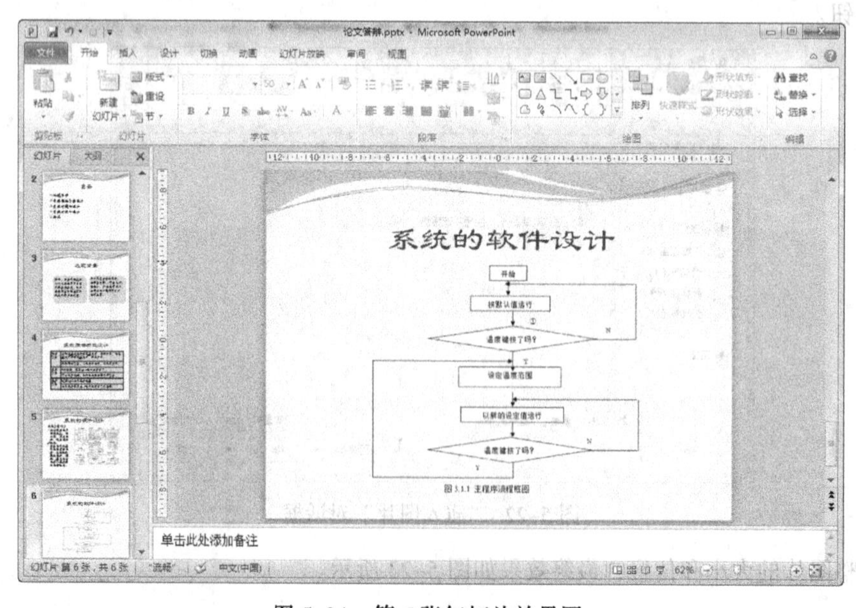

图 5-24　第 6 张幻灯片效果图

7．制作第 7 张幻灯片

① 单击“开始”选项卡“幻灯片”组中的“新建幻灯片”按钮，在列表框中选择“比较”版式。

② 单击“标题”占位符，输入文字“结论”，字体格式按默认格式即可，居中对齐。

③ 单击“标题”占位符下面左侧的“文本”占位符，输入文字“完成”，右侧的“文本”占位符，输入文字“不足”，设置字体格式为“华文楷体”“32”“居中”，字体颜色采用默认颜色，默认字体加粗。

④ 在最下面的两个“内容”占位符处，添加上相应的文字，设置字体格式为“华文楷体”“26”“黑色”“文本左对齐”。选中左侧“内容”占位符中的所有文字，在“开始”选项卡的“段落”组中，单击“编号”下拉按钮，在打开的下拉列表框中选择第 1 行第 2 列的编号，如图 5-25 所示，用同样的方法给右侧“内容”占位符中的文字添加编号。幻灯片最终效果图如图 5-26 所示。

图 5-25　“编号”下拉列表

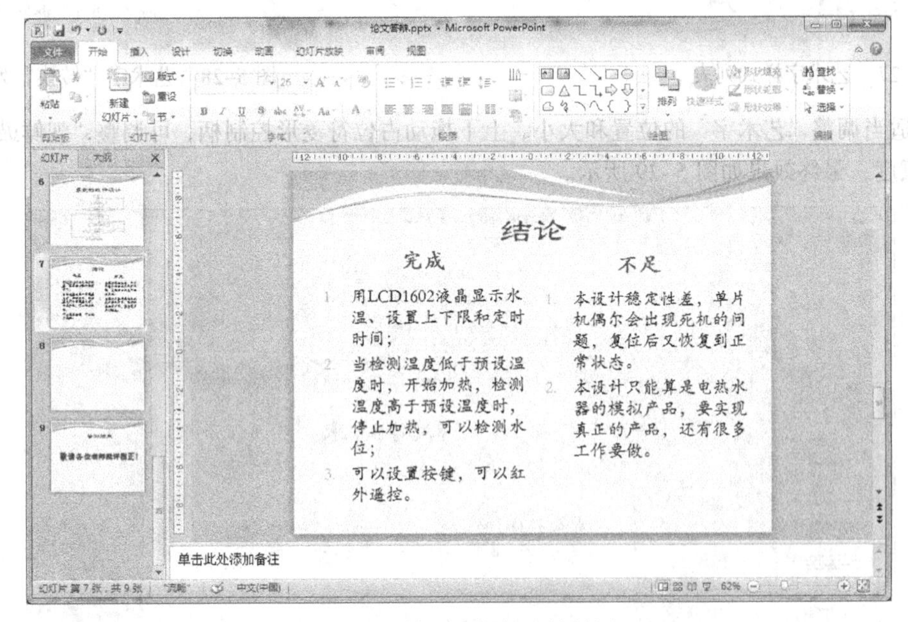

图 5-26　第 7 张幻灯片效果图

8．制作第 8 张幻灯片

① 单击“开始”选项卡“幻灯片”组中的“新建幻灯片”按钮，在列表框中选择“仅标题”版式。

② 单击“标题”占位符，输入文字“答辩结束”，字体格式按默认格式即可，居中对齐。

③ 在“插入”选项卡中，单击“文本”组中的“艺术字”下拉按钮，在打开的下拉列表框中选择第 1 行第 1 列的艺术字样式，如图 5-27 所示。此时在幻灯片中插入了艺术字“请在此放置您的文字”，把这些文字修改为“敬请各位老师批评指正！”。

④ 在“绘图工具”的“格式”选项卡中，单击“艺术字样式”组中的“文本效果”下拉按钮，在打开的下拉列表框中选择“转换”→“朝鲜鼓”选项，如图 5-28 所示。

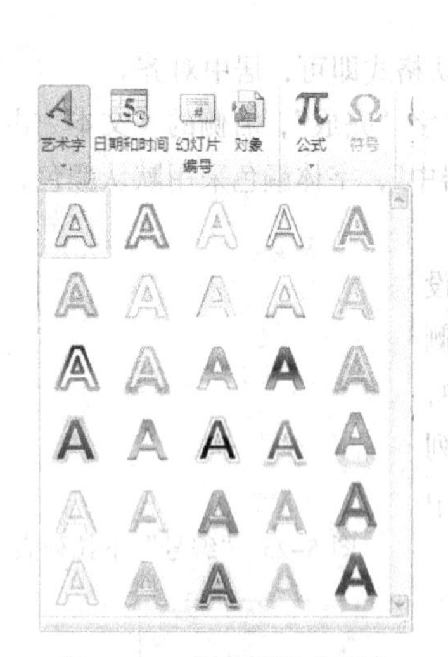

图 5-27 艺术字样式列表

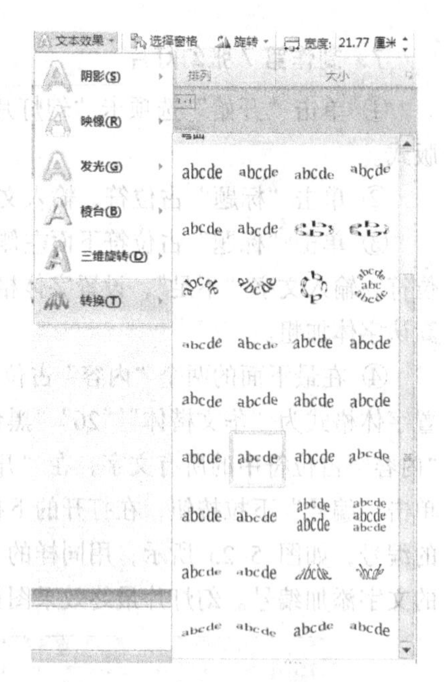

图 5-28 艺术字“转换”列表

⑤ 适当调整“艺术字”的位置和大小，上下拖动占位符菱形控制柄，可调整“朝鲜鼓”文本效果的弧度，最终效果如图 5-29 所示。

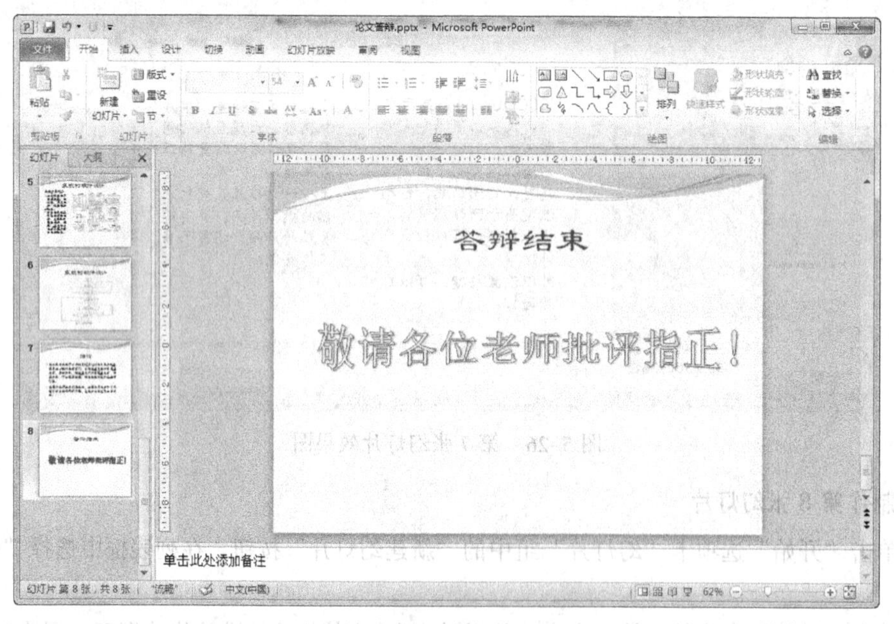

图 5-29 第 8 张幻灯片效果图

步骤三：关闭演示文稿

直接单击标题栏的“关闭”按钮或按【Alt+F4】组合键，或切换到“文件”选项卡，单击“关闭”按钮。

任务 2 美化论文答辩演示文稿

任务描述

本任务要求在任务 1 的基础上，利用 PowerPoint 2010 的编辑母版，插入超链接和动作按钮，设置页眉页脚，设置幻灯片切换方式，设置幻灯片中对象的动画效果，设置放映方式等功能，进一步美化论文答辩演示文稿，最后进行页面设置和打印输出。演示文稿的整体效果如图 5-30 所示。

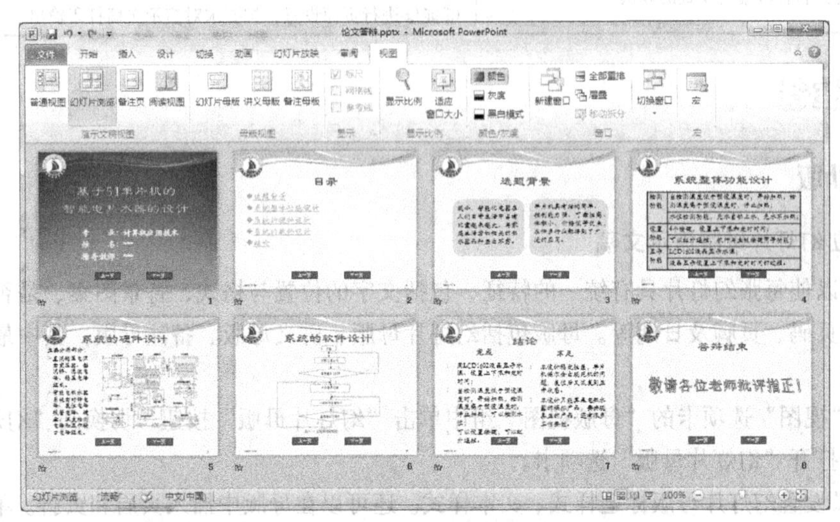

图 5-30 “论文答辩”演示文稿整体效果

具体要求如下：

① 在演示文稿的幻灯片母版中插入校徽图片。

② 为第 2 张幻灯片（标题为“目录”的幻灯片）中“内容”占位符中的每行文字都添加超链接，使其分别连接到第 3、4、5、6、7 张幻灯片。

③ 在幻灯片母版中添加“上一页”和“下一页”动作按钮，使其分别链接到上一张幻灯片和下一张幻灯片。

④ 在幻灯片母版中设置页眉和页脚，为幻灯片插入日期和幻灯片的编号。

⑤ 设置幻灯片之间的切换效果为“百叶窗”效果。

⑥ 按具体要求为每张幻灯片中的对象（文字、图形、图片、表格、艺术字等）添加动画效果，可以利用动画刷功能，复制动画效果。

⑦ 设置幻灯片的放映方式。

⑧ 对演示文稿进行页面设置和打印输出。

任务分析

为了提高演示文稿的交互性，获得最佳演示效果，就要对演示文稿进行高级设置。可以通过设计母版来快速统一美化幻灯片，通过添加超链接改变播放顺序，通过设置幻灯片切换方式、动画效果和放映方式使文稿更加生动活泼，形象逼真。

通过完成本任务，应该达到的知识目标和能力目标如表 5-2 所示。

表 5-2　知识目标和能力目标

知 识 目 标	能 力 目 标
①熟悉幻灯片母版的编辑方法 ②熟悉添加超链接和动作按钮的方法 ③熟悉设置幻灯片放映效果的方法 ④熟悉页面设置和打印输出设置的方法	①能够编辑幻灯片母版 ②能够添加超链接和动作按钮 ③能够设置页眉和页脚 ④能够为幻灯片设置切换方式、添加动画效果、设置放映方式 ⑤能够进行页面设置，按要求对演示文稿打印输出

一、母版

1. 建立幻灯片母版演示文稿

母版可以使每张幻灯片具有统一的特征，包括文字的位置与格式、背景图案、是否在每张幻灯片上显示页码、页脚及日期等。母版包括幻灯片母版、讲义母版、备注母版。其中最常用的是幻灯片母版。

① 在“视图”选项卡的“母版视图”组中单击“幻灯片母版”按钮，切换到“幻灯片母版”视图，同时打开“幻灯片母版”选项卡。

② 可以设置幻灯片母版标题样式、文本样式。还可以在母版中插入页眉和页脚。单击“幻灯片母版”选项卡中的“关闭母版视图”图标，可以关闭母版视图。

③ 如果需要，可以将该幻灯片母版保存为设计模板，类型为“PowerPoint 模板（*.potx）”。

提示：如果在幻灯片母版上插入文本，则每张同版式的幻灯片都显示相同文本；如果在幻灯片母版上插入了对象，则每张同版式的幻灯片都会在相应位置作为背景显示该对象。

2. 应用母版

选择“文件”选项卡中的“新建”命令，选择“可用的模板和主题”中的“我的模板”选项。打开“新建演示文稿”对话框，选择创建好的模板，单击“确定”即可以该模板的格式新建一个演示文稿。

二、添加超链接和动作按钮

演示文稿放映时，默认是按顺序播放幻灯片的。通过对幻灯片中的对象设置动作按钮和超链接，可以改变幻灯片的放映顺序，提高演示文稿的交互性。超链接可以从一张幻灯片跳转到同一演示文稿中的其他幻灯片，也可以跳转到其他演示文稿、文件（如 Word 文档）、电子邮件地址以及网页等。

1. 添加超链接

① 在幻灯片中选中要添加超链接的对象，比如一行文本、图形、图片等，然后右击，在弹出的快捷菜单中选择“超链接”命令。

② 在打开的“插入超链接”对话框中，可选择链接到的位置，可以是“现有文件或网页”“本文档中的位置”“新建文档”和“电子邮件地址”。

2. 添加动作按钮

① 在“插入”选项卡的“插图”组中，单击“形状”下拉按钮，在“动作按钮”区域可以选择所需要的动作按钮，添加到幻灯片中。

② 在打开的“动作设置”对话框中进行相应的设置。

三、设置幻灯片背景

1. 向演示文稿中添加背景样式

① 打开要添加背景样式的演示文稿，在“设计”选项卡“背景”组中单击“背景样式”按钮，打开“背景样式”列表框。

② 将鼠标指针指向某样式时，当前幻灯片会显示应用样式后的效果，单击即可应用需要的样式。所选背景样式将应用于演示文稿中的所有幻灯片。

技巧： *右击所需的背景样式，从打开的快捷菜单中可以选择将此背景样式“应用于所有幻灯片”或“应用于所选幻灯片”。*

提示： *提供的背景样式是根据用户近期使用的颜色和原背景颜色自动生成的，所以内置背景样式的颜色是不确定的。*

2. 自定义演示文稿的背景样式

① 在“设计”选项卡的“背景”组中单击“背景样式”按钮，打开“背景样式”列表框，选择“设置背景格式”命令，打开“设置背景格式”对话框，如图5-31所示。

② 设置以填充方式或图片为背景。如果选择“填充”，则可以指定以“纯色填充”“渐变填充”和“图片或纹理填充”等，并可进一步设置相关选项。

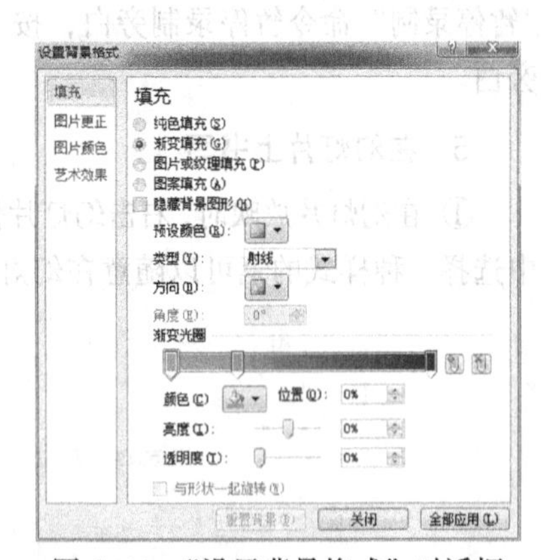

图5-31 “设置背景格式”对话框

四、设置幻灯片放映效果

1. 设置动画效果

动画效果是指当放映幻灯片时，幻灯片中的一些对象（如文本、图形等）会按照一定的顺序依次显示对象或者使用运动动画。为幻灯片上的文本、图形、表格和其他对象添加动画效果，可以突出重点、控制信息流，并增加演示文稿的趣味性，从而给观众留下深刻的印象。

① 选择“动画”选项卡，选择幻灯片中的对象，设置动画效果。

② 单击“动画窗格”按钮，打开“动画窗格”窗格。窗格中的对象列表，表明了各对象播放时的顺序，选择对象，单击“重新排序”按钮，可以调整该对象的播放顺序。单击对象右侧的下拉按钮，可以选择相应命令进一步设置该对象的动画效果。

2. 设置幻灯片切换效果

为幻灯片添加切换效果，可以使演示文稿放映过程中幻灯片之间的过渡衔接更为自然。

① 选择“切换”选项卡，设置幻灯片的切换效果、切换速度、换片方式以及放映时的声音。

② 如果所有幻灯片的切换放映方式相同，可以单击“全部应用”按钮。

3. 设置放映方式

选择“幻灯片放映”选项卡，单击“设置”组中的“设置幻灯片放映”按钮，打开“设置放映方式”对话框，可进行相应的设置。

4. 录制旁白

① 在“幻灯片放映”选项卡“设置”组中单击“录制幻灯片演示”按钮，根据需要在列表框中选择“从头开始录制”或“从当前幻灯片开始录制”命令，打开“录制幻灯片演示”对话框，如图 5-32 所示。

② 在开始录制之前选择想要录制的内容，如“旁白和激光笔”。单击“开始录制”按钮，通过话筒讲话开始录制。

③ 右击幻灯片任意位置，在打开的快捷菜单中可以选择“暂停录制”命令暂停录制旁白，按【Esc】键可以结束录制旁白。

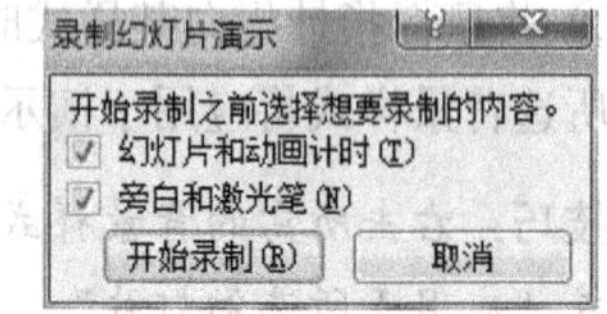

图 5-32 “录制幻灯片演示”对话框

5. 在幻灯片上书写

① 在幻灯片放映时，右击幻灯片任意位置，弹出快捷菜单。在“指针选项”级联菜单（如图 5-33）中选择一种样式的笔可以随意在幻灯片上书写。

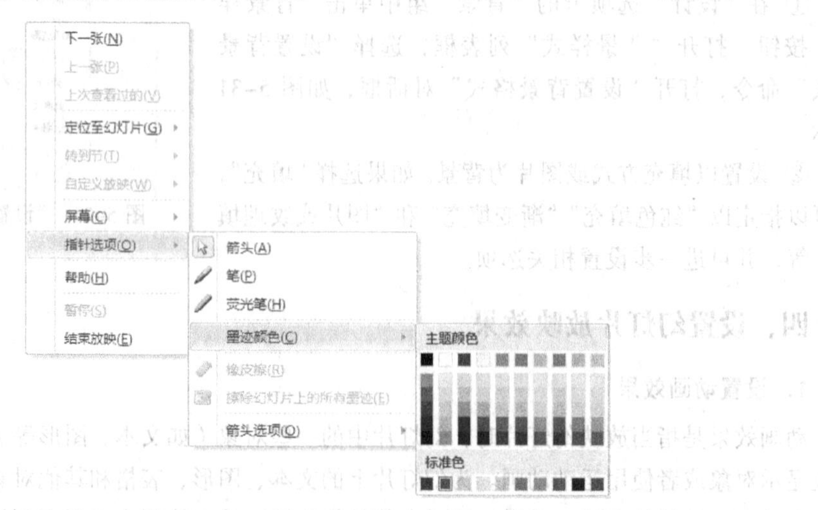

图 5-33 “指针选项”级联菜单

② 在“指针选项”→“墨迹颜色”级联菜单中可以改变笔的颜色；选择“橡皮擦”命令，可以擦除在幻灯片上的书写内容；选择“箭头选项”→“永远隐藏”命令，可以在剩余放映过程中关闭绘图笔和指针。

五、幻灯片的输出打印

演示文稿除了可以在屏幕上演示之外，还可以打出来印刷成教材或资料，也可打印在投影胶片上。同时，在生成演示文稿时辅助生成的大纲文稿和注释文稿也可打印。

1. 页面设置

在“设计”选项卡的“页面设置”组中，单击“页面设置”按钮，可打开“页面设置”对话框，进行相应设置。

2. 打印

选择“文件”选项卡中的“打印”命令，打开“打印”界面。在窗口右边可以预览到打印效果。在窗口左边可以进行相应设置。

任务实施

利用PowerPoint 2010幻灯片的动画设置、切换效果设置、母版编辑等功能进一步美化“论文答辩.pptx”演示文稿。

步骤一：在母版中插入校徽图片

① 打开“论文答辩.pptx”演示文稿。

② 在“视图”选项卡的“母版视图”组中。单击“幻灯片母版”按钮，打开幻灯片母版视图。在左侧窗格中选择第1张幻灯片母版（流畅幻灯片母版：由幻灯片1～8使用）。

③ 在“插入”选项卡的“图像”组中，单击“图片”按钮，打开“插入图片”对话框，选择相应的文件路径，选择“校徽.png”，然后单击“插入”按钮。

④ 调整图片的大小和位置，最终效果如图5-34所示。此时，可以在“幻灯片母版”选项卡中，单击“关闭”组中的“关闭母版视图”按钮，查看幻灯片的效果。

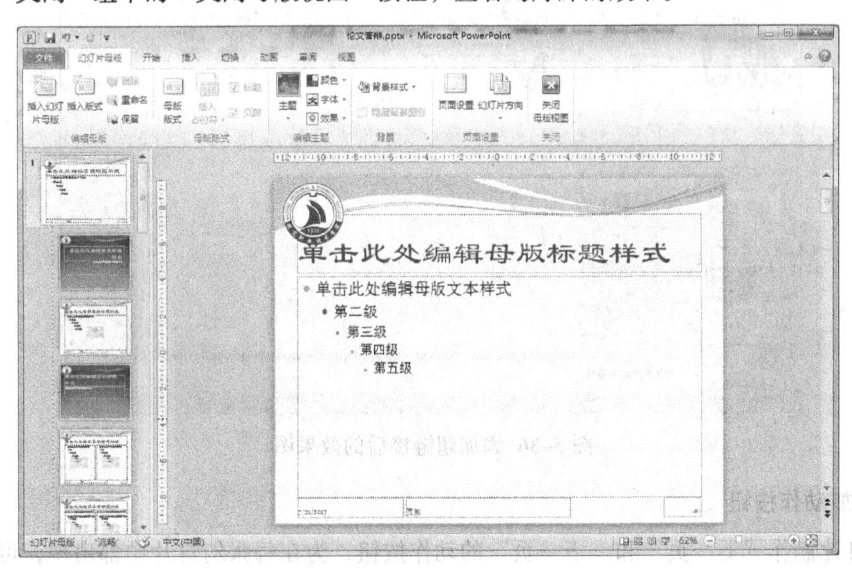

图5-34　在母版中插入校徽图片

步骤二：添加超链接和动作按钮

1．添加超链接

① 在第 2 张“目录”幻灯片中，选中文字“选题背景”，然后右击，在弹出的快捷菜单中选择“超链接”命令，打开“插入超链接”对话框，如图 5-35 所示。

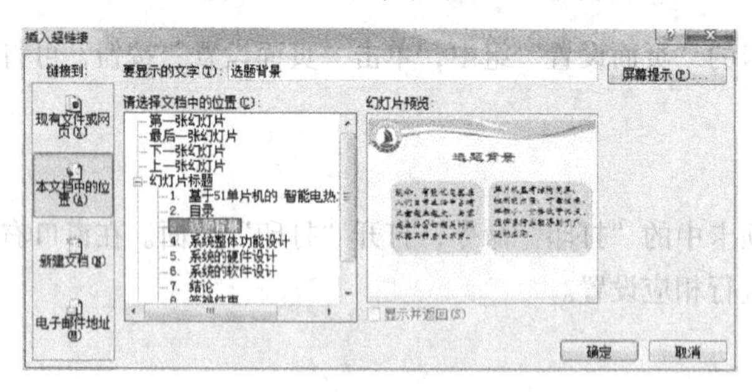

图 5-35 “插入超链接”对话框

② 在左侧的“链接到”窗格中选择“本文档中的位置”选项，在中央的“请选择文档中的位置”窗格中选择标题为“3.选题背景”的幻灯片，即第 3 张幻灯片，然后单击“确定”按钮，完成超链接的设置。此时“选题背景”变为橙色，并添加了下画线。这样在幻灯片放映时，单击“选题背景”文字，就能转到第 3 张幻灯片。

③ 使用相同的方法，为第 2 张“目录”幻灯片中的文字“系统整体功能设计”“系统的硬件设计”“系统的软件设计”“结论”，分别链接到第 4、5、6、7 张幻灯片。最终第 2 张幻灯片效果如图 5-36 所示。

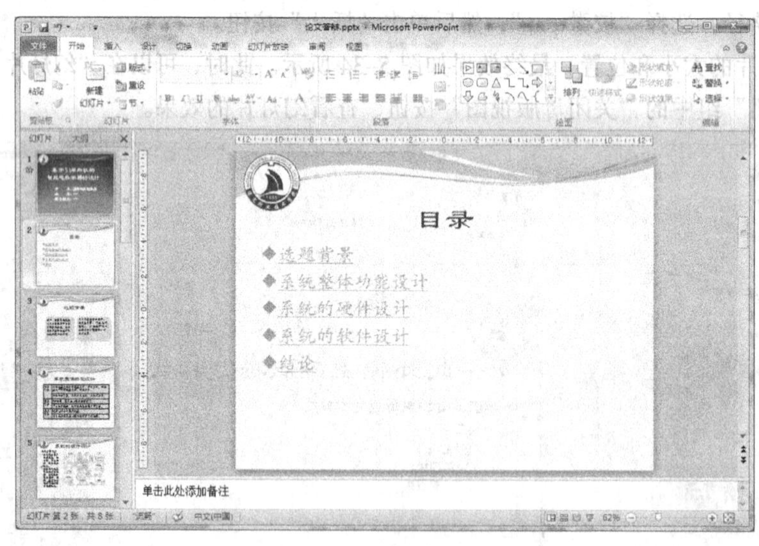

图 5-36 添加超链接后的效果图

2．添加动作按钮

为幻灯片制作“上一页”和“下一页”的动作按钮，为在每张幻灯片中都出现，可以在幻灯片母版中制作这两个动作按钮。

① 打开“幻灯片母版视图”，在左侧窗格中选中第 1 张幻灯片母版。

② 在“插入”选项卡中，单击“插图”组中的“形状”下拉按钮，在打开的下拉列表中选择“动作按钮”区域中的最后一个动作按钮(动作按钮:自定义)，然后在幻灯片母版底部画出一个按钮，此时打开“动作设置”对话框。

③ 在“单击鼠标”选项卡中，选择“超链接到”单选按钮，并在其下拉列表中选择“上一张幻灯片”选项，如图5-37所示，最后单击“确定”按钮。

④ 右击刚绘制的按钮，在弹出的快捷菜单中选择“编辑文字”命令，然后在“动作按钮”内输入文字“上一页”，使用同样的方法，再制作一个“下一页”的动作按钮，超链接到下一页幻灯片。效果如图5-38所示。

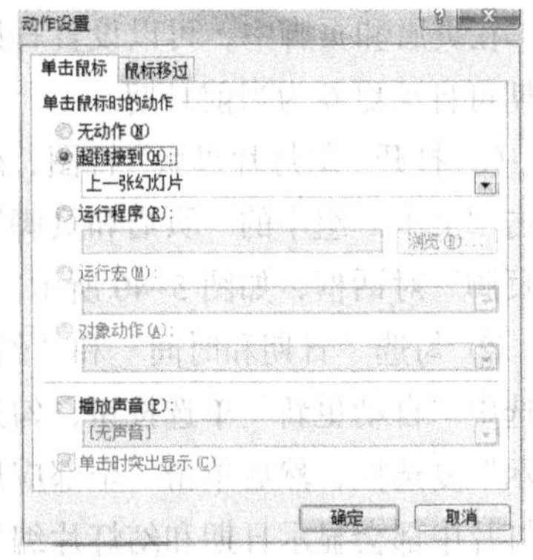

图5-37 “动作设置”对话框

⑤ 设置完毕后，关闭母版视图，返回到普通视图，这时每一张幻灯片中都会出现两个动作按钮，如图5-39所示。

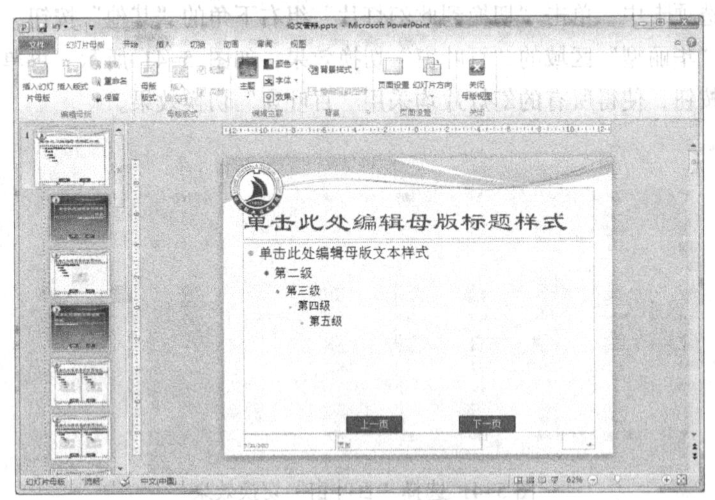

图5-38 在母版中插入动作按钮

图5-39 添加“动作按钮”后的效果图

步骤三：设置页眉页脚

在页眉和页脚中，可以设置日期和幻灯片编号等，日期可自动更新为当前日期。

① 打开“幻灯片母版”视图，在“插入”选项卡中，单击“文本”组中的“页眉和页脚”按钮，打开“页眉和页脚”对话框，如图 5-40 所示。

② 勾选“日期和时间”和“幻灯片编号”复选框，并选中“自动更新”单选按钮，勾选“标题幻灯片中不显示”复选框，然后单击“全部应用”按钮，使得每张幻灯片中都会显示日期和幻灯片编号。

③ 关闭母版视图，返回到普通视图。

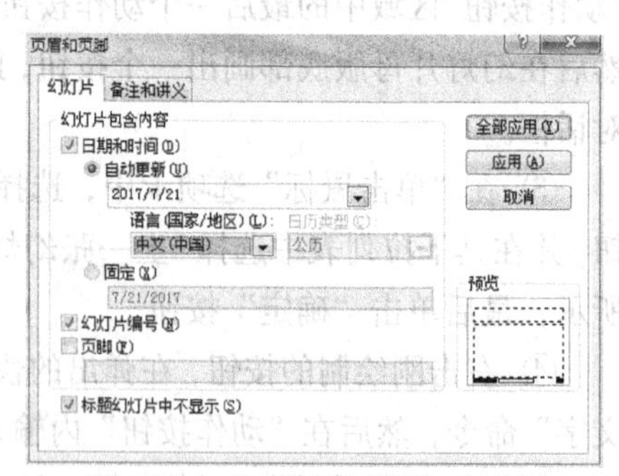

图 5-40 “页眉和页脚”对话框

步骤四：设置幻灯片之间的切换效果

在“切换”选项卡中，单击“切换到此幻灯片”组右下角的“其他”按钮，展开切换效果的所有选项，选择“华丽型”区域的“百叶窗”切换效果，如图 5-41 所示。再单击“计时”组中的“全部应用”按钮，使得所有的幻灯片均采用“百叶窗”切换效果。

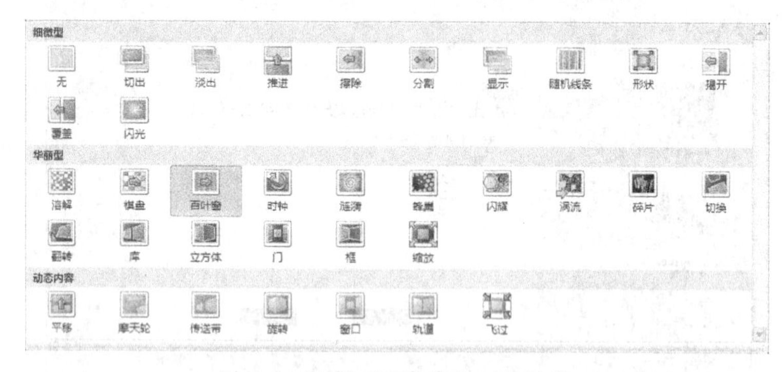

图 5-41 选择“百叶窗”切换效果

步骤五：设置幻灯片中对象的动画效果

① 选择第 1 张幻灯片的“标题”占位符，在“动画”选项卡中，单击“高级动画”组中的“添加动画”下拉按钮，在打开的下拉列表中选择“更多进入效果”选项，打开“添加进入效果”对话框，单击“基本型”区域中的“菱形”选项，如图 5-42 所示，单击“确定”按钮，然后在“计时”组中，设置“开始”为“上一动画之后”，持续时间为 1s。

② 使用同样的方法，选择第 1 张幻灯片的“副标题”占位符，添加动画进入效果为“上浮”，设置“计时”组中的“开始”为“上一动画之后”，持续时间为 0.5s，“延迟”时间为 1s，如图 5-43 所示。

③ 利用“动画刷”功能，把第 1 张幻灯片标题的动画效果复制到其他 7 张幻灯片的标题中。单击第 1 张幻灯片的标题，在“动画”选项卡中，双击“高级动画”组中的“动画刷”按钮，此时鼠标指针旁出现一把刷子，分别单击其他 7 张幻灯片的标题，最后再单击“动画刷”按钮，使该按钮处于未选中状态，动画效果复制结束。

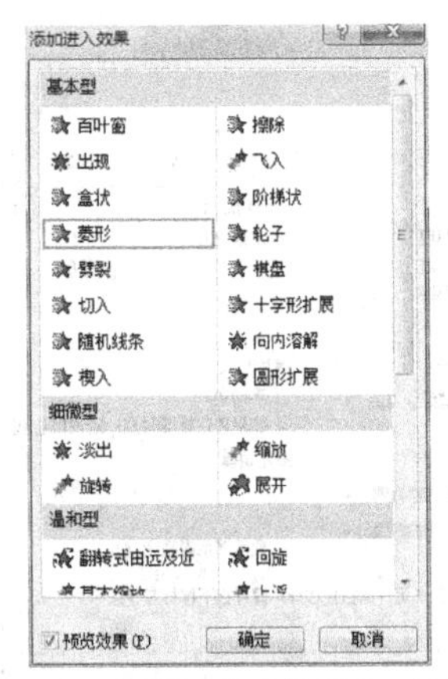

图 5-42 “添加进入效果”对话框

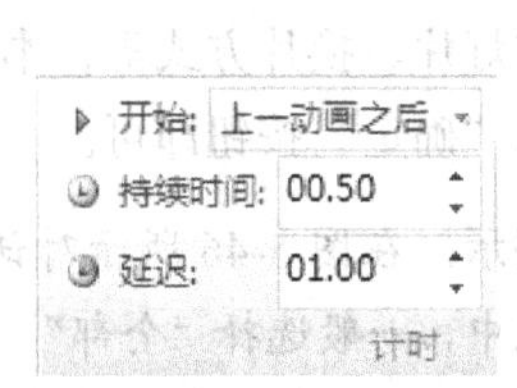

图 5-43 设置“计时”组内容

④ 在第2张幻灯片中，单击“内容”占位符，在“动画”选项卡中，单击“动画”组中的“飞入”按钮，再单击“动画”右侧的“效果选项”按钮，在打开的下拉列表中选择“自左侧”方向，如图 5-44 所示。

⑤ 使用与步骤③相同的方法，利用“动画刷”功能，把第2张幻灯片“内容”占位符中的动画效果进行复制，复制的对象有：第3张幻灯片的两个图形及文本、第4张幻灯片的表格、第5张幻灯片左侧的“内容”占位符、第7张幻灯片的两个“文本”占位符和两个“内容”占位符、第8张幻灯片的艺术字。

⑥ 最后为第5张幻灯片右侧的“内容”占位符中的图片、第6张幻灯片中的图片设置“翻转式由远及近”的动画效果，以突出重点，起到强调的作用。

⑦ 在设置动画效果的过程中，为对象添加动画的顺序即为放映时播放的顺序，所以要注意同一张幻灯片中不同对象的设置顺序。也可以对已经设置好的顺序进行调整，方法如下。

在“动画”选项卡中，单击“高级动画”组中的“动画窗格”按钮，可以打开“动画窗格”。图 5-45 是第7张幻灯片的“动画窗格”，其中的序号表示动画播放的顺序，单击“动画窗格”底部的上下箭头，可调整动画播放的顺序。

图 5-44 选择“自左侧”方向

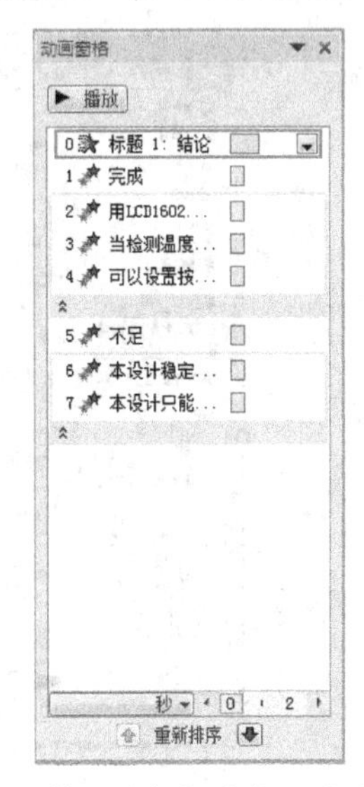

图 5-45 第7张幻灯片的“动画窗格”

步骤六：设置放映方式

① 选择“幻灯片放映”选项卡，单击“设置”组中的“设置幻灯片放映”按钮，打开“设置放映方式”对话框，如图 5-46 所示。

② 可设置放映类型、放映选项、绘图笔颜色、放映幻灯片、换片方式等，本任务采用默认值，最后单击“确定”按钮即可。

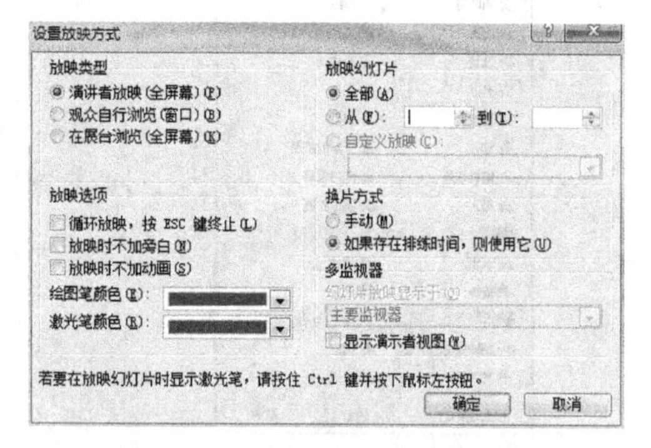

图 5-46 “设置放映方式”对话框

提示：在图 5-46 所示对话框的“放映幻灯片”组合框中，一般选择“全部”，也可选择放映部分幻灯片，还可以选择“自定义放映”，前提是用户设置了“自定义放映”，可在“幻灯片放映”选项卡的“开始放映幻灯片”组中，选择“自定义放映”命令进行设置。

如果某张（或某些）幻灯片不想放映，又不想删除，可设置为隐藏，可在“幻灯片放映”选项卡的“设置”组中，选择“隐藏幻灯片”命令进行设置。

步骤七：打印演示文稿

① 在“设计”选项卡中，单击“页面设置”组中的“页面设置”按钮，打开“页面设置”对话框，如图 5-47 所示，可设置幻灯片大小（宽度和高度）、幻灯片编号起始值、幻灯片方向等。

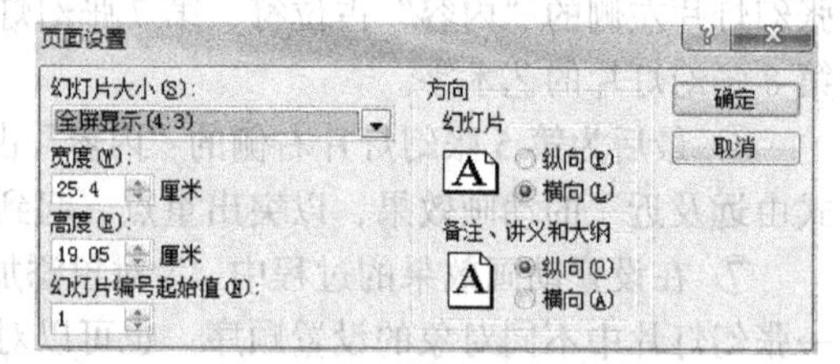

图 5-47 “页面设置”对话框

② 选择“文件”→“打印”命令，在窗口左侧可设置“打印”选项，如打印份数、打印范围、打印内容、打印颜色等。设置打印份数为 1，打印全部幻灯片，打印内容为讲义，并每页打印 6 张水平放置的幻灯片，打印颜色为纯黑白色，如图 5-48 所示。

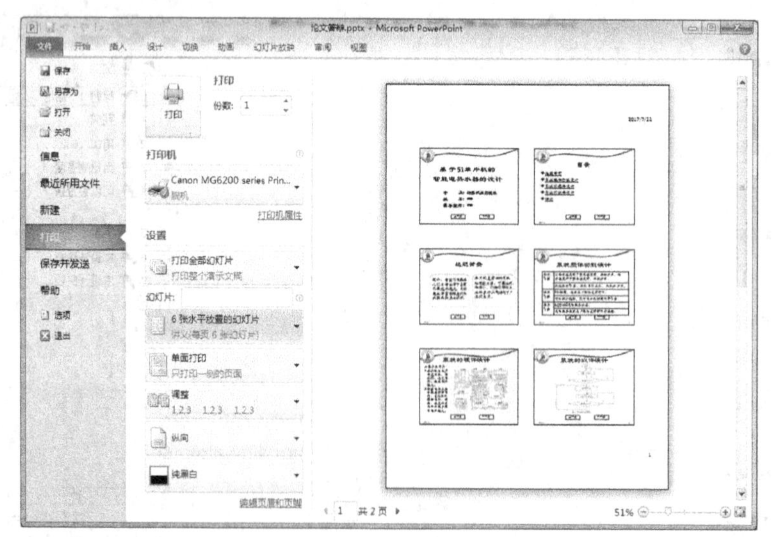

图 5-48 打印选项

③ 设置完成后，单击“打印”按钮即可进行打印。

提示：在图 5-48 中，打印内容可以选择整页幻灯片、备注页、大纲、讲义等，为了节约纸张，可以选择打印内容为讲义，并设置每页打印的幻灯片片数（如6张）和顺序（水平和垂直）。

任务3　制作电子相册

任务描述

本任务要求利用PowerPoint 2010的创建电子相册功能将素材库中的保定市的风景照片制作成一个电子相册，然后为电子相册插入音乐、Flash动画和视频，并设置电子相册的幻灯片切换效果和放映方式。电子相册的整体效果如图5-49所示。

图5-49　“保定风景电子相册”整体效果

具体要求如下。

① 利用PowerPoint 2010的“新建相册”功能，导入素材库中的照片，新建一个电子相册，“图片版式”选择“1 张图片（带标题）”，“相框形状”选择“圆角矩形”。然后命名为“保定风景电子相册.pptx”,保存在“D:\PowerPoint\任务三 制作电子相册”文件夹中。

② 为电子相册演示文稿设置主题“暗香扑面”。在第1张幻灯片的“标题”占位符和“副标题”占位符输入相应的文字，并设置字体格式。在第2～11张幻灯片的“标题”占位符中，输入相应的文字，即景点名称。

③ 在第1张幻灯片，插入音频“踏古.MP3”，并设置“放映时隐藏”“循环播放，直到停止”和“播完返回开头”。在“动画窗格”中设置音乐在“在11张幻灯片后”停止播放。

④ 新建第12张幻灯片，版式为“仅标题”，在“标题”占位符输入相应文字。利用“Shockwave Flash Object”控件，为幻灯片插入Flash动画“继往开来大保定.swf”。

⑤ 新建第13张幻灯片，版式为“仅标题”，在“标题”占位符输入相应文字。利用“Windows Media Player”控件，为幻灯片插入视频“保定市旅游宣传片.avi”。

⑥ 设置幻灯片的切换效果为：第1～11张幻灯片5s自动换片或单击鼠标时换片，第12～13张幻灯片为单击鼠标时换片；单独为每张换灯片选择合适的切换效果；设置幻灯片循环放映。

⑦ 将“保定风景电子相册.pptx”保存为“保定风景电子相册.ppsx”，可打开直接放映。将电子相册演示文稿及其链接文件打包，复制到文件夹，或者复制到CD。

任务分析

创建电子相册时，首先导入相册图片，根据需要，进一步设置相册版式（包括图片版式、相框形状、主题等）和调整图片的前后位置。为使电子相册声像并茂，要为电子相册插入背景音乐，插入 Flash 动画和视频，并设置幻灯片切换效果和放映方式。为使演示文稿在不同的位置或计算机上播放，可以对其打包复制到文件夹或者刻录成CD。

通过完成本任务，应该达到的知识目标和能力目标如表5-3所示。

表5-3 知识目标和能力目标

知识目标	能力目标
①熟悉电子相册的概念和新建电子相册的方法 ②熟悉在幻灯片插入音频、视频、Flash 动画等多媒体对象的方法 ③熟悉对演示文稿打包复制的方法	①能够新建一个电子相册 ②能够为幻灯片插入音频文件、Flash 动画文件以及视频文件 ③能够设置切换幻灯片的时间以及演示文稿的放映方式 ④能够将演示文稿打包复制到文件夹或 CD

知识准备

一、电子相册

电子相册是指可以在计算机上观赏的区别于CD/VCD的静止图片的特殊文档，其内容不局限于摄影照片，也可以包括各种艺术创作图片。电子相册因其图、文、声、像并茂的表现手法，随意修改编辑的功能，快速的检索方式，永不褪色的保存性以及可廉价复制的优越分发手段，使之具有传统相册无法比拟的优越性。

为了使电子相册更具风格，首先要分析并规划相片的主题和播放顺序，然后选择适当的制作软件。PowerPoint 2010提供了制作电子相册的功能。

在PowerPoint 2010窗口界面的“插入”选项卡的图像组中，单击“相册”下拉按钮，其中“新建相册”可以导入图片新建一个电子相册，“编辑相册”可以对已经建立的电子相册进行修改。

二、在幻灯片中插入多媒体对象

1. 插入音频文件

① 选择需要插入声音的幻灯片。

② 单击“插入”选项卡“媒体”组中的“音频”下拉按钮，在列表框中根据情况可选择“文件中的音频”“剪贴画音频”“录制音频”中的一种。

③ 选择“文件中的音频”命令，在打开的对话框中指定要插入的声音文件，选择“剪贴画音频”命令，插入来源于剪辑管理器中的声音，就像插入剪贴画一样；选择“录制音频”命令，打

开“录音”对话框，对要录制的声音进行命名，然后单击“录制”按钮。

④ 此时在幻灯片上将出现一个“小喇叭”图标和播放控制条。

⑤ 通过“音频工具”下的“播放”选项卡中的功能按钮对音频的播放方式进行设置。

2．插入视频文件

方法一：直接添加视频

① 选择要插入视频的幻灯片。

② 单击“插入”选项卡“媒体”组中的“视频”下拉按钮，在列表框中根据情况可选择“文件中的视频”“来自网站的视频”“剪贴画视频”中的一种。

③ 选择“文件中的视频”命令，打开已经保存到计算机中的影片文件（.avi、.asf、.wmv等格式）；选择“来自网站的视频”命令，可以在幻灯片中插入来自媒体网站的视频，一个网站通常会提供嵌入代码，以便用户能够从演示文稿链接到视频；选择“剪贴画视频”命令插入来源于剪辑管理器中的影片，就像插入剪贴画一样。

④ 插入视频后，通过“视频工具”下的“播放”选项卡中的功能按钮可以对视频的播放方式进行设置。

方法二：使用控件添加视频

① 首先单击“文件→选项”命令，打开“PowerPoint选项”对话框，然后在“自定义功能区”添加“开发工具”主选项卡。

② 在“开发工具”选项卡的“控件组”，选择“其他控件”按钮，找到“Windows Media Player”控件，然后在幻灯片中绘制出放置视频的矩形框。

③ 然后在矩形框右击，在快捷菜单中，选择“属性”命令，在属性对话框中进行相应的设置，“URL”属性可添加视频文件。

3．插入Flash动画

与使用控件添加视频一样，可以使用控件添加动画文件。

① 在上述的“开发工具”选项卡的“控件组”，选择“其他控件”按钮，找到“Shockwave Flash Object”控件，然后在幻灯片中绘制出放置动画的矩形框。

② 然后在矩形框右击，在快捷菜单中，选择“属性”命令，在属性对话框中进行相应的设置，“Movie”属性可添加flash文件。

三、打包输出

如果要在另一台计算机上运行幻灯片，使用“打包”功能可以将演示文稿所需的所有文件和设置打包到一起，同时也能打包PowerPoint 2010播放器。操作方法如下：

① 打开要打包的演示文稿。

② 选择“文件”选项卡中的“保存并发送”命令，在打开的界面中单击“将演示文稿打包成CD”按钮，再单击“打包CD”按钮，在打开的“打包成CD”对话框中进行相应的设置即可。

任务实施

将素材库中的保定旅游景点的风景照片做成一个图、文、声、像并茂的电子相册。

步骤一：创建电子相册

① 启动 PowerPoint 2010 软件，在“插入”选项卡中的“图像”组中，单击“相册”下拉按钮，在打开的下拉列表框中选择“新建相册”选项，打开“相册”对话框，然后单击“文件/磁盘”按钮，如图 5-50 所示。

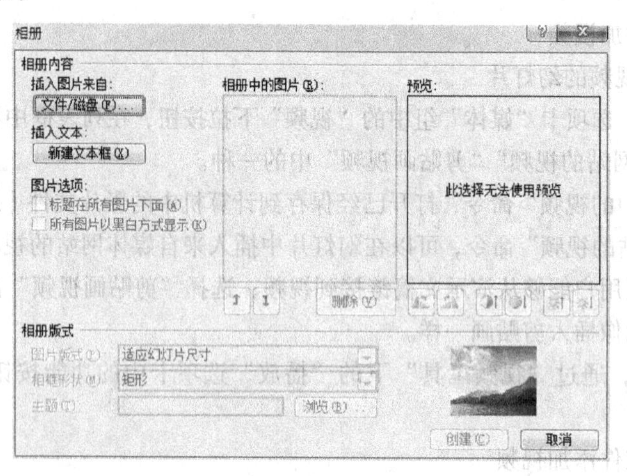

图 5-50 “相册”对话框

② 在打开的“插入新图片”对话框中，在素材库中选择需要导入的图片。如果要导入全部图片，可按【Ctrl+A】组合键，选择全部图片文件，然后单击“插入”按钮，如图 5-51 所示。

图 5-51 导入全部图片

③ 返回到“相册”对话框，可以发现刚才选择的图片已经加入到“相册中的图片”列表框中，“图片版式”选择“1 张图片（带标题）”，“相框形状”选择“圆角矩形”，可以通过单击“↑或“↓”按钮，调整“相册中的图片”列表框中各图片的顺序，如图 5-52 所示。

提示： 通过单击“预览”图片下方的相应按钮，还可以调整图片的对比度、亮度、旋转方向等。

④ 单击“创建”按钮，这时 PowerPoint 2010 会自动根据图片的数量生成一个由多张幻灯片组成的演示文稿，本任务生产 11 张幻灯片，其中第 1 张幻灯片为“标题”幻灯片。

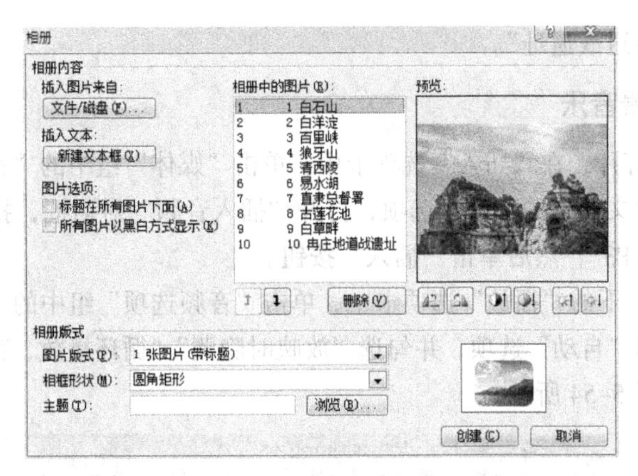

图 5-52 导入图片后的“相册”对话框

⑤ 单击“快速访问工具栏”的“保存”按钮，弹出“另存为”对话框，将此电子相册保存为“保定风景电子相册.pptx”，保存在“D:\PowerPoint\任务三 制作电子相册”文件夹中。操作时要注意及时保存。

提示：如果在创建完电子相册后，想修改电子相册的内容和版式等，可在“插入”选项卡的“图像”组中，单击“相册”下拉按钮，在打开的下拉列表框中选择“编辑相册”选项，打开“编辑相册”对话框，进行编辑。

⑥ 在“设计”选项卡的“主题”组中，选择主题“暗香扑面”。

⑦ 在第1张幻灯片的“标题”占位符中输入“保定风景电子相册”，字体格式按默认。在“副标题”占位符中输入“由旅游爱好者创建”，字体颜色设置为“深黄，强调文字颜色 1”，并适当调整“副标题”占位符的位置，效果如图 5-53 所示。

图 5-53 第1张幻灯片效果图

⑧ 在第2～11张幻灯片的“标题”占位符中，输入相应的文字，即每张照片的风景名称，本任务分别为“白石山”“白洋淀”“百里峡”“狼牙山”“清西陵”“易水湖”“直隶总督署”“古莲花

池”“白草畔”“冉庄地道战遗址”。

步骤二：添加背景音乐

① 选择第 1 张幻灯片，在“插入”选项卡中，单击“媒体”组中的“音频”下拉按钮，在打开的下拉列表中选择“文件中的音频”选项，打开“插入音频”对话框，找到并选择素材库中的背景音乐文件“踏古.MP3”，然后单击“插入”按钮。

② 在“音频工具”下的“播放”选项卡中，单击“音频选项”组中的“开始”下拉按钮，在打开的下拉列表中选择“自动”选项，并勾选“放映时隐藏”“循环播放，直到停止”和“播完返回开头”复选框，如图 5-54 所示。

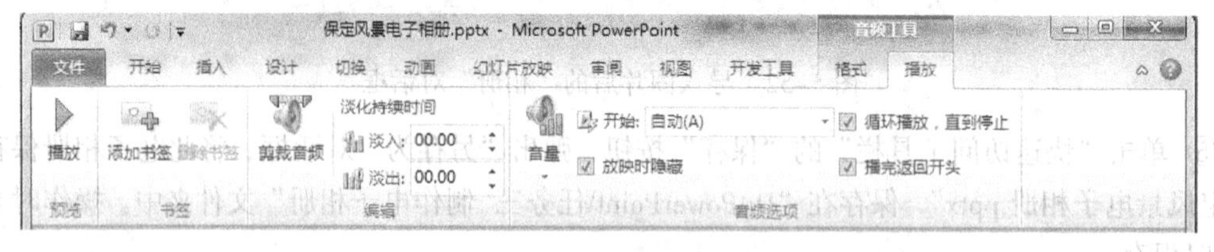

图 5-54 “播放”选项卡

③ 在“动画”选项卡中，单击“高级动画”组中的“动画窗格”按钮，打开“动画窗格”，右击“动画窗格”中的“声音”对象（踏古.MP3），在弹出的快捷菜单中选择“效果选项”命令，如图 5-55 所示。

④ 在打开的“播放音频”对话框的“效果”选项中，选择“在 11 张幻灯片后”停止播放，如图 5-56 所示，单击“确定”按钮，再关闭“动画窗格”。

图 5-55 动画窗格

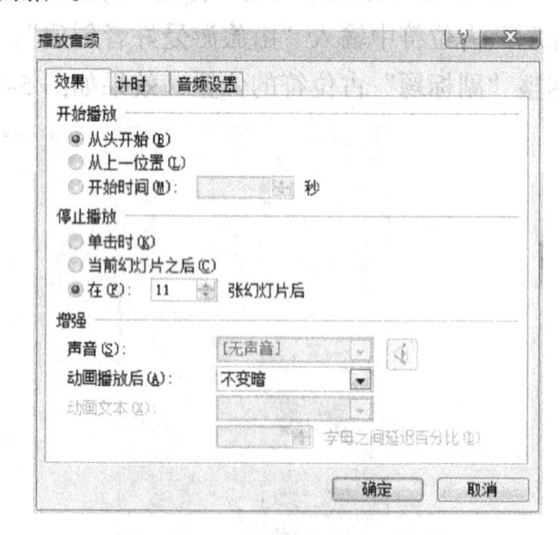

图 5-56 “播放音效”对话框

⑤ 拖动“喇叭”图标至第 1 张幻灯片的右上角位置，单击“播放”按钮，可试听声音播放效果，根据需要可调节播放音量。

步骤三：插入 Flash 动画

① 在最后一张幻灯片（第 11 张幻灯片）后插入一张“仅标题”版式的幻灯片（第 12 张幻灯片），在“标题”占位符中，输入标题内容“Flash 动画欣赏：继往开来大保定”。

② 选择“文件”→“选项”命令，打开“PowerPoint 选项”对话框，在左侧的窗格中选择“自

定义功能区”选项，在右侧窗格中勾选“开发工具”复选框，如图 5-57 所示，单击“确定”按钮，使得在 PowerPoint 主窗口中显示“开发工具”选项卡。

图 5-57 “PowerPoint 选项”对话框

③ 在“开发工具”选项卡中，单击“控件”组中的“其他控件”按钮，如图 5-58 所示，打开“其他控件”对话框，拖动垂直滚动条，然后选择其中的控件 Shockwave Flash Object，如图 5-59 所示，单击“确定”按钮。

图 5-58 “开发工具”选项卡

④ 此时鼠标指针变为十字形状，拖动鼠标指针在幻灯片中央画出一个矩形框，该矩形框是 Shockwave Flash Object 控件的播放窗口，如图 5-60 所示。

图 5-59 “其他控件”对话框

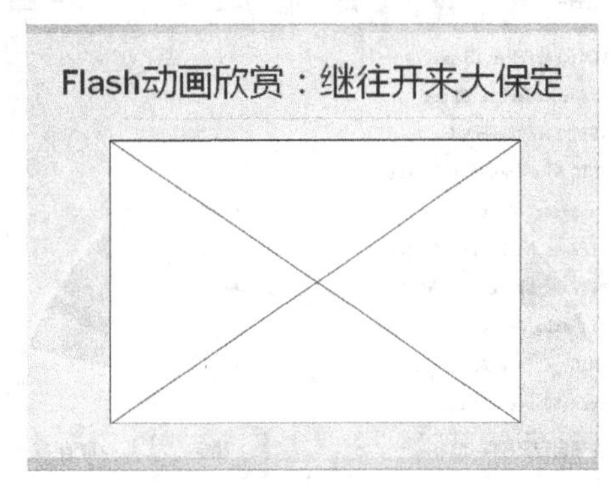

图 5-60 Shockwave Flash Object 控件的播放窗口

⑤ 右击该播放窗口，在弹出的快捷菜单中选择“属性”命令，打开“属性”对话框，如图 5-61 所示，在“Movie”参数的右侧文本框中输入 Flash 文件的文件名“继往开来大保定.swf”（前提是 Flash 文件和演示文稿文件在同一个路径下）或者直接输入 Flash 文件的绝对路径“D:\PowerPoint\任务三 制作电子相册\继往开来大保定.swf”，设置完成后关闭“属性”对话框。

⑥ 在“幻灯片放映”选项卡中，单击“开始放映幻灯片”组中的“从当前幻灯片开始”按钮，可观看 Flash 动画播放效果，如图 5-62 所示。

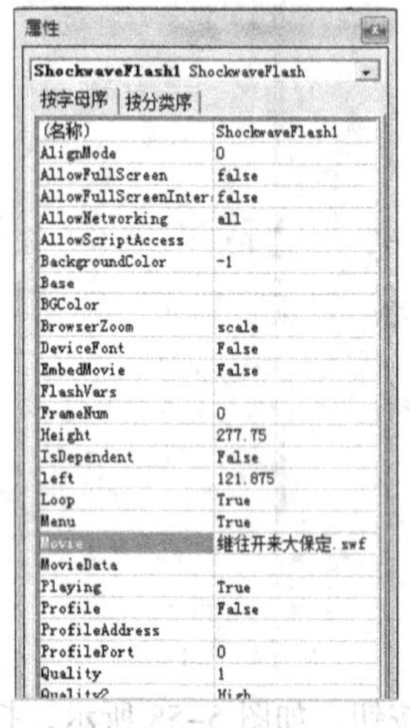

图 5-61 “属性”对话框

图 5-62 Flash 动画播放效果

步骤四：插入视频

① 在最后一张幻灯片（第 12 张幻灯片）后插入一张“仅标题”版式的幻灯片（第 13 张幻灯片），在“标题”占位符中，输入标题内容“视频欣赏：保定市旅游宣传片”，字体格式按默认。

② 在“开发工具”选项卡中，单击“控件”组中的“其他控件”按钮，参看步骤三的图 5-58，打开“其他控件”对话框，拖动垂直滚动条，然后选择其中的控件 Windows Media Player，如图 5-63 所示，单击“确定”按钮。

③ 此时鼠标指针变为十字形状，拖动鼠标指针在幻灯片中央画出一个矩形框，该矩形框是 Windows Media Player 控件的播放窗口，如图 5-64 所示。

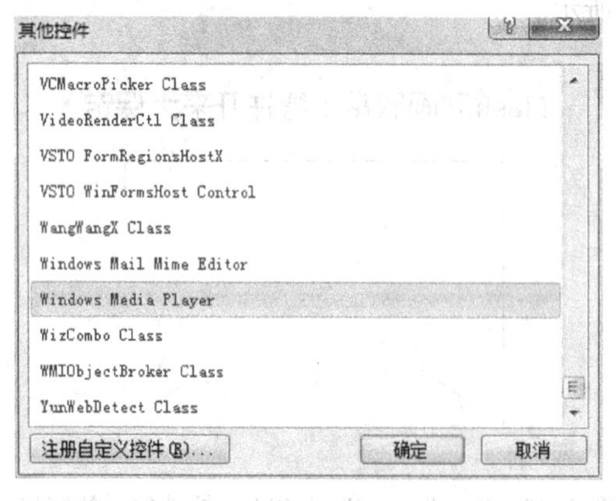

图 5-63 “其他控件”对话框

图 5-64 Windows Media Player 控件的播放窗口

④ 右击该播放窗口，在弹出的快捷菜单中选择“属性”命令，打开“属性”对话框，如图 5-65 所示，在“URL”参数的右侧文本框中输入视频文件的文件名“保定市旅游宣传片.avi”（前提是视频文件和演示文稿文件在同一个路径下）或者直接输入视频文件的绝对路径“D:\PowerPoint\任务三 制作电子相册\保定市旅游宣传片.avi”。如果设置“fullScreen”参数为“True”，则该视频播放时将全屏播放。设置完成后关闭“属性”对话框。

⑤ 在“幻灯片放映”选项卡中，单击“开始放映幻灯片”组中的“从当前幻灯片开始”按钮，可观看视频的播放效果，如图 5-66 所示，双击视频对象可实现全屏播放。

图 5-65　“属性”对话框

图 5-66　视频播放效果

提示：步骤三和步骤四是通过插入相关的控件来实现插入 Flash 动画和视频，也可以在 PowerPoint 中直接插入，方法是：单击“插入”选项卡“媒体”组中的“视频”按钮，在列表框中选择“文件中的视频”，打开“插入视频文件”对话框，然后找到相应的路径，选择 Flash 动画文件或者视频文件，然后单击“插入”按钮即可。这种方法的优点是：直接插入，不用先添加相关控件；缺点是：有时候无法播放 Flash 动画，需要进行很多设置，对于有些视频格式也并不支持，比如 mp4 视频格式。

步骤五：控制放映

本任务设置幻灯片的切换效果为：第 1～11 张幻灯片 5s 自动换片或单击鼠标时换片，第 12～13 张幻灯片为单击鼠标时换片；单独为每张换灯片选择合适的切换效果；设置幻灯片循环放映。

①“在切换”选项卡的“计时”组中，勾选“单击鼠标时”和“设置自动换片时间”复选框，并设置自动换片时间为“5s”，然后单击“全部应用”按钮，此时所有的幻灯片切换效果都设置为单击鼠标换片，或者 5s 后自动换片，如图 5-67 所示。

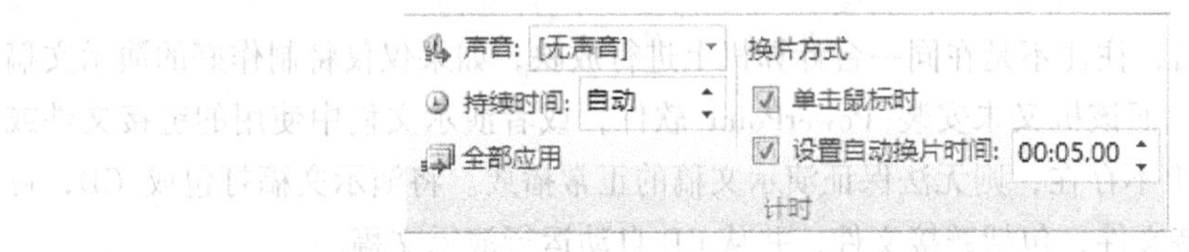

图 5-67　“计时”组

② 选择第 12 张幻灯片（Flash 动画欣赏幻灯片），“在切换”选项卡的“计时”组中，取消勾

选“设置自动换片时间”复选框，即只有单击鼠标时才能切换幻灯片。选择第 13 张幻灯片（视频欣赏幻灯片）做同样的设置。

③ 选择第 1 张幻灯片，在“切换”选项卡的“切换到此幻灯片”组中，选择切换效果为“摩天轮”，依次对第 2～13 张幻灯片选择合适的切换效果，在此不一一规定。

提示：默认换片方式是单击手动换片，如果同时还设置了每隔 5s 自动换片，则开始放映后，如果在 5s 内单击，可实现换片；否则到 5s 时间时，会自动实现换片。

排练计时是另一种换片方式，它与每隔一定时间自动换片的方式略有不同，不同之处在于排练计时可以设置每张幻灯片具有不同的播放时间。

在“幻灯片放映”选项卡中，单击“设置”组中的“排练计时”按钮，开始手动放映幻灯片，并出现图 5-68 所示的“录制”对话框，该对话框中部的时间是指当前幻灯片的已播时间，右侧的时间是指所有幻灯片已播放的总时间。手动放映完成后，会提示是否保留新的幻灯片排练时间，如图 5-69 所示。单击“是”按钮后，则在下一次放映幻灯片时，可以按照每张幻灯片已排练的时间自动换片（每张幻灯片播放的时间可能不同）。

图 5-68 “录制”对话框

图 5-69 是否保留新的幻灯片排练时间

也可以选中某张幻灯片，在“切换”选项卡中，勾选“计时”组中的“设置自动换片时间”，并设置时间，单独为本张幻灯片设置自动切换时间。可以为每张幻灯片单独设置不同的切换时间。

④ 设置幻灯片循环放映。在“幻灯片放映”选项卡中，单击“设置”组中的“设置幻灯片放映”按钮，打开“设置放映方式”对话框，如图 5-70 所示，选择“循环放映，按 Esc 键终止”复选框和“如果存在排练时间，则使用它”单选按钮，单击“确定”按钮。

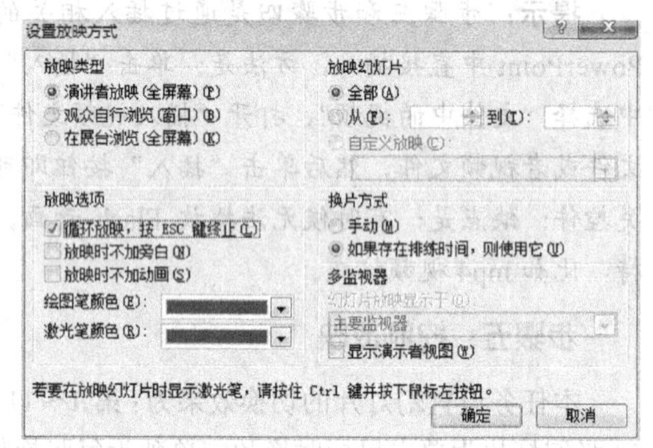

图 5-70 “设置放映方式”对话框

⑤ 单击“开始放映幻灯片”组中的“从头开始”按钮，观看幻灯片播放效果。

步骤六：打包输出

演示文稿制作完成后，往往不是在同一台计算机上进行放映，如果仅仅将制作好的演示文稿复制到另一台计算机上，而该机又未安装 PowerPoint 软件，或者演示文稿中使用的链接文件或 TrueType 等字体在该机上不存在，则无法保证演示文稿的正常播放。将演示文稿打包成 CD，可打包演示文稿和所有支持文件，包括链接文件，并从 CD 自动运行演示文稿。

将演示文稿保存为“.ppsx”类型文件，可以不启用 PowerPoint 软件直接打开，方法如下。

① 选择“文件”→“另存为”命令，打开“另存为”对话框，选择“保存类型”为“PowerPoint

放映(保定风景电子相册.ppsx)”，单击“保存”按钮，然后关闭 PowerPoint 软件。

② 双击刚保存的“保定风景电子相册.ppsx”，不必启用 PowerPoint 软件即可观看播放效果。

将演示文稿打包成 CD 方法如下。

① 重新打开“保定风景电子相册.pptx”文件，然后选择“文件”→“保存并发送”命令，在中间窗格的“文件类型”区域中选择“将演示文稿打包成 CD”选项，再单击右侧窗格中的“打包成 CD”按钮，如图 5-71 所示。

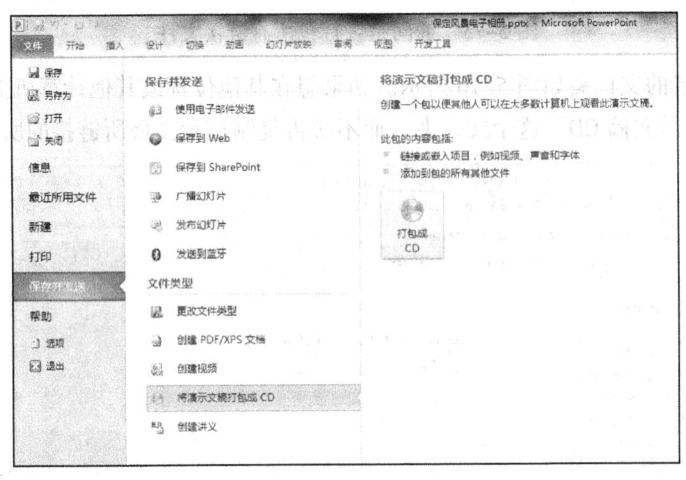

图 5-71 将演示文稿打包成 CD

② 在打开的“打包成 CD”对话框中，可命名 CD，如“我的演示文稿 CD”，如图 5-72 所示，如果有多个演示文稿需要放在同一张 CD 中，则单击“添加”按钮，添加相关演示文稿文件。

③ 如果有更多设置要求，如设置密码，则单击“打包成 CD”对话框中的“选项”按钮，在打开的“选项”对话框中，设置打开或修改每个演示文稿时所用的密码，如图 5-73 所示，然后单击“确定”按钮。

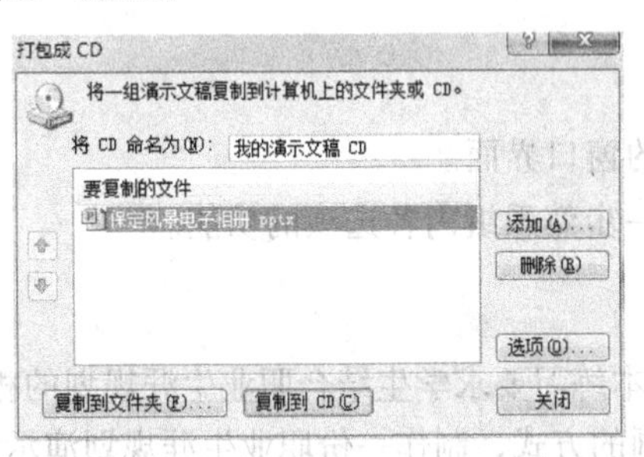

图 5-72 “打包成 CD”对话框

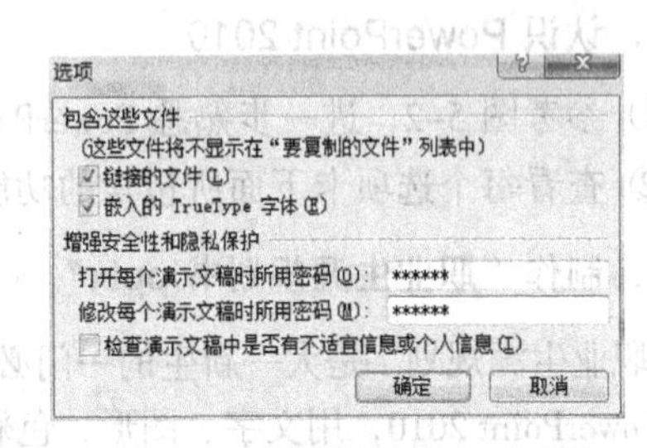

图 5-73 密码设置选项对话框

④ 将空白的 CD 刻录光盘放入刻录机，最后单击“打包成 CD”对话框中的“复制到 CD”按钮，这样就可刻录成演示文稿光盘。如果出现演示文稿光盘无法播放时，则单击 Download Viewer 按钮下载 PowerPoint Viewer 播放软件即可。

⑤ 在“打包成 CD”对话框中，单击“复制到文件夹”按钮，打开“复制到文件夹”对话框，如图 5-74

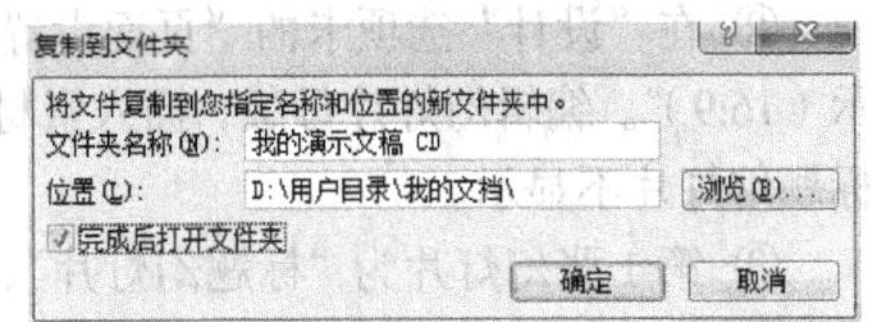

图 5-74 “复制到文件夹”对话框

所示，指定文件夹名称和保存位置，然后单击“确定”按钮。弹出是否打包所有链接文件的对话框，如图 5-75 所示。在这里，单击“是”按钮，这样演示文稿中所有的链接文件将被打包。

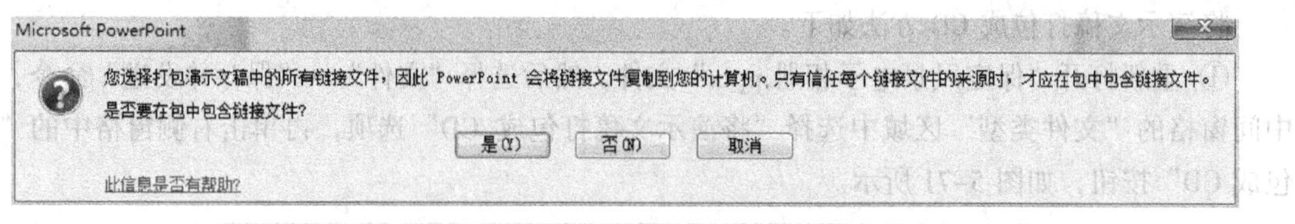

图 5-75　询问是否打包所有链接文件

⑥ 最后打包成的文件夹如图 5-76 所示。如果想在其他位置或其他计算机播放演示文稿，只需要复制“我的演示文稿 CD”这个文件夹，而不必再复制演示文稿所链接的所有文件。

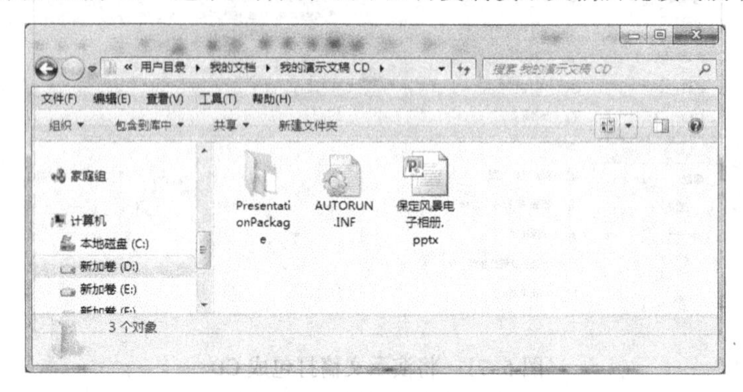

图 5-76　打包成的文件夹

⑦ 在图 5-71 所示的界面中，还可以根据演示文稿创建 PDF/XPS 文档、创建视频、创建讲义等，读者可自己创建这些文件。

强 化 练 习

1. 认识 PowerPoint 2010

① 参考图 5-2，进一步熟悉 PowerPoint 2010 的窗口界面。

② 查看每个选项卡下面所包含的功能组，进一步熟悉组内各选项的功能。

2. 制作“职业生涯规划书.pptx”

“职业生涯规划”是大一新生的一门必修课程，本练习要求学生结合职业生涯规划的相关知识，利用 PowerPoint 2010，用文字、图形、色彩以及动画的方式，制作一份职业生涯规划演示文稿，将需要表达的内容直观、形象地展示给大家。最终的效果图如图 5-77～图 5-86 所示。具体要求如下：

① 新建演示文稿，选择“波形”主题，然后保存，命名为“职业生涯规划书.pptx”。

② 在“设计”选项卡的“页面设置”组的“页面设置”选项里，将幻灯片大小改为“全屏显示（16:9）”。编辑幻灯片母版，插入素材库中的图片“校徽.png”，在页脚插入日期和幻灯片编号，标题幻灯片不显示。

③ 第 1 张幻灯片为“标题幻灯片”，要求在“标题”占位符输入题目，字体格式默认，在“副标题”占位符输入作者信息，字体格式为“华文楷体，28”。插入素材库中的图片“封面.png”，插入艺术字“立足现在 胸怀未来”，为艺术字设置合适效果，在此不做规定。调整各个对象的位

置，参考效果图如图 5-77 所示。

图 5-77　第 1 张幻灯片效果图

④ 第 2 张幻灯片为“标题和内容”版式，在“标题”占位符输入“前言”，格式默认，在“内容”占位符输入相应的文字，设置字体格式为“华文楷体，21”。参考效果如图 5-78 所示。

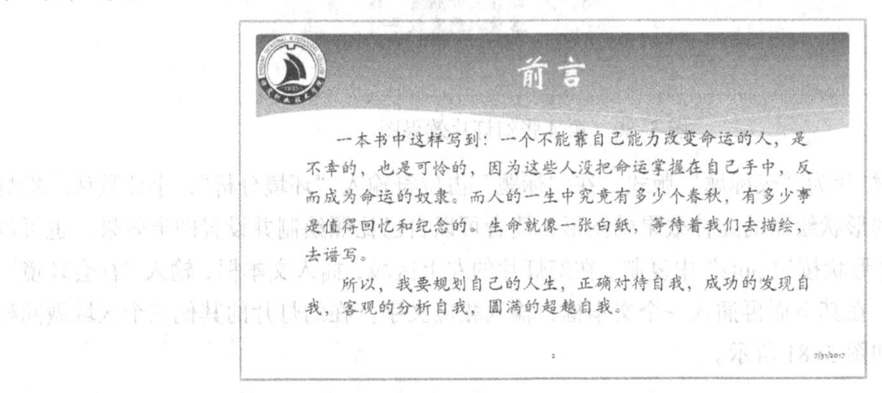

图 5-78　第 2 张幻灯片效果图

⑤ 第 3 张幻灯片为“标题和内容”版式，在“标题”占位符输入“自我认知——性格分析”，“自我认知”字号为 44，“性格分析”字号为 36，字体其他格式按默认。在“内容”占位符输入相应的文字，设置字体格式为“华文楷体，18”。在“内容”占位符左侧空白处插入三个“圆形”的形状，设置圆形的格式，每个圆形上面插入文本框，输入相应文字，并调整文字为合适大小，设置效果如图 5-79 所示。

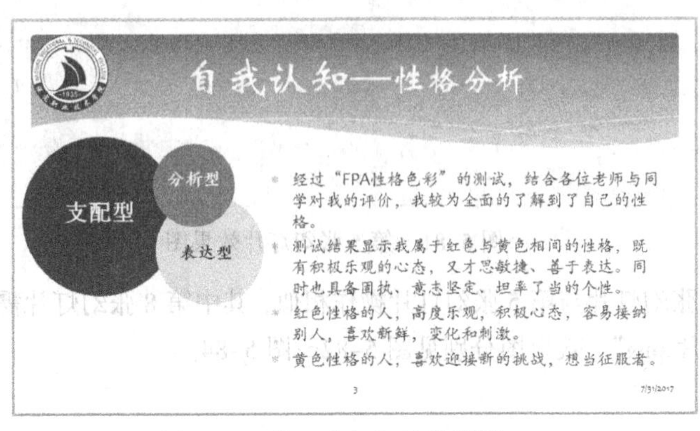

图 5-79　第 3 张幻灯片效果图

⑥ 第 4 张幻灯片为“两栏”版式，在“标题”占位符输入“自我认知——职业能力”，字号同上。在左侧“内容”占位符输入相应的文字，设置字体格式为“华文楷体，24”，并插入素材库的图片“职业能力用图片.jpg”。在右侧“内容”占位符插入 4 行 3 列的表格，输入相应文字，并设置字号大小为合适，效果如图 5-80 所示。

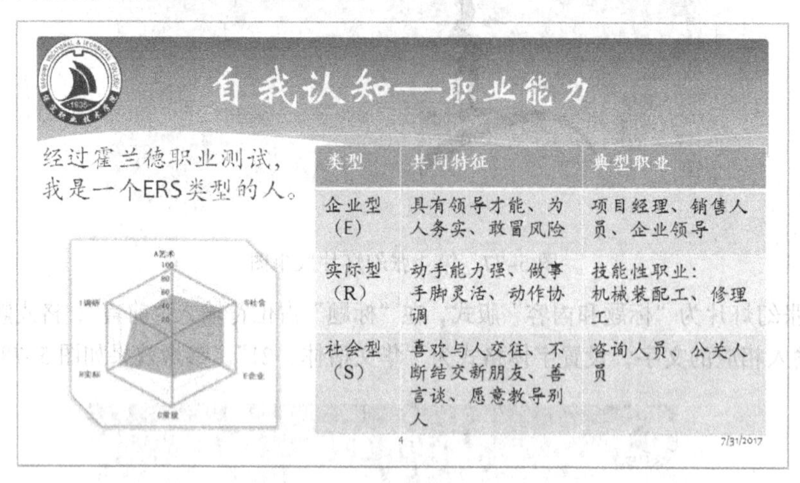

图 5-80　第 4 张幻灯片效果图

⑦ 第 5 张幻灯片为“仅标题”版式，在“标题”占位符输入“环境分析”，字体默认。幻灯片中间是用插入的形状绘制的立体效果的图形，读者可以自己比照绘制并设置图形效果，也可以在素材库的“立体形状按钮.pptx”中复制。在幻灯片的左上区域，插入文本框，输入“社会环境”，并添加项目符号，在其下面再插入一个文本框，输入相应文字。在幻灯片的其他三个区域做同样操作，最终效果如图 5-81 所示。

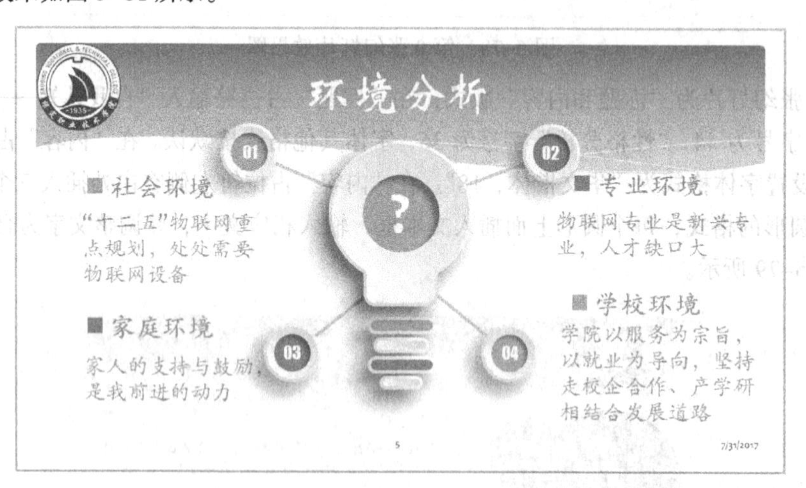

图 5-81　第 5 张幻灯片效果图

⑧ 第 6、7、8 张幻灯片与第 5 张幻灯片操作相似，其中第 8 张幻灯片需要插入素材库中的图片“评估调整用图片.png”。效果图分别见图 5-82～图 5-84。

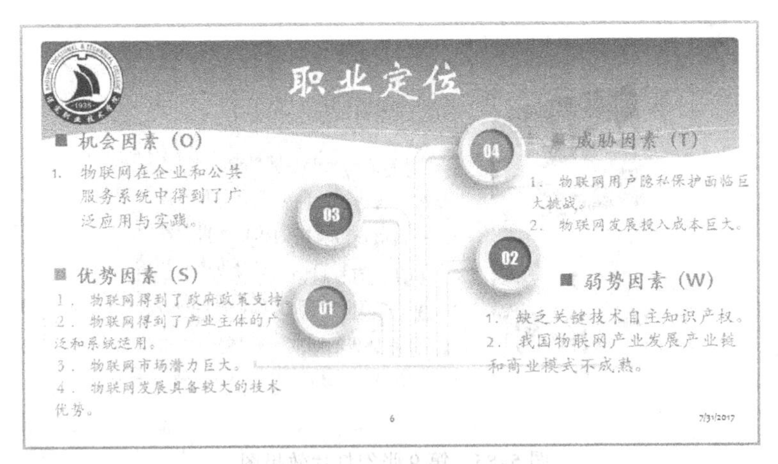

图 5-82　第 6 张幻灯片效果图

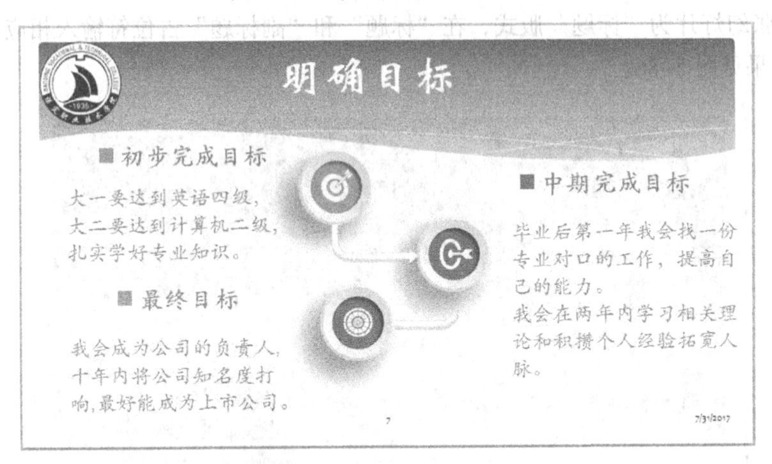

图 5-83　第 7 张幻灯片效果图

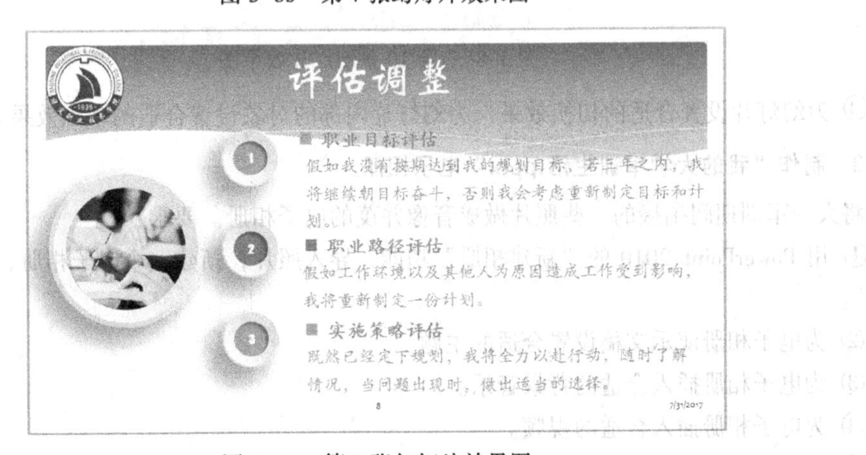

图 5-84　第 8 张幻灯片效果图

⑨ 第 9 张幻灯片为“空白”版式，需要插入素材库中的图片“总结用图片 1.png”和“总结用图片 2.png”。然后在相应位置输入文字，并设置字体大小为合适，效果见图 5-85。

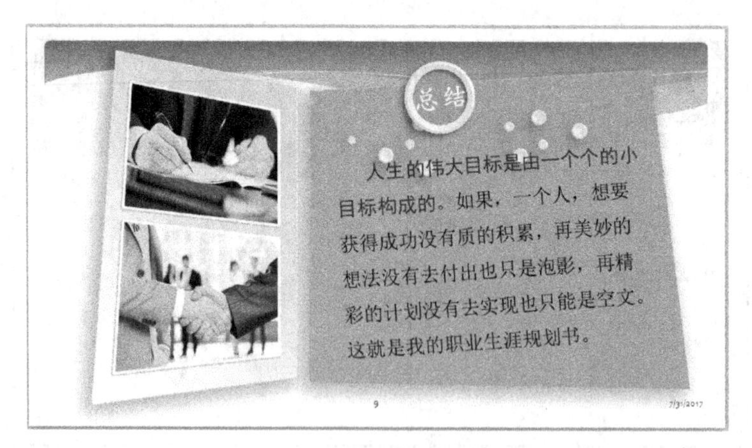

图 5-85　第 9 张幻灯片效果图

⑩ 第 10 张幻灯片为“标题”版式，在“标题”和“副标题”占位符输入相应文字，字号均设置为 44，效果见图 5-86。

图 5-86　第 10 张幻灯片效果图

⑪ 为幻灯片设置合适的切换效果，为幻灯片内部的对象设置合适的动画效果。

3. 制作“我的大学军训生活.pptx”电子相册

将大一军训期间拍摄的一些照片做成音像并茂的电子相册。要求：

① 用 PowerPoint 2010 的“新建相册”功能，导入照片，新建一个电子相册，并设置“图片版式”。

② 为电子相册演示文稿设置合适的主题。

③ 为电子相册插入合适的背景音乐。

④ 为电子相册插入合适的视频。

⑤ 设置幻灯片的切换效果，间隔一定时间自动换片。

⑥ 设置幻灯片循环放映。

⑦ 将电子相册演示文稿及其链接文件打包，复制到文件夹，或者复制到 CD。

单元 6 计算机网络技术初探

学习目标

通过本单元内容的学习，使读者能够具有以下基本能力：

- 学习掌握网络基础知识。
- 利用网络设备组建办公和家庭环境局域网。
- 掌握互联网基本应用。

学习内容

本单元学习网络基本知识、网络设备以及简单网络操作配置，分解为 3 个学习任务。

- 任务 1　学习网络基础知识
- 任务 2　组建办公和家庭环境局域网
- 任务 3　使用互联网技术

任务 1　学习网络基础知识

任务描述

了解网络、学习网络、使用网络是现今每一个大学生必须学习的技能。通过学习网络基本知识，重点掌握小型办公网络环境和家庭网络环境下常见网络设备、材料，以及这些设备材料的类型和用途，练习网线的制作、网卡的安装与配置、简单的测试网络联通性。

利用所学内容完成网线的制作、网卡的安装和网络环境的配置操作。具体要求如下：

① 组网器材及工具的准备。

② 双绞线的制作。

③ 网卡的安装。

④ 设置网络基本配置。

⑤ 查看网络基本配置。

任务分析

该任务主要是学习网络基本知识，使读者了解网络主要设备和网络传输介质，掌握局域网技术、用途和分类。学习网络安全知识，掌握一定的网络安全技术和配置方法。使读者学会如何配置网络信息、如何查询已有信息，以及如何确定网络是否正确连接。

通过完成本任务，应该达到的知识目标和能力目标如表 6-1 所示。

表 6-1　知识目标和能力目标

知识目标	能力目标
①学习计算机网络的基本概念和网络安全知识 ②掌握一定的网络安全技术方法和理念 ③掌握局域网技术、用途和分类	①掌握常用网络工具使用方法、技巧 ②能根据不同要求制作配置网络设备，并正确安装使用 ③能查看网络基本信息

知识准备

前面学习了计算机的软硬件以及办公软件的使用操作方法，读者拥有了一定的单机操作能力，但是再强大的单机也不可能同网络集群相媲美，所以为了更好地发挥机器设备性能，物尽其用，我们还需要将计算机连接到网络上。那么就可以通过这一部分的学习，了解网络的基本概念，以及常用网络设置，学会正确配置网络环境，使计算机能够正常快速地连接网络，实现网络资源的共享和传播。

一、网络概述

1. 网络的概念

网络又称 network，是指在物理上或逻辑上按一定拓扑结构连接在一起的多个节点和链路的集合。在计算机领域中，网络就是用物理链路将各个孤立的工作站或主机连接在一起，组成一个数据链路，从而能够达到资源共享和相互通信的目的。凡将地理位置不同，并具有独立功能的多个计算机系统，通过通信设备和线路而连接起来，且以功能完善的网络软件（网络协议、信息交换方式及网络操作系统等）实现网络资源共享的系统，都可称为计算机网络系统。

2. 网络的基本组成

一个计算机网络主要由计算机系统、数据通信设备、网络软件及协议等几部分所组成。

① 计算机系统是网络的基本模块，主要完成数据信息的收集、存储、处理和输出任务，并提供各种网络资源。计算机系统根据在网络中的用途可分为服务器和客户机。

② 数据通信系统是连接网络基本模块的桥梁，它提供各种连接技术和信息交换技术，主要由通信控制处理机、传输介质和网络互连设备等部分组成。

③ 网络软件是计算机网络中不可或缺的重要组成部分。网络软件一方面可以授权用户对网络资源进行访问，还能帮助用户更加方便、安全地使用网络；另一方面可以管理和调度网络资源，提供网络通信和用户所需的各种网络服务。网络软件一般包括网络操作系统、网络协议、通信软件以及管理和服务软件等。

再有，从计算机网络的系统功能来看，主要完成两种功能，即网络通信和资源共享。把计算机网络中实现网络通信功能的设备及其软件的集合统称为通信子网，而把网络中实现资源共享的设备和软件的集合统称为资源子网。这样，一个计算机网络就可以分为资源子网和通信子网两大部分。

3. TCP/IP 协议及其作用

如果两个不同国家的人互相交流，各说各国的语言，显然是不能沟通的。所以不同国家人之间就需要找到一个共同的语种，比如英语，这样才能更好地沟通交流。在同一网络中也是这样，计算机之间也需要按照统一的规则进行通信。在现有网络中这个统一规则就是 TCP/IP 协议。这一协议是能使连接到网上的所有计算机实现相互通信的一套规则体系，规定了计算机在因特网上进行通信时应当遵守的规则。任何厂家生产的计算机系统，只要遵守该协议就可以与因特网互连互通。需要我们了解和设置的只是该协议的一小部分内容，这就是 IP 地址。IP 地址具有唯一性，通过不同的 IP 地址可以找到网络上的每台计算机。相反，每台需要连接网络的计算机也需要进行相应的 IP 地址设置。

如果每台计算机仅有一个 IP 地址参数，也是不能够正常连接网络的，它还需要其他两个参数，即子网掩码和网关。子网掩码不能单独存在，它必须结合 IP 地址一起使用。子网掩码只有一个作用，就是将某个 IP 地址划分成网络地址和主机地址两部分。通过子网掩码的划分使网络产生了网段的概念。同一网段间的机器相互访问是不需要网关的，但不同网段之间要进行访问，就需要通过网关路由或地址转换功能，使得不同网段间机器能够正常互相访问，所以网关就相当于是网段的大门。

通过以上的设置，计算机就能够进行正常的网络连接了，但是不同工作站或主机的 IP 地址是不同的。对于普通用户来说记忆不同的 IP 地址也是非常困难的。如何能够使用户方便快捷地记忆地址就成为一个难题。然而 DNS 的出现解决了这一难题。DNS 是域名解析系统的简称，该系统将 IP 地址同网络域名进行对应。这样用户只需要记住所需访问网络的域名即可。比如：保定职业技术学院的域名就是 www.bvtc.com.cn，只需在地址栏输入网址即可打开网页。

4. 动态 IP 地址和静态 IP 地址

DHCP 服务用来为用户自动分配 IP 地址、子网掩码、网关和 DNS。由于每台计算机要连接网络都需要一个唯一的 IP 地址，如果用户数量大于 IP 地址的数量，是不是就不能保证每个用户的网络使用了呢？有了 DHCP 服务就可以解决这一问题，在网络中并不是所用用户要在同一时间连接网络，所以 DHCP 服务器可以根据用户的需要，为需要连接网络的用户提供 IP 地址，然而对于不需要连接网络的设备就可以暂时不用提供。这样的网络 IP 分配方式称为动态 IP 地址分配，这种方法适合于网络供应商为小区用户提供。我们的系统在安装完成之后也是默认使用动态网络设置的，这就是为什么个人用户机器不用进行 IP 地址设置的原因。然而对于单位或公司的计算机，使用这样的 IP 地址分配方式就不能够满足相应的网络需求，因为单位或公司的计算机会出现同时连接网络的可能。所以我们就要为每台计算机单独设置 IP 地址，这种网络分配方式称之为静态 IP 地址分配方式。

5. 网络的类型

计算机网络分类的方法很多，按照计算机网络覆盖的地理范围来分类，一般可分为：局域网、城域网和广域网。各类计算机网络的特征参数见表 6-2 所示。

表 6-2　各类计算机网络的特征参数

网络分类	缩　写	分布距离	计算机位于同一	传输速度范围
局域网	LAN	10 m	房间	4 Mbit/s~2 Gbit/s
		100 m	建筑物	
		1 km	校园	
城域网	MAN	10 km	城市	50 Kbit/s~100 Mbit/s
广域网	WAN	100 km	国家	9.6 Kbit/s~45 Mbit/s
互联网	Internet	1 000 km	全球	

从表 6-1 中可以看出，分布距离越长，传输速率越低。局域网的分布距离最短，传输速率最高。传输速率是计算机网络的关键因素，也是网络硬件技术的研究重点。由于距离上的巨大差异，局域网和广域网采用不同的传输方式和通信技术。

6. 网络操作系统

网络操作系统是网络的心脏和灵魂，是向网络中计算机提供服务的特殊操作系统，它在计算机操作系统下工作，使计算机操作系统增加了网络操作系统所需要的能力。网络操作系统运行在称为“服务器”的计算机上，并由联网的计算机用户共享，这类用户称为“客户”。网络操作系统与一般操作系统的不同在于它们提供的服务有差别。一般地说，网络操作系统偏重于将与网络活动相关的特性加以优化的应用，即经过网络来管理诸如共享数据文件、软件应用和外围设备之间的资源，而操作系统则偏重于优化用户与系统的接口以及在其上面运行的应用。因此，网络操作系统可以看成通过整个网络管理资源的一种程序。

目前市场上得到广泛应用的网络操作系统有：UNIX、Linux、NetWare、SUN 和 Windows Server 2008 等，它们每个系统都有自身的显著特点。

二、网络设备

通常，在小型办公环境和家庭环境中用到的网络设备主要有：网卡、交换机、路由器、调制解调器等设备。

1. 网卡

网卡（Network Interface Card）又称之为网络接口卡或者称之为网络适配器，如图 6-1 所示，是每个需要连接网络的计算机必须具备的设备。网卡为计算机提供了一个标准的网络接入端口，能确保计算机连接网络端口的统一性。

网卡是链路层的网络组件，是网络中计算机和传输介质的接口，网卡需要实现计算机与网络传输介质之间的物理连接和电信号匹配，还涉及帧的发送与接收、帧的封装与拆封、介质访问控制、数据的编码与解码以及数据缓存等功能。

网卡分类方法很多，按照接口总线方式可分为 PCI 接口网卡和 USB 接口网卡等；按照网络连接方式又可分为 RJ-45 接口网卡、光线接口网卡、同轴电缆接口网卡或无线网卡等；按照带宽方式可分为 10M 网卡、100M 网卡、10\100M 自适应网卡和 1000M 网卡等。

2．交换机

交换机（Switch）是按照通信两端传输信息的需要，用人工或设备自动完成的方法，把要传输的信息送到符合要求的相应路由上的技术统称。交换机相当于一台特殊的计算机，如图 6-2 所示，它也是由软件和硬件两部分组成。软件部分主要是 IOS 操作系统，硬件主要包括 CPU、端口和存储介质等。

图 6-1 网卡　　图 6-2 交换机

交换机的主要功能包括物理编址、网络拓扑结构、错误校验、帧序列以及流量控制等方面。目前一些高档交换机还具备一些新功能，如对 VLAN（虚拟局域网）的支持等。

交换机按照传输模式可分为全双工、半双工、全双工/半双工自适应型。交换机的全双工是指交换机在发送数据的同时也能够接收数据，两者可以同步进行，这好像我们平时打电话一样，说话的同时也能够听到对方的声音。一般交换机都支持全双工模式。全双工的好处在于迟延小，速度快。所谓半双工就是指一个时间段内只有一个动作发生，举个简单例子，一条窄窄的马路，同时只能有一辆车通过，当有两辆车对开，这种情况下就只能一辆先过，等先过的车到头儿后另一辆再开。这个例子就形象地描述了半双工的原理。早期的对讲机、早期集线器等设备都属于半双工产品。随着技术的不断进步，半双工产品会逐渐退出历史舞台。

3．路由器

路由器（Router）是连接因特网中各局域网、广域网的设备，它会根据信道的情况自动选择和设定路由，以最佳路径按前后顺序发送信号的设备。 路由器是互联网络的枢纽。目前，路由器已经广泛应用于各行各业，各种不同档次的产品已成为实现各种骨干网内部连接、骨干网间互联和骨干网与互联网互联互通业务的主力军。路由和交换之间的主要区别就是交换发生在 OSI 参考模型第二层（数据链路层），而路由发生在第三层，即网络层。这一区别决定了路由和交换在移动信息的过程中需使用不同的控制信息，所以两者实现各自功能的方式是不同的。

路由器如图 6-3 所示，又称网关设备（Gateway），主要用于连接多个逻辑上分开的网络，所谓逻辑网络是代表一个单独的网络或者一个子网。当数据从一个子网传输到另一个子网时，可通过路由器的路由功能来完成。因此，路由器具有判断网络地址和选择 IP 路径的功能，它能在多网络互联环境中，建立灵活的连接，可用完全不同的数据分组和介质访问方法连接各种子网，路由器只接受源站或其他路由器的信息，属网络层的一种互联设备。

无线路由器是带有无线覆盖功能的路由器，如图 6-4 所示，它主要应用于用户上网和无线覆盖。无线路由器可以看作一个转发器，将家中墙上接出的宽带网络信号通过天线转发给附近的无线网络设备（笔记本式计算机、支持 WIFI 功能的手机等）。市场上流行的无线路由器一般都支持专线 XDSL/ Cable、动态 XDSL、PPTP 等几种接入方式，它还具有其他一些网络管理的功能，如

DHCP 服务、NAT 防火墙、MAC 地址过滤等等功能。

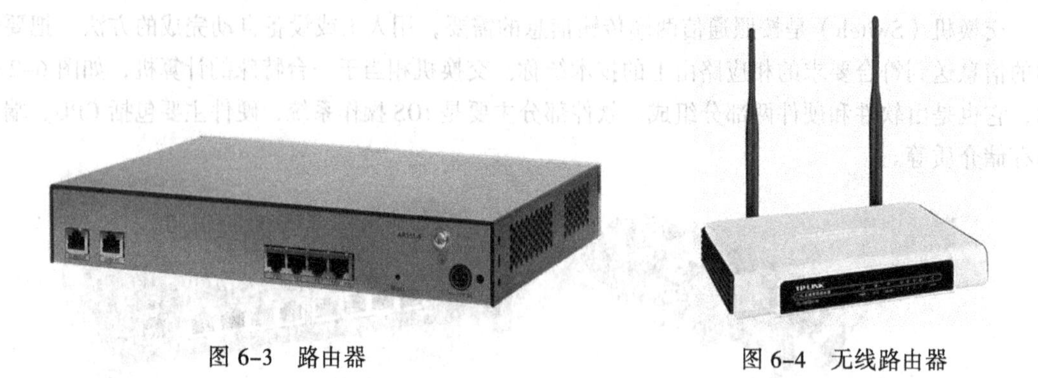

图 6-3 路由器　　　　图 6-4 无线路由器

4. 调制解调器

调制解调器，如图 6-5 所示，其实是调制器与解调器的简称，也可称为 Modem，根据 Modem 的谐音，亲昵地称之为“猫”。所谓调制，就是把数字信号转换成电话线上传输的模拟信号，解调，即把模拟信号转换成数字信号，合称调制解调器。调制解调器的作用是模拟信号和数字信号的“翻译员”。电子信号分两种，一种是“模拟信号”，一种是“数字信号”。我们使用的电话线路传输的是模拟信号，而计算机之间传输的是数字信号。所以当想通过电话线把自己的计算机连入 Internet 时，就必须使用调制解调器来完成两种不同信号之间的“翻译”。

计算机接入 Internet 后，当计算机向 Internet 发送信息时，由于电话线传输的是模拟信号，所以必须要用调制解调器来把数字信号“翻译”成模拟信号，才能传送到 Internet 上，这个过程就叫做“调制”。当计算机从 Internet 获取信息时，由于通过电话线从 Internet 传来的信息都是模拟信号，所以计算机想要看懂它们，还必须借助调制解调器这个“翻译”进行翻译操作，这个过程就叫做“解调”。总体来说就可称之为“调制解调”。

图 6-5 调制解调器

三、局域网技术

在较小的地理范围内，利用通信线路将多种数据设备连接起来，实现相互之间的数据传输和资源共享的网络称之为局域网（Local Area Network，LAN）。局域网作为一种重要的基础网络，在企业、机关、学校等各种单位和部门都得到广泛的应用。局域网还是建立互联网络的基础网络。

1. 局域网的主要用途

① 共享打印机、扫描仪等外围设备。计算机要想充分发挥其功效和作用，需要连接一些外围

设备如打印机、扫描仪等。但是由于这些设备使用并不频繁，造价也不低，所以我们可以通过局域网络，将其设置为共享方式，允许其他网络计算机的使用，这样既节约成本，又提高了设备的利用率。

② 通过公共数据库共享各类信息并进行处理。对于个人或公司用户，有些数据是需要多数人重复调取使用的，如果没有网络，我们需要通过其他传输介质互相复制，这样既不方便也不安全。有了网络，我们可以把数据存储在专用网络服务器的数据库中，那么通过专门编写的应用程序，网络上的各个用户就能够在自己的计算机上轻松、便利地操作数据信息了。

③ 向用户提供诸如电子邮件之类的高级服务。网络为用户提供了一个信息传播与交流的重要渠道。我们可以通过一些高级服务重复利用该渠道。从而扩充了网络的使用范围和手段。在网络上可以轻松获取个人需要的信息，也能够将信息发布出去，还可以通过网络邮箱进行联系交流等操作。

2. 局域网的传输介质

网络传输介质是在网络中信息传输的载体，介质特性的不同对网络传输的质量和速度都有很大的影响。目前，局域网中使用的传输介质主要有双绞线、光纤和同轴电缆等。

① 双绞线：目前双绞线是局域网环境中最常用的有线传输介质，价格便宜，易于安装。

② 光纤："光纤（Fiber）"是光导纤维的简称，也叫光缆，是目前发展和应用最为迅速的信息传输介质，并将逐渐成为未来网络传输的首选介质。光纤具有传输速率高、传输衰减小、抗电磁干扰能力强、重量轻、韧性好等优点，但也存在价格昂贵、进行衔接和分支较困难等问题。

按照光纤传输的模式数量，可以将光纤分为多模光纤和单模光纤。多模光纤用于小容量、短距离的网络；单模光纤用于主干、大容量、长距离的网络。

随着国家宽带升级计划的实施，光纤传输也逐渐进入到个人家庭网络中，如电信、网通的光纤入户行动，就是由单模单芯光纤入户，代替了原有的电话线网络，能够大大也提升网络传输速率，使宽带带宽能够达到几兆、十几兆或几十兆的速度。

提示：光纤由纯净的玻璃纤维经特殊工艺拉制成很细的、粗细均匀的玻璃丝，形成玻璃芯，在玻璃芯的外面包裹一层折射率较低的玻璃封套，再外面是一层薄的塑料外套，用来保护光纤。光纤通常被捆扎成束，外面有外壳保护。

③ 同轴电缆：是指有两个铜芯导体，而导体和屏蔽层又共用同一轴心的电缆。最常见的同轴电缆由绝缘材料隔离的铜线导体组成，在里层绝缘材料的外部是另一层环形导体及其绝缘体，然后整个电缆由聚氯乙烯材料的护套包住。

目前，常用的同轴电缆有两类：50 Ω和 75 Ω的同轴电缆。75 Ω同轴电缆常用于 CATV 网，故称为 CATV 电缆，传输带宽可达 1 GHz，目前常用 CATV 电缆的传输带宽为 750 MHz。50 Ω同轴电缆主要用于基带信号传输，传输带宽为 1 ~ 20 MHz，总线型以太网就是使用 50 Ω同轴电缆，在以太网中，50 Ω细同轴电缆的最大传输距离为 185 m，粗同轴电缆可达 1 000 m。现在最为常用的是数字电视传输信号线，一般都为细同轴电缆，有些广电集团提供的网络连接也需要使用细同轴电缆进行接入。

3. 局域网的分类

从不同角度观察，局域网有多种划分方法。

① 按网络传输介质划分，可分为双绞线网络、光纤网络和无线网络等。目前小型办公环境使用双绞线网络较多，而家庭环境则是双绞线网络和无线网络并用。大型企业公司网络一般由光纤和双绞线网络组成。

② 按局域网基本工作原理划分，可分为共享媒体局域网（HUB）、交换局域网（Switch）和虚拟局域网（Vlan）3种。

③ 按局域网传输媒体类型划分，可分为有线局域网、无线局域网等。

4. 局域网的特点

从功能的角度看，局域网具有以下特点：

① 共享传输信道，在局域网中，多个系统连接到一个共享的通信媒体上。

② 地理范围有限，用户个数有限，通常局域网仅为一个单位服务，只在一个相对独立的局部范围内联网，如一座楼或集中的一个区域内。一般来说平常的教学环境，小型办公环境和家庭网络环境都称之为局域网。

③ 传输速率高，局域网的数据传输速率一般为 10 Mbit/s 或 100 Mbit/s，能支持计算机之间的高速通信，延时较低。一般局域网的数据传输速率就是传输介质的最大速率。

④ 误码率低，因为传输距离短，中间设备少，所以局域网传输误码率极低，几乎接近于零。

5. 以太网

以太网（Ethernet）是由 Xerox 公司于 1975 年研制开发，并由 Xerox、Intel 和 DEC 公司联合开发出了基带局域网规范，是当今现有局域网采用的最通用的通信协议标准。后来经过不断的技术改进，逐步提高了网络速度，现在使用较多的为百兆以太网、千兆以太网和万兆以太网。对于教学和个人的局域网用户，性价比比较高的还是百兆以太网络。以太网络使用 CSMA/CD（载波监听多路访问及冲突检测）技术，并以一定的速率运行在多种类型的电缆上。

以太网最大的优点是利用 CSMA/CD 技术，解决了网络介质的使用分配问题，使所有设备都有机会利用网络介质进行数据传输，提高网络介质利用效率。但是随着网络设备数量的增加，所需交换数据量呈几何状态增长，分配给每个网络设备的使用时间急剧减少，所以以太网只适合于小型办公环境或家庭网络使用。以太网使用的网络设备主要以集线器（HUB）和双绞线为主，网络传输速度一般多为 10/100M 自适应。

6. 交换式局域网

所谓交换式局域网是在网络中采用了交换设备，每台计算机将通过交换设备相互连接，交换设备可以自动记录局域网中的每台计算机的 MAC 目的地址，并将该信号直接发送到相应的目的端口。

交换式局域网的核心设备主要是交换机（Switch），其主要特点是：所有端口平时都不连通；当站点需要通信时，交换机才同时连通许多对应端口，使每一对相互通信的站点都能像独占通信信道那样，进行无冲突的数据传输，使每个站点能够独享信道速率；完成通信后就断开连接。因此，交换式网络技术是提高网络效率、减少拥塞的有效方案之一。这种网络环境主要应用于计算机机房、实训室等计算机类网络教学环境。它与普通以太网唯一不同的就是网络核心设备，所以只要将以太网的集线器换成交换机，就可以简单地升级为交换式局域网络。

7. 虚拟局域网

虚拟局域网（Virtual Local Area Network，VLAN）就是建立在交换技术上，通过网络管理软件构建的、可以跨越不同网段、不同网络的逻辑型网络。它能将局域网设备从逻辑上划分成多个网段，虽然同属一台交换机，但是不同网段之间不能进行访问，做到了逻辑上的隔离，从而实现虚拟工作组的新兴数据交换技术。这一新兴技术主要应用于交换机和路由器中，主流应用还是在交换机之中。但又不是所有交换机都具有此功能，只有拥有 VLAN 协议的第三层路由交换机才具有此功能。如果是二层交换机，还需要增加路由器配合使用，否则不同网段之间不能互相访问，然而普通交换机一般都不具备该功能。

虚拟局域网有很多优点，主要体现在控制网络广播风暴的影响范围，提高网络整体安全性以及简化网络管理等作用。虚拟局域网主要应用于需要多个网段隔离的小型网络，如不同办公室之间使用不同网段进行隔离等。不过该技术也逐渐应用于大中型网络和主干网络中，该技术也是未来网络的一种应用方向。

8. 无线局域网

无线局域网络（Wireless Local Area Networks，WLAN）是指以采用与有线网络同样的工作方法，通过无线信号作为传输介质，把各种主机和设备连接起来的计算机网络。无线局域网是计算机网络与无线通信技术相结合的产物，是实现移动网络的关键技术之一。它既可以满足各类便携机的入网要求，也可以实现计算机局域网互联、远端接入等多种功能。在有线网络难以布线的场合，或者需要临时快速布网的小范围中，一般都会使用无线网络。但是无线网络并不能取代有线局域网，它只是作为有线网络的一个补充。无线网络也不是百分百的完善，首先无线网络传输距离有限，同时连接的机器数量也不能过多，无线信号有时会因为距离或障碍物等原因强度不稳定，所以无线网络一般仅仅应用到单个房间或相邻房间中。家庭使用较为普遍的就是有线网络加无线网络的组合。一般用户接触最多的无线网络主要有无线路由器（主要用于发射信号）、带无线网卡的计算机、手机、笔记本式计算机等设备（主要用于接收信号）。

9. 蓝牙技术

蓝牙，是一种支持设备短距离通信（一般 10 m 内）的无线电技术。能在包括移动电话、PDA、无线耳机、笔记本式计算机、相关外设等众多设备之间进行无线信息交换。利用“蓝牙”技术，能够有效地简化移动通信终端设备之间的通信，也能够成功地简化设备与因特网 Internet 之间的通信，从而数据传输变得更加迅速高效，为无线通信拓宽道路。蓝牙技术采用分散式网络结构以及快跳频和短包技术，支持点对点及点对多点通信，工作在全球通用的 2.4 GHz ISM（即工业、科学、医学）频段。其数据速率为 1 Mbit/s。采用时分双工传输方案实现全双工传输。蓝牙技术是无线技术的一个分支，是对无线技术的一个补充。现在接触最多的是应用于手机上的蓝牙技术，如蓝牙耳机、手机之间利用蓝牙技术进行数据传输等方面。

四、网络安全

随着网络技术的日益进步，网络在带给我们各种便利的同时，也产生了相应的安全隐患。大量个人或单位企业数据会由于各种原因被泄露丢失破坏，给个人和单位企业带来极大不便，甚至会产生严重的损失。随着网络的各种弊端显露出来后，我们就应运而生了网络安全的概念。

1．网络安全的概念

国际标准化组织（ISO）对网络安全的定义是：为数据处理系统建立和采用的技术和管理的安全保护，保护计算机硬件、软件和数据不因偶然和恶意的原因遭到破坏、更改和泄露，系统能够连续可靠正常地运行，网络服务不被中断。简单地说，网络安全的目的主要是保证网络数据的安全，它有三个显著特性：可用性、完整性和机密性。

从用户角度看，网络安全主要是保障个人数据或企业的信息在网络中的保密性、完整性和不可否认性，防止信息的泄露和破坏，防止信息资源的非授权访问。对于网络管理者来说，网络安全的主要任务是保障合法用户正常使用网络资源，避免病毒、拒绝服务、远程控制等安全威胁，及时发现安全漏洞、制止攻击行为等方面。可见，网络安全的内容是十分广泛的，不同的人群对其具有不同的理解和要求。

2．网络安全的重要性

在信息社会中，信息具有和能源同等的价值，在某些时候甚至具有更高的价值。具有价值的信息必然存在安全性的问题，对于企业更是如此。例如：在竞争激烈的市场经济驱动下，每个企业对于原料配方、生产技术、经营决策等信息，在特定的地点和业务范围内都具有保密性质要求，如果这些机密被泄露，不仅会给个人、企业，甚至也会给国家造成严重的经济损失。

网络安全主要从以下几个方面考虑。

① 网络系统的安全。网络操作系统是否存在网络安全漏洞，系统内部其他用户是否存在安全威胁，通信协议软件的保密和安全性以及应用服务的安全性是否存在隐患等。

② 局域网的安全。由于网络通信在局域网中主要以广播为主，所以相同局域网中的机器就可以监听到网络上的传输数据包。

③ Internet 互联安全。主要指的是非授权访问、冒充合法用户、破坏数据完整性、干扰系统正常运行等。

④ 数据安全。数据安全又分为本地数据安全和网络数据安全两类。本地数据安全主要指是否被人删除、修改或非法侵入系统等。网络数据安全主要指数据在传输过程中是否被窃听、网络存储空间数据是否被非法访问等。

3．常见的网络安全技术

自从出现网络安全问题以来，涌现出了大量的网络安全技术和应用，通过归纳总结主要体现在三个方面，防火墙技术、入侵检测技术和数据加密技术等。

（1）防火墙技术

防火墙是指设置在不同网络或网络安全域（公共网和企业内部网）之间的一系列部件的组合。它是不同网络（安全域）之间的唯一出入口，能够根据企业的安全政策（允许、拒绝、监测）控制出入网络的信息流，且本身具有很高的抗攻击能力，它是提供信息安全服务，实现网络和信息安全的基础设置。

防火墙主要分为软件防火墙和硬件防火墙两类，两类防火墙的价格不相同，硬件防火墙较之于软件防火墙稍贵，中小型的企事业单位或个人使用软件防火墙就可以实现防护功能，但软件防火墙技术只能通过一定的规则来实现对非法用户的访问控制。防火墙的使用对于预防黑客的入侵有很好的效果，但并不能够完全抵挡住病毒或是黑客的入侵，要实现对计算机更好地防护还需要其他一些保护措施。防火墙技术有一个缺陷，就是只能抵御来自外部的网络安全问题，而对于来自外部网络的安全问题是没有能力解决的。不过现在一些网络安全公司推出了单机版网络防护墙，在一定程度上弥补了防火墙的这一缺陷。常见的个人版防火墙软件有金山防火墙、瑞星防火墙等。

（2）入侵检测技术

入侵检测技术即是对计算机网络进行实时监控，计算机系统中本身就存在一些入侵特征的数据库，入侵检测技术通过利用软件或是硬件对计算机网络上的数据流进行实时的检测，一旦出现与入侵数据库中数据类似的迹象，就说明发现有被攻击的迹象，这时就应当立即对出现的问题进行解决，选择禁止启动项等反应动作，其他的反映动作还有如切断网络、通过防火墙技术对其进行调整、将入侵的数据进行过滤删除等操作。对计算机使用入侵检测技术，可以在正常使用网络的情况下，对计算机进行实时监控，从而提高计算机内部和外部抗攻击的能力，以及错误操作的实时保护能力，更大限度地提高计算机的安全性能。

（3）数据加密技术

对数据进行加密可以有效地提高信息系统以及数据的安全及保密性，以防数据被窃取或是外泄，它实现的途径主要是对网络数据进行加密来保障网络的安全，主要表现在对数据传输、数据存储、数据的完整性以及加密钥匙的管理等四个方面。对于个人用户来说，对计算机实施数据加密技术可以有效地防止个人的信息，包括账户、密码等隐私的信息被外人窃取或是个人无意的泄露，从而有效保护个人隐私；而对于企事业单位来说，安装数据加密设备更是必要操作，企事业单位之间的竞争是非常激烈的，竞争手段也是多种多样的，在竞争中恶意窃取竞争对手机密的现象也是普遍存在的，因而加强企事业单位的保密技术水平就显得尤为重要了，高效的数据加密技术是有效防止企事业机密泄露重要手段。

任务实施

步骤一：组网设备及材料的准备和安装

1. 组网器材及工具的准备

① 组网所需器件。组网之前，需要准备好计算机、网卡、交换机和其他网络器件。如表 6–3 所列，这是组建网络所需的设备和器件列表。

表 6–3 组建网络所需的设备和器件设备和器件表

设备和器件名称	数　量
计算机	2 台及以上
RJ–45 接口网卡	2 块及以上
以太网交换机	1 台及以上
双绞线	若干
RJ–45 水晶接头	若干

② 组网工具。除了需要准备组建以太网所需的设备和器件外，还需要准备必要的工具。如图 6-6 所示，最基本的工具包括：制作网线的网线钳，以及测试电缆连通性的电缆测试仪等。

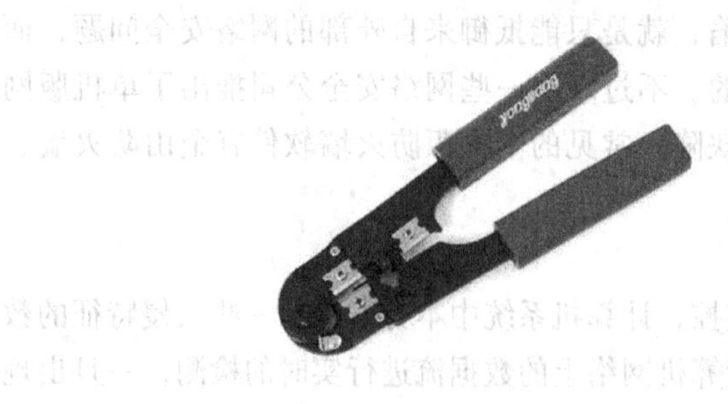

图 6-6 基本网络工具

2．双绞线的制作

① 认识 RJ-45 连接器、网卡（RJ-45 接口）和非屏蔽双绞线。RJ-45 连接器，俗称水晶头，如图 6-7 所示，用于连接 UTP。共有 8 个引脚，一般只使用了第 1、2、3、6 号引脚，各引脚的意义如下；引脚 1 接收（Rx+）；引脚 2 接收（Rx-）；引脚 3 接收（Tx+）；引脚 6 接收（Tx-）。

② 用剥线钳将双绞线外皮剥去，剥线的长度约为 1 ~ 2 cm，不宜过长或过短，如图 6-8 所示。

图 6-7 水晶头

图 6-8 无外皮网线

③ 将网线顺序排好，如图 6-9 所示（平行线线序为：白/橙、橙、白/绿、蓝、白/蓝、绿、白/棕、棕；交叉线线序将平行线线序的 1、3 和 2、6 号线对调即可），用网线钳将线芯剪齐，保留线芯长度 1.5 cm 左右，如图 6-10 所示。

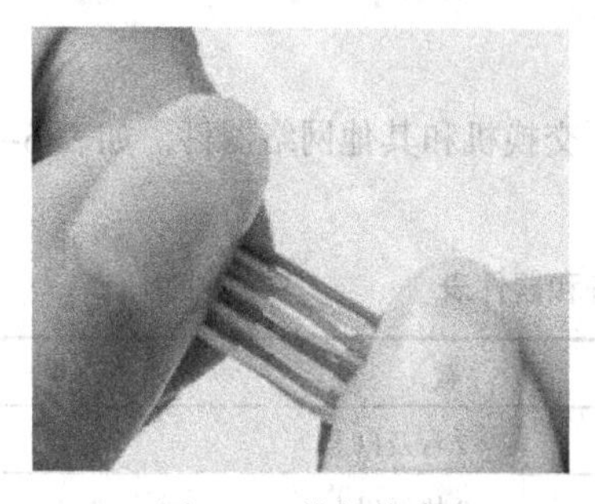

图 6-9 排好线序

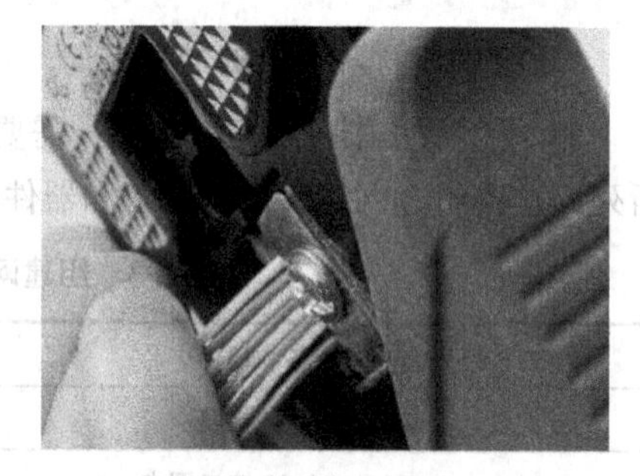

图 6-10 剪齐线头

④ 水晶头的平面朝上，将线芯插入水晶头的线槽中，主要 8 跟线都要顶到水晶头顶部，同时应将外皮也置入 RJ-45 接头内部，最后用网线钳将接头压紧，确定无松动现象，如图 6-11 所示。

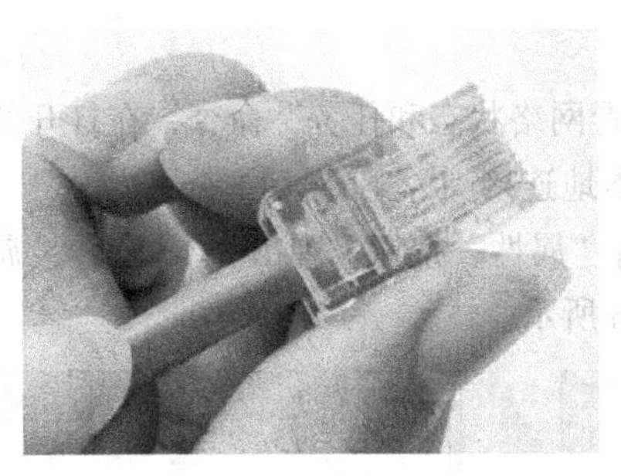
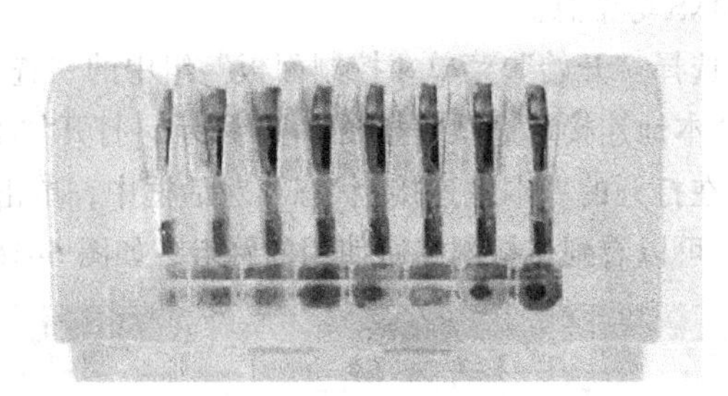

图 6-11 将网线插入水晶头

⑤ 将另双绞线一端以同样方式制作水晶头，如果是交叉线需要按交叉线序排列，如图 6-12 所示。

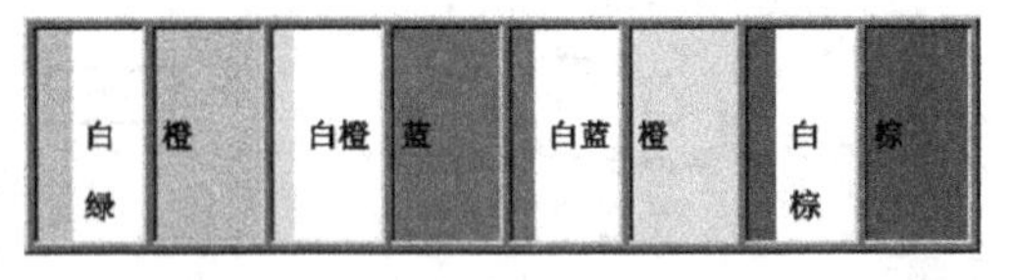

图 6-12 平行线序和交叉线序

⑥ 用网线测试仪测试网线是否每根正常连通，如图 6-13 所示。

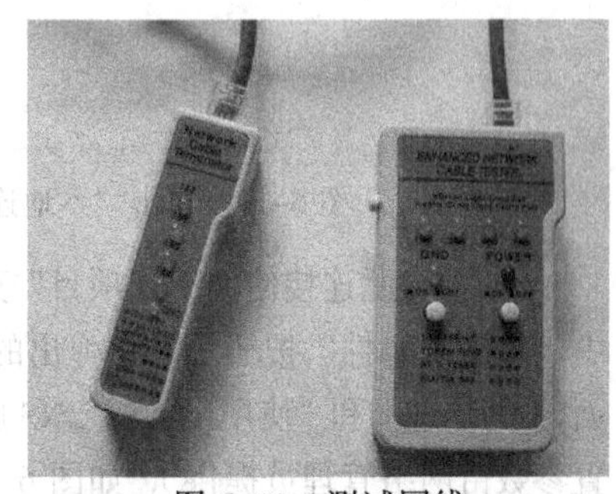

图 6-13 测试网线

3. 网卡的安装

网卡是计算机与网络的接口。将网卡安装到计算机中并能正常使用，需要做两件事。首先要进行网卡的物理安装；其次是对所安装的网卡进行设备驱动程序的安装和配置。如图 6-14 所示。硬件及驱动安装可参考以前内容。

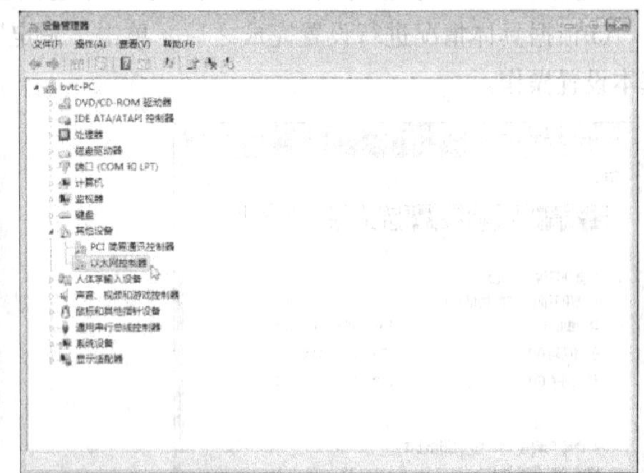

图 6-14 安装网卡及驱动

步骤二：设置及查看网络基本配置

1. 设置网络基本配置

① 从管理该网络的网络管理员处，了解该网络的各种信息和设置内容，如 IP、网关、子网

掩码和 DNS 等信息。

② 选择“开始”菜单“控制面板”组中的“查看网络状态和任务”命令，在打开的对话框中单击“本地连接”选项，如图 6-15 所示，打开“本地连接 状态”对话框。

③ 在打开的“本地连接 状态”对话框中，单击“属性”按钮，弹出“本地连接 属性”对话框中，可以看到连接网络所使用的网卡，如图 6-16 所示。

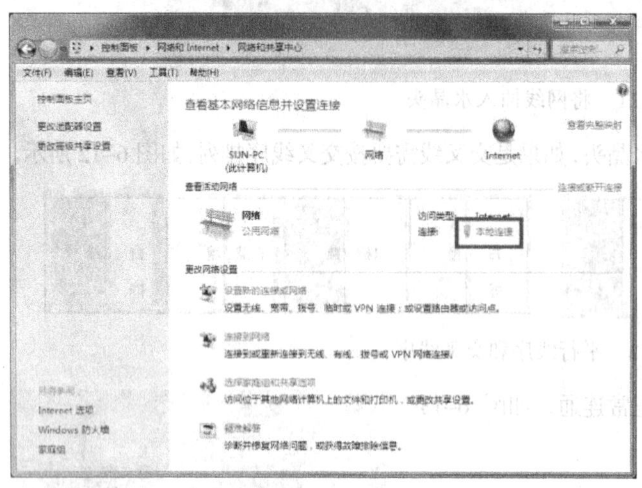

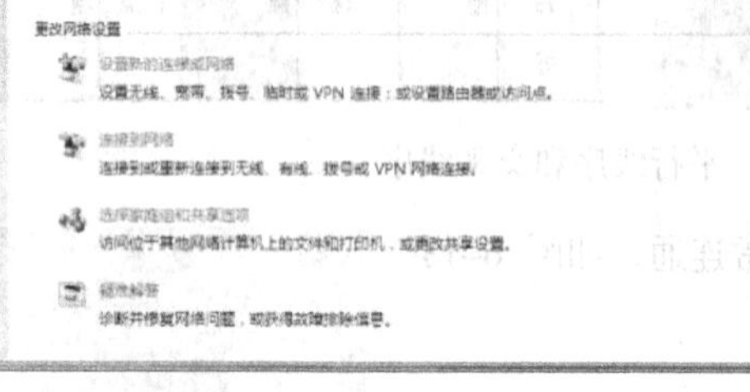

图 6-15 单击“本地连接”

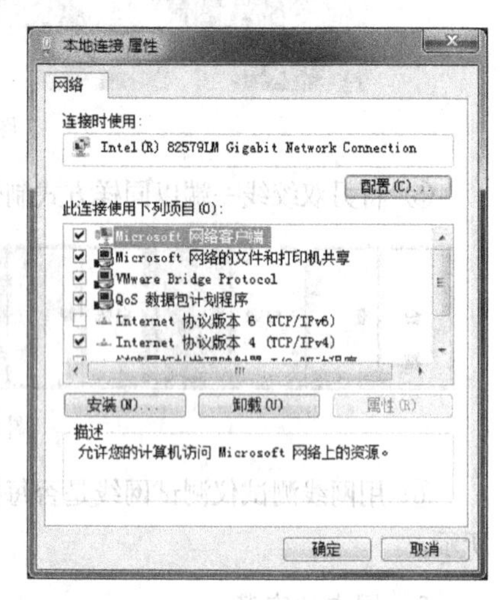

图 6-16 “本地连接 属性”对话框

④ 在“此连接使用下列项目”列表框中，找到“Internet 协议版本 4（TCP/IPv4）”选项并选中。单击“属性”按钮后，在弹出的“Internet 协议版本 4（TCP/IPv4）”对话框中选择“使用下面的 IP 地址”和“使用下面的 DNS 服务器地址”单选按钮，根据具体网络要求进行手动设置（设置参数由网络管理员提供），如图 6-17 所示。如果网络中有 DHCP 服务器，就可以选择“自动获得 IP 地址”和“自动获得 DNS 服务器地址”单选按钮，如图 6-18 所示。

⑤根据具体情况进行设置完成之后，单击“确定”按钮。至此，计算机就完成了网络连接的基本设置操作。

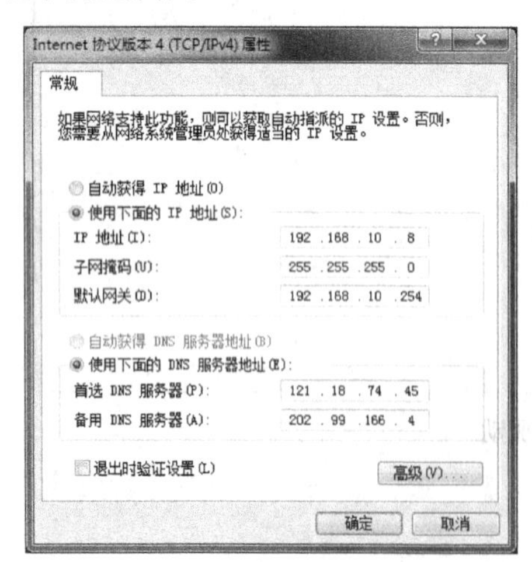

图 6-17 静态 IP 地址

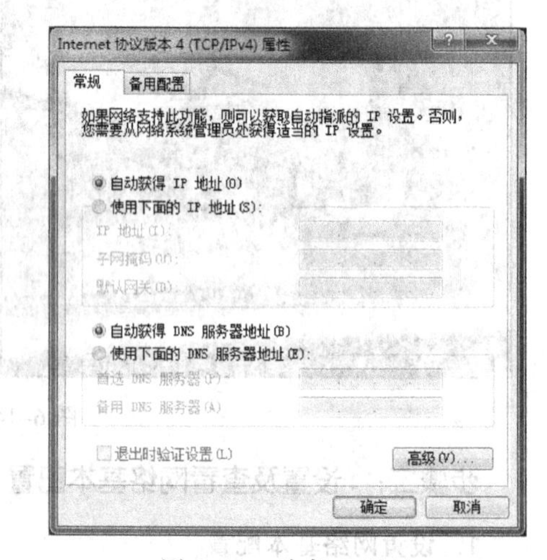

图 6-18 动态 IP 地址

2. 查看网络基本配置

如果要进行网络连接设置的查看，除了使用以上方法外，还可以通过命令行的方法进行查看。

① 选择“开始”命令在搜索栏中输入“cmd”并按【Enter】键，打开窗口如图 6-19 所示。

② 在光标位置输入“ipconfig”命令并按【Enter】键，就可以查看本机网卡的 IP 地址、子网掩码、网关和 DNS 服务器地址等信息，如图 6-20 所示。

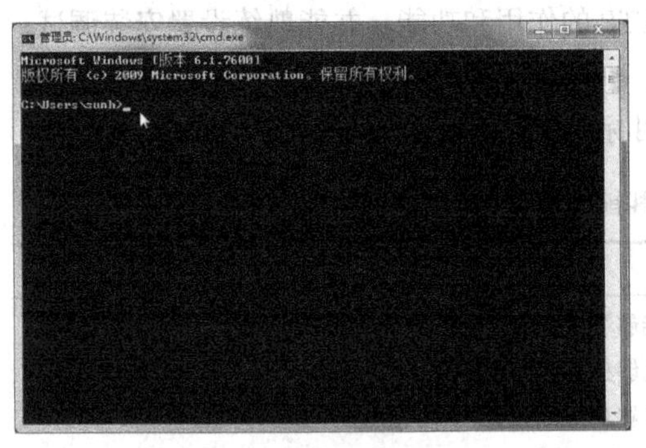

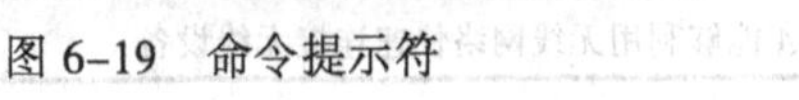

图 6-19 命令提示符

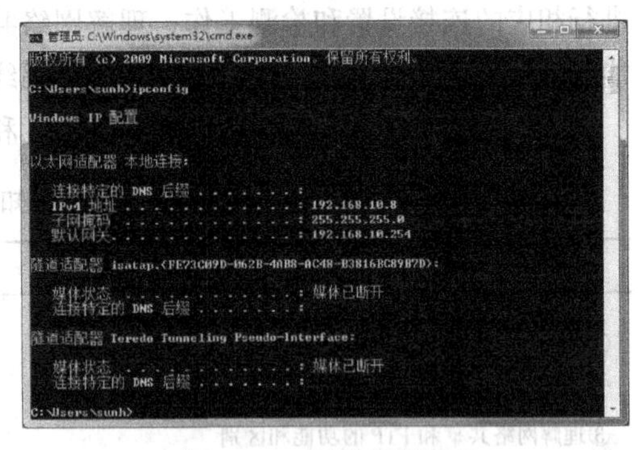

图 6-20 网络设置信息

③ 经查看如果网络信息不正确，使用上面的方法重新配置修改即可。

任务 2 组建办公和家庭环境局域网

任务描述

现代的大学生在今后的学习工作生活中一定会遇到一些组网问题，因此学习一些简单组网技术以及配置方法就显得尤为重要了。计算机网络用户的网络使用环境根据用户需求，情况和种类很多，但是我们接触最多、使用情况最普遍的主要有两种：一种为小型办公网络环境，另一种为家庭网络环境。这次任务的主要内容就是为大家讲授这两种环境的应用连接配置方法，以及在这两种网络环境下常用的服务和设置。

利用所学知识完成办公网络环境和家庭网络环境的连接配置，以及设置相应网络应用的操作。具体要求如下：

1. 办公室网络环境设置

① 网络环境搭建。

② 测试网络连接性。

③ 设置网络共享。

④ 连接共享文件夹或打印机。

⑤ 架设 FTP 服务器。

2. 家庭网络环境设置

① 添加网络拨号程序。

② 路由器的设置。

③ 无线设备连接路由器。

任务分析

在前面我们学习了计算机连接网络的方法，那么这次我们就需要学习小型办公环境和家庭环境中，网络设备的物理连接和设置方法，使用户能够根据具体情况，自己独立组建局域网络，并进行相应的连接设置和检测工作；理解网络共享和 FTP 的作用和功能，并能熟练设置安装调试；能够利用笔记本式计算机或手机正常连接无线网络。

通过完成本任务，应该达到的知识目标和能力目标如表 6-4 所示。

表 6-4　知识目标和能力目标

知 识 目 标	能 力 目 标
①了解计算机网络类型	①能够掌握网络设备的连接方法
②学习办公网络和家庭网络的连接配置方法	②能够独立完成简单网络的建立配置工作
③理解网络共享和 FTP 的功能和区别	③能够利用网络设置不同的共享方案
	④能够利用无线网络快速连接无线设备

一、虚拟拨号程序

所谓虚拟拨号，是指网络用户通过 ADSL 接入 Internet 时,需要输入用户名与密码（与原有的 MODEM 和 ISDN 接入相同），但 ADSL 连接的并不是具体的接入号码，而是所谓的虚拟专网 VPN 的 ADSL 接入的 IP 地址。

在 ADSL 的数字线上进行拨号，不同于模拟电话线上用调制解调器的拨号，而采用专门的协议 Point to Point Protocol over Ethernet（PPPoE 协议），拨号后直接由验证服务器进行检验，用户需输入用户名与密码，检验通过后就建立起一条高速并且是“虚拟”的用户数字专线，并分配相应的动态 IP 地址。虚拟拨号用户需要通过一个用户账号和密码来验证身份，这个用户账号是用户申请时自己选择的，并且这个账号是作了限制的，只能用于 ADSL 虚拟拨号，不能用于普通 MODEM 拨号。

二、网络共享技术

网络共享就是以计算机等终端设备为载体，借助互联网这个面向公众的社会性组织，进行信息交流和资源共享，并允许他人去共享自己的劳动果实。对于一般用户来说，接触最多的就是局域网内共享文件和共享打印机。

网络的共享文件夹设置，主要是为了方便进行网络文件的传输，实现用户通过网络就可以访问、修改和删除文件或文件夹的操作。共享打印机等外设，主要是为了提高外设的利用效率，减少不必要的资金投入。但是共享文件夹和打印机等操作在给我们带来便利的同时，也会带来一些负面因素。比如某些网络型病毒也会自动扫描网络，通过共享文件夹进行传播，如果扫描到打印机就会自动运行打印程序，长时间占用打印机，进行无关内容的打印操作，这样不但影响打印机的正常使用，还会导致耗材的损耗。所以如果要使用共享服务，就需要进行相应的网络安全设置，对单机和网络进行杀查病毒的操作。

三、FTP 服务器

一般来说，用户联网的首要目的就是实现信息共享，文件传输是信息共享非常重要的一项内容。早期通过 Internet 实现传输文件并不是一件容易的事，我们知道 Internet 是一个非常复杂的计算机环境，有 PC、工作站、MAC，还有大型机等设备，这些计算机可能运行不同的操作系统，有运行 UNIX 的服务器，也有运行 DOS、Windows 的 PC 和运行 MacOS 的苹果机等，而各种操作系统之间就产生了一个文件共享的问题。要解决这一问题就需要用户建立一个统一的文件传输协议，通过这一协议为不同用户之间进行文件共享提供一个相应的平台，而这一平台应用最多的就是 FTP 服务。基于不同的操作系统有不同的 FTP 应用程序，而所有这些应用程序都遵守同一种协议，这样用户就可以把自己的文件传送给别人，或者从其他的用户环境中获得文件。

与大多数 Internet 服务一样，FTP 也是一个客户机/服务器系统。用户通过一个支持 FTP 协议的客户机程序，连接到在远程主机上的 FTP 服务器程序。用户通过客户机程序向服务器程序发出命令，服务器程序执行用户所发出的命令，并将执行的结果返回到客户机。比如说，用户发出一条命令，要求服务器向用户传送某一个文件的一份拷贝，服务器会响应这条命令，将指定文件拷贝并送至用户的机器上。客户机程序代表用户接收到这个文件，将其存放在用户目录中。这样就实现了文件资源的共享。

任务实施

一、办公室网络环境设置

步骤一：网络环境搭建

1. 器件准备

安装好网卡和操作系统的计算机若干、交换机一台和网线若干（交叉线和平行线），如图 6-21 所示。

图 6-21 搭建网络环境所需设备材料

2. 交换机的连接

① 单一交换机结构：适合小型工作网络的组网要求。典型的单一交换机一般可以支持 2 ~ 24 台计算机联网，连接方式如图 6-22 所示。

② 多交换机级联结构：可以构成规模较大的以太网络。此结构可分为以下两种情况。

A.有级联端口的情况。有级联端口时，交换机的级联连接方式如图 6-23 所示。

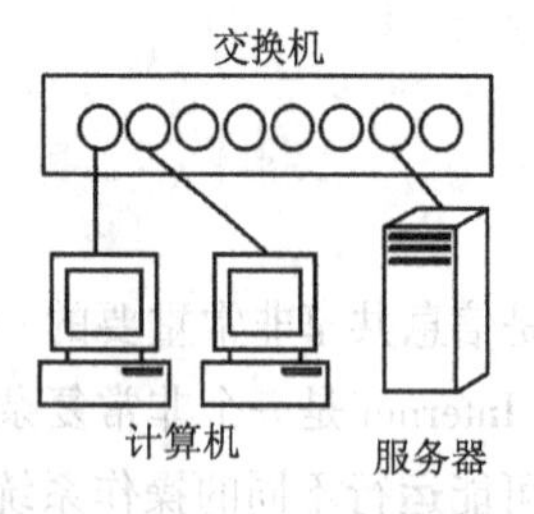

图 6-22 单一交换机结构局域网

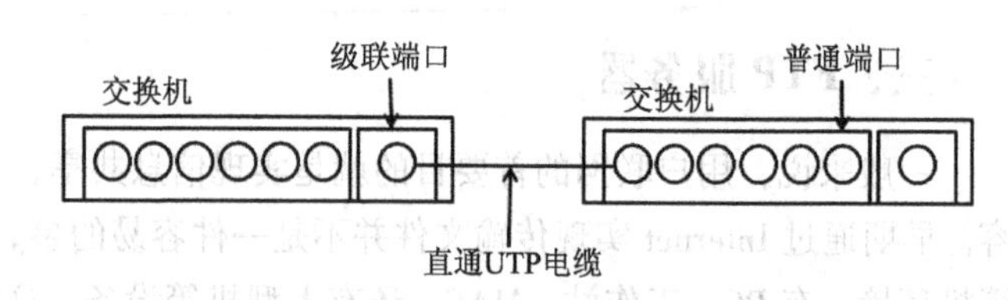

图 6-23 利用直通 UTP 连接有级联端口的交换机

B.无级联端口或级联端口占用的情况。如果采用这种方式进行连接，一定要将级联所使用的交叉 UTP 电缆做好记号，以免与计算机接入交换机的直通 UTP 混淆，连接方式如图 6-24 所示。

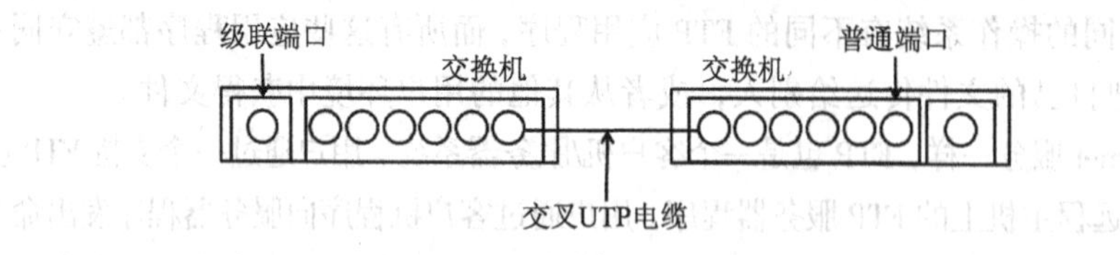

图 6-24 利用交叉 UTP 连接交换机

C.多交换机进行级联时，一般可以采用平行级联和树形级联两种方式。平行级联方式如图 6-23 或 6-24 所示，树形级联连接方式如图 6-25 所示。

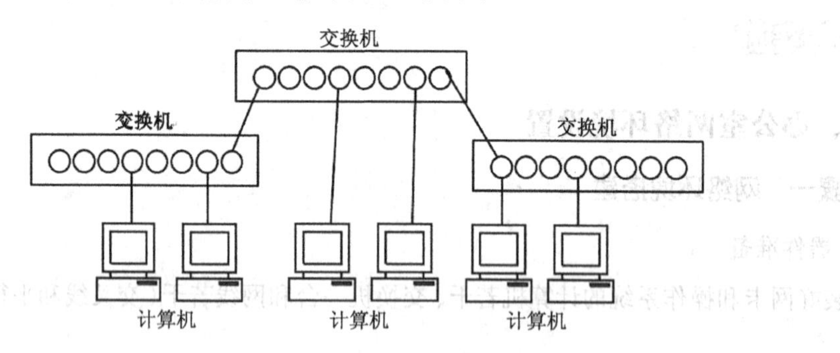

图 6-25 树形结构的多交换机级联

3. 组建小型局域网络

① 安装网卡及其驱动程序（可参照以前学习内容）。

② 连接网线，将网线一头插入到交换机的 RJ-45 插槽中，一头插在网卡接头处，按此方法将多台计算机同交换机连接，如图 6-26 所示。

图 6-26 网线接入交换机和计算机

③ 安装必要的网络协议（TCP/IP），并将计算机设置不同的 IP 和机器名。

4．完成小型局域网络的组建

通过以上三步就组建好了一个典型的办公用局域网络，如图 6-27 所示。如果计算机数量大于交换机端口数量，还可以通过级联多台交换机以增加允许连接计算机的数量。

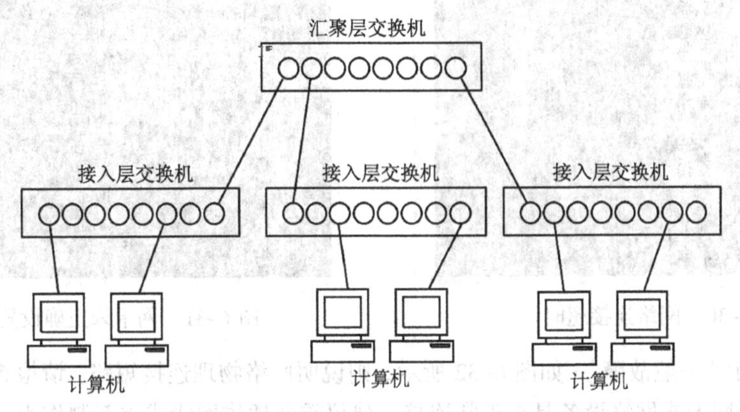

图 6-27　交换式局域网组建参照图

提示：局域网交换机数量是不可以无限增加的，机器数量由使用的 IP 地址段内地址数量所决定，不会超过 253 台。如果的确需要增加更多机器，可以利用 VLAN 技术划分多个网段，并利用路由器路由连接即可。

步骤二：测试网络连接性

如果需要测试网络是否正确连接，可以使用“ping”命令来进行测试。

① 选择“开始”命令，在搜索栏中输入“cmd”并按【Enter】键，如图 6-28 所示，在弹出的窗口光标位置输入“ping　192.168.10.254”（ping 后有一个空格，192.168.10.254 为网关 IP 地址，用户根据自己网络具体情况，要更改为自己网络的网关地址，在此都以 192.168.10.254 为例），如果显示“来自 192.168.10.254 的回复：字节=32 时间=1ms TTL=64”，那么说明网络连接正常，如图 6-29 所示。如果显示“来自 192.168.100.54 的回复：TTL 传输中过期”，如图 6-30 所示，则说明网络设置不正确，网络不能正常连接。

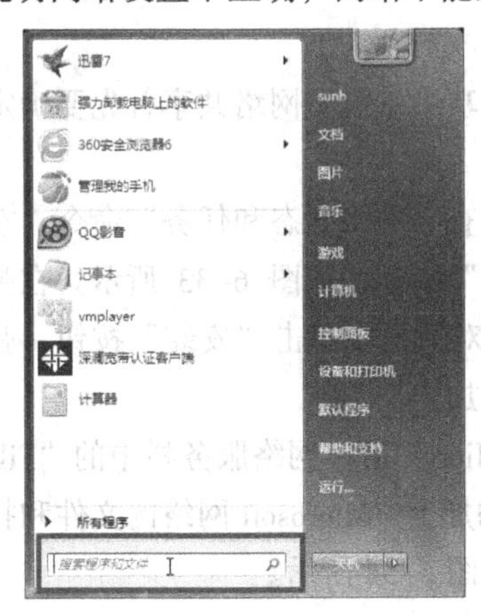

图 6-28　输入“cmd”命令

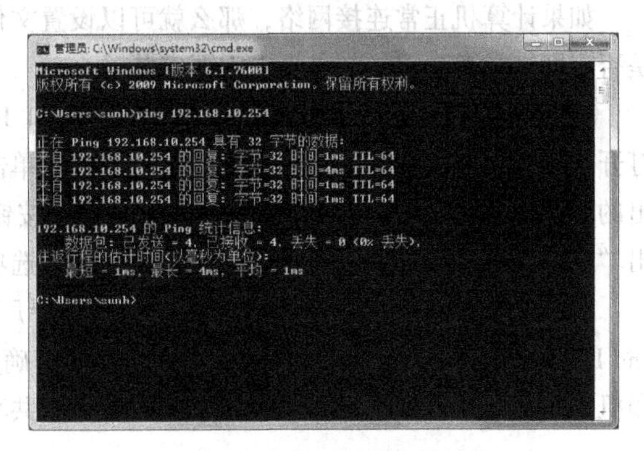

图 6-29　网络连接正常

② 如果显示“PING: 传输失败。General failure”，如图 6-31 所示，那么说明网卡没有正确连接，主机不能正常调用网络设备。建议关机重新插拔网卡，如果是集成网卡，建议更换独立网卡。

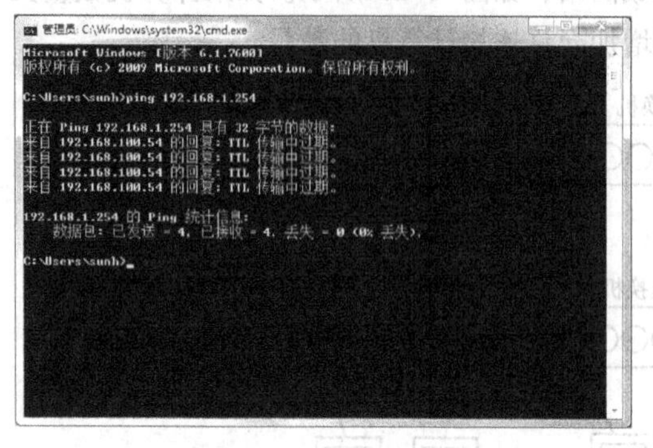

图 6-30　网络连接超时

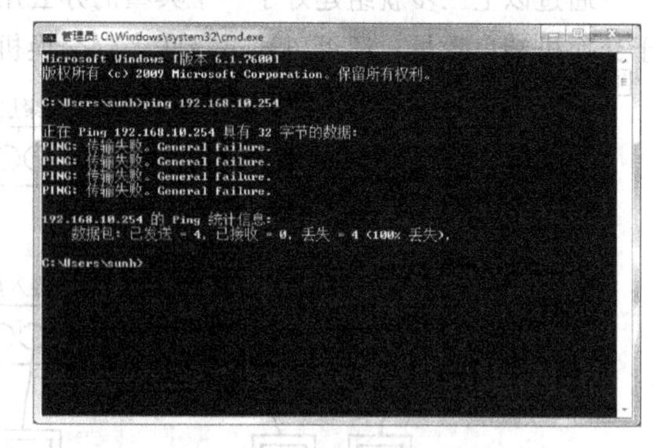

图 6-31　网卡未正确设置或安装

③ 如果显示“一般故障”，如图 6-32 所示，则说明网络物理连接短路。请检查网线水晶头是否正常，网线同网卡或网络设备是否正常连接，建议重新插拔网线或重新制作水晶头。

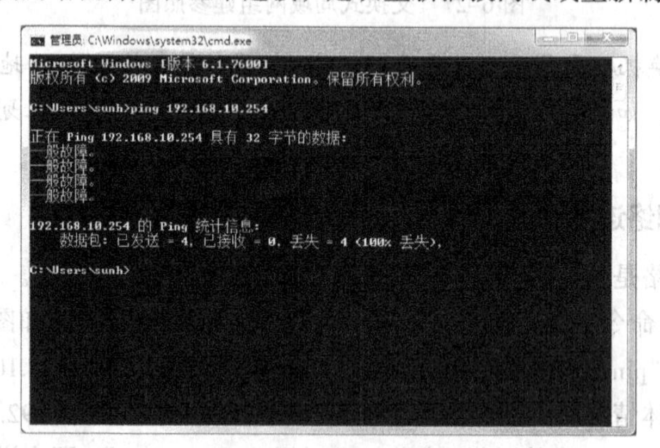

图 6-32　物理网络中断

步骤三：设置网络共享

1. 添加网络共享组件

如果计算机正常连接网络，那么就可以设置文件及打印机共享了。设置网络共享首先要确定是否有网络共享协议，如果没有需要安装。

① 选择“开始”→“控制面板”→“网络和 Internet”→“查看网络状态和任务”命令，在打开的“查看基本网络信息并设置连接”窗口中单击“本地连接”图标，如图 6-33 所示。在弹出的“本地连接 状态”对话框中单击“属性”按钮，在弹出的对话框中单击“安装”按钮，弹出“选择网络功能类型”对话框，选择“服务”选项，单击“添加”按钮。

② 在弹出的“选择网络服务”对话框中选择厂商栏中的“Microsoft”、网络服务栏中的“File and Printer Sharing for Microsoft Networks”，单击“确定”按钮。添加上“Microsoft 网络的文件和打印机共享”服务，这样就可以进行文件及打印机共享设置了，如图 6-34 所示。

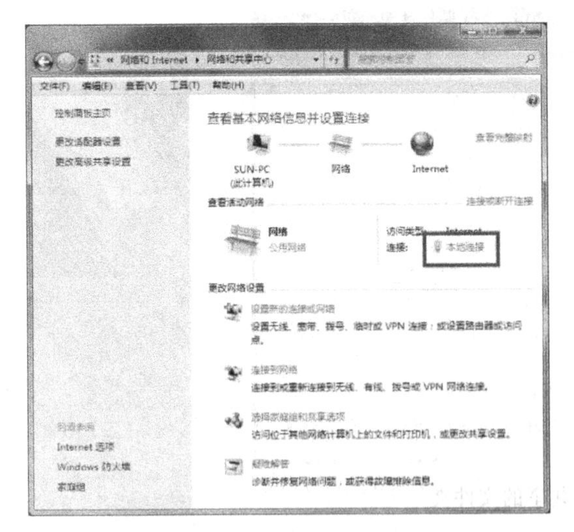

图 6-33 查看基本网络信息

图 6-34 添加网络文件共享

2. 文件夹共享

① 开启临时用户。选择“开始”→“控制面板”→“用户账户和家庭安全”→“用户账户”→“管理其他账户”→“Guest”命令，在弹出的“您想启用来宾账户吗”对话框中，单击“启用”按钮。

② 设置共享文件夹是否启用密码保护。选择“开始”→“控制面板”→“选择家庭组和共享选项”命令，如图 6-35 所示。在弹出的“与运行 Windows 7 的其他家庭计算机共享”窗口中，选择“更改高级共享设置”命令。在弹出的“针对不同的网络配置文件更改共享选项”窗口中，找到“公用（当前配置文件）”下的“密码保护的共享”选项，如果需要设置共享密码，则选择“启用密码保护共享”，否则选“关闭密码保护共享”，如图 6-36 所示。

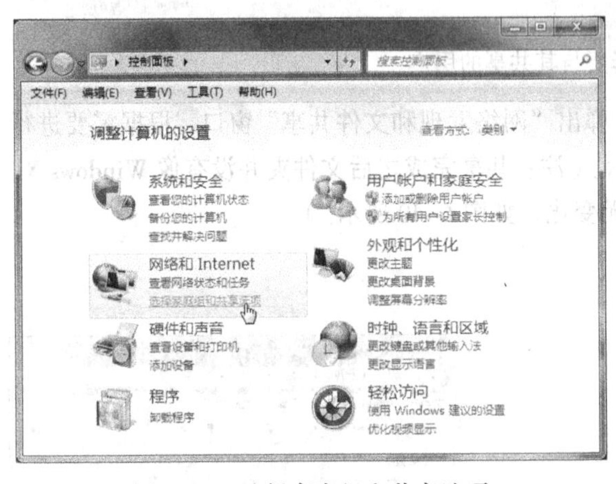

图 6-35 选择家庭组和共享选项

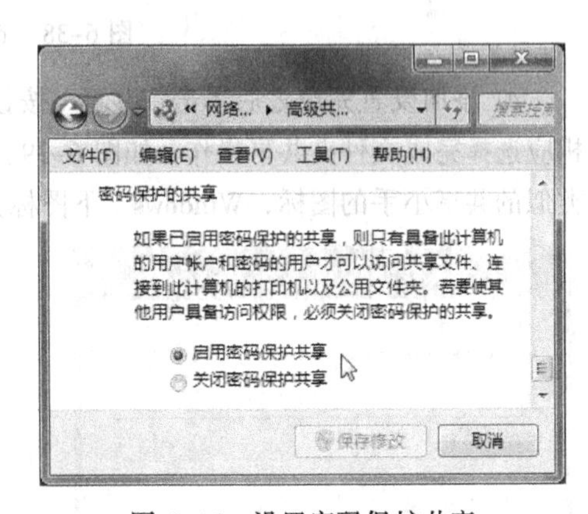

图 6-36 设置密码保护共享

③ 确定所需共享文件夹的位置，然后右击该文件夹，在弹出的快捷菜单中选择“共享”→“特定用户”命令，如图 6-37 所示。在弹出的“选择要与其共享的用户”窗口中，通过下拉菜单选择“Guest”用户（如果选择其他用户，在连接共享时就需要输入相应的用户名称），单击“添加”按钮，添加后根据需要设置“Guest”用户权限，如图 6-38 所示。

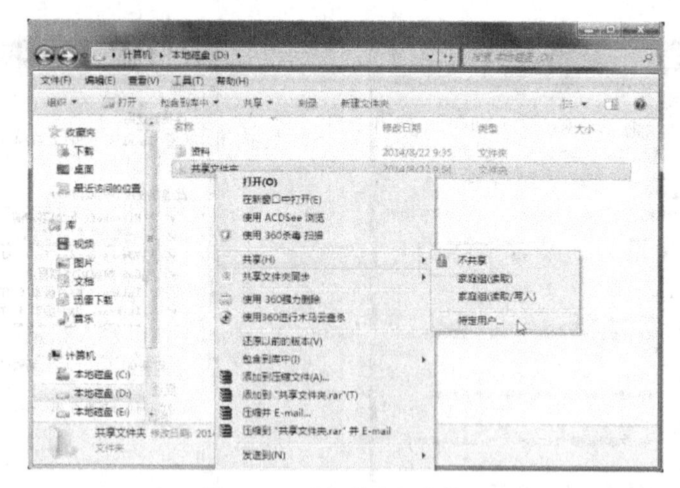

图 6-37　选择共享的文件夹

提示：家庭组包括所有属于该组的用户，这些用户有只读和读写两种权限，用户也可以根据自己实际需求进行选择

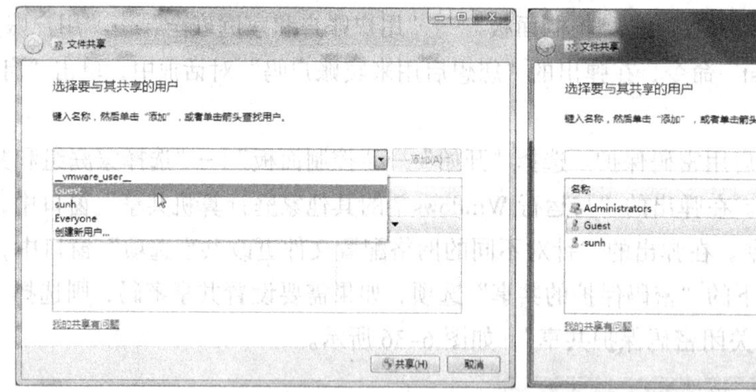

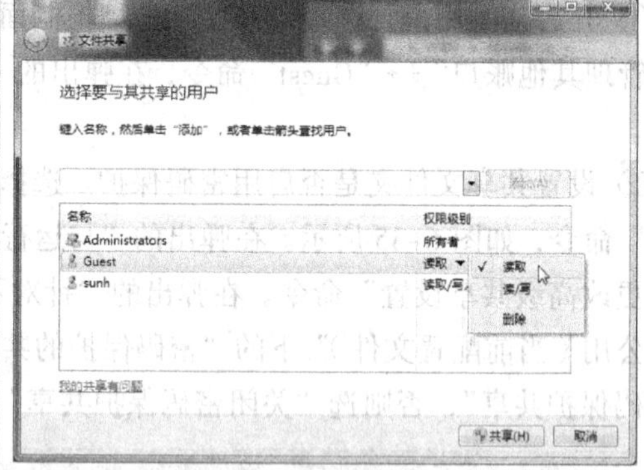

图 6-38　选择要与其共享的用户

④ 添加设置完成之后单击“共享”按钮，弹出“网络发现和文件共享”窗口，根据需要进行相应选择完成文件夹共享操作，如图 6-39 所示。（注：共享完成之后文件夹并没有像 Windows XP 类似的共享小手的图标，Windows 7 下图标并无变化，如图 6-40 所示。）

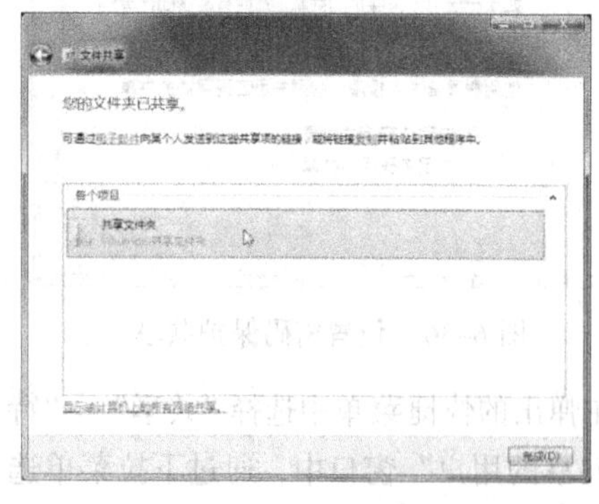

图 6-39　完成共享

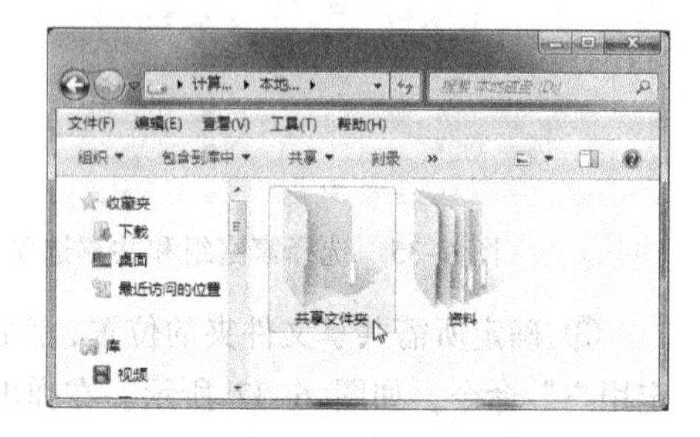

图 6-40　共享文件夹

3. 打印机共享

选择“开始”→“设备和打印机”命令，在打开的“打印机和传真”窗口中右击所需共享的打印机图标，在弹出的快捷菜单中选择“打印机属性”命令，如图 6-41 所示。在弹出的打印机属性对话框中选择“共享”选项卡，勾选“共享这台打印机”复选框，共享名称可以任意设置，单击“确定”按钮，如图 6-42 所示，打印机共享完成。

图 6-41 选择共享打印机

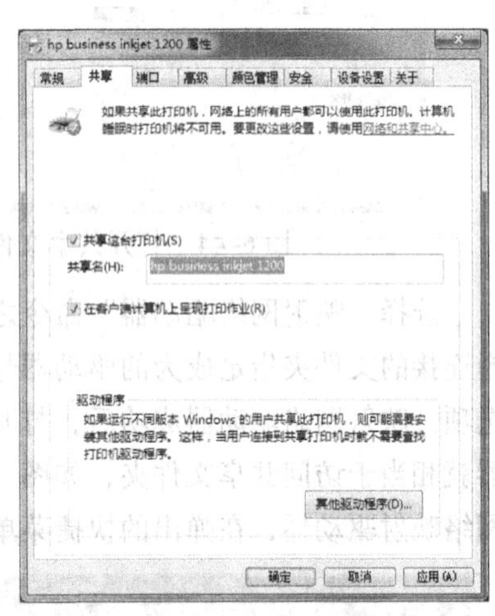

图 6-42 共享打印机

步骤四：连接共享文件夹或打印机

如果要连接共享文件夹或打印机，可以在“开始”菜单的搜索栏中输入“\\IP 地址（共享文件夹或打印机的 IP 地址）”并按【Enter】键，在弹出的窗口中就可以看到共享的文件夹和打印机，如图 6-43 所示，如果需要连接文件夹，直接双击打开即可，如图 6-44 所示。但是将该窗口关闭后再次打开共享文件夹，就还需要再次选择“开始”命令，在搜索栏中输入“\\IP”重新连接。这样比较烦琐，如果长期连接共享文件夹，也可以右击共享文件夹，在弹出的快捷菜单中选择“映射网络驱动器”命令来连接，如图 6-45 所示。

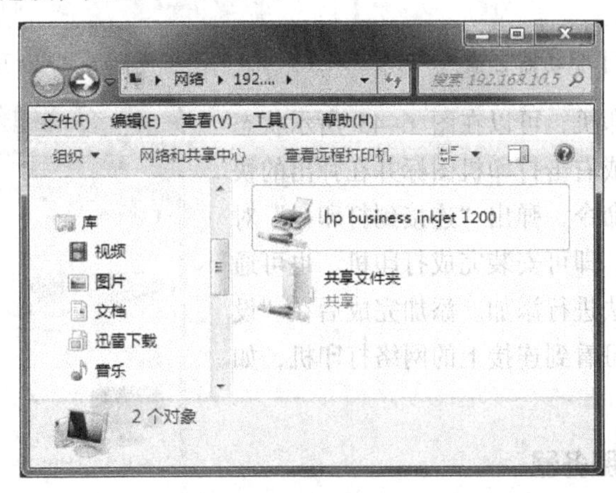

图 6-43 网络上的共享文件夹及打印机

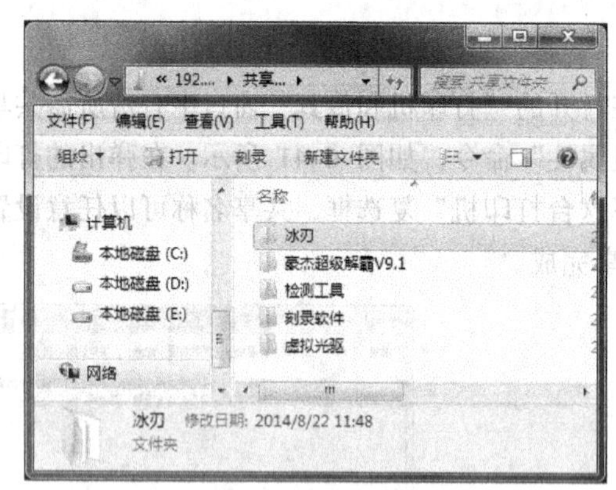

图 6-44　打开共享文件夹

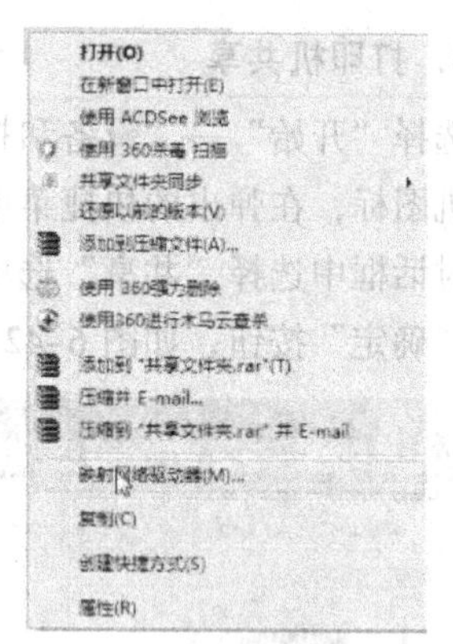

图 6-45　映射网络驱动器

选择“映射网络驱动器”命令之后，弹出“映射网络驱动器”对话框，在“驱动器”一栏选择连接的文件夹指定成为的驱动器号，可以任意设置，还可以根据需要选择“登录时重新连接”选项。映射网络驱动器成功后，打开“计算机”窗口，就会发现增加了一个驱动器，访问该驱动器就相当于访问共享文件夹，如图 6-46 所示。如果不再使用网络映射驱动器，可以直接右击该网络映射驱动器，在弹出的快捷菜单中选择“断开”命令，如图 6-47 所示。

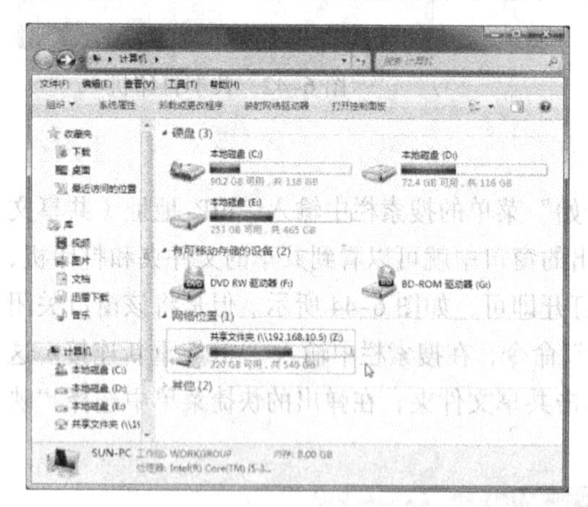

图 6-46　增加了驱动器 Z 盘

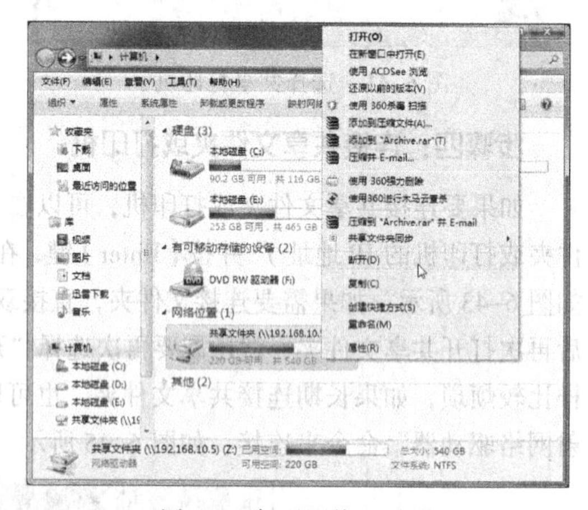

图 6-47 断开网络驱动器

如果要连接网络打印机，可以在图 6-43 所示状态下，双击打印机图标，或右击打印机图标并在弹出的快捷菜单中选择“连接”命令，弹出“连接到打印机”对话框，单击“是”按钮，即可安装完成打印机。也可通过添加网络打印机的方法进行添加。添加完成后在“设备和打印机”窗口中即可看到连接上的网络打印机，如图 6-48 所示。

图 6-48　查看连接网络打印机

步骤五：架设 FTP 服务器

在此我们以 Ser-U 软件为例，讲述搭建 FTP 服务器的方法。

提示：课堂教学中使用 Ser-U 软件搭建 FTP 服务器，能够灵活发布课程教学资料、布置作业、收交作业，起到很好地辅助教学作用。

首先正确安装 Ser-U 软件（并注册），然后打开软件，如图 6-49 所示。在主界面单击“开始服务器”按钮，开始运行 FTP 服务器。

新搭建的 FTP 服务器虽然运行了，但是还不能提供服务，还需要新建域和新建用户操作。

1. 新建域

① 在运行的服务器主界面单击左面域按钮 域，然后右击右面空白区域，在弹出的快捷菜单中选择“新建域”命令，如图 6-50 所示。在弹出的“域 IP 地址”对话框中输入本机 IP，或者通过下拉菜单进行选择，单击“下一步”按钮。

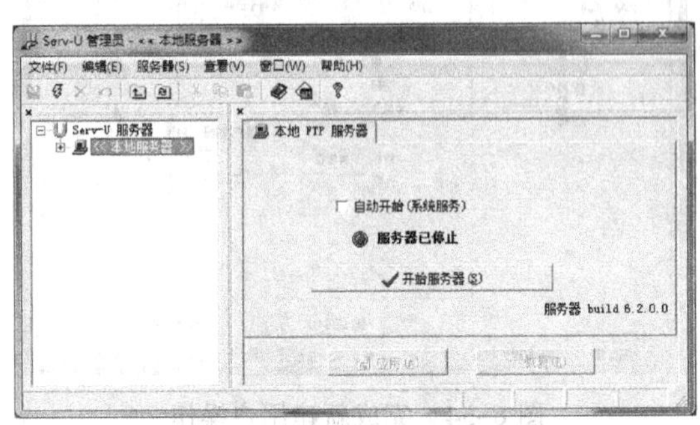

图 6-49　Ser-U 主界面

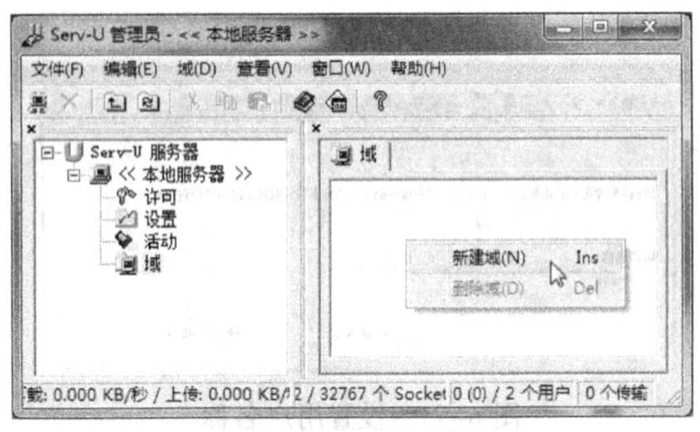

图 6-50　新建域

② 在弹出的对话框中输入访问 FTP 的域名（域名可以任意设置），单击“下一步”按钮。

③ 弹出新建域端口号设置对话框，默认端口为 21。只要不与其他服务端口冲突，我们就可以任意更改，但是更改端口号后，登录该 FTP 时在 FTP 地址后需要加注端口号，否则会按照默认端口 21 进行连接，从而会出现连接错误提示。

④ 设置完端口号后单击“下一步”按钮，根据需要设置“域类型”，然后单击“下一步”按钮，完成新建域操作，完成后如图 6-51 所示。

2. 新建用户

对 FTP 的操作是基于用户的操作，所以新建域后，还要在域中新建用户。

① 选中新建域下面的用户按钮 用户，然后右击右面空白区域，在弹出的菜单中选择“新建用户”命令，如图 6-52 所示。

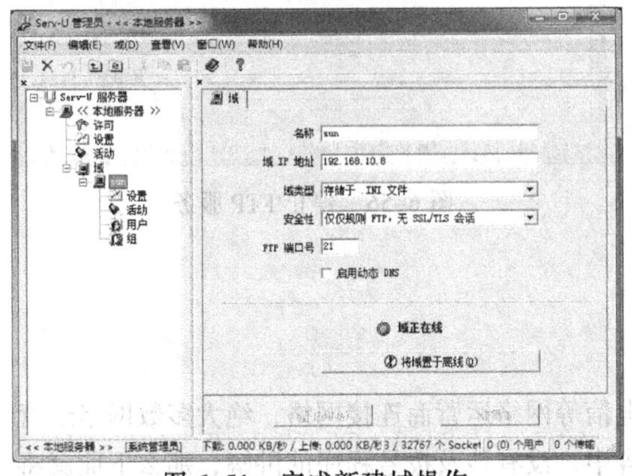

图 6-51　完成新建域操作

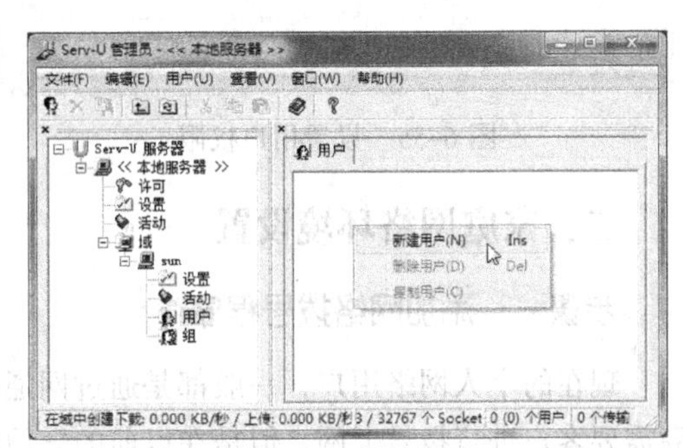

图 6-52　新建用户

② 在弹出的新建用户对话框中首先设置用户名称，用户名称可以任意设置，如果想要匿名登录，用户名称应设置为“anonymous”，如图 6-53 所示，单击“下一步”按钮。设置用户访问目录（即为 FTP 主目录），单击“下一步”按钮。最后会提示用户是否锁定目录，如果不锁定目录，用户可以通过主目录继续向上访问，直到磁盘根目录，这样会对系统安全性带来非常大的隐患，所以建议选择“是”，单击“完成”按钮，新建用户操作结束，如图 6-54 所示，此时其他用户就可以通过网络访问 FTP 服务器上面的资源了。

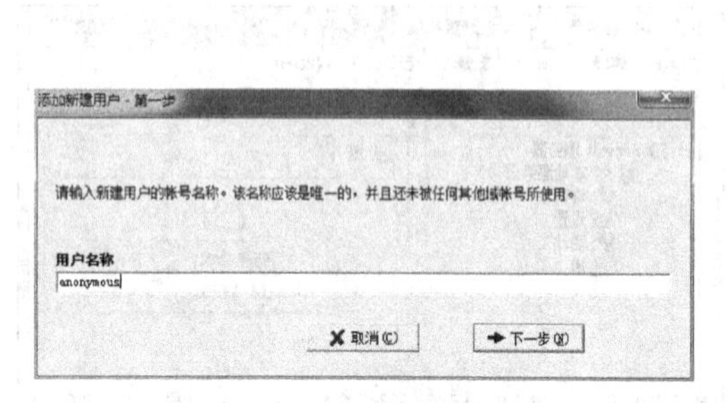

图 6-53　设置用户名称

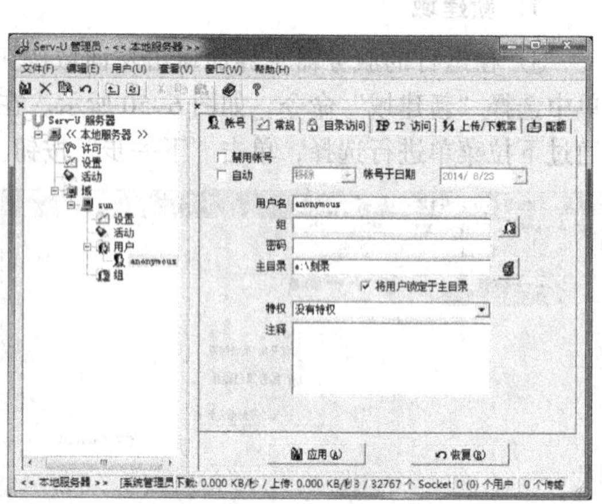

图 6-54　完成新建用户操作

新建用户只有浏览、下载权限，如果想要上传数据，就需要增加用户权限。用户可以选中 FTP 用户名后，通过右侧的“目录访问”选项卡，进行权限设置，根据具体情况设置完成后单击“应用”按钮即可生效，如图 6-55 所示。

如果想要停止 FTP 服务，可以回到 Ser-U 主界面，单击“停止服务器”即可，如图 6-56 所示。

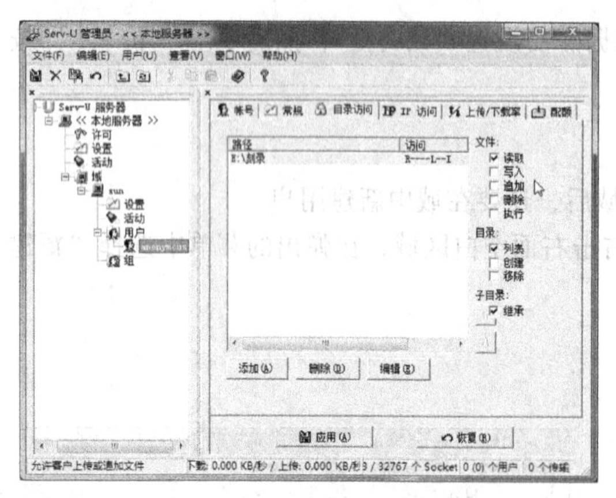

图 6-55　设置用户权限

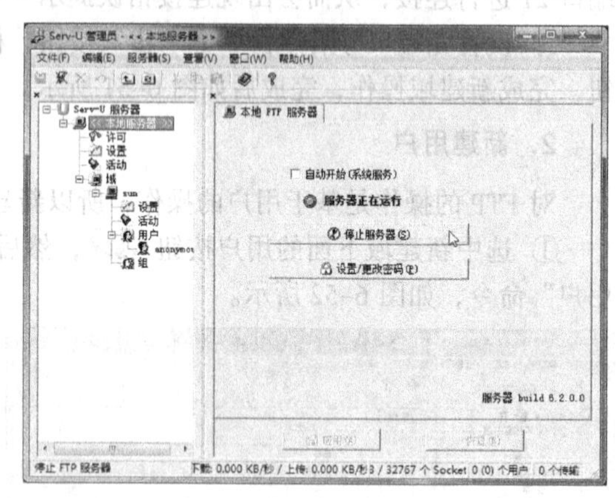

图 6-56　停止 FTP 服务

二、家庭网络环境设置

步骤一：添加网络拨号程序

现在的个人网络用户，一般都是通过网通或电信等网络运营商连接网络，绝大多数网络运营商需要客户进行拨号上网，但是在以前的学习内容中，没有涉及拨号程序的讲解，那么下面就将介绍网络拨号程序的设置操作。

① 选择“开始”→“控制面板”→“查看网络状态和任务”命令，在打开的“查看基本网络信息并设置连接”窗口中单击“设置新的连接或网络”按钮。

② 在弹出的“设置连接或网络”对话框中，选择“连接到 Internet”，单击“下一步”按钮。

③ 在“连接到 Internet”对话框中，单击“仍要设置新连接”进入“您想如何连接”对话框，并点击“宽带（PPPoE）”。

④ 进入“键入您的 Internet 服务提供商（ISP）提供的信息”对话框，需要输入网络供应商提供的拨号用账户名和密码，当然在此也可以不进行输入，在拨号时还会提示，到时再输入也可以。在连接名称处可随意输入宽带连接名称，之后单击“连接”按钮即可。

⑤ 设置完成后计算机会自动进行拨号连接，如果之前没有输入用户名密码，可以单击“跳过”按钮，跳过该操作。

⑥ 设置完成之后可以通过，选择“开始”→“控制面板”→“查看网络状态和任务”命令，在打开的“查看基本网络信息并设置连接”窗口中单击“更改适配器设置”按钮。

⑦ 在弹出的网络连接窗口即可看见新建的“宽带连接”快捷方式，如图 6-57 所示。为方便起见，也可以将其拖动到桌面生成快捷方式，如图 6-58 所示。

⑧ 双击拨号程序图标，弹出图 6-59 所示对话框，输入用户名和密码，单击“连接”按钮即可。到此计算机就能够正常连接网络了。

图 6-57 查看宽带拨号程序

图 6-58 拨号程序图标

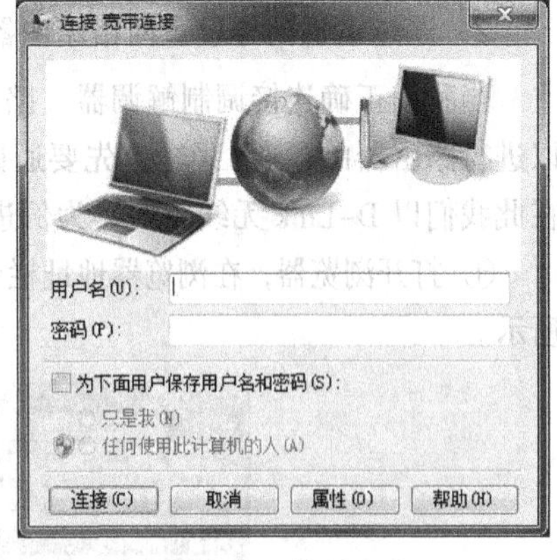

图 6-59 拨号程序

步骤二：路由器的设置

现如今，个人网络用户一般都会有多个网络设备，但是网络供应商对每个账户仅仅提供一个网络接口。解决这一问题的方法就是利用网络路由器来路由上网。

1. 正确连接调制解调器、路由器和计算机

想要正确连接各种设备，首先要认识调制解调器和路由器这两个设备。调制解调器主要由三个接口（宽带接口即电话线接口、网线接口和电源接口）、一个开关和一个重启按键所组成，如图 6-60 所示。路由器一般只有两类接口（即网线接口和电源接口）和一个重启按键所组成，如图 6-61 所示。网线接口又分为 WAN（广域网）和 LAN（局域网）两种。

图 6-60　调制解调器

图 6-61　D-Link 路由器

家庭 ADSL 网络一定会有调制解调器和计算机，如果只有调制解调器，那么只需将网络供应商提供的网络接口连接到调制解调器的 ADSL 接口上，调制解调器的网络接口直接连接到计算机网卡上，然后设备接通电源，计算机即可连接网络。但是如果要连接路由器，就需要将路由器放到调制解调器和计算机之间，即调制解调器的网络接头连接到路由器的 WAN 接口，然后通过任意的 LAN 接口连接计算机即可，如图 6-62 所示。

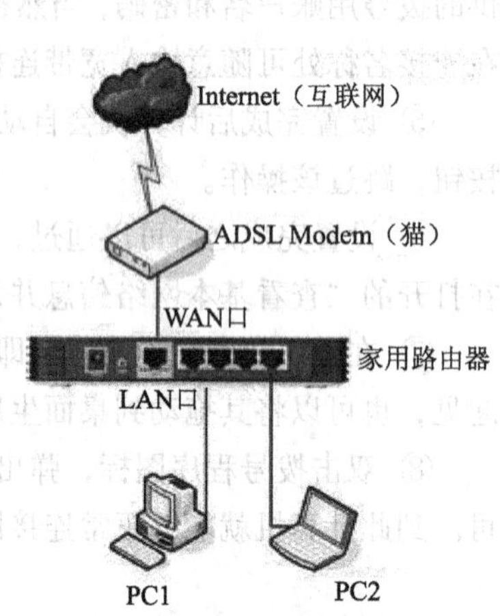

图 6-62　网络设备连接示意图

提示：路由器的所有 LAN 接口的作用地位都是相同的，有多少个 LAN 接口，就最多能够连接多少个有线的网络设备。

2. 通过设置向导设置网络路由器

当我们正确连接调制解调器、路由器和计算机之后，就可以进行路由器的配置工作，首先要通读路由器说明书确定路由器登录地址、用户名和密码等信息。在此我们以 D-Link 无线路由器为例进行讲解。

① 打开浏览器，在浏览器地址栏中输入路由器的管理地址，打开路由器管理主界面，如图 6-63 所示。

图 6-63　路由器管理主界面

② 在打开的 D-Link 路由器主界面中，单击“设置向导”按钮，出现输入账户信息对话框，如图 6-64 所示。输入相应的用户名密码，单击“确定”按钮出现设置向导主界面，主界面介绍了路由器设置步骤和相应的作用等，如图 6-65 所示，单击“下一步”按钮。

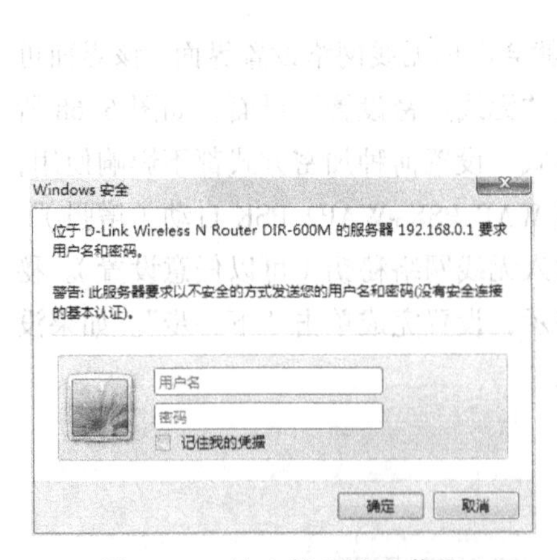

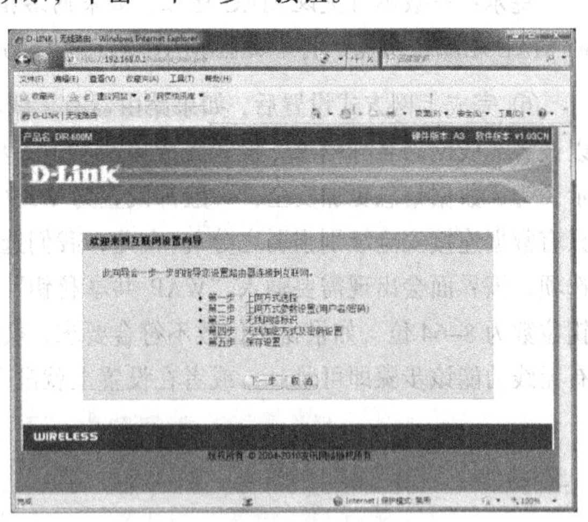

图 6-64 输入管理账户信息

图 6-65 设置向导主界面

③ 如果是家庭 ADSL 用户，在上网方式选择界面，选择“宽带拨号”选项，并单击“下一步”按钮进行上网方式的设置，如图 6-66 所示。在用户名和密码处，输入网络供应商提供的网络用户名和密码，服务名和服务器名如果知道可以设置，如果不知道也可以不用设置，这两项不影响网络连接。如图 6-67 所示。

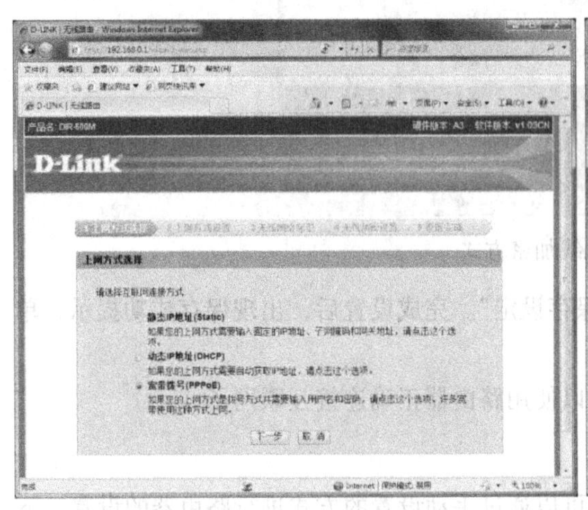

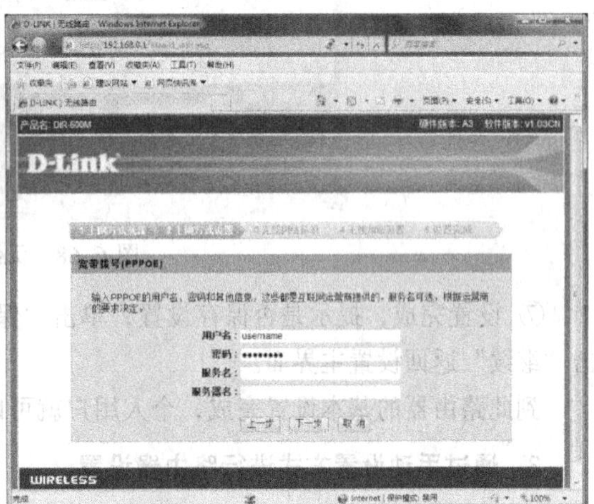

图 6-66 上网方式选择

图 6-67 设置拨号账户信息

④ 如果用户上网方式为静态 IP 地址，那么在图 6-66 处，选择“静态 IP 地址”选项，并单击“下一步”进行上网方式的设置。在上网方式设置界面，设置 IP 地址、子网掩码、网关地址和 DNS 地址等信息，完成后单击“下一步”即可。

提示： 静态 IP 信息由网络提供商提供。

⑤ 如果用户上网方式为动态 IP 地址，那么在图 6-66 处，选择“动态 IP 地址”选项，并单

击“下一步”进行上网方式的设置。在上网方式设置界面，可以设置主机名称和 MAC 地址等信息，完成后单击“下一步”即可。

提示：一般不用更改 MAC 地址，如果网络指定连接 MAC 地址信息，可以使用“克隆 PC 机的 MAC 地址”功能，将路由器 MAC 地址克隆为制定 PC 地址即可。

⑥ 完成上网方式设置后，如果路由器有无线功能，那就会出现无线网络设置界面。该界面可以设置无线网络名称信息，设置完成单击“下一步”，进入“无线加密设置”界面，如图 6-68 所示。为了数据信息更加安全，一般都设置为 WAP 类加密方式（设置何种加密方式都不影响使用，只有数据连接安全级别强弱之分）。在此，我们选择“激活 WAP PSK+WAP2 PSK 自动（增强）”选项，该界面会出现需要输入“WAP 共享秘钥”提示，输入无线网络秘钥（可以任意设置）。秘钥位数为 8-64 位，如果秘钥位数不符合要求，会有相应提示，设置完成单击“下一步”。如果没有无线功能该步骤即可跳过，或者在设置上就没有该步骤。

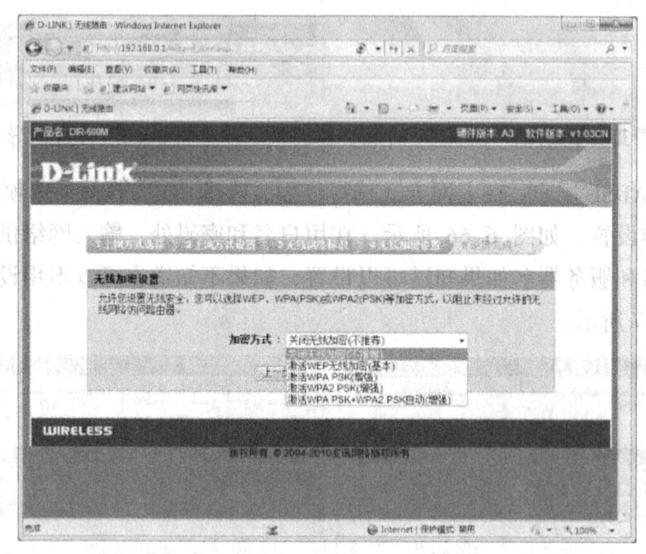

图 6-68 无线加密方式

⑦ 设置完成，提示是否保存设置，单击“保存设定”。完成设置后，出现保存成功提示，单击“继续”返回设置主界面。

到此路由器的基本设置完成，个人用户就可以使用路由器正确连接互联网了。

3. 通过手动设置方式进行路由器设置

除了使用设置向导来设置路由器参数外，还可以通过手动设置的方式进行路由器的设置。下面就简单介绍一下手动设置方式。

① 在路由器管理主界面，图 6-63 所示，选择“手动设置”，进入手动设置主界面，如图 6-69 所示。在该界面可以根据实际情况设置“互联网连接类型”，例如设置为“静态 IP”，然后输入相关地址信息，单击保存设置即可，如图 6-70 所示。

② 如果要进行无线设置，可以选择左边“无线设置”选项卡，进行无线加密模式设置、无线加密密码设置等操作。

③ 在完成无线参数设置后，再选择网络左边“网络设置”选项卡，对路由器 IP 地址、子网掩码和 DHCP 服务进行设置。最后单击“保存设定”即可。

图 6-69　手动设置主界面

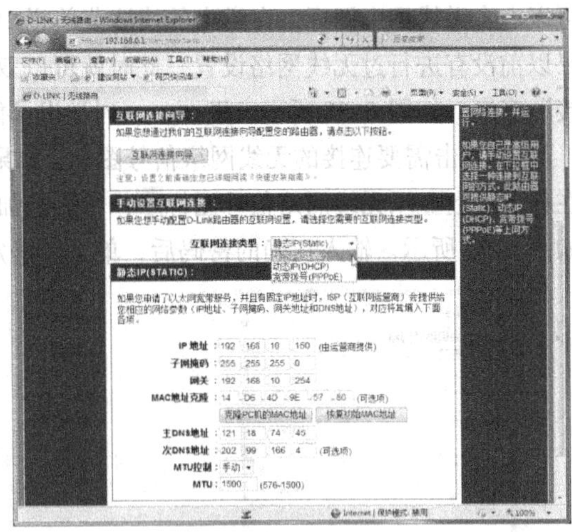

图 6-70　设置互联类型

设置完成保存并重新启动路由器，手动设置方法完成，计算机可以通过路由连接互联网了。

提示：一般默认设置就可以使用，如果有特殊需要再进行详细更改设置。

4．路由器的一些高级参数

现在的家庭路由器功能都十分的强大，可以进行“端口映射”“访问控制”“防火墙设置”等各种操作，在此我们就不再一一介绍各种功能，仅仅简单介绍一下各种功能的位置，首先打开手动设置主界面，如图 6-69 所示。

① 选择上方“高级”选项卡，在“高级”选项卡中，有“端口转发”“特殊应用程序”“访问控制”“家长控制”“无线高级设置”等功能选项。这些选项主要是一些路由器的扩展功能设置。

② 选择上方“工具”选项卡，在“工具”选项卡中，有“管理员设置”“时间设置”“软件更新”等功能选项。这些功能选项主要是对路由器自身的参数设置。

③ 选择上方“状态”选项卡，在“状态”选项卡中，可以查看路由器当前的工作状态和相关网络参数，也可以通过“状态”选项卡，了解路由器工作是否正常。

④ 选择上方“帮助”选项卡，在“帮助”选项卡中，可以查看路由器设置配置说明，以及各种相关帮助文档。从而使我们更好地了解该款路由器的各种参数设置方法。

步骤三：无线设备连接路由器

现如今自带无线网卡的设备越来越多，越来越普遍，所以通过无线网络进行网络连接，也是人们经常的操作。通过上面的讲述我们掌握了无线路由器的配置方法，下面简单介绍一下其他设备通过无线路由器连接的方法和步骤。

1．笔记本式计算机通过无线网卡连接

在进行无线网络连接之前首先要确定打开笔记本式计算机的无线网卡开关，并且将无线网卡 IP 和 DNS 设置为自动获取状态。

① 选择"开始"→"控制面板"→"查看网络状态和任务"→"更改适配器设置"命令。

② 在打开的"网络连接"窗口中，找到无线网卡图标，如果以前设置过无线网络，此时就可以右击无线网卡图标，在弹出的快捷菜单栏中选择"连接/断开"按钮，进行连接操作即可。如果以前没有进行过无线网络设置，此时就可以双击无线网卡图标，屏幕右下角弹出"无线网络连接"窗口，如图6-71所示，里面一一列举出了能够连接的所有无线网络信号。

③ 双击需要连接的无线网络信号图标，如果该无线网络是未加密信号，则可以直接连接，并在任务栏上显示无线网络信号图标；如果是加密信号，则弹出"键入网络安全密钥"对话框，如图6-72所示。输入正确的密码后，单击"确定"按钮，开始连接无线网络。

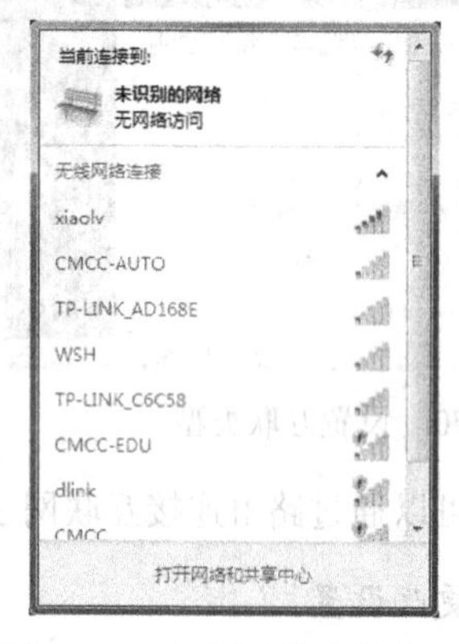

图6-71 无线网络连接窗口

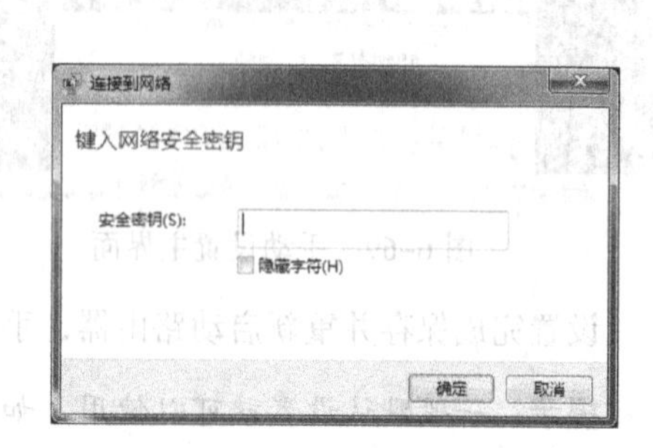

图6-72 输入密码

④ 无线网络连接成功后，可以通过打开浏览器浏览网页的方法，来验证网络是否正确连接，如图6-73所示。

⑤ 如果不需要无线网络，可以单击右下角的无线网络图标，打开"无线网络连接"对话框，右击已经选中的无线网络连接，在弹出的快捷菜单栏中选择"断开"命令，如图6-74所示，断开网络连接即可。

图6-73 浏览网络

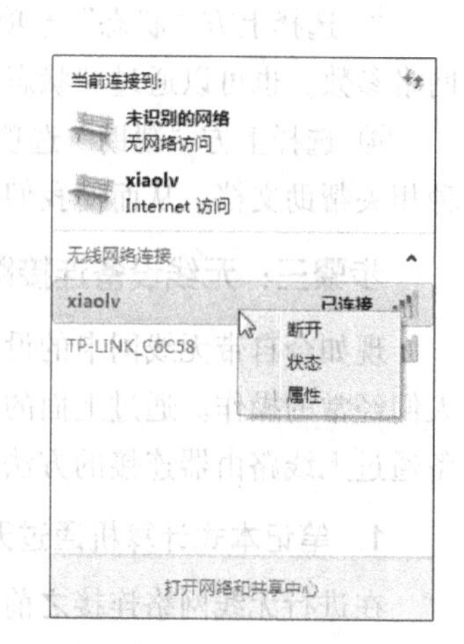

图6-74 断开无线网络

2. 其他设备连接无线路由器

现在除了笔记本计算机以外还有许多其他提供无线连接的设备，如手机、掌上电脑、iPad 等。这些设备都可以进行无线网络连接。在此我们以某款智能手机为例，简单介绍一下。

首先打开手机设置界面，打开 Wi-Fi 功能，然后点刷新，查找无线信号后，无线信号会一一显示在手机列表之中。在查找出的无线信号中选择可以连接的无线信号进行连接。如果无线信号是加密的，还需要输入无线密钥，密钥验证成功，即可正确连接，手机显示“已连接”。此时即可通过手机上网软件打开网页，从而验证网络是否已经正常连接。

任务 3　使用互联网技术

任务描述

在当今这个时代，互联网已经融入到人们的生活、工作和学习之中。如何更好、更熟练地使用互联网络，成为每名当代大学生必须要学习的技能。如何利用网络浏览信息、检索数据、收发邮件以及实时通信，是本任务的重点。

利用所学知识完成数据检索、信息下载、邮件收发和实时通信操作。具体要求如下：

① 利用搜索引擎，查找“保定职业技术学院”主页，并将其保存为浏览器“首页”。

② 浏览主页，在主页中找到任意学院照片并下载到桌面。

③ 申请电子邮箱。

④ 将桌面图片设为附件并发送电子邮件给朋友。

⑤ 使用即时通信软件联系好友，查看邮箱附件内容。

任务分析

前面的任务主要学习了局域网的组建以及一些简单网络应用。本任务主要讲授互联网的简单应用技术，包括 Internet 的概念、工作原理以及电子邮件和实时通信的概念。使读者能够独立自主地利用互联网查询相关资料、浏览网页和进行数据下载，以及学习电子邮箱使用和即时通信软件的操作等。

通过完成本任务，应该达到的知识目标和能力目标如表 6-5 所示。

表 6-5　知识目标和能力目标

知识目标	能力目标
①理解互联网的概念、工作原理等知识 ②掌握网络通信方法	①学习网络引擎搜索，能找到相关信息 ②能根据个人需求浏览并下载网络数据 ③熟练使用电子邮箱和即时通信软件

知识准备

一、Internet 互联网

Internet 一词来源于英文 Interconnect Networks（即“互联网”或“因特网”），Internet 始于美

国，它是由那些使用公用语言互相通信的计算机连接而成的全球性的网络。Internet 最权威的管理机构是“Internet 协会”，这是一个由志愿者组成的组织，它的日常工作由网络运行中心和网络信息中心负责。网络运行中心主要负责网络的运行和监督，网络信息中心主要负责通过网络为用户或机构提供支持。

1．互联网的组成

互联网是全球范围的庞大网络，由主干网和附属在主干网上的分支网络所组成。这些网络中主要包括以下几个部分：

（1）通信线路

通信线路是互联网组成中的重要部分，是将网络设备和计算机连接起来桥梁。当今的通信线路主要由有线网络和无线网络两类所组成。有线网络中包括光线、双绞线等；无线网络包括无线电、卫星等。

（2）网络设备

网络设备是互联网的结点和中枢，包括路由器和交换机等设备。其中路由器是互联网中最为重要的设备，是网络与网络之间的桥梁和门户。当数据需要从一个网络传输到另一个网络时，路由器会根据目的地为其选择最佳路线，为数据传输指明道路。

（3）服务器与客户机

只有网络及网络结点和中枢是不能组成真正的实用网络的。网络的主要作用是信息共享和数据交换，那么这些共享的信息和数据都需要存放到特定的位置。提供这种存储服务并能进行信息共享的设备就称之为服务器。查询和获取信息的计算机都可以统称为客户机。

2．Internet 工作原理

互联网联通了世界，将不同国家与地区、不同的硬件与软件、不同的操作系统与应用程序有机地联系到了一起。早期的计算机网络并没有统一的标准，严重地制约了互联网的发展。为了更好地保证这些不同用户数据的共享互通，就需要采用统一的标准去运行。TCP/IP 协议就是一种统一的网络互联互通标准，也是当今互联网应用最为广泛的一种。它采用客户机/服务器工作模式，将分散到世界各地的专门存放和管理资源的服务器，用超文本的方式链接到一起，使计算机用户能够方便快捷地查找自己所需资源。

3．Internet 在我国的状况

我国开始发展 Internet 时间较晚，于 1994 年才开始正式连入互联网。并与同年开始在国内建立和运行我国的域名体系。1997 年在北京成立了中国互联网信心中心，并授权中科院计算机网络信息中心运行及管理。在随后的发展中，我国逐渐拥有了八个全国性的互联网络。其中有五个经营性的互联网络，主要包括中国公用计算机互联网、中国网通公用互联网、中国联通公用计算机网、中国移动互联网和中国金桥信息网，它们分别由中国电信、中国网通、中国联通、中国移动和吉能通先有限公司负责建设、经营和管理。除了以上五个经营性互联网以外，我国还有三个非经营性互联网，主要包括由国家投资建设、教育部负责管理的中国教育科研网，由国家投资和世界银行贷款建设的、由中国科学院网络运行中心负责运行管理的中国科技网，以及面向全国外贸系统的、由外贸经济合作部下属的中国国际电子商务中心负责建设和管理的专用网络——中国国际经济贸易互联网。

4. Internet 域名体系

在前面的内容中我们学到，网络中每一个设备都要有唯一的联系方式，那就是 IP 地址。那么如果我们需要获得网络上的信息，只需要找到相应信息发布设备的 IP 地址并连接即可。但是 IP 地址是由几组数字所组成，如果记忆错误，将无法访问相应数据。为了方便记忆，互联网又提供了一个域名系统，将不易记忆的数字信息对应为较为容易记忆的域名。

域名系统中的域名由几部分组成，各部分之间由小数点隔开，每部分都有一定的含义，且从右到左，各部分之间大致是上层与下层的包含关系，域名的级数一般不超过五级。国际上将互联网按照国家和地区的方式，首先划分出了多个顶级地区区域域名。每一个申请加入互联网的国家或地区都可以作为一个顶级域，并向 Internet 协会的网络信息中心申请注册顶级域名。表 6-6 给出了部分地理性区与域名代码的对应关系。

表 6-6 地理性区域域名代码

域　名	地理性区域	域　名	地理性区域
cn	中国	de	德国
us	美国	su	俄罗斯
uk	英国	fr	法国
jp	日本	kr	韩国

顶级域名除了按地区区域划分外，还根据组织模式划分出了七种顶级域名，如表 6-7 所示。

表 6-7 按组织模式划分的七种顶级域名

域　名	组织模式	域　名	组织模式
com	商业	org	非盈利组织
edu	教育	int	国际组织
net	网络	mil	军事部门
gov	政府		

其次，Internet 协会网络信息中心将顶级域名的管理权分派给指定的管理机构。各管理机构对其管理的域再进行继续划分，生成二级域，并将二级域的管理权授予其下属管理机构。如此向下，形成了层次型域名结构。

5. Web 服务

Web 服务也称之为 WWW 服务，是互联网上最方便和最受欢迎的信息浏览服务。它是基于超文本的信息发布工具，为用户提供了一种友好、方便而且功能强大的查询手段。

（1）超文本和链接

超文本是一种通过文本之间的链接，将多个不同的文本组合起来的方式。在浏览超文本时，用户看到的是文本信息本身，同时文本中会含有一些“热点”，用户选中“热点”可以浏览到其他关于该“热点”的超文本信息。这样的热点就是超文本中的链接。

（2）Web 页面

用户不能用普通的文本编辑程序来阅读超文本，要在专门的浏览器中进行浏览阅读。在浏览器中阅读的页面就是 Web 页面。

（3）统一资源定位符

统一资源定位符是指向互联网上的 Web 页面等其他资源的一个地址。例如 http://www.bvtc.com.cn 是保定职业技术学院主页 URL，其中“http”指的是超文本传输协议，“://”是分隔符，“www.bvtc.com.cn”是保定职业技术学院的 Web 服务器域名地址。

（4）超文本标记语言

超文本是用超文本标记语言设计制作的，超文本编辑语言也称为 Hyper Text Markup Language，简称 HTML。HTML 本身是一种文本格式的文件，只有在浏览器中才会显示成超文本格式。

6. 搜索引擎

搜索引擎是指能够根据一定的策略，运用特定的程序在互联网上搜集信息，并对信息处理加工后提供给用户，进而为用户提供信息检索服务，使用户能够在其中找到需要的内容。

搜索引擎一般包括搜索器、索引器、检索器和用户接口四个部分。搜索器是在互联网中查找和搜集信息的工具。索引器是理解搜索器所查找到的信息，并从中抽取出索引项，用于生成索引库。检索器是根据用户的查询，在索引库中快速检出相关内容，并对内容根据一定规则进行结果排序。用户接口的作用是输入用户查询、显示查询结果、提供用户相关性的反馈机制。用户一般能够接触体验的主要就是用户接口部分。现在互联网上搜索引擎种类较多，功能也很强大，但是相对使用用户较多的搜索引擎主要有百度、360 搜索等。

二、网络通信部分

1. 电子邮件

电子邮件是互联网用户之间的一种方便快捷的现代通信手段，也是目前互联网应用中除去 WWW 服务外，应用最为频繁的一种服务。它为互联网用户之间发送和接收消息提供了一种更加方便、快捷而且廉价的现代化通信手段，特别是在人们互相之间交流中发挥着重要作用。电子邮件可以是文字、图像、声音和文件等多种形式。同时，用户可以得到大量免费的新闻、专题邮件，并轻松的实现信息搜索工作。

（1）电子邮件的发送及接收

电子邮件的发送和接受的原理跟我们日常收发快件包裹的形式相类似。当两人需要通过电子邮件来沟通交流时，我们首先要先找到一个电子邮件功能提供商，在填写完收件人姓名、地址等信息之后，邮件就会被寄出。同日常收发包裹不同的是，我们可以跨电子邮件功能提供商进行邮件的发送，比如说可以用新浪的邮箱给搜狐的邮箱发邮件，而日常收发包裹是用邮局发邮件，邮局给投送，使用顺丰快递发出的邮件，顺风给投送。邮件的发、投操作不能跨邮件服务提供商。但是电子邮件却可以，如果是同一邮件功能提供商信箱之间的收发，基本都可以做到即时发送、即时收到。如果是不同邮件功能提供商之间发送邮件，一般都会有一定时间的延时。

（2）电子邮件的地址格式

电子邮箱的格式为“用户标识符+@+域名”，无论用哪个电子邮件服务商提供的邮箱，对于用户来说，邮箱地址的格式都是一样的。不同的地方只在于邮箱域名方面。例如：邮箱地址为 bdzy@bvtc.com.cn 的电子邮箱，其中“bdzy”是个人或单位的邮箱名称；@是“at”的符号，表示“某用户”在“某服务器”上，起到连接作用；“bvtc.com.cn”是邮件服务提供商地址。

（3）常见的电子邮箱以及选择标准

现在互联网上电子邮件服务供应商非常多，常用的有 Outlook mail（微软）、MSN mail（微软）、QQ mail（腾讯）、163 邮箱（网易）、新浪邮箱、搜狐邮箱以及一些企业单位公司自己的邮箱等。在如此多的邮箱中选择，一定要根据个人要求选择自己最适用的。

如果经常和国外的客户联系，建议使用国外的电子邮箱。比如 MSN mail（微软）等。

如果是想当作网络硬盘使用，经常存放、收发一些较大的资料等，那么就应该选择存储量大的邮箱，比如 163 mail 等。

如果自己有专用查收邮件的计算机，那么最好选择支持 POP/SMTP 协议的邮箱，可以通过 Outlook mail（微软）等邮件客户端软件将邮件下载到自己的硬盘上，这样就不用担心邮箱的大小不够用，同时还能避免别人窃取密码以后偷看你的信件。当然前提是不在服务器上保留副本。这么做主要是从安全角度考虑。

如果只是在国内使用，QQ 邮箱也是很好的选择，拥有 QQ 号码的邮箱地址能让你的朋友通过 QQ 和你发送即时消息。

如果对邮箱的安全性稳定性要求较高，可以选择新浪邮箱、搜狐邮箱或一些收费邮箱。

（4）使用电子邮箱的注意事项

电子邮箱给用户带来方便的同时，也会带来一些问题，较为突出的就是邮件病毒和垃圾邮件。

邮件病毒是指通过邮件传播的一种计算机病毒，它们一般都是加到邮件附件之中，在用户运行附件内容时，病毒也会被激活，从而感染计算机。但是需要说明的是，电子邮件本身不会产生病毒，只是病毒的寄生场所。预防电子邮件病毒最主要的方法是不要随意打开不明来历的邮件附件。并且现在一些邮件提供商的邮箱还提供了邮件杀毒功能，用户可以先杀毒后再下载。

垃圾邮件主要是指一些群发的电子邮件广告，这些广告大量占用邮箱资源，浪费了用户在大量无用邮件中找寻有用邮件的时间与精力。为了屏蔽不必要的垃圾邮件，一般邮箱提供商都有邮件过滤功能，用户只需将垃圾邮件的 Web 服务器地址添加上，那么该服务器的邮件就不会被接收了，从而起到一定的垃圾邮件过滤功能。

2. 网络即时通信

即时通信又称为实时通信，是一种可以让用户在网络上进行类似于电话的通信方式，通信的内容可以是文字、图片、语音和视频等。大部分的实时通信软件都提供了一种显示联系人是否在线功能。如果双方都在线，那么就可以建立实时通信连接。如果一方不在线，一般还可以进行留言服务。目前互联网上比较受欢迎的实时通信软件有腾讯的 QQ、微信等。这些实时通信软件不但支持语音通信，而且还可以进行视频实时通信，以及收发、传输数据文件等功能。

任务实施

步骤一：利用搜索引擎查找信息

① 打开 IE 8.0 浏览器，在浏览器地址栏中输入百度搜索引擎地址 http://www.baidu.com，如图 6-75 所示。

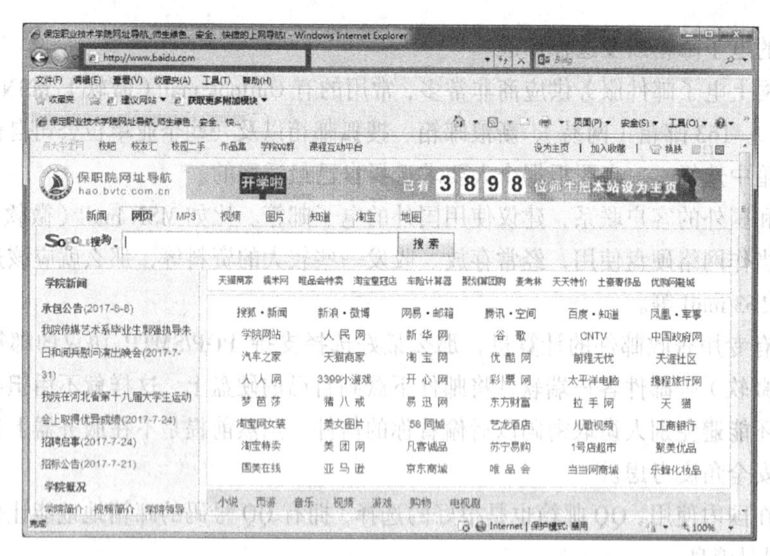

图 6-75　在浏览器地址栏输入搜索引擎地址

② 在打开的搜索引擎搜索内容文本框中输入“保定职业技术学院”，单击“百度一下”开始搜索。

③ 在弹出的搜索结果页面找到“保定职业技术学院”（后面有官网标识）链接，并单击选择并打开“保定职业技术学院”官网，如图 6-76 所示。

图 6-76　“保定职业技术学院”官网

步骤二：将查找到的网页设置为浏览器首页

① 选择浏览器“工具”下拉菜单中的“Internet 选项”命令，如图 6-77 所示，弹出“Internet 选项”对话框。

② 在“Internet 选项”对话框“常规”选项卡中，单击“主页”组中的“使用当前页”按钮，将“http://www.bvtc.com.cn”地址设置为主页，如图 6-78 所示。

图 6-77 打开“Internet 选项”对话框

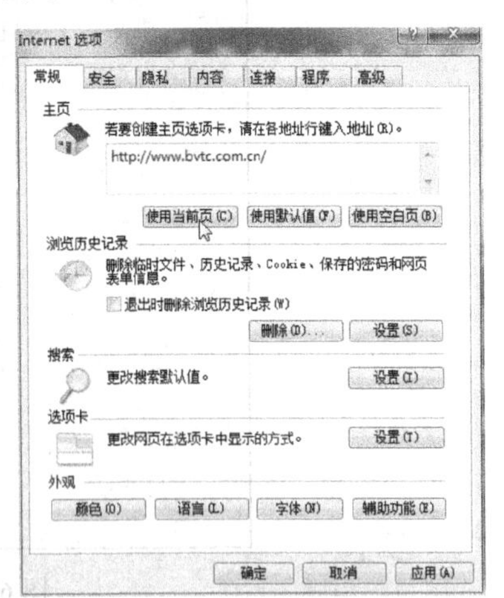

图 6-78 设置主页

③ 在“Internet 选项”对话框中，可以对浏览器进行“安全”“隐私”和“内容”等很多相关设置，用户可以根据具体情况进行更改。

步骤三：在网页中下载图片到桌面

① 在网页中找到所需图片。

② 在图片上右击，在弹出的列表框中选择“背景另存为”命令，如图 6-79 所示。弹出“保存图片”对话框，如图 6-80 所示。

③ 在“保存图片”对话框的文件名文本框中输入文字“保定职业技术学院照片”，设置保存路径为“桌面”，单击“保存”按钮进行图片保存操作。

图 6-79 选择“背景另存为”命令

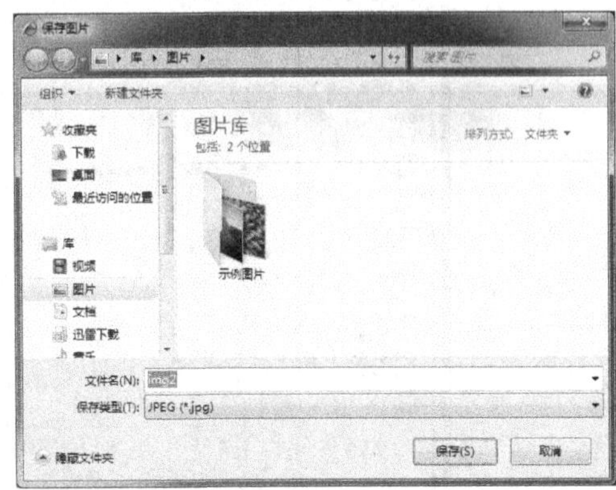

图 6-80 “保存图片”对话框

步骤四：申请电子邮箱

使用浏览器中打开腾讯注册页面“http://im.qq.com”，单击“注册”按钮，打开注册页面，如图 6-81 所示，输入相关个人信息后单击“立即注册”按钮。

提示：QQ 软件注册后会生成以 QQ 号码为名称的 QQ 邮箱。

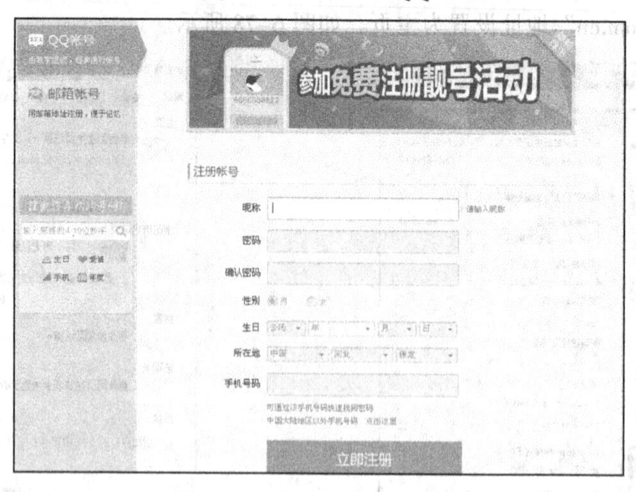

图 6-81　输入相关个人信息

步骤五：用邮箱将下载的图片发送给好友

① 在浏览器中打开 QQ 邮箱登录网页“http://mail.qq.com”，输入用户名、密码后单击“登录”按钮，进入 QQ 邮箱。

② 单击邮箱左侧的“写信”按钮，打开写信页面，如图 6-82 所示。在“收件人”文本框中输入收件人的电子邮箱地址，在“主题”文本框中输入信件的主题，在“正文”文本框中输入新建内容，内容格式与平时写信相似。

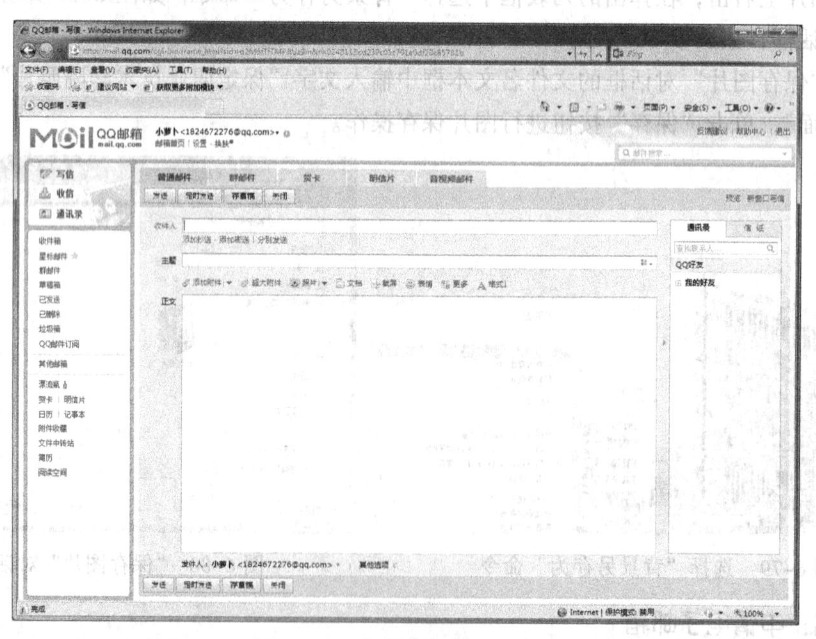

图 6-82　邮箱“写信”页面

③ 单击“添加附件”按钮，将“桌面”的“保定职业技术学院照片.jpg”文件添加为邮件附件。

④ 设置完成单击“发送”按钮，发送电子邮件。

步骤六：利用即时通信软件联系好友

① 在网络上下载 QQ 软件，并安装。

② 用刚才注册的邮箱号登录 QQ 软件。

③ 单击 QQ 软件下方“+”按钮，添加 QQ 好友。

④ 完成好友添加后，双击好友头像图标打开聊天窗口。输入相关内容，请好友查收邮件。

强化练习

1. 简述网络基本概念和网络基本组成部分。
2. 能够认识并区分各种网络设备。
3. 简述局域网传输介质以及局域网的分类特点。
4. 什么叫以太网、交换式局域网、虚拟局域网和无线网络？
5. 简述网络安全的重要性以及常见的网络安全技术。
6. 简述有无路由器的两种网络设备连接方法。
7. 简述拨号程序的作用和设置过程。
8. 练习路由器的设置方法，通过无线设备连接路由器。
9. 体会路由器高级设置的功能和作用。
10. 互联网是一种什么样的网络，主要由几部分组成？
11. 现今互联网在我国是什么样的发展状况？
12. Internet 域名主要由几部分组成？各个组织的域名代码是什么？
13. 如何保存网页上的图片？
14. 什么是搜索引擎，常见的搜索引擎主要有哪些？
15. 与普通邮件相比，电子邮件有哪些特点？
16. 即时通信软件与电子邮件的区别有哪些？

参 考 文 献

[1] 唐秋宇. 微机组装与维护实训教程[M]. 3 版. 北京：中国铁道出版社，2015.
[2] 张晓云. 计算机应用能力任务教程：Windows 7+Office 2010[M]. 北京：中国铁道出版社，2016.
[3] 辛惠娟. 信息技术基础+Office 2010 项目化教程[M]. 上海：上海交通大学出版社，2016.
[4] 槐彩昌，马丽丽. 计算机应用基础[M]. 北京：中国电力出版社，2015.
[5] 刘若慧. 大学计算机应用基础案例教程[M]. 3 版. 北京：电子工业出版社，2016.
[6] 廖德伟，苏啸. 大学计算机基础全任务式教程[M]. 北京：清华大学出版社，2014.
[7] 卞诚君.O ffice 2010 超级手册[M]. 北京：机械工业出版社，2013.